物联网
技术及应用教程
（第2版）

贾坤　康晓娜　杨露　主编
黄平　陈汉斌　副主编

清華大学出版社
北京

内 容 简 介

本书以数据流动为主线，分感知、网络、应用三层讲述物联网的概念与体系结构。感知层的功能是数据的采集与物体的识别，本书着重讲述自动识别技术、定位技术、智能嵌入技术、传感器及组网技术；网络层的功能是数据的可靠传输与智能处理，本书重点讲述各种网络接入技术，特别是无线接入技术，同时讲述物联网网络服务与海量数据存储及处理技术；应用层的功能是数据的行业应用，本书重点讲述不同的物联网技术在不同行业的具体应用方案。全书共分 9 章，第 1 章为物联网绪论，第 2～5 章为感知层的关键支撑技术，第 6～8 章为网络层的关键支撑技术，第 9 章为物联网安全技术。

本书既可作为物联网专业、网络工程专业大学本科教材，也可以作为高职院校、培训机构的物联网专业培训教材。另外，本书对从事物联网、计算机网络的工程技术人员也有一定的学习参考价值。

图书在版编目(CIP)数据

物联网技术及应用教程/贾坤，康晓娜，杨露主编. —2 版. —北京：清华大学出版社，2023.5(2024.3 重印)

ISBN 978-7-302-63053-1

Ⅰ. ①物… Ⅱ. ①贾… ②康… ③杨… Ⅲ. ①物联网—教材 Ⅳ. ①TP393.4 ②TP18

中国国家版本馆 CIP 数据核字(2023)第 045077 号

责任编辑：孙晓红
封面设计：常雪影
责任校对：李玉茹
责任印制：沈　露
出版发行：清华大学出版社
　　网　　址：https://www.tup.com.cn, https://www.wqxuetang.com
　　地　　址：北京清华大学学研大厦 A 座　　**邮　　编**：100084
　　社 总 机：010-83470000　　**邮　　购**：010-62786544
　　投稿与读者服务：010-62776969, c-service@tup.tsinghua.edu.cn
　　质量反馈：010-62772015, zhiliang@tup.tsinghua.edu.cn
　　课件下载：https://www.tup.com.cn, 010-62791865
印 装 者：三河市天利华印刷装订有限公司
经　　销：全国新华书店
开　　本：185mm×260mm　　**印　张**：18.75　　**字　数**：456 千字
版　　次：2018 年 10 月第 1 版　2023 年 6 月第 2 版　　**印　次**：2024 年 3 月第 3 次印刷
定　　价：56.00 元

产品编号：098339-01

前　言

顾名思义，物联网就是物物相连的互联网，它建立于互联网基础之上，是互联网向物的领域的自然延伸。物联网是典型的交叉学科，涉及电子、计算机、控制、通信、新能源、新材料等多学科专业的知识。

本书追踪物联网领域的最新技术发展方向，通过行业应用案例，以数据流动为主线，分感知、网络、应用三层讲述物联网的概念、体系结构、关键技术。结合实际行业应用案例，精心设计若干实验或实践项目，以体现讲练结合、项目驱动等工程教育理念。

本书自第 1 版 2018 年 10 月出版以来，受到众多高校老师与学生的欢迎，多次加印，累计销售近万册，但在使用过程中也陆续发现了一些错漏。另外，四年过去了，物联网行业的发展与技术进步也使得书中一些内容陈旧过时，因此亟须改版。

本书主要进行了如下修订：一是对第 1 版中发现的错误进行了改正；二是将物联网技术的新发展成果融入教程，在内容上做了适当的增减；三是对各章习题做了扩充，增加了选择、填空、判断三种题型，这既有利于学生自学，也有利于老师进行课程考核。

本书主要分为四大部分：第 1 部分为物联网绪论，主要讲述物联网的起源、发展、概念、结构、支撑技术以及应用案例；第 2 部分为感知层的关键技术，即自动识别技术、传感器与无线传感网、定位技术和智能嵌入技术；第 3 部分为网络层的关键技术，包括通信网络技术、物联网网络服务、海量数据存储与处理技术；第 4 部分为贯穿整个物联网三个层次的安全技术，包括物联网的安全架构、各层面临的安全威胁以及为确保物联网安全而使用的安全关键技术。

另外，本书还为读者提供了物联网应用的相关知识，可扫二维码阅读。

知识拓展：物联网应用.docx

本书由贾坤负责全书的统稿工作，其中，康晓娜主要负责第 2 章的编写，黄平主要负责第 3 章 3.1～3.4 节和第 5 章的编写，陈汉斌参与了第 6 章的编写，杨露主要负责第 8 章的编写，其他章节由贾坤负责编写。在本书的编写过程中，得到了肖铮、张继勇、曾昶畅、赵国辉的帮助，在此表示感谢；另外，参考了大量书刊与文献资料，主要参考书籍已在参考文献中列出，但疏漏在所难免，在此对参考引用的书刊文献作者表示衷心的感谢。

由于编者水平所限，书中难免存在错误或不妥之处，敬请广大读者批评、指正。

编　者

目　录

第 5 章 智能嵌入技术 155

第 6 章 通信网络技术 175

第1章 物联网绪论

导读

物联网(internet of things，IoT)是指通过各种信息传感器、射频识别技术、全球定位系统、红外感应器、激光扫描器等各种装置与技术，实时采集任何需要监控、连接、互动的物体或过程，采集其声、光、热、电、力学、化学、生物、位置等各种需要的信息，通过各类可能的网络接入，实现物与物、物与人的泛在连接，实现对物品和过程的智能化感知、识别和管理。物联网是一个基于互联网、传统电信网等的信息承载体，它让所有能够被独立寻址的普通物理对象形成互联互通的网络。物联网是信息技术发展到一定阶段后出现的，它是集计算机、通信、传感器等多种技术于一体的集成技术，被认为是继计算机、互联网和移动通信技术之后信息产业最新的革命性发展。物联网技术是一门新兴的、交叉性的、聚合性的应用学科，它涵盖了多个学科的知识，具有技术复杂、形式多样、涉及面广等特点，目前还处于高速发展之中。

本章主要介绍物联网的起源与发展、基本概念、体系结构、支撑技术以及应用案例。

1.1 物联网的起源与发展

互联网技术的发展和移动通信网络的普及已经改变了人们的生活。短信取代了电报，网络会议减少了不必要的出差旅行，微博的出现让人们进入了自媒体时代。互联网构造了一个虚拟的信息世界，人们在这个虚拟世界中可以随时随地交流各种信息。

高铁、共享单车、移动支付、网络购物被视为当今中国的新“四大发明”，而其中无一不包含物联网技术。另外，ETC、智能家居、无人值守超市、机器人等正走进人们的生活，而这些也都是物联网技术应用的具体实例。

物联网最早出现在1995年比尔·盖茨(Bill Gates)的《未来之路》一书中。比尔·盖茨花费5000万美元做了一个智能家居系统，他利用微软公司强大的技术力量，把家里的电器都连起来，通过网络来访问、控制。这被许多专家认为是“物联网”的起源。

1999年，美国麻省理工学院的Auto-ID中心主任凯文·艾什顿(Kevin Ashton)教授在研究射频识别(radio frequency identification，RFID)技术时提出了物联网的概念雏形。它最初是针对物流行业的自动监控和管理系统设计的，设想是给每个物品都贴上射频标签，通过自动扫描设备，在互联网的基础上，构造一个物物通信的全球网络，目的是实现物品信息的实时共享。

1999—2003年是物联网研究发展极为重要的一个时期，研究的重点主要集中在物品身份自动识别技术上，包括怎样识别物品和提高识别率等。当时，国际物品编码协会(EAN)和美国统一代码协会(UCC)组建了一家非营利性国际组织——EPC Global来负责管理和推广电子产品码(electronic product code，EPC)工作，并促进EPC物联网标准的制定及EPC物联网在全球范围的应用。2003年，“EPC决策研讨会”在美国芝加哥召开。该研讨会确定了EPC系统主要由EPC编码、EPC标签、识读器、神经网络软件(SavantTM)、对象名解析服务(ONS)、物理标记语言(PML)六部分组成，这六部分组成了叠加在互联网上的一层通信网络。EPC网络是一个支持计算机自动识别与跟踪物品的基础设施。

2005年11月17日，在突尼斯举行的信息社会世界峰会(WSIS)上，国际电信联盟(ITU)发布的《ITU互联网报告2005：物联网》中引用了“物联网”的概念，物联网概念开始正式出现在官方文件中。报告从综合的、整体的角度提出，物联网将以感知和智能的形式连接世界上的物品。此时物联网的定义和范围发生了变化，覆盖范围有了较大的拓展，不再只是指基于RFID技术的物联网，无所不在、无时不在的“物联网”通信时代即将来临。根据ITU的描述，在物联网时代，通过在各种各样的日常用品上嵌入一种短距离的移动收发器，人类在信息与通信世界里将获得一个新的沟通维度，从任何时间、任何地点的人与人之间的沟通连接扩展到人与物、物与物之间的沟通连接。世界上所有的物体都可以通过互联网主动进行信息交换。

未来，物联网的用途将无处不在，除用于环境保护、政府工作、公共安全等公共领域外，还能在人们的日常生活中起到重要作用。比如，洗衣服的时候，洗衣机会主动“告诉”你水量少了还是多了；而你携带的公文包则会提醒你忘记带什么东西了；你还能通过点击手机按钮在A地控制电饭煲，为B地的家人煮饭；人们驾车时，只需设置好目的地，便可在车上随意睡觉、看电影，车载系统会通过接收到的信号智能行驶；人们生病时，无须住在医院，只要通过一个小小的仪器，医生就能24小时监控病人的体温、血压、脉搏等。

1.1.1 美国“智慧地球”战略

2009年，IBM公司CEO彭明盛首次提出“智慧地球”的概念，得到美国政府批准，计划投资新一代的智慧型基础设施。

“智慧地球”包含物联化、互联化和智能化三个要素，就是利用信息技术，把铁路、公路、建筑、电网、供水系统、油气管道，乃至汽车、冰箱、电视机等各种物体连接起来形成一个“物联网”，再通过计算机和其他方法将“物联网”整合起来，人类便可以通过互联网精确而又实时地管控这些接入网络的设备，从而方便地从事生产、生活的管理，并最终实现“智慧地球”这一理想状态。

1.1.2 中国“感知中国”计划

2009 年，中国政府提出“感知中国”战略，物联网被正式列为国家五大新兴战略性产业之一，并写入当年的“政府工作报告”。这使物联网在中国受到了极大关注，一些高等院校也开始开设物联网工程专业。2012 年，工信部发布物联网“十二五”规划，指出在新兴战略性产业中，新一代信息技术产业的发展重点是物联网、云计算、三网融合、集成电路等。物联网的关键技术是信息感知技术、信息传输技术、信息处理技术、信息安全技术。2016 年，工信部又发布了物联网“十三五”规划(2016—2020)，指出物联网关键技术要重点发展传感器技术、体系架构共性技术、操作系统、物联网与移动互联网、大数据整合技术。

2009 年 10 月 24 日，在第四届中国民营科技企业博览会上，西安优势微电子公司宣布中国第一颗物联网的中国芯“唐芯一号”芯片研制成功，标志着中国已经攻克了物联网的核心技术。“唐芯一号”芯片是一颗 2.4 GHz 超低功耗射频、可编程片上系统(PSoC)，可以满足各种条件下无线传感网、无线局域网、有源 RFID 等物联网应用的特殊需要，为我国物联网产业的发展奠定了基础。

2010 年 1 月，江苏无锡高新技术产业开发区正式获批为国家电子信息(物联网)示范基地。该区规划面积 $20km^2$，到 2012 年完成传感网示范基地建设，形成全市产业发展空间布局和功能定位，产业规模达到 1000 亿元，具有较大规模各类传感网企业 500 家以上，销售额 10 亿元以上的龙头企业 5 家以上，培育上市企业 5 家以上。

“物联网”的梦想在 2010 年上海世博会上实现。世博园内的门票、监控系统都已依赖物联网技术。观众未进世博园，先进“物联”大网：世博会参观者手持的纸质门票采用 RFID 技术，轻松一刷便可快速验票通关。RFID 是物联网的一项基础技术，通过使用 RFID 技术，世博会门票从生产、发行、销售到检票环节都实现了数字化管理。

2011 年 1 月 3 日，国家电网首座 220 kV 智能变电站——无锡市惠山区西泾变电站投入运行。西泾变电站利用物联网技术，建立传感测控网络，将传统意义上的变电设备“活化”，实现自我感知、判别和决策，从而完成自动控制，实现了真正意义上的“无人值守和巡检”。

此外，中国还建成了高铁物联网，改变了以往购票、检票的单调方式，升级为人性化、多样化的新体验。刷卡购票、手机购票、电话购票等新技术的集成使用，让旅客摆脱了拥挤的车站购票；与地铁类似的检票方式，则可实现持有不同票据的旅客快速通行。清华易程公司研发了目前世界上最大的票务系统，每年可处理 30 亿人次，而此前全球在用系统的最大极限是 5 亿人次。

1.1.3 日本及欧盟的发展计划

在日本，总务省提出以发展泛在(ubiquitous)社会为目标的 u-Japan 构想，文化教育与科学技术部(MEXT)积极响应，提出了对信息技术、生命科学的支持计划，经济与工业部(MEII)

于 2008 年启动了绿色 IT 项目，旨在通过物联网技术实现经济与环境之间的平衡。

在欧洲，2009 年 6 月，欧盟在比利时首都布鲁塞尔发布了题为《物联网欧洲行动计划》的公告，希望欧洲通过构建新型物联网管理框架来引领世界物联网发展。在计划书中，欧盟委员会提出物联网三个方面的特性：①不能简单地将物联网看作互联网的延伸，物联网建立在特有的基础设施上，将是一系列新的独立系统，当然，部分基础设施仍要依存于现有的互联网；②物联网将伴随新的业务共同发展；③物联网包括多种不同的通信模式，如物与人通信、物与物通信等，其中特别强调了机器对机器(M2M)通信。

M2M 是 machine-to-machine 通信的简称，是无线通信和信息技术的整合，是物联网实现的关键，它主要通过电话机、计算机、传真机等机器设备之间的通信来实现人与人的交流。机器与机器之间的对话是切入物联网的关键，M2M 正是解决机器开口说话的关键技术，不是数据在机器和机器之间的简单传输，而是机器和机器之间的一种智能化、交互式的通信。也就是说，即使人们没有实时发出信号，机器也会根据既定程序主动进行通信，并根据得到的数据智能地做出选择，对相关设备发出正确的指令。智能化、交互式是 M2M 有别于其他物联网应用的典型特征，这一特征下的机器也被赋予了更多的“思想”和“智慧”。

目前，物联网的发展如火如荼，验证了 IBM 前首席执行官路易斯·郭士纳(Louis V. Gerstner)提出的“十五年周期定律”(见图 1-1)，即计算模式每隔 15 年发生一次变革。该定律认为 1965 年前后发生的变革以大型机为标志，进入主机计算模式时代；1980 年前后以个人计算机的普及为标志，进入桌面计算模式时代；1995 年前后发生了互联网革命，进入 Web 计算模式时代。以此类推，2010 年前后以物联网的兴起为标志，进入泛在计算模式时代；2025 年以中国智能制造 2025 及德国工业 4.0 完成为标志，进入智能计算模式时代。

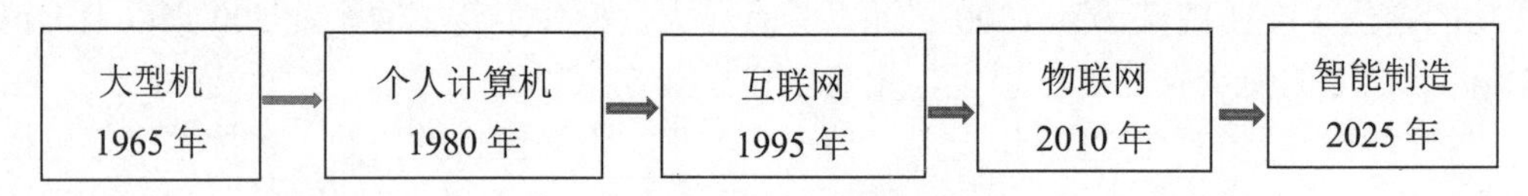

图 1-1 信息技术 15 年周期定律

1.2 物联网的基本概念

物联网，顾名思义，就是物物相连的互联网。这说明物联网首先是一种通信网络，其次是物与物之间的互联。物联网并不是简单地把物品连接起来，而是通过物物之间、人物之间的信息互动，使社会活动的管理更加有效，人类的生活更加舒适。

在物联网时代，人们可以做到一部手机走天下，出行预订、交通查询、身份验证、购物付款等都可以在手机上实现。手机也可以作为万能遥控器，即使远在外地，也可以遥控家里的智能电器，而监视房屋安全的设备则会将报警信息自动发往手机。

物联网就是提供一个全球性的、自动反映真实世界信息的通信网络，让人们可以享受真实世界提供的一切服务。

物联网基于大家都熟悉的互联网，但不局限于互联网，其终端除了人之外，还有大量的物品。在物联网时代，除了常见的人与人之间的数据流动，物与物之间也存在着数据流动，而且数据量更大、更为频繁，这些数据由物品通过对周围环境的感知自动产生，通过互联网传递给相应的应用程序进行处理。

1.2.1 物联网的定义

自从物联网的概念被提出到现在，物联网本身还在不断发展之中，目前，无论是学术界还是工业界，对物联网都还没有一个公认的标准定义。

有学者认为物联网是智能感知、识别技术与普通科学和泛在网络相融合的应用。有学者认为，物联网是通过射频识别系统、红外感应器、全球定位系统、激光扫描器、气体感应器等信息传感设备，按约定的协议，把任何物品与互联网连接起来，进行信息交换和通信，以实现智能化识别、定位、跟踪、监控和管理的一种网络。

根据国际电信联盟的定义，物联网主要解决物品与物品(thing to thing，T2T)、人与物品(human to thing，H2T)、人与人(human to human，H2H)之间的互联。但是与传统互联网不同的是，H2T 是指人利用通用装置与物品之间的连接，从而使得物品连接更加简化；而 H2H 是指人与人之间不依赖于 PC 而进行的互联。因为互联网并没有考虑对于任何物品连接的问题，故我们使用物联网来解决这个传统意义上的问题。许多学者讨论物联网，经常会引入一个 M2M 的概念，可以解释成为人与人(man to man)、人与机器(man to machine)、机器与机器(machine to machine)。从本质上而言，人与机器、机器与机器的交互，大部分是为了实现人与人之间的信息交互。

综上所述，我们可以这样定义物联网：物联网是通过条码技术、射频识别系统、传感器、定位系统、激光扫描器等各种信息传感设备，按约定的协议，实现人与人、人与物、物与物在任何时间、任何地点的连接，从而进行信息交换和通信，以实现智能化识别、定位、跟踪、监控和管理的庞大网络系统。

现代意义的物联网可以通过对物的感知识别控制，将网络化互联和智能处理有机统一，从而形成高智能决策。物联网将创造一个智慧的世界。

1.2.2 物联网的特征

物联网的核心是物与物以及人与物之间的信息交互，其基本特征可概括如下。

1. 全面感知

全面感知也称普适感知、泛在感知，是指利用 RFID 系统、条码技术、传感器、定位等感知、捕获技术随时随地对物体进行信息采集。物品的信息有三种，一是物品本身的信息，二是物品周围环境的信息，三是物品的位置信息。

特别要注意的是，物联网中的“物”，不是普通意义上的万事万物，这里的物要满足以下条件才能被纳入“物联网”的范围。

(1) 在网络中有可被识别的唯一的物品编号。

(2) 有足够大的存储容量。

(3) 有必要的数据处理能力(需要嵌入式 CPU 与嵌入式 OS)。

(4) 有畅通的数据传输通路(需要数据收发器)，遵循统一的物联网通信协议。

(5) 有专门的应用程序。

2. 异构互联

异构互联是指通过各种异构网络与互联网的融合，将物体的信息实时、可靠、准确地进行传输。物联网需要将各种无线以及有线网络与互联网进行融合，以便依托各种网络的切换进行可靠的信息交互。物联网接入可以采用蓝牙、UWB、星闪、Wi-Fi、NB-IoT、LoRa、5G 等无线接入方式，也可采用以太网、ADSL、光纤等有线接入方式。物联网数据传输处理则广泛采用互联网协议、技术和服务，如 TCP/IP 协议、云计算、大数据技术等。

3. 智能处理

智能处理是指利用云计算、数据挖掘、深度学习、模糊识别、情景感知等各种智能计算技术，对海量的感知信息进行分析并处理，实现智能化的决策和控制。物联网为物品信息的处理提供信息基础设施，但并不是把物品嵌入一些传感器、贴上 RFID 标签就组成了物联网，物联网应具有自动识别、自动处理、自我反馈与智能控制等智能化特征。

4. 综合应用

综合应用是指根据各个行业、各种业务的具体特点，形成各种单独的物联网业务应用，或者整个行业及系统的建设应用方案。

1.2.3 物联网与各种网络的关系

1. 物联网与互联网的关系

互联网的特点是所有的信息交流都是在人与人之间进行的。在互联网中，人与物不能直接进行信息交流。人们想要了解某个物品，必须有人把这个物品的信息进行数字化后放到网上。互联网的数据是由人工方式获取的，这些数据为人们提供了一个虚拟的信息世界，实现了人与人之间的信息共享。物联网的数据是由物品根据本身或周围环境的情况以自动感知方式获取的，为人们提供了真实世界的信息。在这个信息空间中，实现了人与人、人与物、物与物的信息共享。

从互联网的角度看，物联网是互联网由人到物的自然延伸，是互联网接入技术的一种扩展。只要把传感网络、RFID 系统等接入到互联网中，增加相应的应用程序和服务，物联网就成为互联网的一种新应用类型。这种融合了物联网的互联网被视为下一代互联网。

从物联网的角度看，所有的物品都要连接到互联网上，物品产生的一些信息也要送到互联网上进行处理。物联网需要一个全球性的网络，而这个网络非互联网莫属。物联网的实现是基于互联网的，采用的是互联网的通信协议。

物联网与互联网联系非常紧密，从长远发展的目标来看，二者不存在明确的界限；但从目前物联网的建设和使用来看，二者还是有差别的。互联网的建设和使用是全球性的，物联网则往往是行业性的或区域性的。互联网有时不能满足物联网的要求，如智能电网对网络承载平台的可靠性要求很高。由于物联网以互联网为承载网络，并逐步趋向互联网所用的网络协议，二者最终可能融为一个网络，从而实现从信息共享到信息智能服务的提升，彻底改变人们的生产与生活方式。

2. 物联网与传感网的关系

传感网一般指的是无线传感器网络(wireless sensor network，WSN)。它把多个传感器用无线通信的方式连接起来，以便协调处理所采集的信息。

传感网一度被人认为就是物联网。传感网与物联网初看起来确实有很多相同之处，例如，都需要对物体进行感知，都用相同的技术，都要进行数据传输。但实际上，物联网的概念要比传感网大得多。传感网主要探测的是自然界的环境参数，如温度、速度、压力等。物联网不仅能够处理这些数据，更强调物体的标识。

物体属性包括动态和静态两种。动态属性需要由传感器实时探测，静态属性可以存储在标签中，然后用设备直接读取。因此，为物联网提供物体信息的系统除了传感网外，还有 RFID 系统、定位系统等。实际上，GPS、语音识别、红外感应、激光扫描等所有能够实现自动识别与物物通信的技术都可以称为物联网的信息采集技术。可见，传感网只是物联网的一部分，用于物体动态属性的采集，然后把数据通过各种接入技术送往互联网进行处理。来自传感网的数据是物联网海量信息的主要来源。

传感网区域性比较强，物联网行业性比较强。在组网建设中，传感网不会使用基础网络设施，如公众通信网络、行业专网等。物联网则会利用现有的基础网络，最常见的就是利用现有的互联网基础设施，当然也可以建设新的专用于物联网的通信网。

3. 物联网与泛在网的关系

泛在网(ubiquitous network，UN)就是无所不在的网络，任何人无论何时何地都可以和任何物体进行联系。泛在网的概念出现得比物联网和传感网都要早。泛在网最早是想要开发一套理想的计算机结构和网络，满足全社会的需要。1991 年又提出“泛在计算”的思想，强调把计算机嵌入环境或日常生活的常用工具中，此时智能设备将遍布周边环境，无所不在。

国际电信联盟电信分部(ITU-T)在 2009 年发布的 Y. 2002 标准提案中规划了泛在网的蓝图，指出泛在网的关键特征是“5C”和“5A”。5C 强调无所不能的功能特性，分别是融合(convergence)、内容(contents)、计算(computing)、通信(communication)和连接(connectivity)。5A 强调无所不在的覆盖特性，分别是时间(any time)、地点(any where)、服务(any service)、网络(any network)和对象(any object)。

泛在网的目标很理想，但它的实现受到现有技术条件的制约，它的概念也随着具体技术的发展而出现不同的定义。在泛在网的实现中，机机(machine-to-machine，M2M)通信业务可作为代表。M2M 通信体现了泛在概念的精髓，那就是把处理器和通信模块植入任何设备中，使设备具有通信和智能处理能力，以达到远程监测、控制的目的。现在 M2M 中的 M 也同时代表 man(人)，从而实现物与物、物与人、人与人的泛在通信。

由上可见，M2M 通信和物联网的概念与终极目标是一致的。ITU 在物联网报告中就提出物联网的发展目标是实现任何时刻、任何地点、任意物体之间的互联，实现无所不在的网络和计算。从泛在网的角度来看，物联网是泛在网的初级阶段(泛在物联阶段)，实现的是物与物、物与人的通信。到了泛在协同阶段，泛在网实现的是物与物、物与人、人与人的通信，这也正是物联网的理想形态。从目前的研究范围来看，泛在网比物联网的范围大，二者的研究重点也有些不同：物联网强调的是感知和识别，泛在网强调的是网络和智能。

4. 物联网、互联网、传感网和泛在网的覆盖范围

任何一个发展中的事物，通常都有两个目标，即理想目标和现实目标。为了弥补现实与理想的差距，会逐渐把各种技术融合起来。对于世界上万事万物实现互联这种理想目标而言，可以从不同的技术方向逐渐逼近。互联网从最初的计算机到计算机的互联发展到现在人与人的互联，进一步把物接入互联网，就进入了物联网阶段。传感网强调的是物与物的互联，进一步考虑人与物的互联，就进入了物联网阶段。泛在网则是先给出理想目标，再从机器到机器的通信等外围入手，逐步纳入其他技术，就发展到物联网阶段。无论是传感网、互联网、泛在网，还是物联网，只是万事万物互联这个理想目标在不同方向上的不同发展阶段。

从目前来看，物联网的建设专注于物与物、人与物的通信，还是一种行业性和区域性的网络。互联网目前作为物联网数据传输的承载网络，为物联网提供了数据处理的支撑平台，鉴于其众多的应用技术和实例，从互联网延伸至物联网比从物联网向互联网延伸应该容易一些。物联网、互联网、传感网和泛在网之间的关系如图 1-2 所示。

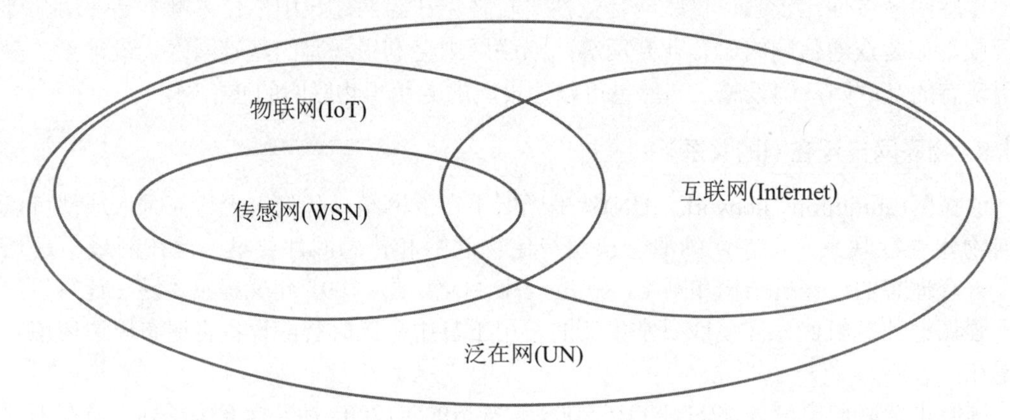

图 1-2　几种网络之间的关系

1.3　物联网的体系结构

物联网是物理世界与信息空间的深度融合系统，涉及众多的技术领域和行业应用，需要对物联网中设备实体的功能、行为和角色进行梳理。从各种物联网的应用中总结元件、组件、模块和功能的共性与区别，建立一种科学的物联网体系结构，可以促进物联网标准的统一、规范，引导物联网产业的健康发展。

各种网络的体系结构都是按照分层的思想建立的。分层就是按照数据流动的关系对整个物联网进行分割，以便物联网的设计者、设备厂家、服务提供商可以专注于本领域的工作，然后通过标准的接口进行互联。

关于物联网的体系结构，学术界和工业界迄今并未达成共识，但大多参照互联网分层的方法提出物联网的分层模型，主要有以下几种典型的分层方法。

1. 物联网的三层模型

将物联网分为感知层、网络层和应用层三层，如图 1-3 所示。

<table>
<tr><td rowspan="4">应用层</td><td colspan="8">物联网应用</td><td rowspan="3">安全技术</td><td rowspan="12">公共技术</td></tr>
<tr><td>智能工业</td><td>智慧农业</td><td>智能电网</td><td>智能交通</td><td>智能物流</td><td>智慧环保</td><td>智能安防</td><td>智能家居</td></tr>
<tr><td colspan="8">物联网业务中间件</td></tr>
<tr><td>信息管理</td><td>服务管理</td><td>用户管理</td><td>终端管理</td><td colspan="2">……</td><td>认证授权</td><td>计费管理</td><td rowspan="4">网络管理</td></tr>
<tr><td rowspan="4">网络层</td><td colspan="8">智能计算技术</td></tr>
<tr><td>SOA</td><td colspan="2">平台增强技术</td><td>云计算</td><td>雾计算</td><td>……</td><td>数据搜索</td><td>数据挖掘</td></tr>
<tr><td colspan="8">承载网支撑技术</td></tr>
<tr><td>下一代承载网</td><td>异构网络融合</td><td>移动通信网</td><td>无线接入技术</td><td>有线接入技术</td><td colspan="2">……</td><td>互联网</td><td rowspan="2">QoS管理</td></tr>
<tr><td rowspan="4">感知层</td><td colspan="8">自组网与协同信息处理技术</td></tr>
<tr><td colspan="2">中低速短距离无线传输技术</td><td>无线自组网技术</td><td colspan="3">……</td><td>协同信息处理技术</td><td>传感器中间件技术</td><td rowspan="3">标识解析</td></tr>
<tr><td colspan="8">智能感知技术</td></tr>
<tr><td>传感技术</td><td>RFID 系统</td><td>条码技术</td><td>EPC 系统</td><td>定位技术</td><td>智能嵌入技术</td><td colspan="2">多媒体信息采集技术</td></tr>
</table>

图 1-3 物联网的体系结构(三层模型)

(1) 感知层，主要实现智能感知和交互功能。感知层由各种传感器及传感器网关构成，其作用相当于人的眼、耳、鼻、喉和皮肤等部位的神经末梢，它是物联网识别物体、采集信息的来源。

(2) 网络层，主要实现信息的接入、传输和处理。由各种私有网络、互联网、通信网、网络管理系统和云计算平台等组成，相当于人的神经中枢和大脑，负责传递和处理感知层获取的信息。

(3) 应用层，主要实现信息的处理与决策，是物联网和用户(包括人、组织和其他系统)的接口，它与行业需求相结合，实现物联网的智能应用。

三层结构模型案例分析

下面以地铁车票的手机支付为例，来观察物联网中的数据流动。当人经过验票口时，验票口的 RFID 识读器会扫描到手机中嵌入的 RFID 射频标签，从中读取手机主人的信息；这些信息通过网络发送到服务器，服务器上的应用程序根据这些信息，实现手机主人与地铁公司账户之间的消费转账。按照物联网体系结构的三层模型，手机支付的过程可以分为如下三个部分。

(1) 感知层负责识别经过验票口的是谁，而且识别过程是自动进行的，无须人的参与。这就要求人们的手机必须具备 RFID 射频标签，RFID 识读器读取射频标签中的用户信息，然后把用户信息发送到本地计算机上。

(2) 网络层负责在多个服务器之间传输数据。本地计算机会把用户信息发送到相应的服务器。这里涉及多个服务器，如地铁公司的服务器(客流量统计)、电信公司的服务器(话费)、银行的服务器(转账)。每个行业的服务器也不止一个，这些服务器之间的数据传输就需要依靠各种通信网络。

(3) 数据之所以在各个服务器之间流动，是因为要把这些数据交付给服务器上的应用程序进行处理。这些应用程序的最终目的只有一个，就是把车票钱从用户的银行账户转到地铁公司的账户。

三层模型的优点是能够迅速了解物联网的全貌，可以作为物联网的功能、组成或者应用流程划分的依据。缺点是把多种技术放在一层中，各种技术的集成关系不明确；另外，粗略的划分也会造成一些技术无法归类，容易混淆。

2. 物联网的六层模型

在物联网三层架构的基础上，每一层还可以细分，这样就产生了物联网的扩展架构，包括感知子层、汇聚子层、接入网络层、通用网络层、应用业务层和应用服务层。其中，感知层包括感知子层和汇聚子层，网络层包括接入网络层和通用网络层，应用层包括应用业务层和应用服务层。图 1-4 所示为物联网的扩展架构。

<table>
<tr><td>应用服务层(application service layer)</td><td rowspan="2">应用层
(application layer)</td></tr>
<tr><td>应用业务层(business logic layer)</td></tr>
<tr><td>通用网络层(general network layer)</td><td rowspan="2">网络层
(network layer)</td></tr>
<tr><td>接入网络层(access network layer)</td></tr>
<tr><td>汇聚子层(convergence sublayer)</td><td rowspan="2">感知层
(perceptive layer)</td></tr>
<tr><td>感知子层(perceptive sublevel)</td></tr>
</table>

图 1-4　物联网的扩展架构

(1) 感知子层主要负责数据采集及简单的处理，涉及的硬件设备主要包括传感器、条形码和 RFID 标签等感知设备或终端。

(2) 汇聚子层位于感知子层的上方，用于处理、封装感知子层中数据采集设备或终端采集来的信息，准备送给网络层中的接入网络层。

(3) 接入网络层主要负责将感知层送来的数据打包并交付给通用网络层。这一子层要解决不同类型的网络和通信协议统一接入的问题，尤其是短距离通信协议，如蓝牙、超宽带和 ZigBee 协议等。若接入子层有各种不同的通信协议及异构网络，那么它会为这些网络提供一个统一和标准的接口，然后将数据按要求的格式封装，交付给通用网络层。

(4) 通用网络层是在现有的通信网和互联网基础上建立起来的，其关键技术既包含现有的通信技术(如 2G/3G/4G/5G 通信技术、有线宽带技术、PSTN 技术、Wi-Fi 技术等)，也包含终端技术(如连接传感网与通信网的网关设备)及为各种行业终端提供通信能力的通信模块等。通用网络层不仅使得用户能随时随地获得服务，更重要的是通过有线与无线技术的结合，以及和多种网络技术的协同，可以为用户提供智能选择接入网络的模式。

(5) 应用业务层重点关注能为不同应用提供服务的共性能力平台的构建，如基础通信能力调用、统一数据建模、目录服务、内容服务、通信通道管理等。这些共性的能力平台必须具备开放性，基于这些开放能力，运营商可以方便地开发出丰富的个性化应用。

(6) 应用服务层是物联网应用层扩展架构中的最高层，主要为终端用户提供个性化服务。例如，智慧农业这一应用，就是要为种植户提供所监控农田的阳光、温度和湿度等信息，让用户通过手持终端的人机交互程序实时收集这些信息，并能根据这些信息对农作物的生长环境做出相应的调整。

三层模型是目前最常见、使用最广泛的分层模型。下面就以物联网的三层模型为基础，简要介绍物联网各层的功能以及各层常用的技术。

1.3.1 感知层

感知层是物联网的前端与基础，相当于人的神经末梢，负责物理世界与信息世界的衔接。其功能是感知周围环境或自身的状态，对获取的感知信息进行初步处理和判断，按照规则进行响应，并把中间结果或最终结果送往网络层。

感知层除了用来采集真实世界的信息外，也可以对物体进行控制，因而也称为感知互动层。感知层具有自身标识信息的自动采集功能，故也可称为感知识别层。

在建设物联网时，部署在感知层的设备主要有 RFID 标签和识读器、条码标签与识读器、传感器、执行器、摄像头、IC 卡、光学标签、智能终端、红外感应器、GPS 设备、智能手机、机器人、仪器仪表、内置移动通信模块的各种设备等。

感知层的设备通常会组成自己的局部网络，如无线传感网、家庭网络、身体传感器网络、车联网等，这些局部网络通过各自的网关设备接入互联网。

1.3.2 网络层

网络层负责感知层与应用层之间的数据传输与处理。感知层采集的数据需要经过通信网络传输到数据中心、控制系统等地方进行处理和存储，网络层就是利用互联网、传统电信网等信息承载网络提供一条信息通道，以便让物联网中所有能够被独立寻址的普通物理对象实现互联互通。

网络层面对的是各种通信网络。通信网络在我国主要分为互联网、电信网与广播电视网三种，其发展方向是以 IP 技术为基础进行“三网融合”。网络层面临的最大问题是如何让众多的异构网络实现无缝的互联互通。异构网络的融合主要体现在以下三个方面。

(1) 业务融合。以 IP 技术为基础，向用户提供独立于接入方式的服务。

(2) 终端融合。多模终端是现阶段的雏形，未来将采用基于软件无线电的终端配置技术，使得移动终端具备接入不同无线网络的能力。

(3) 网络融合。网络融合包括固定网与移动网的融合、核心网与接入网的融合、不同无线接入系统的融合等。

通信网络按地理范围从小到大分为体域网(body area network，BAN)、个域网(personal area network，PAN)、局域网(local area network，LAN)、城域网(metropolitan area network，MAN)和广域网(wide area network，WAN)。体域网范围一般不超过 10m，标准由 IEEE 802.15.6 制定；个域网范围一般在几十米，具体技术包括 ZigBee、6LoWPAN、UWB、蓝牙、HiperPAN、IrDA 等；局域网范围一般在几百米，具体技术包括有线的 Ethernet、无线的

Wi-Fi；城域网范围一般在几十千米，具体技术包括无线的WiMAX、有线的弹性分组环(resilient packet ring，RPR)等；广域网一般用于长途通信，具体技术包括SDH、OTN、ATM、移动通信网、卫星网络等。感知层一般采用体域网、个域网或局域网技术，网络层一般采用局域网、城域网和广域网技术。

从网络层的数据流动过程来看，可以把通信网络分为接入网络和互联网两部分。接入网络为来自感知层的数据提供进入互联网的接入手段。由于感知层的设备多种多样，所处环境也不尽相同，所以会采用完全不同的接入技术。接入技术可分为无线接入和有线接入两大类。常见的无线接入技术有Wi-Fi接入、Bluetooth接入、UWB接入、WiMAX接入、MBWA接入、GPRS接入、3G/4G/5G接入、60GHz接入等。常见的有线接入技术有ADSL接入、Ethernet接入、HFC接入、Fiber接入、PLC接入等。

感知层的物体互联通常都是按区域性的局部网络组织的，网络层可以把这些局部网络连接起来，形成一个行业性的、全球性的网络，从而提供公共的数据处理平台，服务于各行各业的物联网应用。连接各个局部网络的任务主要由互联网来完成。

互联网就是利用各种各样的通信网络把计算机连接起来，以达到信息资源共享的目的。互联网把所有通信网络都视为承载网络，由这些网络负责数据的传输。互联网本身则更多地关注信息资源的交互。对于长途通信来说，互联网利用电信网中的核心传输网和核心交换网作为自己的承载网络。核心传输网和核心交换网利用光纤、微波接力通信、卫星通信等建造全国乃至全球的通信网络基础设施。

物联网目前的建设思路与互联网当初的建设思路非常相似。互联网是利用电信网或有线电视网的基础设施把世界各地的计算机或计算机局域网连接起来组成的网络。各单位关心的是本单位局域网的建设，局域网之间的互联依靠电信网。随着计算机所能提供服务的增多，尤其是Web服务的出现，逐渐形成了今天的互联网规模。

在物联网建设中，则是把传感器(对应于计算机)连接成传感网(对应于计算机局域网)，然后再通过现有的互联网(对应于电信网)相互连接起来，最终构成一个全球性的网络。

从物联网的角度看，包括互联网在内的各种通信网络都是物联网的承载网络，为物联网的数据提供传输服务。物联网的建设具有行业性特点，某些行业专网的基础设施可以是独有的，如智能电网，也可以利用电信网或互联网的虚拟专网技术来建设自己的行业网络。

物联网是基于互联网发展起来的，而互联网已经建立在基础的通信设施之上，物联网的信息传输将借助互联网来完成。因此，感知层信息的传输可以划分为两个阶段。

第一个阶段：感知层的信息通过短距离通信介质传输到互联网上，涉及的技术主要有蓝牙、超宽带、ZigBee、智能网关和WSN等。

第二个阶段：通过互联网传输到终端用户，涉及的技术主要有远距离有线、无线通信技术和网络技术，如Internet技术、3G/4G/5G移动通信技术、WiMAX、微波通信、卫星通信等无线通信技术以及光纤通信等有线通信技术。

1.3.3 应用层

应用层的主要功能是对感知到的和传输来的信息进行分析与处理，做出正确的控制和决策，实现智能化的管理、应用和服务，这一层解决的是信息处理和人机界面的问题。

这一层按形态可直观地划分为两个子层：一个是应用业务层，另一个是应用服务层。应用业务层主要进行与业务相关的数据处理，完成跨行业、跨应用、跨系统的信息协同、共享、互通的功能，包括电力、医疗、银行、交通、环保、物流、工业、农业、城市管理、家居生活等应用领域，可用于政府、企业、社会组织、家庭、个人等，这正是物联网作为深度信息化网络的重要体现。而应用服务层主要是为终端用户提供所需要的服务程序，这些服务程序视具体的业务需求而不同，例如，有些终端应用程序可以提供桌面版的，也可以提供手机版的和网页版的。

物联网广泛应用于经济、生活、国防等领域。物联网的应用可分为监控型(如物流监控、污染监控)、查询型(如智能检索、远程抄表)、控制型(如智能交通、智能家居、路灯控制)、扫描型(如手机钱包、高速公路 ETC)等。应用是物联网发展的目的。利用感知和传输来的信息，构建面向各行业实际应用的管理平台和运行平台，为用户提供丰富的特定服务，是物联网的终极追求。目前，软件开发、智能控制技术发展迅速，将会为用户提供丰富多彩的应用。同时，各种行业和家庭应用的开发将会推动物联网的普及，并给整个物联网产业链带来源源不断的利润。

1.4 物联网的支撑技术

物联网是传感器、互联网、智能服务的综合体，通过将物联网与各行业相结合提供智能服务是物联网应用的发展方向。物联网是一门新兴的、交叉性的、聚合性的应用学科，它涵盖了多学科(计算机、通信、电子、材料、能源等)的知识，具有技术复杂、形式多样、涉及面广等特点。按照物联网的体系结构，每一层都有自己的支撑技术。下面简单介绍物联网感知层、网络层和应用层常用的支撑技术。

1.4.1 感知层的支撑技术

感知层由各种感知设备组成，其主要功能是识别物体、采集信息。感知层是物联网伸向物理世界的“触角”，也是海量信息的主要来源，是应用服务的基础。感知层的主要技术有物品信息编码技术、自动识别技术、传感器及组网技术、定位技术、多媒体信息采集及处理技术、智能嵌入技术等。

(1) 物品信息编码技术包括一维条码、二维码、光学标签、EPC 系统等，是自动识别技术的基础，能够提供物品的准确信息。

(2) 自动识别技术包括条码识别、RFID 系统、NFC、图像识别、卡识别、语音识别、光学字符识别(optical character recognition，OCR)、生物识别等。

(3) 传感器是感知外界信息的“电五官”，是采集信息的关键器件，是物联网中不可或缺的信息采集手段，也是采用微电子技术改造传统产业的重要方法。传感器组网一般采用 ZigBee、6LowPAN 等短距离、低功耗、低速率、自组网的无线通信技术。传感网技术包括传感网数据的存储、查询、分析、挖掘、理解以及基于感知数据进行决策和行为的理论与技术。

(4) 定位技术以探测移动物体的位置为主要目标，利用位置信息来为人们提供各式各样的服务。定位技术主要包括基于终端的定位(卫星定位系统，如 GPS、BDS 等)、基于网络的定位和混合定位。

(5) 多媒体信息采集及处理技术就是使用各种摄像头、相机、麦克风等设备采集视频、音频、图像等信息，并将这些采集到的信息进行抽取、挖掘和变换，将非结构化的信息从海量信息中抽取出来，保存到结构化的数据库中，从而为各种信息服务系统提供数据输入的过程。

(6) 智能嵌入技术主要指现代嵌入式系统，其中包括嵌入式微处理器、嵌入式操作系统、嵌入式应用软件开发等。感知层设备都属于嵌入式设备。

感知层最核心、最重要的支撑技术有传感技术、RFID 技术、定位技术、MEMS 技术和智能嵌入技术。

1. 传感技术

传感技术利用传感器和多跳自组织传感器网络，协作感知、采集网络覆盖区域中被感知对象的信息，如感知热、力、光、电、声、位移等信号，特别是微型传感器、智能传感器和嵌入式 Web 传感器的发展与应用，为物联网系统的信息采集、处理、传输、分析和反馈提供了最原始的数据信息。

传感技术的核心即传感器，传感器是一种检测装置，能感受到被测量的信息，并能将检测到的信息按一定规律变换成电信号或其他所需形式的信息输出，以满足信息的传输、处理、存储、显示、记录和控制等要求。

当我们利用手机玩一些需要做动作的游戏，如第一人称射击游戏、需要动作模拟的保龄球游戏或第一人称赛车游戏时，可以直接移动手机来进行，这是因为手机中有三轴陀螺仪。陀螺仪(gyroscope)是一种用来检测和维持方向的装置。

近二十年来，微机电系统(micro-electro-mechanical systems，MEMS)技术的发展为传感器的微型化提供了可能，微处理技术的发展促进了传感器的智能化，MEMS 技术和射频通信技术的融合促进了无线传感器技术及传感器网络的发展。传统的传感器正逐步实现微型化、智能化、信息化和网络化。

2. 射频识别(RFID)技术

射频识别技术是一种利用射频通信实现的非接触式自动识别技术。射频识别系统通常由射频标签、识读器、中间件和应用系统组成。射频标签具有体积小、容量大、寿命长、可重复使用等特点，可支持快速读写、非可视识别、移动识别、多目标识别、定位及长期跟踪管理。RFID 技术与互联网、通信等技术相结合，可实现全球范围内的物品跟踪与信息共享。

识别不同物体需要独立的标签。在标签领域，条码技术已非常成熟并得到了广泛应用，现在几乎所有产品都贴有条码。但由于受存储空间限制，条码通常只能标识产品类型。射频标签与条码相比，具有如下多种优势：一是读取速度快，可在瞬间完成对成百上千件物品标识信息的读取，从而提高工作效率；二是存储空间大，可以实现对单件物品的全过程管理与跟踪，克服条码只能对某类物品进行管理的局限；三是工作距离远，可以实现对物品的远距离管理；四是穿透能力强，可以透过纸张、木材、塑料和金属等包装材料获取物品信息，射频标签根据应用场合的不同可以做成条状、卡状、环状和纽扣状等多种形状；五是工作环境适应性强；六是可重复使用。

3. 定位技术

目前，常见的定位技术主要有卫星定位技术、网络定位技术、感知定位技术等。全球定位系统(global positioning system，GPS)是美国从20世纪70年代开始研制，具有海、陆、空进行全方位实时三维定位能力的新一代卫星导航与定位系统。GPS的定位原理实质上就是测量学的空间测距定位，其特点是向平均20200km的高空均匀分布在6个轨道上的24颗卫星发射测距信号及载波，用户通过接收机接收这些信号并测量卫星至接收机的距离。在地球上，一般地形条件下可见4～12颗卫星。只要有4颗卫星，便可计算出地面点位坐标。

4. MEMS技术

微机电系统也叫微电子机械系统、微系统、微机械等，是指利用大规模集成电路制造工艺经过微米级加工得到的集微型传感器、执行器以及信号处理和控制电路、接口电路、通信和电源于一体的微型机电系统。它是在微电子技术基础上发展起来的，融合了光刻、腐蚀、薄膜、LIGA、硅微加工、非硅微加工和精密机械加工等技术制作的高科技电子机械器件。MEMS技术侧重于超精密机械加工，涉及微电子、材料、力学、化学、机械学等诸多学科领域。它的学科面涵盖微尺度下的力、电、光、磁、声、表面等物理、化学、机械学的各分支。MEMS是一个独立的智能系统，可大批量生产，其系统尺寸为几毫米乃至更小，其内部结构一般为微米甚至纳米量级。常见的产品包括MEMS加速度计、MEMS麦克风、微马达、微泵、微振子、MEMS光学传感器、MEMS压力传感器、MEMS陀螺仪、MEMS湿度传感器、MEMS气体传感器等以及它们的集成产品。MEMS技术近几年的飞速发展为传感器节点的智能化、小型化、低功耗创造了条件，目前，已经在全球形成数百亿美元的庞大市场。近几年出现了集成度更高的纳米机电系统(nano electro mechanical system，NEMS)，其具有微型化、多功能、高集成度和适合大批量生产等特点。

5. 智能嵌入技术

如果说互联网的终端设备主要以通用计算机的形式出现，那么物联网则是要让所有物品都具有计算机的智能但并不以通用计算机的形式出现。要把这些变“聪明”了的物品与网络连接在一起，就需要智能嵌入技术的支持。嵌入式系统是一种专用计算机系统，它一般由嵌入式微处理器、外围硬件设备、嵌入式操作系统以及用户的应用程序等部分组成，用于实现对其他设备的智能控制和管理功能。嵌入式系统通常嵌入在更大的物理设备当中而不被人们所察觉，如手机、空调、微波炉、冰箱中的控制部件都属于嵌入式系统。嵌入式技术与智能计算技术相结合形成的智能嵌入技术，已经在智能家居等物联网应用领域广泛使用，未来它将成为物联网感知层的重要支撑技术之一。

1.4.2 网络层的支撑技术

网络层可以再细分为两个子层：网络构建层与网络服务层。网络构建层主要实现信息的传送和通信，借助互联网、无线宽带及电信骨干网，承载着感知数据的接入、传输等重要工作。网络服务层主要为物联网海量数据提供存储与处理等服务。

网络构建层是建立在 Internet 和移动通信网络等现有网络基础上的。为实现“物物相连”的目标，物联网综合使用 IPv6 技术、移动通信技术、有线宽带技术、Wi-Fi 技术等通信技术。移动通信网、互联网、传感网等都是物联网的重要组成部分，这些网络通过物联网的节点、网关等核心设备协同工作，并承载着各种物联网服务的网络互联。由于物联网终端节点规模大、移动性强，物联网对无线传输网络技术比较关注。IEEE 制定的无线传输网络技术标准主要有：Wi-Fi(IEEE 802. 11)、蓝牙(IEEE 802. 15.1)、UWB(IEEE 802. 15. 3a)、ZigBee(IEEE 802. 15. 4)、WiMAX(IEEE 802. 16)和 MBWA(IEEE 802. 20)。除了这些无线网络技术外，物联网中有的节点也使用移动通信网、数字集群系统等进行互联。

互联网把所有的无线传输网络都视为局部网络或者是连接到互联网的一种无线接入技术，但在物联网时代，连接的不仅有计算机，还有无线传感网、RFID 节点等。在物联网中，有些无线传输技术可以用作无线传感网组网技术，如 ZigBee、UWB 等；有些无线传输技术则既可以用作物联网的组网技术，也可以作为物联网的承载技术或者是互联网的接入技术，如 Wi-Fi、GPRS、3G、4G 等。网络构建层的支撑技术包括终端接入技术、物联网网关、通信模块、智能终端、无线传感网等。

在物联网的语境下，随着数据的快速增长，有海量的数据需要处理。物联网的智能就体现在对数据处理的程度上。物联网网络服务层的支撑技术是各种数据处理技术，包括搜索引擎、数据库、数据仓库、数据挖掘、大数据技术等，计算模式则有网格计算(grid computing)、云计算(cloud computing)、普适计算(ubiquitous computing)、雾计算(fog computing)、框计算(box computing)、海计算(sea computing)、流计算(stream computing)等。物联网目前最为关注的是大数据技术、云计算、普适计算技术、人工智能技术和虚拟现实技术。

1. 数据挖掘

数据挖掘(data mining)就是从数据库海量的数据中提取出有用的信息和知识。数据挖掘是知识发现(knowledge discovery in databases，KDD)的重要技术。数据挖掘并不是用规范的数据库查询语言(如 SQL)进行查询，而是对查询的内容进行模式的总结和内在规律的搜索，从中发现隐藏的关系和模式，进而预测未来可能发生的行为。

2. 云计算

云计算是一种基于互联网的计算模式，也是一种服务提供模式和技术。云计算使得整个互联网的运行方式就像电网一样，互联网中的软硬件资源就像电流一样，用户可以按需使用，按需付费，而不必关心它们的位置和它们是如何配置的。云计算是网格计算、分布式计算(distributed computing)、并行计算(parallel computing)、效用计算(utility computing)、网络存储(network storage)、虚拟化(virtualization)、负载均衡(load balance)等传统计算机技术和网络技术融合发展的产物。

3. 普适计算

普适计算(pervasive computing 或者 ubiquitous computing)就是把计算能力嵌入各种物体中，通过无线网络技术、异构网络融合技术构成一个无处不在的计算环境，从而实现信息空间与物理空间的透明融合。普适计算就是让每件物体都携带有计算和通信功能，人们在生活、工作的现场就可以随时获得服务，而不必直接对计算机进行操作。计算机无处不在，却从人们的意识中消失了。物联网的发展使普适计算有了实现的条件和环境，普适计算又扩展了物联网的应用范围。

4. 人工智能

人工智能(artificial intelligence，AI)是研究使用计算机来模拟人的某些思维过程和行为方式(如学习、推理、思考、规划等)的技术，是探索研究各种机器模拟人类智能的途径，使人类智能得以物化与延伸的一门学科。人工智能借鉴仿生学思想，用数学语言抽象描述知识，用以模仿生物体系和人类的智能机制。在物联网中，人工智能技术主要负责将物品“讲话”的内容进行分析，从而实现计算机自动化处理。

5. 虚拟现实

虚拟现实(virtual reality，VR)技术是20世纪初发展起来的一项全新的实用技术。虚拟现实技术囊括计算机、电子信息、仿真技术，其基本实现方式是计算机模拟虚拟环境从而给人以环境沉浸感。从理论上来讲，虚拟现实技术是一种可以创建和体验虚拟世界的计算机仿真系统，它利用计算机生成一种模拟环境，使用户沉浸到该环境中。虚拟现实技术就是利用现实生活中的数据，通过计算机技术产生电子信号，将其与各种输出设备结合使其转化为能够让人们感受到的现象(这些现象可以是现实中真真切切的物体，也可以是我们肉眼看不到的物质)，并通过三维模型表现出来。因为这些现象不是我们直接看到的，而是通过计算机技术模拟出来的现实中的世界，故称为虚拟现实。

随着社会生产力和科学技术的不断发展，各行各业对VR技术的需求日益旺盛。VR技术也取得了巨大进步，并逐步成为一个新的科学技术领域。VR技术与物联网相结合发展出了元宇宙(Metaverse)。

1.4.3 应用层的支撑技术

应用层的支撑技术主要包括平台服务技术、M2M平台和其他服务平台。

1. 平台服务技术

一个理想的物联网应用体系架构，应当有一套具备共性能力的平台，共同为各行各业提供通用的服务，如数据集中管理、通信管理、基本能力调用(如定位等)、业务流程定制、设备维护服务等。

2. M2M平台

M2M平台是提供对终端进行管理和监控，并为行业应用系统提供数据转发等功能的中间平台。M2M平台将实现终端接入控制、终端监测控制、终端私有协议适配、行业应用系统接入、行业应用私有协议适配、行业应用数据转发、应用环境生成、应用环境运行、业务运营管理等功能。M2M平台是为机器对机器通信提供智能管道的运营平台，能够控制终端合理使用网络，监控终端流量和发布预警，辅助快速定位故障，提供方便的终端远程维护工具。

3. 其他服务平台

以智能计算技术为基础搭建物联网服务平台，可为各种不同的物联网应用提供统一的服务交付平台，提供海量的计算和存储资源，提供统一的数据存储格式和数据处理及分析手段，大大简化应用的交付过程，降低交付成本。随着智能计算与物联网的融合，将使物联网呈现出以下特征：多样化的数据采集端、无处不在的传输网络和智能的后台处理等。

1.5 物联网应用案例

物联网的应用主要是指把传感器等感知设备嵌入和装备到电网、铁路、桥梁、隧道、公路、建筑、供水系统、大坝、油气管道等各种物体中，然后将物联网与现有的互联网整合起来，实现人类社会与物理系统的整合。在这个整合的网络当中，存在能力超强的数据中心，能够对整合网络内的人员、机器、设备和基础设施实施实时的管理和控制。在此基础上，人类可以以更加精细和动态的方式管理生产和生活，达到“智慧”状态，提高资源利用率和生产力水平，改善人与自然间的关系。因此，物联网的用途非常广泛，遍及智能交通、环境保护、政府工作、公共安全、平安家居、智能消防、工业监测、环境监测、老人护理、个人健康、花卉栽培、水系监测、食品溯源、敌情侦查和情报搜集等多个领域。

工信部在《物联网“十二五”发展规划》中提出，要在智能工业、智能农业、智能物流、智能交通、智能电网、智能环保、智能安防、智能医疗、智能家居等 9 个重点领域完成一批应用示范工程，力争实现规模化应用。下面用一些具体的案例进行概要说明。

1.5.1 精细农牧业

把物联网技术应用到农业生产，可以根据用户的需求，为农业生产进行综合信息的自动检测、环境的自动控制以及智能化的管理决策。例如，将农业生产中的温湿度、CO_2含量、土壤温度与含水率等关键信息通过农田中的传感器阵列实时采集，利用无线通信技术及时传送到从事农业生产的客户手中，以便客户能及时进行灌溉、施肥、喷洒农药等田间管理。

在畜牧业，为每一只牛、羊等牲畜都戴上耳标或脚环(实为射频标签，其内嵌一个二维码)，放牧时可以对其进行跟踪，实现无人化放牧。并且这个二维码会一直保持到超市的肉品上，消费者可通过手机阅读二维码，了解牲畜的成长历史，以确保食品安全。目前，我国已有超过 10 亿存栏牲畜带有这种内嵌二维码的射频标签。

1.5.2 智能电网

采用物联网技术可以全面有效地对电力传输的整个系统，从电厂、大坝、变电站、高压输电线路直至用户终端进行智能化处理，包括对电力系统运行状态的实时监控和自动故障处理，确定电网整体的健康水平，触发可能导致电网故障发展的早期预警，确定是否需要立即进行检查或采取相应的措施，分析电网电压降低、电能质量差、过载和其他不希望出现的系统状态，并基于这些分析采取适当的控制行动。例如，智能电网与路灯智能管理终端联系，终端再将这些信息发送给电力公司，从而不需要抄表员就可以掌握居民的用电缴费情况。

目前，智能电网的主要应用项目有电力设备远程监控、电力设备运营状态监测、电力调度应用等。

1.5.3 智能交通

将物联网应用于交通领域，可以使交通智能化。例如，司机可以通过车载信息智能终端享受全方位的综合服务，包括动态导航服务、位置服务、车辆保障服务、安全驾驶服务、娱乐服务、咨询服务等。通过广泛使用交通信息采集、车辆环境监控、汽车驾驶导航、ETC等技术，有利于提高道路的利用率，改善不良驾驶习惯，减少车辆拥堵，实现节能减排，同时也有利于提高出行效率，促进和谐交通。

智能交通主要应用于车辆信息通信、车队管理、商品货物检测、互动式汽车导航、车辆追踪与定位等。

1.5.4 智能物流

物联网技术极大地促进了物流的智能化发展。在国家新近出台的《十大振兴产业规划细则》中已经明确规定物流快递业是未来重点发展的行业之一。快递业因其行业特征被视为是最适合与物联网结合的产业之一。目前发展较快的智能快递，是指在广泛应用物联网的基础上，利用先进的信息采集、信息处理、信息流通和信息管理技术，在需要寄递的信件和包裹上嵌入电子标签、条形码等能够存储物品信息的标识，利用无线网络通信的方式将相关信息及时发送到后台处理系统，从而达到物品快速收寄、分发、运输、投递以及实施跟踪、监控等专业化管理的目的，并最终按照承诺时限递送到收件人或指定地点。

1.5.5 智能家居

用户在下班途中，可以开启家中空调系统，将温/湿度提前调节到舒适的范围；可以检查家中冰箱内的食物储备，若不足，可以通过网络下订单，要求超市按照当天的菜谱在指定的时间送货上门。在家门前，系统会自动识别 RFID 标签，或者通过指纹识别、人脸识别等生物识别技术，进行身份认证。身份认证成功后，门自动打开。主人进门后，不需要寻找电灯开关，系统会检测到主人回来了，而自动将窗帘徐徐拉开。若传感器检测到室内的光线仍不够，还会自动将屋内的照明设备打开并调整到合适的亮度。当主人坐在沙发上时，电视会自动打开并切换到主人喜欢看的频道开始播放节目。

1.5.6 智能医疗

借助实用的医疗传感设备，可以实时感知、处理和分析重大的医疗事件，从而快速、有效地做出响应。人的身上可以根据需要安装不同的传感器，对人的身体参数进行健康监控，并将这些参数实时传送到相关的医疗机构。如果数据存在异常，相关医疗机构可以通过智能手机提醒人们去医院检查身体，从而达到智能医疗的目的。

乡村卫生所、乡镇医院和社区医院可以无缝地连接到中心医院，从而实时地获取专家建议、安排转诊和接受培训。通过联网整合并共享各个医疗单位的医疗信息记录，构建一个综合的专业医疗网络。智慧医疗可以解决医疗资源紧张、医疗费用昂贵、老龄化压力大等各种问题。

1.5.7 智能安防

公共安全问题是人们越来越关注的问题。目前，在很多大城市开始部署多种类别、数量庞大的传感器，利用这些部署在大街小巷的传感器，进行数据的智能分析，并与 110、119、120 等互动，实现传感器与传感器、传感器与人、传感器与报警系统之间的联动，从而构建和谐安全的城市生活环境。

此外，在环境与安全监测方面，物联网技术可以用于烟花爆竹销售点检测、危险品运输车辆监管、火灾事故监控、气候灾害预警、智能城管；还可用于对残障人员、弱势群体(老人、儿童等)、宠物进行跟踪定位、防走失等；以及用于井盖、变压器等公共财产的跟踪定位，防止公共财产的丢失。

小　结

物联网是在互联网的基础上，利用射频识别、无线通信等技术构造的可以实现全球物品信息实时共享的实物互联网。

物联网可分为感知层、网络层和应用层，每一部分相互独立又密不可分。目前，物联网的应用主要体现在智能工业、农业、交通、物流、电网、家居等领域。

本章重点介绍了物联网的起源与发展、基本概念、体系结构和支撑技术，并列举了几个典型的物联网应用案例。通过本章的学习，读者能够对物联网的起源与发展、基本概念、体系结构、主要应用领域等有一个基本的了解，建立对物联网的整体印象，为接下来的学习奠定一个良好的基础。

习　题

一、选择题

1. 三层结构类型的物联网不包括(　　)。
   A. 感知层　　B. 网络层　　C. 应用层　　D. 会话层
2. 物联网的核心是(　　)。
   A. 应用　　B. 产业　　C. 技术　　D. 标准
3. 属于感知层通信技术的是(　　)。
   A. ZigBee 技术　　B. 3G 网络　　C. 4G 网络　　D. 局域网
4. 属于网络层通信技术的是(　　)。
   A. ZigBee 技术　　B. 4G 网络　　C. 蓝牙技术　　D. IrDA 红外技术

5. 属于应用层的技术是( )。
A. ZigBee 技术 B. RFID 技术 C. 蓝牙技术 D. 虚拟现实技术
6. 物联网感知层内的终端接入网络首选为( )。
A. 有线通信 B. 无线通信 C. 光纤通信 D. 计算机通信
7. 下列应用中不属于物联网应用的是( )。
A. 智能交通 B. 智能电网 C. 视频会议 D. 物流追踪
8. WPAN 是指( )。
A. 无线传感网 B. 无线个域网 C. 个人操作空间 D. 个域网
9. 以下关于物联网特点的描述中，错误的是( )。
A. 物联网不是互联网概念、技术与应用的简单扩展
B. 物联网与互联网在基础设施上没有重合
C. 物联网的主要特征是全面感知、可靠传递、智能处理、综合应用
D. 物联网计算模式可以提高人类的生产力、效率、效益
10. RFID 属于物联网的( )层。
A. 业务层 B. 感知层 C. 网络层 D. 应用层
11. 利用 RFID、传感器、二维码等随时随地获取物体的信息，指的是( )。
A. 可靠传递 B. 全面感知 C. 智能处理 D. 互联网
12. ( )给出的物联网概念最权威。
A. 微软 B. IBM C. 三星 D. 国际电信联盟
13. ( )年中国把物联网发展写入了政府工作报告。
A. 2000 B. 2008 C. 2009 D. 2010
14. 第三次信息技术革命指的是( )。
A. 互联网 B. 物联网 C. 智慧地球 D. 感知中国
15. 物联网的异构网络融合中，不包括的融合方式为( )。
A. 业务融合 B. 网络融合 C. 传输介质融合 D. 终端融合
16. “智慧地球”是由( )公司提出的，并得到了奥巴马政府的支持。
A. Intel B. IBM C. TI D. Google
17. 下列选项中不属于物联网网络层主要技术的是( )。
A. Internet 技术 B. 移动通信网技术
C. 无线传感器网络技术 D. 数据挖掘技术

二、填空题

1. 物联网的特征有( )、( )、( )、( )。
2. 中国当今新四大发明是指( )、( )、( )、( )。
3. 物联网的体系结构可分为 3 层，分别是( )、( )、( )。
4. 物联网感知层的关键技术分别是( )、( )、( )、( )。
5. 物联网的英文全称为( )。
6. 物联网的简称为( )。

三、判断题

1. 网络层是物联网的核心，是联系物理世界和信息世界的纽带。 ( )
2. 感知层的主要作用是把下层设备接入互联网，供上层使用。 ( )
3. 感知层是物联网的核心，是联系物理世界和信息世界的纽带。 ( )
4. 网络层的主要作用是把下层设备接入互联网，供上层使用。 ( )
5. 物联网包括物与物互联，也包括人和人的互联。 ( )
6. “物联网”被称为继计算机、互联网之后世界信息产业的第三次浪潮。 ( )
7. 业界对物联网的商业模式已经达成了统一的共识。 ( )
8. 物联网仍处于发展和探索阶段，目前还没有一个明确、统一的定义。 ( )

四、简答题

1. 什么是物联网？其定义是什么？分析物联网中“物”的含义。
2. 物联网的特征是什么？
3. 物联网与互联网的关系是什么？
4. 物联网的体系结构分几层？每层的主要功能是什么？
5. 简述物联网各层的关键技术。
6. 举例说明物联网的应用领域，并对这些常见的物联网系统进行三层结构分析。
7. 为什么物联网对无线传输网络技术关注得比较多？

实践——调研物联网应用案例

关注物联网技术给生活带来的变化，如智能工业、精细农牧业、智能交通、智能电网、智慧物流、智能家居、智慧医疗、智能安防、智慧金融等，通过网络调研方式收集相关案例，调研要求如下。

(1) 物联网生活场景及功能展示，采用图片匹配文字形式展现。

(2) 针对场景分析使用的技术，并通过三层结构分析技术所属层面。

(3) 每3～4人为一个小组，每个小组选一个主题，制作PPT，选择小组成员在课内做分享发言。

实验——感受智能家居

1. 实验内容

通过观看视频，了解物联网以及智能家居的概念和应用，了解智能家居方案的具体实现。

2. 分析与思考

(1) 什么是智能家居？智能家居实现了哪些功能？

(2) 智能家居具有什么样的特点？应用了哪些关键技术？

第2章 自动识别技术

导读

自动识别技术是物联网中非常重要的技术，是能够让物品“开口说话”的技术，是一门依赖于信息技术的多学科结合的边缘技术，近年来得到了迅速发展。

本章将从概念、分类、构成、应用等方面介绍自动识别技术，主要包括条码技术、RFID技术、卡识别技术、语音识别技术、光学字符识别技术(OCR)、生物识别技术、图像识别技术等。

2.1 自动识别技术概述

物联网的宗旨是实现万物的互联与信息的方便传递。要实现人与人、人与物、物与物的互联，首先要对物联网中的人或物进行识别。自动识别技术提供了物联网“物”与“网”连接的基本手段，它自动获取物品中的编码数据或特征信息，并把这些数据送入信息处理系统，是物联网自动化特征的关键环节。随着物联网领域的不断扩大和发展，条码识别、射频识别、NFC、生物特征识别、卡识别等自动识别技术被广泛应用于物联网中。这些技术的应用，使物联网不但可以自动识别“物”，还可以自动识别“人”。

2.1.1 自动识别技术的概念

自动识别技术是一种机器自动数据采集技术。它应用一定的识别装置，通过对某些物理现象进行认定或通过被识别物品和识别装置之间的接近活动，自动地获取被识别物品的相关信息，并通过特殊设备传递给后台计算机处理系统来完成相关处理。简言之，自动识别就是用机器来实现类似人对各种事物或现象的检测与分析，并做出辨别的过程。

自动识别技术的标准化工作主要由国际自动识别制作商协会(Association for automatic Identification and Mobility，AIM Global)负责，其下属的条码技术委员会、全球标准咨询组、射频识别专家组以及该产业在国际上的其他成员组织，积极推动自动识别标准的制定以及相关产品的生产和服务。

中国自动识别技术协会(AIM China)是中国本土的自动识别技术组织，该协会是 AIM Global 的成员之一，它是由从事自动识别技术研究、生产、销售和使用的企业单位及个人自愿结成的全国性、行业性、非营利性的社会团体。AIM China 的主要工作内容是负责中国地区自动识别有关技术标准和规范的制定以及相关成果、产品、应用系统的评审和鉴定。

2.1.2 自动识别技术的分类

按照被识别对象的特征，自动识别技术可分为两大类，即数据采集技术和特征提取技术，如图 2-1 所示。

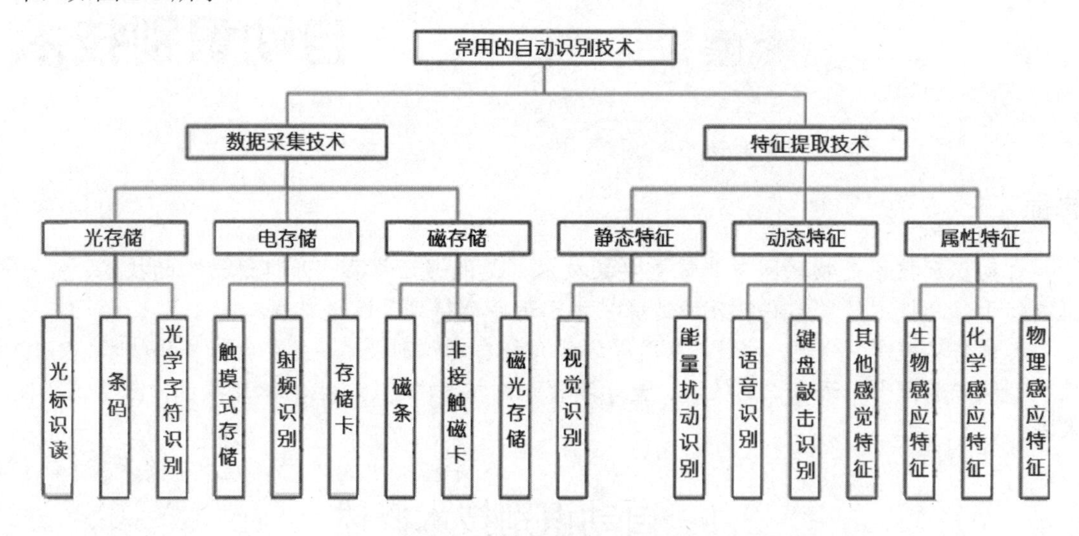

图 2-1 自动识别技术的分类

1. 数据采集技术

数据采集技术的基本特征是需要被识别物体具有特定的识别特征载体，如唯一性的标签、光学符号等。按存储数据的类型，数据采集技术可分为以下几种。

(1) 光存储，如条码、光标识读、光学字符识别。

(2) 磁存储，如磁条、非接触磁卡、磁光存储、微波。

(3) 电存储，如触摸式存储、射频识别、存储卡(IC 卡)、视觉识别、能量扰动识别。

2. 特征提取技术

特征提取技术则是根据被识别物体本身的生理或行为特征来完成数据的自动采集与分析，如语音识别、指纹识别等。按特征的类型，特征提取技术可分为以下三种。

(1) 静态特征，如视觉识别、能量扰动。

(2) 动态特征，如声音(语音)识别、键盘敲击识别、其他感觉特征。

(3) 属性特征，如化学感觉特征识别、物理感觉特征识别、生物抗体病毒特征识别、联合感觉系统。

近三十年来，自动识别技术在全球范围内得到了迅猛发展，初步形成了一个涵盖条码识别、射频识别、生物特征识别、图像识别以及磁识别等技术的，集计算机、光、电、通信和网络技术于一体的高技术学科。

自动识别技术的崛起，为计算机提供了快速、准确地进行数据采集和输入的有效手段，解决了计算机通过键盘手工输入数据速度慢、错误率高造成的“瓶颈”难题，因而自动识别技术作为一种先导性的高新技术，正迅速为人们所接受。

按照应用领域和具体特征，自动识别技术主要有条码识别技术、磁卡识别技术、IC 卡识别技术、射频识别技术等。其中，条码是光识别技术，磁卡是磁识别技术，IC 卡是电识别技术，射频识别是无线识别技术。此外，还有生物识别技术、图像识别技术、光学字符识别技术等。

本章将重点介绍条码识别、射频识别、磁卡与 IC 卡识别、语音识别、光学字符识别、生物识别、图像识别等几种典型的自动识别技术。

2.1.3 自动识别系统的构成

自动识别系统具有信息自动获取和录入功能，无须手工方式即可将数据录入计算机，其一般模型如图 2-2 所示。

图 2-2 一般自动识别系统模型

图 2-2 所示模型是在抽象的层次上概括出来的自动识别系统模型，对于有特定格式的输入信息，如条码、IC 卡，由于其信息格式固定且有量化的特征，故其系统模型简单，将系统的信息处理模块对应为相关的译码工具即可。若输入信息为包含二维图像或一维波形的图形图像类信息，如指纹、语音等，由于该类信息没有固定格式，且数据量大，故其系统模型较复杂，可以抽象为图 2-3 所示的模型。

图 2-3 图形图像类信息的自动识别系统模型

图形图像类自动识别系统一般由数据采集单元、信息预处理单元、特征提取单元和分类决策单元构成。数据采集单元通常通过传感技术实现，信息预处理单元是通过信息的预处理来去除或抑制信号干扰，特征提取单元则是提取信息的特征，以便通过相关的判定准则或经验实行分类决策。

2.2 物品信息编码及识别技术

在物联网中，物品的编码对信息的收集意义重大。为了有效地收集信息，物联网需要给全球每一个“物”都分配唯一的编码，这样“物”的身份可以通过编码来加以确定，解决了信息归属于哪一个“物”的问题。

现在全球许多领域已经开始给物品分配唯一的编码，并且出现了多个物品编码体系共存的局面。这些物品编码体系既有早期建立的物品编码体系，也有基于物联网的物品编码体系。物品编码体系的发展方向是将来的编码体系必须支持现存的编码体系，必须是现存编码体系的扩展，物联网最终的目标是为每一个物品建立全球的、开放的编码标准。

现在的物品编码体系主要有条码编码体系、EPC编码体系和UID编码体系，其中，条码属于早期建立的物品编码体系，EPC码和UID码是基于物联网的物品编码体系。物品编码是物品的“身份证”，解决物品识别的最好方法就是给全球每一个物品都提供唯一的编码，通过物品编码搭建一个自动识别任何事物的全球网络——物联网。

2.2.1 物品信息编码发展简史

1. 美国统一编码委员会(UCC)

1970年，美国超级市场委员会制定了通用商品代码(universal production code，UPC)。UPC是一种条码，1976年美国和加拿大的超市开始使用UPC条码应用系统。1973年，美国统一编码委员会(Universal Code Council，UCC)成立。UCC是标准化组织，UPC条码由UCC管理。

2. 欧洲物品编码协会(EAN)

1977年，欧洲物品编码协会(European Article Number，EAN)成立，开发出与UPC条码完全兼容的EAN条码。1981年，EAN更名为国际物品编码协会(International Article Numbering Association，IAN)。这时EAN已经发展成为一个国际性的组织，EAN条码作为一种消费单元代码，在全球范围内用于唯一标识一种商品。

3. 全球电子产品编码中心(EPC Global)

伴随着经济全球化的进程，需要对全球每个物品进行编码和管理，条码的编码容量满足不了这样的要求，电子产品编码(EPC)就应运而生了。EPC Global的主要职责是在全球范围内建立和维护EPC网络，保证采用全球统一的标准完成物品的自动、实时识别，以此来提高国际贸易单元信息的透明度与可视性。

4. 国际物品编码协会(GS1)

当UCC加入EAN后，EAN International成立了。2005年2月，EAN International更名为GS1(Globe Standard 1)。GS1不仅包括条码的编码体系，而且包括EPC码的编码体系。目前，GS1主要用于商业领域，通过EPC码、射频识别(RFID)、互联网，可以确保全球贸易伙伴得到正确的产品信息。

5. 泛在识别中心(UID Center)

目前，全球比较成熟的物联网标准体系有欧美支持的 EPC 物联网标准体系和日本的 UID(Ubiquitous IDentification)物联网标准体系。EPC 和 UID 是两种主要的物联网标准体系，它们各有各自的特征，并且相互竞争。为了制定具有自主知识产权的物联网标准体系，UID 采用 Ucode 编码，它能兼容日本已有的编码体系，同时也能兼容其他国家的编码体系。

2.2.2 条码技术概述

条码(barcode)技术的核心是条码符号，它由一组规则排列的黑条、空白以及相应的数字字符组成。条码是将宽度不等的多个黑条和空白按一定的编码规则排列，用于表示一组信息，“条”指光线反射率较低的部分，“空”指光线反射率较高的部分。这种用条、空组成的数据编码可以供机器识读，而且很容易译成二进制数和十进制数。这些条和空可以有各种不同的组合方法，从而构成不同的图形符号，即各种符号体系(也称码制)。不同码制的条码，适用于不同的应用场合。条码一般有普通一维条码和二维条码两种。

条码是商品的“身份证”，是商品流通于国际市场的“通用语言”。条码可以标出物品的生产国、制造厂家、商品名称、生产日期、图书分类号、邮件起止地点、类别、日期等许多信息，因而在商品流通、图书管理、邮政管理、银行系统等许多领域都得到了广泛的应用。

1. 一维条码

世界上约有 225 种一维条码，每种都有自己的一套编码规格，规定每个字母(可能是文字或数字)由几个线条(bar)及几个空白(space)组成，以及字母如何排列。较流行的一维条码有 39 码、EAN 码、UPC 码、128 码，以及专门用于书刊管理的 ISBN、ISSN 等。

不论哪一种码制，一维条码都是由以下几个部分构成的。

(1) 左右空白区：用于扫描器的识读准备。

(2) 起始符：扫描器开始识读。

(3) 数据区：承载数据的部分。

(4) 校验符(位)：用于判别识读的信息是否正确。

(5) 终止符：条码扫描的结束标志。

(6) 供人识读字符：机器不能扫描时用于手工输入。

(7) 有些条码还有中间分隔符，如商品条码里的 EAN-13、UPC-A 条码等。

条码识读设备工作时，会发出光束扫过条码，光线在浅色的空上面易反射，在深色的条上则不反射，条码根据光线长短以及黑白的不同，反射回不同强弱的光信号，光电扫描器将其转换成相应的电信号，经过处理变成计算机可接收的数据，从而读出商品条码中的信息。

1) EAN 码

EAN 码是国际物品编码协会制定的一种条码，已用于全球 90 多个国家和地区，超市中最常见的就是 EAN 码。EAN 码符号有标准版和缩短版两种，标准版由 13 位数字构成，即 EAN-13；缩短版由 8 位数字构成，即 EAN-8。我国于 1991 年加入 EAN 组织。EAN 码示例如图 2-4 所示。

图 2-4　EAN 码示例

EAN 码用数字“1”表示条码的一个“暗”或“条”部分，用“0”表示条码的一个“亮”或“空”部分。

EAN-13 条码由厂商代码、商品项目代码和校验码三部分组成。其中，前 3 位数字为国家前缀码，第 4～7 位数字为厂商代码，第 8～12 位数字为商品项目代码，第 13 位数字为校验码。例如，前缀码 690～699 表示中国大陆的编码组织。

EAN-8 一般用来标识商品包装及印刷面积较小，难以用十三位条码标识的商品。它主要用来标识零售商品，也可以标识非零售商品。

2)　39 码

39 码是一种条、空均表示信息的非连续型条码，它可表示数字 0～9、字母 A～Z 和 8 个控制字符(-、空格、/、$、+、%、·、*)等 44 个字符，主要用于工业、图书以及票据的自动化管理。

39 码仅有两种单元宽度，分别为宽单元和窄单元。宽单元的宽度为窄单元的 2～3 倍，一般选用 2 倍、2.5 倍或 3 倍。39 码的每个条码字符由 9 个单元组成(5 个条单元和 4 个空单元)，其中，3 个单元是宽单元，其余是窄单元，故称为“39 码”。示例如图 2-5 所示。

图 2-5　39 码示例

39 码的特征如下。

(1)　用 9 个条和空来代表一个字母(字符)。

(2)　条形码的开始和结束(起始/终止符)都带有星号(*)。

(3)　字符之间的空称作“字符间隔”，一般间隔宽度和窄条宽度相同。

3)　ISBN

ISBN 是国际标准书号，它的使用范围是印刷品、缩微制品、教育电视或电影、混合媒体出版物、计算机软件、地图集和地图、盲文出版物和电子出版物。

2. 二维码

普通的一维条码自问世以来，很快得到了普及并被广泛应用。但是由于条码的信息容量很小，只能对物品进行标识，而不能对物品进行描述，很多描述信息只能依赖于数据库，因而条形码的应用受到了一定的限制。二维码能够在横向和纵向两个方位同时表达信息，因此能在很小的面积内容纳大量的信息。

二维码是用某种特定的几何图形，按照一定规律在二维平面上分布的黑白相间的图形。二维码在代码编制上巧妙地利用了二进制“0”“1”的概念，使用若干个与二进制相对应的几何图形来表示文字和数字信息，通过图像输入设备或光电扫描设备自动识读，实现信息的自动处理。

二维码的优点在于能在纵、横两个方向同时表示信息，因此能在很小的面积上表示大量的信息，超越了字母、数字的限制，可以将图片、文字、声音等进行数字化编码后用二维码表示出来。二维码容错能力强，即使有穿孔、污损等局部损坏，照样可以正确识读；误码率低，可以加入加密措施，防伪性好。

二维码有以下不同结构。

(1) 线性堆叠式二维码。指在一维条码编码原理的基础上，将多个一维码在纵向堆叠。典型的码制有 Code 16K、Code 49、PDF417 等。

(2) 矩阵式二维码。在一个矩形空间通过黑、白像素在矩阵中的不同分布进行编码。典型的码制有 Aztec、Maxi Code、QR 码、Data matrix 等。

目前二维码有几十种，常用的二维码有 Data matrix、QR 码、Maxi Code、PDF417、Code 49、Code 16K、龙贝码、汉信码等。目前，QR 码与 Data matrix、PDF417 码应用广泛，龙贝码、汉信码则是中国人设计的二维码，性能十分先进。下面对这 5 种二维码做详细的介绍。

1) QR 码

QR 码(quick response code，高速识读码)是由日本 Denso-Wave 公司于 1994 年 9 月研制的一种矩阵二维码。QR 码读取速度快，能存储丰富的信息，能对文字、URL 地址和其他类型的数据加密。由于该发明企业放弃了专利权，可供任何人或机构任意使用，故其现已成为目前全球使用面最广的一种二维码。微信、支付宝、共享单车、动车票等都应用了这种二维码。

QR 码呈正方形，只有黑白两色。在 4 个角落中，有 3 个印有较小的像“回”字的正方形图案。这 3 个“回”字是帮助解码软件定位的图案，使用者不需要对准二维码，无论以任何角度扫描，资料都可被正确读取。

QR 码符号共有 40 种规格，版本 1 的规格为 21 模块×21 模块，版本 2 为 25 模块×25 模块，依此类推，每一版本的符号比前一版本每边增加 4 个模块，直到版本 40，规格为 177 模块×177 模块。

2) Data matrix 码

Data matrix 码主要用于电子行业小零件的标识，两条邻边(左边和底部)为暗实线，形成了一个 L 形边界。

3) PDF417 码

PDF417 码是美国 SYMBOL 公司发明的，是一种堆叠式二维条码，最大的优势在于其庞大的数据容量和极强的纠错能力。PDF417 条码需要用 417 解码功能的条码阅读器才能识别。

4) 龙贝码

龙贝码(lots perception matrix code，LPCode)的意思是大数据容量的矩阵码。龙贝码是我国第一个完全自主原创的、拥有底层核心算法国际发明专利的全新二维码。龙贝码存储容量很大，目前单一符号的数据容量已经超过 300KB。它采用独创的掩模加密算法，可以对存储数据进行高达 2^{8960} 次加密，所以信息更安全。另外，龙贝码是全信息二维矩阵符号系统，可以存储包括视频、声音、指纹、图片、文字、URL 地址等在内的更多种类的信息。龙贝码是目前全球范围内唯一可以变形的码制图形符号，它还具备对数据分级授权识读的能力。

5) 汉信码

汉信码是我国拥有自主知识产权的一种二维条码，是目前唯一一个全面支持汉字的条码。汉信码是矩阵式二维码，除具有汉字编码能力强、抗污损、抗畸变、信息容量大等特点外，还支持 160 万个汉字信息字符。当对大量汉字信息进行编码时，相同信息内容的汉信码符号面积远远低于其他条码符号。汉信码能对一切可以二进制化的信息进行编码，可以在纸张、卡片、PVC 甚至金属表面上印出，所增费用只是油墨的费用。

汉信码具有独立定位功能，其数据表示法为：深色模块表示二进制 1，浅色模块表示二进制 0。汉信码的编码容量为：数字为 7827 个字符，字母型字符为 4350 个字符，常用一区汉字为 2174 个字符，常用二区汉字为 2174 个字符，二字节汉字为 1739 个字符，四字节汉字为 1044 个字符，二进制数据为 3261 个字节。汉信码可选择 4 种纠错等级，可恢复的码字比例分别为 8%、15%、23%和 30%。

汉信码符号是由 n×n 个正方形模块构成的正方形阵列，该正方形阵列由信息编码区、功能信息区和功能图形区组成，其中，功能图形区主要包括寻像图形、寻像图形分隔区、校正图形和辅助校正图形。汉信码码图符号的四周为不少于 3 模块宽的空白区。

汉信码符号共有 84 个版本，版本 1 的规格为 23 模块×23 模块，版本 2 为 25 模块×25 模块，依此类推，每一版本符号比前一版本每边增加两个模块，直到版本 84，其规格为 189 模块×189 模块。

常用的二维码如图 2-6 所示。

(a) Data matrix　(b) QR 码　(c) Maxi Code　(d) PDF417 码

(e) Code 49　(f) Code 16K　(g) 龙贝码　(h) 汉信码

图 2-6　几种常用的二维条码

3. 条码的代码形式

条码由欧洲物品编码协会(EAN)和美国统一编码委员会(UCC)负责管理，主要有 6 种代码形式，前面谈到的一维条码和二维条码都包含在这 6 种代码形式中。这 6 种代码形式分别为全球贸易项目代码(GTIN)、系列货运包装箱代码(SSCC)、全球位置代码(GLN)、全球可回收资产标识代码(GRAI)、全球单个资产标识代码(GIAI)和全球服务关系代码(GSRN)，如图 2-7 所示。其中，GTIN 和 SSCC 为常用的两种代码形式。

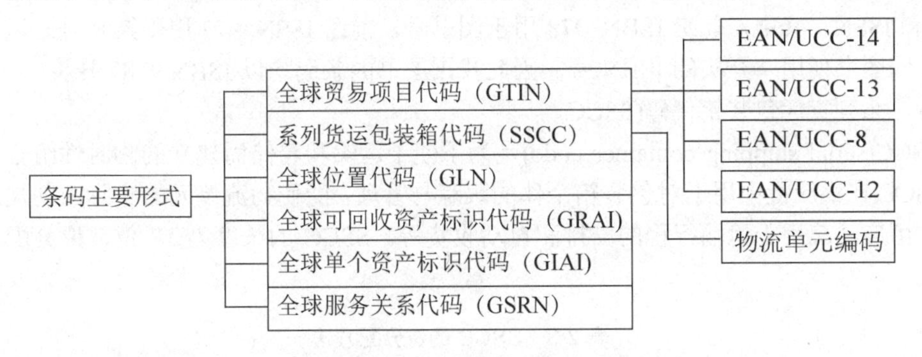

图 2-7 条码的主要形式

1) 全球贸易项目代码(GTIN)

GTIN(global trade item number)是为全球贸易提供唯一标识的一种代码，是目前使用最多的一种条码。GTIN 由 14 位数字构成，是 EAN 与 UCC 的统一代码。GTIN 经常贴在商品包装箱或包装盒上，与资料库中的交易信息相对应，在供应链的各个环节流通。

GTIN 有 4 种不同的编码结构，分别为 EAN/UCC-14、EAN/UCC-13(即 EAN-13 码)、EAN/UCC-8(即 EAN-8 码)和 EAN/UCC-12 编码结构，其中，后 3 种编码结构通过补零可以表示成 14 位数字的编码结构。

条码一般由国家前缀码(也称国家代码)、厂商代码、商品项目代码和校验码组成，条码的赋码权由国际物品编码协会、各国的物品编码组织、厂商共同拥有。条码的前缀码用来标识国家或地区，国际物品编码协会具有前缀码(国家代码)的赋码权。各个国家或地区的物品编码组织具有厂商代码的赋码权，我国的物品编码组织是中国物品编码中心(ANCC)。商品项目代码的赋码权由厂商自己行使，即厂商具有商品项目代码的赋码权。条码的最后一位为校验码，用来防止条码被误读，如果读出的条码数据与对应的校验码不匹配，系统将认为条码出现错误。

EAN 条码有标准版(EAN-13)和缩短版(EAN-8)两种。标准版用 13 位数字表示，又称为 EAN-13 码；缩短版用 8 位数字表示，又称为 EAN-8 码。EAN-8 码和 EAN-13 码的位分配方法见表 2-1 和表 2-2。

表 2-1 EAN-8 码的位分配方法

国家代码	厂商代码	校 验 码
第 1～3 位	第 4～7 位	第 8 位

表 2-2 EAN-13 码的位分配方法

国家代码	厂商代码	商品项目代码	校 验 码
第 1～3 位(我国 EAN 码的前 3 位是 690、691、692)	第 4～7 位	第 8～12 位	第 13 位

例如，罐装健力宝饮料的条码为6901010101098，其中，690代表中国，1010代表广东健力宝公司，10109是罐装饮料的商品项目代码，8为校验码。又例如，69012341为8位的EAN-8代码，其中，国家代码为690，厂商代码为1234，校验码为1。

图书和期刊作为特殊的商品，也采用了EAN-13码。图书和期刊的前缀分别表示为ISBN和ISSN，其中，前缀ISBN 978用于图书号，前缀ISSN 977用于期刊号。以图书为例，我国图书使用7开头的ISBN号，因此我国图书的条码均以ISBN 9787开头。

2) 系列货运包装箱代码(SSCC)

SSCC(serial shipping container code)是为了便于运输和仓储而建立的临时性组合包装代码。SSCC在供应链中用于对包装箱个体的跟踪与管理，能使物流单元的实际流动被跟踪和记录，可广泛应用于运输行程的安排和自动收货等。SSCC的长度为18位，位分配方法见表2-3。

表2-3 SSCC的位分配方法

扩展位	国家代码	厂商代码	商品项目代码	校验码
第1位	第2～4位	第5～8位	第9～17位	第18位

例如，006141410009997778为18位的SSCC代码，其中，扩展位为0，国家代码为061，厂商代码为4141，商品项目代码为000999777，校验码为8。

2.2.3 条码识别系统处理流程

条码识别是集条码理论、光电技术、计算机技术、通信技术和条码印制技术于一体的自动识别技术，其可靠性高，输入速度快，准确性高，成本低，应用面广，可以标出物品的生产国、制造厂家、商品名称、生产日期、图书分类号、邮件起止地点、类别、日期等许多信息，因此在商品流通、工业生产、图书管理、邮政管理、仓储管理、银行系统、信息服务等许多领域都得到了广泛的应用。

条码识别技术是最早应用的一种自动识别技术，属于图形识别技术。一个典型的条码系统处理流程如图2-8所示。无论是一维条码还是二维码，其系统都是由编码、印刷、扫描识别和数据处理等几个部分组成。

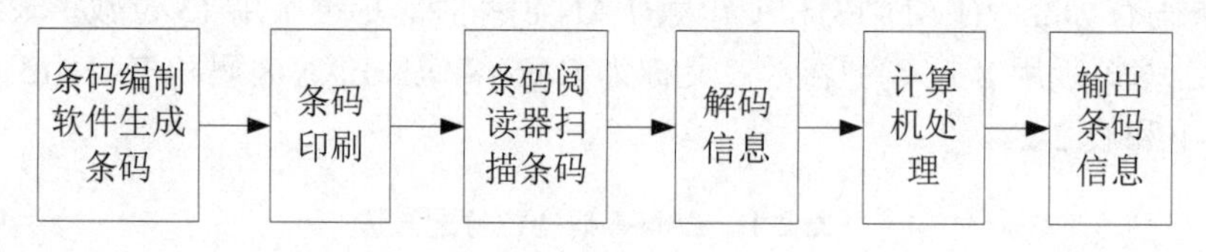

图2-8 条码系统处理流程

1. 条码的编制和印刷

条码是一种图形化的信息代码。一个具体条码符号的产生主要有两个环节，一个是条码符号的编制，另一个是条码符号的印刷。这两个环节涉及条码系统中的条码编制程序和条码打印机。

任何一种条码都有相应的物品编码标准，从编码到条码的转化，可以通过条码编制软件来实现。商业化的条码编制软件有Bar Tender和Code Soft等，这些软件可以编制一维条码和二维码，让用户方便地制作各类风格的证卡、表格和标签，而且还能实现图形压缩、双面排版、数据加密、打印预览和单个/批量制作等功能，生成各种码制的条码符号。

条码编制完成后，需要依靠印刷技术进行生成。因为条码是通过条码识读设备来识别的，这就要求条码必须符合条码扫描器的某些光学特征，所以条码在印制方法、印制工艺、印制设备、符号载体和印制涂料等方面都有较高的要求。条码的印刷分为两大类，即非现场印刷和现场印刷。

(1) 非现场印刷就是采用传统印刷设备在印刷厂大批量印刷。这种方法比较适合代码结构稳定、标识相同或标记变化有规律的条码(如序列流水号等)。

(2) 现场印刷是指由专用设备在需要使用条码标识的地方即时生成所需的条码标识。现场印刷适用于印刷数量少、标识种类多或应急用的条码标识，店内码采用的就是现场印刷方式。

非现场印刷和现场印刷都有其各自的印刷技术和设备。如非现场印刷包括苯胺印刷、激光熔刻、金属版印刷、照相排版印刷、离子沉淀和电子照相技术等多种印刷技术。而现场印刷的数量较少，一般采用图文打印机和专用条码打印机来印刷条码符号。图文打印机主要有喷墨打印机和激光打印机两种。专用条码打印机主要有热敏式条码打印机和热转印式条码打印机两种。

2. 条码识别的原理

条码技术是随着计算机技术与信息技术的发展和应用而诞生的，它是集编码、印刷、识别、数据采集和数据处理于一身的技术。要将条码转换成有意义的信息，需要经历扫描和译码两个过程。

(1) 扫描。物体的颜色是由反射光的类型决定的，白色物体能反射各种波长的可见光，黑色物体则吸收各种波长的可见光，所以当条码扫描器光源发出的光在条码上被反射后，反射光照射到条码扫描器内部的光电转换器上，光电转换器根据强弱不同的反射光信号，将光信号转换成相应的电信号。电信号输出到条码扫描器的放大电路后，信号得到增强，之后再送到整形电路将模拟信号转换成数字信号。

(2) 译码。白条、黑条的宽度不同，相应的电信号持续的时间长短也不同。译码器通过测量数字信号0、1的数目，来判别条和空的数目，并通过测量0、1信号持续的时间，来判别条和空的宽度。此时所得到的数据仍然是杂乱无章的，还需要根据对应的编码规则(如EAN-13码)将条码符号换成相应的数字、字符信息。最后，计算机系统进行数据的处理与管理，物品的详细信息便被识别了。

3. 条码识读器

条码的扫描和译码需要光电条码识读器来完成，其工作原理如图2-9所示。条码识读器由光源、接收装置、光电转换部件、解码器和计算机接口等几部分组成。

条码识读器按工作方式分为固定式和手持式两种，按光源分为发光二极管、激光和其他光源等识读器，按产品分为光笔识读器、电荷耦合器件(charge coupled device，CCD)识读器和激光识读器等。

(1) 光笔识读器是一种外形像笔的识读器，它是最经济的一种接触式识读器，使用时需要移动光笔去接触扫描物体上的条码。光笔识读器必须接触阅读；当条码因保存不当而损坏，或者上面有一层保护膜时，光笔就不能使用。

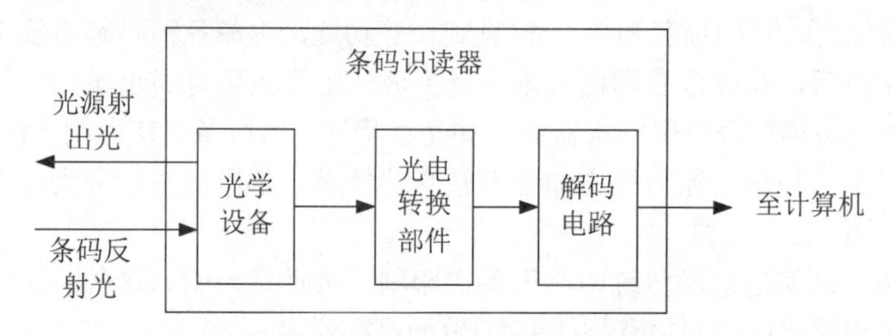

图 2-9　条码识读器的工作原理

(2) CCD 识读器可阅读一维条码和线性堆叠式二维码，其原理是使用一个或多个发光二极管覆盖整个条码，再透过平面镜与光栅将条码符号映射到由光电二极管组成的探测器阵列上，经探测器完成光电转换，再由电路系统对探测器阵列中的每一个光电二极管依次采集信号，辨识出条码符号，完成扫描。与其他识读器相比，CCD 识读器的优点是操作方便，不直接接触条码也可识读，性能较可靠，寿命较长，且价格较激光识读器便宜。

(3) 激光识读器也可阅读一维条码和线性堆叠式二维码。它是利用激光二极管作为光源的单线式识读器，主要有转镜式和颤镜式两种。激光识读器的扫描距离比光笔识读器和 CCD 识读器远，是一种非接触式识读器。由于激光识读器采用了移动部件和镜子，耐用性较差，且价格也比较高。

以上几种识读器都由电源供电，与计算机之间通过电缆来传送数据，电缆接口有 RS-232 串口和 USB 等，属于在线式识读器。在条码识别系统中，还有一些便携式识读器，它们将条码扫描装置与数据终端一体化，由电池供电，并配有数据存储器，属于可离线操作的识读器。

数据采集器可分为两种类型，即批处理数据采集器和无线数据采集器。批处理数据采集器装有一个嵌入式操作系统，采集器带独立内置内存、显示屏及电源。数据被收集后先存储起来，然后通过 USB 线或串口数据线与计算机进行通信，将条码信息转存于计算机。无线数据采集器比批处理数据采集器更先进，除了具有独立内置内存、显示屏及电源外，还内置蓝牙、Wi-Fi 或 GSM/GPRS 等无线通信模块，能将现场采集到的条码数据通过无线网络实时传送给计算机进行处理。

4. 条码数据处理

物品的条码信息通过条码识读器扫描识别并译码后，被传送至后台计算机应用管理程序。应用管理程序接收条码数据并将其输入数据库系统，获取该物品的相关信息。数据库系统可与本地网络连接，实现本地物品的信息管理和流通；也可以与全球互联网相连，通过管理软件或系统实现全球性的数据交换。

条码数据的处理与应用密切相关。例如，在典型的手机二维码应用中，手机作为条码识读器，在物流、交通、证件、娱乐等领域得到广泛的应用。手机二维码识别包括手机“主读”和“被读”两种方式。主读就是使用手机主动读取二维码，即通过手机拍照对二维码进行扫描，获取二维码中存储的信息，从而完成发送短信、拨号、资料交换、付款、解锁等功能。读取二维码的手机需要预先安装微信、支付宝等 App。被读是指将二维码存储在手机中，作为一个条码凭证，如动车票、电影票、电子优惠券等。条码凭证是把传统凭证的内容及持有者信息编码成为一个二维码图形，并通过微信、彩信、邮件等方式发送至用户的手机上。使用时，通过专用的读码设备对手机上显示的二维码图形进行识读验证即可。

下面以物流领域为例，说明条码识别系统的构成。条码打印机用于打印条码；条码附着在物品上，条码采集器可以识别条码的信息；条码采集器将采集到的信息输入计算机，并通过计算机网络传送到服务器；采购部门通过服务器中的数据给出订单，财务部门通过服务器中的数据进行财务对账。物流领域条码识别系统的构成如图 2-10 所示。

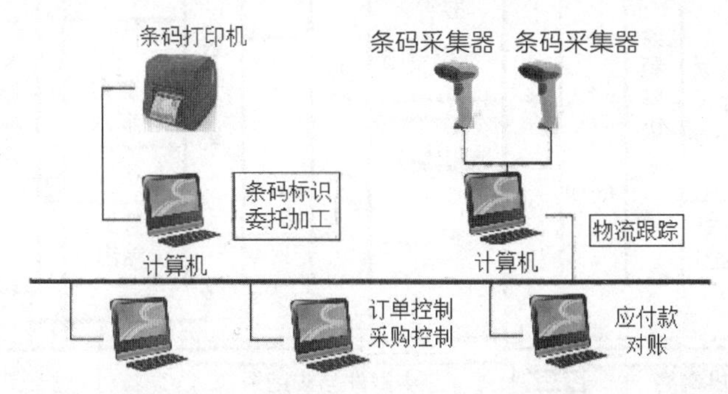

图 2-10　物流领域条码识别系统的构成

知识拓展

扫描右侧二维码，了解电子产品代码(EPC)和 UID 码。

2.3　射频识别

射频识别(RFID)技术是一项利用射频信号通过空间耦合实现无接触信息双向传递并通过所传递的信息达到识别目的的技术，射频是指频率范围在 300kHz～30GHz 的电磁波。射频识别技术涉及射频信号的编码、调制、传输、解码等多个方面。RFID 技术是 20 世纪 90 年代兴起的，识别过程无须人工干预，可工作于各种恶劣环境，可识别高速运动物体，可同时识别多个标签，操作快捷方便。这些优点使 RFID 迅速成为物联网的关键技术之一。

RFID 在历史上的首次应用是在第二次世界大战期间。英国为了识别返航的飞机，在盟军的飞机上装备了高耗电量的主动式标签，当控制塔上的探询器向返航的飞机发射一个询问信号后，飞机上的标签就会发出适当的响应，探询器根据接收到的回传信号可进行敌我识别。

2.3.1　RFID 系统的工作原理

1. RFID 系统工作流程

识读器通过天线发射一定频率的射频信号，射频标签进入天线工作区域时，标签被激活，将自身的信息代码通过内置天线发出，识读器获取标签信息代码并解码后，将标签信息送至计算机进行处理。在射频识别系统工作过程中，始终以能量作为基础，通过一定的时序方式来实现数据交换，如图 2-11 所示。

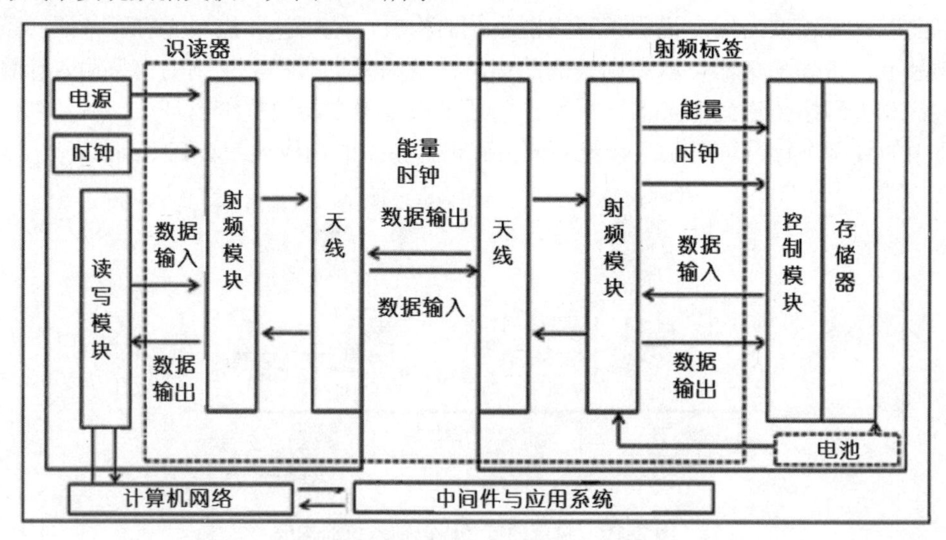

图 2-11　RFID 系统工作原理

识读器将标签发来的调制信号经过解调解码后，通过 USB、串口、网口等，将得到的信息传给应用系统。应用系统可以给读卡器发送相应的命令，控制识读器完成相应的任务。

RFID 系统的基本工作流程如下。

(1) 识读器将无线载波信号经发射天线向外发射。

(2) 射频标签进入识读器发射天线工作区时被激活，并将自身信息代码由天线发射出去。

(3) 识读器接收天线收到射频标签发出的载波信号，传给识读器，识读器对信号进行解码，送后台应用系统(或中间件)进行相关处理。

(4) 后台应用系统针对不同的设定做出相应的处理和控制，发出指令信号控制执行机构的动作。

(5) 执行机构按指令动作。

2. 耦合原理(能量传输方式)

RFID 识读器和标签在通信前必须先完成耦合，通过耦合传输能量。所谓耦合，就是两个或两个以上电路构成一个网络，其中某一电路的电流或电压发生变化时，影响其他电路发生相应变化的现象。通过耦合，能将某一电路的能量(或信息)传输到其他电路中。耦合的方式一般分为电容耦合、电感耦合、磁耦合和电磁反向散射耦合。耦合的方式将决定 RFID 系统的频率与通信距离范围。

1) 电容耦合

电容耦合一般用于非常近的距离。标签与识读器中均有大导通平面，当两者靠得很近时，便形成了一个电容。交流信号就可以通过此电容从识读器传送到标签或从标签传送到识读器。该耦合方式能够传递的能量很大，因此能够驱动标签中较复杂的电路，一般适用于中、低频工作的近距离(小于 1cm)射频识别系统。

2) 电感耦合

电感耦合利用标签与识读器中的线圈构成一个暂时的变压器。识读器产生的电流对其线圈充电，同时产生磁场。该磁场在标签的线圈中产生电流，为标签的电路供电且传递信息。电感耦合工作距离比电容耦合长，约为 10cm。当一个电路中的电流或电压发生波动时，该电路中的线圈(初级线圈)内便产生磁场，在同一个磁场中的另外一组或几组线圈(次级线圈)上就会产生相应比例的磁场(与初、次级线圈的匝数有关)，磁场的变化又会导致电流或电压的变化，因此便可以进行能量传输，如图 2-12 所示。

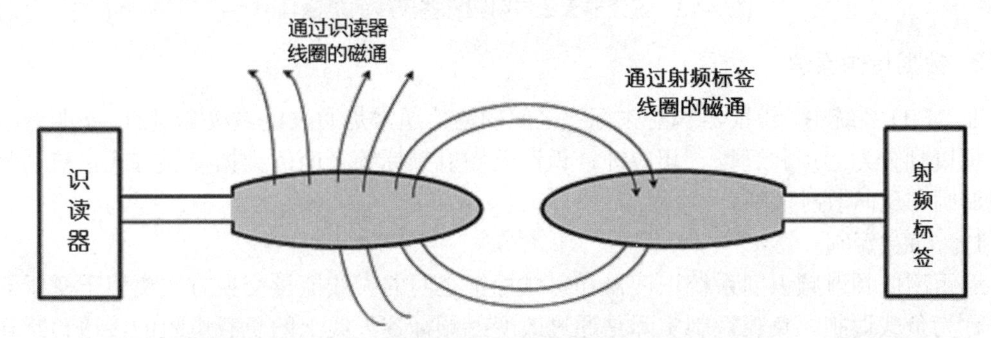

图 2-12 识读器线圈与射频标签线圈的电感耦合

电感耦合系统的射频标签通常由芯片和作为天线的大面积线圈构成，大多为无源标签，芯片工作所需的全部能量必须由识读器提供。识读器发射磁场的一部分磁感线穿过标签的天线线圈时，标签的天线线圈就会产生一个电压，将其整流后便能作为标签的工作能量。电感耦合方式一般适用于中、低频工作的近距离 RFID 系统，典型的工作频率有 125kHz、225kHz 和 13. 56MHz，识别距离一般小于 1m。

3) 磁耦合

磁耦合与电感耦合很相似，主要区别在于磁耦合工作距离在 1cm 以内，因此多用于插入式读取。

4) 电磁反向散射耦合

电磁反向散射耦合方式是 RFID 系统中采用得较多的一种耦合方式。类似雷达工作原理，发射出去的电磁波碰到目标后反射，反射波携带目标信息，这个过程依据的是电磁波的空间传播规律。电磁反向散射耦合工作距离可达 10m 以上，一般适用于高频、微波等工作距离较远的射频识别系统。

当电磁波在传播过程中遇到空间目标时，其能量的一部分被目标吸收，另一部分以不同强度散射到各个方向。在散射的能量中，小部分携带目标信息反射回发射天线，并被天线接收。对接收的信号进行放大和处理，即可得到目标的相关信息。识读器发射的电磁波遇到目标后会发生反射，遇到射频标签时也是如此，如图 2-13 所示。

由于目标的反射性通常随着频率的升高而增强，所以电磁反向散射耦合方式一般适用于以超高频、微波工作的远距离射频识别系统，典型的工作频率有 433MHz、915MHz、2.45GHz 和 5.8GHz，识别距离大于 1m，典型距离为 3～10m。

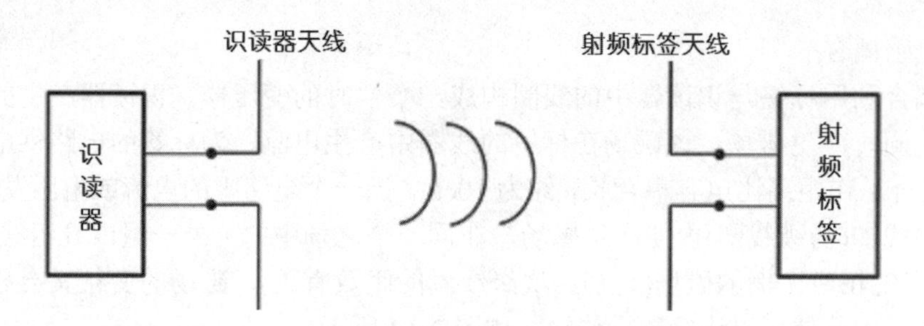

图 2-13　识读器天线与射频标签天线的电磁辐射

3. 数据传输原理

在 RFID 系统中，识读器和射频标签之间的通信通常是通过电磁波实现的。按照通信距离，可以划分为近场和远场，相应地，识读器和射频标签之间的数据交换方式也被划分为负载调制和反向散射调制。

1)　负载调制

近距离低频射频识别系统识读器和射频标签之间的天线能量交换方式类似于变压器模型，称为负载调制。负载调制实际是通过改变射频标签天线上的负载电阻的接通和断开，来使识读器天线上的电压发生变化，令近距离射频标签对天线电压进行振幅调制。如果通过数据来控制负载电压的接通和断开，那么这些数据就能够从射频标签传输到识读器。这种调制方式在 125kHz 和 13.56MHz 的 RFID 系统中得到了广泛应用。

2)　反向散射调制

在典型的远场，如 915MHz 和 2.45GHz 的 RFID 系统中，识读器和射频标签之间的距离有几米，而载波波长仅有几到几十厘米。识读器和射频标签之间的能量传递方式为反向散射调制。反向散射调制是指无源射频识别系统中射频标签将数据发送回识读器时所采用的通信方式。射频标签返回数据的方式是控制天线的阻抗，实际采用的几种阻抗开关有变容二极管、逻辑门、高速开关等。

2.3.2　RFID 系统分类

1. 按工作方式划分

为了在 RFID 系统中进行数据的交互，必须在射频标签与识读器之间传递数据。按系统传递数据的工作方式划分，RFID 系统可分为三种：全双工(full duplex)系统、半双工(half duplex)系统以及时序(SEQ)系统。全双工表示射频标签与识读器之间可在同一时刻互相传送信息。半双工表示射频标签与识读器之间可以双向传送信息，但在同一时刻只能向一个方向传送信息。在全双工和半双工系统中，射频标签的响应是在识读器发出电磁波形成电磁场的情况下进行的。因为与识读器本身的信号相比，射频标签的信号在接收天线上是很弱的，所以必须使用合适的传输方法，以便把射频标签的信号与识读器的信号区别开来。在实践中，人们对从射频标签到识读器的数据传输一般采用负载反射调制技术将射频标签数据加载到反射回波上(尤其是针对无源射频标签系统)。时序方法则与之相反，识读器辐射出的电磁场短时间周期性地断开，这些间隔被射频标签识别出来，并被用于从射频标签到识读器的数据传输。其实，这是一种典型的雷达工作方式。时序方法的缺点是：在识读器发送间歇中，射频标签的能量供应中断，这就必须通过装入足够大的辅助电容器或辅助电池进行补偿。

2. 按工作频率划分

1) 低频系统(LF)

工作频率范围为 30kHz～300kHz，典型工作频率有 125kHz 和 134.2kHz，特点是低频射频标签内保存的数据量比较少，阅读距离比较短，外形多样，天线方向性不强。

低频标签一般为无源标签，其工作能量通过电感耦合方式从识读器耦合线圈的辐射近场中获得。低频标签与识读器之间传送数据时，低频标签须位于识读器天线辐射的近场区内。低频标签的识读距离一般小于 1m。

低频标签的典型应用有动物识别、工具识别、电子闭锁防盗(汽车钥匙)等。低频标签有多种外观形式，应用于动物识别的低频标签外观有项圈式、耳牌式、注射式、药丸式等。应用的典型动物有猪、牛、信鸽等。

低频标签的优势主要体现在以下几个方面。

(1) 标签芯片一般采用普通的 CMOS 工艺，具有省电、廉价等特点。

(2) 工作频率不受无线电频率管制约束。

(3) 可以穿透水、有机组织、木材等。

(4) 非常适合近距离的、低速度的、数据量要求较少的识别应用(例如动物识别)等。

低频标签的劣势主要体现在以下几个方面。

(1) 标签存储数据量较少，只能适合低速、近距离识别应用。

(2) 与高频标签相比，标签天线匝数更多，成本更高。

2) 高频系统(HF)

工作频率范围为 3MHz～30MHz，典型工作频率有 6.75MHz、13.56MHz 和 27.125MHz，其特点是可以传输较大的数据，是目前应用比较成熟、使用范围比较广的 RFID 系统，成本相对较高。高频标签从射频识别应用角度来说，其工作原理与低频标签完全相同，即采用电感耦合方式工作。

高频标签一般也采用无源设计，其工作能量从识读器耦合线圈的辐射近场中获得。标签与识读器进行数据交换时，标签必须位于识读器天线辐射的近场区内。高频标签的识读距离一般也小于 1m。高频标签可方便地做成卡片状，典型应用包括电子车票、电子身份证、电子闭锁防盗等。

高频标准的基本特点与低频标准相似，由于其工作频率提高，可以选用较高的数据传输速率。射频标签天线设计相对简单，标签一般制成标准卡片形状。

3) 超高频系统(UHF)

工作频率在 300MHz 以上、1GHz 以下，典型工作频率有 433.92MHz、862(902)MHz～928MHz，多为无源标签，这些频段的射频标签也称为超高频射频标签。

4) 微波系统(MW)

微波系统的工作频率在 1GHz 以上，典型工作频率有 2.45GHz、5.8GHz，大多使用有源标签。微波 RFID 主要应用于同时对多个射频标签进行操作，需要较长读写距离和较高读写速度的场合，其天线波束方向较窄，系统价格较高。

超高频与微波RFID系统工作时，射频标签位于识读器天线辐射场的远场内，标签与识读器之间的耦合方式为电磁耦合方式。识读器天线辐射场为无源标签提供射频能量，将有源标签唤醒。相应的射频识别系统阅读距离一般大于1m，典型情况为4～6m，最大可达10m以上。识读器天线一般为定向天线，只有在识读器天线定向波束范围内的射频标签可被读写。

由于识读距离增加，应用中有可能存在识读区域同时出现多个标签的情况，从而提出了多标签同时读取的需求，进而这种需求发展成为一种潮流。目前，先进的射频识别系统均将多标签识读功能作为系统的一个重要特征。

以目前的技术水平来说，无源超高频标签比较成功的产品相对集中在902MHz～928MHz工作频段上。2.45GHz和5.8GHz射频识别系统多为半无源微波标签。半无源标签一般使用纽扣电池供电，具有较远的识读距离。微波标签的典型特点主要集中在是否无源、无线读写距离、是否支持多标签读写、是否适合高速识别应用、识读器的发射功率容限、射频标签及识读器的价格等方面。典型的微波射频标签识读距离为3～5m，也有达10m或10m以上的产品。对于可无线写的射频标签而言，通常情况下，写入距离要小于识读距离，其原因在于写入要求更大的能量。

微波标签的数据存储容量一般限定在2KB以内，因为大的存储容量没有太大的意义。从技术及应用的角度来说，微波标签并不适合作为大量数据的载体，其主要功能是标识物品并完成无接触的识别过程。典型的数据容量指标有1KB、128B和64B等。

微波射频标签的典型应用包括移动车辆识别、电子身份证、仓储物流应用和电子闭锁防盗(电子遥控门锁控制器)等。

低频、高频、超高频和微波RFID系统的特点比较如表2-4所示。

表2-4 低频、高频、超高频和微波RFID系统的特点比较

	低 频	高 频	超高频和微波
频率范围	30kHz～300kHz，典型工作频率有125kHz和133kHz	3MHz～30MHz，典型工作频率为13.56MHz和27.12MHz	超高频300MHz～1GHz，微波1GHz以上。超高频典型工作频率为433.92MHz，862(902)～928MHz，微波典型工作频率为2.45GHz和5.8GHz
工作方式	电感耦合，射频标签需要位于识读器天线辐射的近场区内	电感耦合，射频标签需要位于识读器天线辐射的近场区内	电磁反向散射耦合，射频标签位于识读器天线的远场区内
读写距离	小于0.1m	小于1m	大于1m，最大可达10m以上
数据传输	低速，数据少	中低速	高速
应用	低端应用，动物识别等	门禁、身份证、电子车票等	ETC车辆识别、仓储物流、海量物品识别

3. 按距离划分

根据作用距离的远近，RFID系统可分为密耦合、遥耦合和远距离3种系统。

1) 密耦合系统

密耦合系统典型的距离为0～1cm，使用时必须把射频标签插入识读器或者放置在识读

器设定的表面上。射频标签与识读器之间的紧密耦合能提供较大的能量，可为射频标签中功耗较大的微处理器供电，以便执行较为复杂的加密算法等，因此，密耦合系统常用于安全性要求较高且对距离不做要求的设备中。

2) 遥耦合系统

遥耦合系统读写的距离增至 1m，射频标签和识读器之间要通过电磁耦合进行通信。大部分 RFID 系统都属于遥耦合系统。由于作用距离的增大，传输能量的减少，遥耦合系统只能用于耗电较小的设备中。

3) 远距离系统

远距离系统的读写距离为 1～10m，有时更远。所有远距离系统都是超高频或微波系统，一般用于数据存储量较小的设备中。

2.3.3 RFID 系统的组成

在实际的应用中，RFID 系统的组成可能会因为应用场合和应用目的而不同，但都包含一些基本的组件，如射频标签、识读器、系统高层等，如图 2-14 所示。

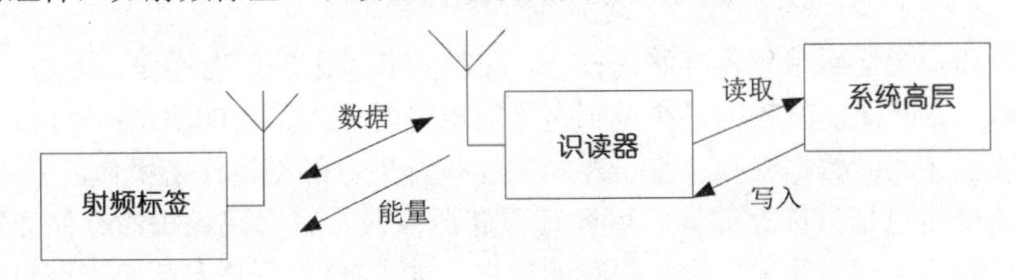

图 2-14 RFID 系统的组成

1. RFID 射频标签(tag)

标签由耦合元件及芯片组成，有内置天线，可以发送和接收信号。天线在标签和识读器间传递射频信号，控制数据的获取和通信。以最常见的交通卡为例，卡内嵌有一个射频标签，公交车上的识读器内置天线，其读写距离为 10cm 左右，属于低频产品，成本相对较低。

1) 射频标签信息

射频标签中存储了物品的信息，这些信息主要包括全球唯一标识符 UID、标签的生产信息以及用户数据等。以典型的超高频射频标签 ISO 18000—68 为例，其内部一般具有 8～255 字节的存储空间，存储格式见表 2-5。

表 2-5 射频标签 ISO 18000—68 的一般存储格式

字节地址	域　名	写 入 者	锁 定 者
0～7	全球唯一标识符(UID)	制造商	制造商
8，9	标签生产厂	制造商	制造商
10，11	标签硬件类型	制造商	制造商
12～17	存储区格式	制造商或用户	根据应用的具体要求
18 及以上	用户数据	用户	根据具体要求

2) 射频标签的原理

射频标签主要包括四个功能块，即天线、高频接口、地址和安全逻辑单元及存储单元，其基本结构如图 2-15 所示。

(1) 天线是在标签和识读器之间传输射频信号的发射与接收装置。它接收识读器的射频能量和相关的指令信息，并把存储在标签中的信息发射出去。

(2) 高频接口是标签天线与标签内部电路之间联系的通道，它将天线接收到的识读器信号进行解调并提供给地址和安全逻辑模块进行再处理。当需要发送数据至识读器时，高频接口通过副载波调制或反向散射调制等方法对数据进行调制，之后再通过天线发送。

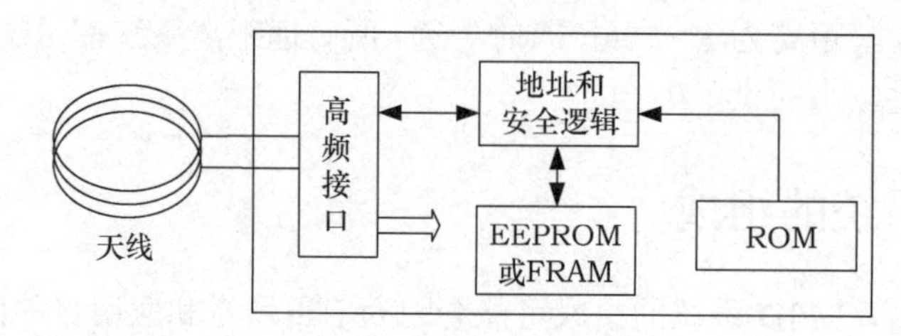

图 2-15 射频标签的结构

(3) 地址和安全逻辑单元是标签的核心，控制着芯片上的所有操作。例如，典型的“电源开启”逻辑，它能保证射频标签在得到充足的电能时进入预定的状态；“I/O 逻辑”能控制标签与识读器之间的数据交换；安全逻辑则能执行数据加密等保密操作。

(4) 存储单元包括只读存储器、可读写存储器以及带有密码保护的存储器等。只读存储器存储着标签的序列号等需要永久保存的数据，如 EPC 电子产品代码，而可读写存储器则通过芯片内的地址和数据总线与地址和安全逻辑单元相连。

另外，部分以集成电路为基础的标签除了以上几个功能块外，还包含一个微处理器。具有微处理器的标签包含自己的操作系统，操作系统的任务包括对标签数据进行存储操作、对命令序列进行控制、管理文件以及执行加密算法等。

3) 射频标签的分类

射频标签有多种类型，随应用目的和场合的不同而有所不同。按照不同的分类标准，射频标签可以有许多不同的分类。

(1) 按供电方式，分为无源标签、半无源标签和有源标签三类。

无源标签内部不带电池，要靠识读器提供能量才能正常工作。当标签进入系统的工作区域时，标签天线接收到识读器发送的电磁波，此时天线线圈就会产生感应电流，再经过整流电路给标签供电。典型的电感耦合无源标签的电路如图 2-16 所示。

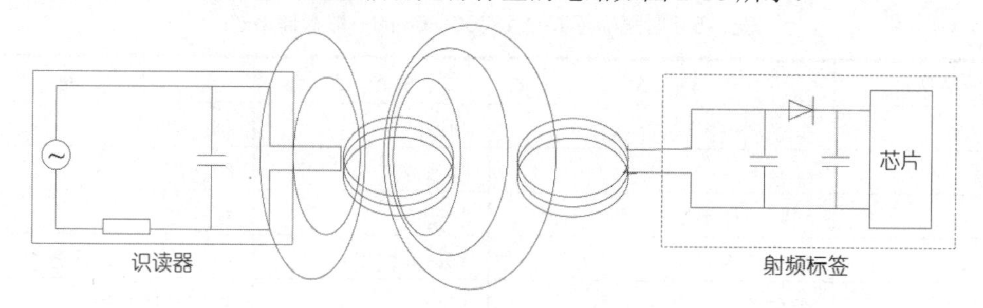

图 2-16 无源射频标签电路

无源标签具有永久的使用期，常常用在标签信息需要频繁读写的地方。无源标签的缺点是数据传输的距离要比有源标签短。但由于它的成本很低，因此被大量应用于电子钥匙、电子防盗系统中。而且无源标签中永久编程的代码具有唯一性，所以可防止伪造，他人无法进行修改或删除。

半无源标签内的电池仅对标签内维持数据的电路或者标签芯片工作所需电压提供辅助支持，它们本身耗电很少。标签未进入工作状态时，一直处于休眠状态，相当于无源标签，标签内部电池的能量消耗很少，因而可以维持几年，甚至长达 10 年；当标签进入识读器的读取区域时，受到识读器发出的射频信号激励，进入工作状态，标签与识读器之间信息交换的能量支持以识读器供应的射频能量为主(反射调制方式)，标签内部电池的作用主要在于弥补标签所处位置的射频场强不足，标签内部电池的能量并不转换为射频能量。

有源标签内部装有板载电源，工作可靠性高，信号传送距离远。有源标签的主要缺点是标签的使用寿命受电池寿命的限制，随着标签内电池电力的消耗，数据传输的距离会越来越短。有源标签成本较高，常用于实时跟踪、目标资产管理等场合。

(2) 根据工作方式的不同，可分为主动式、被动式和半被动式射频标签。

主动式标签(active tag)通常为有源标签。主动式标签的板载电路包括微处理器、传感器、I/O 端口和电源电路等，因此，主动式标签系统能用自身的射频能量主动发送数据给识读器，而无须识读器来激活数据传输。主动式标签与识读器之间的通信是由标签主动发起的，不管识读器是否存在，标签都能持续发送数据。而且，此类标签可以接收识读器发来的休眠命令或唤醒命令，从而调整自己发送数据的频率或进入低功耗状态，以节省电能。

被动式标签(passive tag)通常为无源标签，它与识读器之间的通信由识读器发起，标签进行响应。被动式标签的传输距离较短，但构造简单、价格低廉、寿命较长，被广泛应用于各种场合，如门禁、交通、身份证或消费卡等。市场上 80%以上的标签为被动式标签。

半被动式标签(semi-passive tag)也包含电源，但电源仅仅为标签的运算操作提供能量，其发送信号的能量仍由识读器提供。标签与识读器之间的通信由识读器发起，标签为响应方。其与被动式标签的区别是，它不需要识读器来激活，可以读取更远距离的识读器信号，距离一般达 30m。由于无须识读器激活，标签有充足的时间被识读器读写数据，即使标签处于高速移动状态，仍能被可靠地读写。

(3) 根据内部使用存储器的不同，可分成只读标签和可读写标签。

只读标签内部包含只读存储器(ROM)、随机存储器(RAM)和缓冲存储器(Cache)。ROM 用于存储操作系统和安全性要求较高的数据。一般来说，ROM 存放的标识信息可以由制造商写入，也可以在标签开始使用时由使用者根据特定的应用目的写入，但这些信息都是无重复的序列码，因此，每个标签都具有唯一性，这样标签就具有防伪的功能。RAM 则用于存储标签响应和数据传输过程中临时产生的数据。而 Cache 则用于暂时存储调制之后等待天线发送的信息。只读标签的容量一般较小，可以用作标识标签。标识标签中存储的只是物品的标识号码，物品的详细信息还要根据标识号码到与系统连接的数据库中去查找。

可读写标签内部除了包含 ROM、RAM 和 Cache 外，还有可编程存储器。可编程存储器允许多次写入数据。可读写标签存储的数据一般较多，标签中存储的数据不仅有标识信息，还包括大量其他信息，如防伪校验等。

4) 射频标签的组成

射频标签由标签天线和标签专用芯片组成。标签芯片是标签的核心部分，它的作用包括标签信息的存储、标签接收信号的处理和标签发射信号的处理；天线是标签发射和接收无线电信号的装置。标签芯片一般由控制器、调制解调器、编解码发生器、时钟、存储器和电源电路构成。

射频标签类似于一个小的无线收发机。无线发射机输出的射频信号功率通过馈线输送到天线，由天线以电磁波形式辐射出去。当有电磁波到达标签区域时，由标签天线接收下来，并通过馈线送到无线电接收机。可见，天线是发射和接收电磁波的一个重要设备。

在一个射频标签中，标签面积主要是由天线面积决定的。在实际应用中，标签可以采用不同形式的天线，RFID 标签采用的天线主要有线圈型、微带贴片型和偶极子型三种。工作距离小于 1m 的近距离 RFID 系统标签天线一般采用工艺简单、成本低的线圈型天线，工作在中、低频段。工作在 1m 以上的远距离 RFID 系统需要采用微带贴片型或偶极子型 RFID 天线，工作在高频及微波频段。

5) 射频标签的封装

为了保护标签芯片和天线，也为了使用方便，标签需要以不同的材料、不同的形式进行封装，以适应不同的应用领域和使用环境。在硬件成本中，封装占射频标签的一半以上，因此是产业链中重要的一环。下面分别从不同封装材料介绍封装的方法。

(1) 纸标签。一般都具有自粘功能，用来粘贴在待识别物品上。这种标签比较便宜，一般由面层、芯片线路层、胶层、底层组成。

(2) 塑料标签。采用特定的工艺将芯片和天线用特定的塑料基材封装成不同的标签形式，如钥匙牌、手表形标签、狗牌、信用卡等。常用的塑料基材有 PVC 和 PSP，标签结构包括面层、芯片层和底层。

(3) 玻璃标签。将芯片、天线用一种特殊的固定物质植入一定大小的玻璃容器中，封装成玻璃标签。一般应用于动物识别与跟踪。

2. RFID 识读器

识读器是一个捕捉和处理 RFID 射频标签数据的设备，它能够读取射频标签中的数据，也可以将数据写到标签中。识读器在整个射频识别系统中起着举足轻重的作用。首先，识读器的频率决定了 RFID 系统的工作频段；其次，识读器的功率直接影响 RFID 系统的距离与识读效果的好坏。

识读器的功能主要有以下几点。

(1) 识读器与射频标签的通信功能。在规定的技术条件下，识读器可与射频标签进行通信。

(2) 识读器与计算机的通信功能。识读器可以通过标准接口(如 RS-232 等)与计算机网络连接，并提供各类信息以实现多个识读器在系统网络中的运行，如本识读器的识别码、本识读器读出射频标签信息的日期和时间、本识读器读出的射频标签的信息等。

(3) 识读器能在读写区内查询多个标签，并能正确区分各个标签。

(4) 识读器可以对固定对象和移动对象进行识别。

(5) 识读器能够提示读/写过程中发生的错误，并显示错误的相关信息。

(6) 对于有源标签，识读器能够读出有源标签的电池信息，如电池的总电量、剩余电量等。

识读器通常由高频接口、控制单元、存储器、通信接口、天线以及电源等部件组成，如图 2-17 所示。

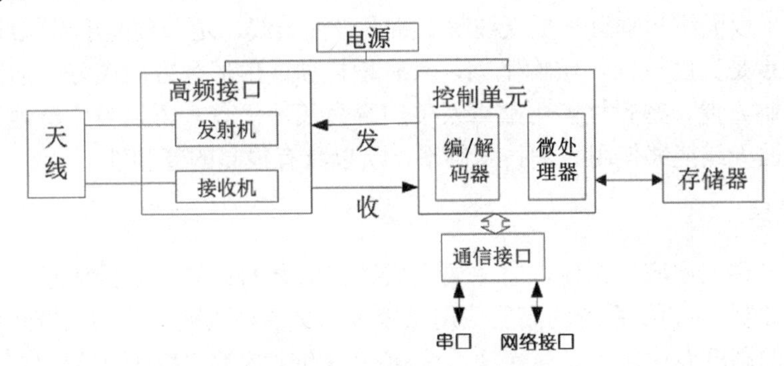

图 2-17 识读器组成示意图

(1) 高频接口。高频接口连接识读器天线和内部电路，含有发射机和接收机两个部分，一般有两个分隔开的信号通道。发射机的功能为对要发射的信号进行调制，在识读器的作用范围内发送电磁波信号，将数据传送给标签；接收机则接收标签返回给识读器的数据信号，并进行解调，提取出标签回送的数据，再传递给微处理器。若标签为无源标签，发射机则产生高频的发射功率，帮助启动射频标签并为它提供能量。高频模块同天线直接连接，目前有的识读器高频模块可以同时连接多个天线。

(2) 控制单元。控制单元的核心部件是微处理器(MPU)，它是识读器芯片有序工作的指挥中心。通过编制相应的 MPU 控制程序，可以实现收、发信号以及与应用程序之间的接口(API)。具体功能包括以下几个方面：与应用系统软件进行通信；执行从应用系统软件发来的命令；控制与标签的通信过程；信号的编/解码。对于一些中高档的 RFID 系统，控制单元还有一些附加功能，如执行防碰撞算法；对键盘、显示设备等其他外设进行控制；对射频标签和识读器之间要传送的数据进行加密和解密；进行射频标签和识读器之间的身份验证等。

(3) 存储器。存储器一般使用 RAM，用来存储识读器的配置参数和识读标签的列表。

(4) 通信接口。通信接口用于连接计算机或网络，一般分为串行通信接口和网络接口两种。串行通信接口是目前识读器普遍采用的接口方式，识读器同计算机通过串口 RS-232 或 RS-485 连接。串行通信的缺点是通信受电缆长度的限制，通信速率较低，更新维护的成本较高。网络接口通过有线或无线方式连接网络识读器和主机，其优点是同主机的连接不受电缆的限制，维护更新容易；缺点是网络连接可靠性不如串行接口，一旦网络连接失败，就无法读取标签数据。随着物联网技术的发展，网络接口将会逐渐取代串行通信接口。

(5) 天线。天线是一种能够将接收到的电磁波转换为电流信号，或者将电流信号转换为电磁波的装置。RFID 系统的识读器必须通过天线来发射能量，形成电磁场，通过电磁场来对射频标签进行识别。可以说，天线所形成的电磁场范围就是射频识别系统的可读区域。RFID 系统的工作频段对天线尺寸以及辐射损耗有一定的要求，识读器天线设计得好坏关系到整个 RFID 系统能否成功。天线具有多种不同的形式和结构，如偶极天线、双偶极天线、阵列天线、八木天线、平板天线、螺旋天线和环形天线等。天线根据其工作频率不同结构也有所区别，其中，环形天线主要用于低频和中频的射频识别系统，用来完成能量和数据的电磁耦合。在 433MHz、915MHz 和 2.45GHz 的射频识别系统中，主要采用八木天线、平板天线和阵列天线等。在目前的超高频与微波系统中，广泛使用平面型天线，包括全向平板天线、水平平板天线和垂直平板天线等。所谓平面天线，是一种基于带状线技术的天线，这种天线的特点是高度较低，结构坚固，具有增益高、扇形区方向图好、后瓣小、垂直面方向图俯角控制方便、密封性能可靠以及使用寿命长等优点，所以被广泛地应用在射频识别系统中。平面天线能够使用光刻技术制造，所以具有很高的复制性。

3. 系统高层

系统高层又称高层应用系统，它主要完成数据信息的存储、数据信息的管理以及对射频标签的读写控制。RFID 系统的高层应用系统可以是各种数据库或供应链系统，也可以是面向特定行业的高度专业化的库存管理系统，或者是继承来自 RFID 管理模块的大型 ERP(企业资源计划)系统。系统高层通过串口或有线无线网口与识读器连接，由硬件和软件两大部分组成：硬件部分主要是计算机及计算机网络，软件部分则包括各种应用程序和起支撑作用的后台数据库(数据库主要用于存储所有与射频标签相关的数据)。

2.3.4 RFID 系统的防碰撞机制及防冲突算法

1. 碰撞的分类

在 RFID 系统的应用中，会发生多个识读器和多个射频标签同时工作的情况，这就会造成识读器和射频标签之间的相互干扰，无法读取信息，这种现象称为碰撞。碰撞可分为两种，即射频标签的碰撞和识读器的碰撞。

射频标签的碰撞是指在一个识读器的读写范围内有多个射频标签，当识读器发出识别命令后，处于识读器范围内的各个标签都将做出应答。当出现两个或多个标签在同一时刻进行应答时，标签之间就会出现干扰，造成识读器无法正常读取。

识读器的碰撞情况比较多，包括识读器间的频率干扰和多识读器-标签干扰。识读器间的频率干扰是指识读器为了保证信号覆盖范围，一般具有较大的发射功率，当频率相近、距离很近的两个识读器一个处于发送状态，一个处于接收状态时，识读器的发射信号会对另一个识读器的接收信号造成很大干扰。多识读器-标签干扰是指当一个标签同时位于两个或多个识读器的读写区域内时，多个识读器会同时与该标签进行通信，此时标签接收到的信号为多个识读器信号的矢量和，导致射频标签无法判断接收的信号属于哪个识读器，也就不能进行正确应答。

2. 防碰撞的方法

在 RFID 系统中，会采用一定的策略或算法来避免碰撞现象的发生，其中，常采用的防碰撞方法有空分多址法、频分多址法、时分多址法、码分多址法。

1) 空分多址(space division multiple access，SDMA)

空分多址法是在分离的空间范围内重新使用频率资源的技术，通过采用智能天线阵技术降低对单个识读器识别距离的要求。实现方法有两种，一种是将识读器和天线的作用距离按空间区域进行划分，把多个识读器和天线放置在一起形成阵列，这样，联合识读器的信道容量就能重复获得；另一种是在识读器上采用一个相控阵天线，该天线的方向对准某个射频标签，不同的射频标签可以根据其在识读器作用范围内的角度位置区分开来。空分多址方法的缺点是天线系统复杂度较高，且费用昂贵，对于 UHF 和微波频率更有实用价值，因此一般用于某些特殊应用的场合。

2) 频分多址(frequency division multiple access，FDMA)

频分多址法是把若干个不同载波频率的传输通路同时供给用户使用的技术，通过给识读器提供不同信道，降低识读器之间发生冲突的概率。一般情况下，从识读器到射频标签的传输频率是固定的，用于能量供应和命令数据传输。而射频标签向识读器传输数据时，射频标签可以采用不同的、独立的副载波进行数据传输。频分多址法的缺点是识读器成本较高，因此这种方法通常也用于特殊场合。

3) 时分多址(time division multiple access，TDMA)

时分多址法是把整个可供使用的通信时间分配给多个用户使用的技术，它是 RFID 系统中最常使用的一种防碰撞方法。时分多址法可分为标签控制法和识读器控制法。标签控制法通常采用 Aloha 算法，也就是射频标签可以随时发送数据，直至发送成功或放弃。识读器控制法就是由识读器观察和控制所有的射频标签，通过轮询算法或二分搜索算法选择一个标签进行通信。轮询算法就是按照顺序对所有的标签依次进行通信。二分搜索算法由识读器判断是否发生碰撞，如果发生碰撞，则把标签范围缩小一半，再进一步搜索，最终确定与之通信的标签。

4) 码分多址(code division multiple access，CDMA)

码分多址技术基于扩频技术，它将需要传递的具有一定信号带宽的信息数据，用一个带宽远大于信号带宽的高速伪随机码进行调制，使原数据信号的带宽被扩展，再经过载波调制后发送出去。接收端使用完全相同的伪随机码与接收的宽带信号做相关处理，把宽带信号转换成(解扩)原信息数据的窄带信号，以实现信息传递。

CDMA 是一种扩频多址数字通信技术，它通过独特的代码序列建立信道，多路信号只占用一条信道，极大地提高了带宽利用率，且具有抗干扰性好、保密安全性高、信道利用率高等优点；但该技术存在频带利用率低、信道容量小、伪随机码的产生与选择较难、接收时地址码捕获时间长等缺点，故该技术很难应用于实际的 RFID 系统中。

3. 防冲突算法

上面对防碰撞的一般方法做了简要介绍，接下来谈谈具体的防冲突的算法。防冲突算法是 RFID 解决多目标识别的关键技术，一般可以分为标签防冲突和识读器防冲突两大类型。

1) 标签防冲突

当识读器信号范围内存在多个标签，同一时刻有两个或两个以上的标签向识读器发送信息时，就会产生标签冲突，解决途径是使用 Aloha 或二进制树搜索防冲突算法。

Aloha 防冲突算法由于延迟时间和检测时间是随机分布的，因此是一种不确定性算法，可分为非时隙、时隙以及自适应 Aloha 防冲突算法。其中，自适应 Aloha 方法的信道利用率最高，它首先对标签的数量进行动态估计，然后根据一定的优化准则，自适应选取延迟时间和帧长，它的优点是能显著提高识别速率，缺点是复杂度明显提高。基于 Aloha 协议的防冲突算法并不能完全解决冲突，因此可能存在“标签饥饿”问题，即某特定标签在很长时间都没有被识别出来，这也是今后研究需要解决的问题。

二进制树搜索属于确定性算法，它的优点是防冲突能力较强，数据结构和指令简单，缺点是支持的存储容量较小。如果采用自适应二进制搜索方法，能进一步减少搜索时间。

2) 识读器防冲突

当相邻的多个识读器同标签进行通信时，可能会引起识读器间的相互干扰。RFID 识读器间的冲突主要来源于频率干扰和标签干扰，解决途径是采用识读器防冲突算法。目前，已提出 Colorwave 算法和分层 Q 学习算法。

Colorwave 算法提供一个实时、分布式、局部化的 MAC 协议为识读器分配频率、时隙来减少识读器间的干扰，属于局部优化。

分层 Q 学习算法采用网络信息，在整个时间段动态分配频率资源，保证邻近的识读器之间不发生冲突，属于全局优化。

在欧洲电信标准化协会(ETSI)的实际标准中，识读器在同标签通信前每隔 100ms 探测数据信道的状态，采用载波侦听方式解决识读器冲突。EPC 标准中，在频率谱上将识读器传输和标签传输分离开，这样使识读器与识读器之间发生冲突、标签与标签之间发生冲突的问题得到简化。

目前，防冲突算法还存在某些不足：正确识别率及识别速率还不够高，算法还不能适应高速识别的需求，另外，数据、指令和识别过程比较复杂。如何克服上述不足，是未来研究的一个重要方向。

2.3.5 RFID 应用前景

RFID 技术的应用前景十分广阔，包括物流和供应管理、生产制造和装配、航空行李处理、邮件/快运包裹处理、文档追踪/图书馆管理、动物身份标识、运动计时、门禁控制/电子门票、道路自动收费和一卡通等行业或领域。下面以 RFID 在安全防护领域和商品生产销售领域的应用前景为例做简单介绍。

1. RFID 在安全防护领域的应用前景

RFID 在安全防护领域应用十分广泛，主要应用在门禁安保系统、汽车防盗以及电子物品监视系统中。

(1) 门禁安保。将来的门禁安保系统均可应用 RFID 卡，并且可以一卡多用。比如，可以作为工作证、出入证、停车卡、旅店住宿卡甚至旅游护照等，目的都是识别人员身份、安全管理、收费等。好处是可以简化出入手续、提高工作效率、加强安全保护。只要人员佩戴了封装成 ID 卡大小的射频卡，出入口处有一台读写器，人员出入时就会自动识别身份，非法闯入会报警。安全级别要求高的地方，还可以结合其他的识别方式，如将指纹、掌纹或人脸特征存入射频卡。公司还可以用 RFID 保护和跟踪财产，将 RFID 标签贴在物品上，如粘贴在电脑、传真机、文件、复印机或其他贵重物品上。该标签使得公司可以自动跟踪、管理这些有价值的财产，如跟踪一个物品从某一建筑离开，或是用报警的方式限制物品离开某地。结合 GPS 和 RFID 标签，还可以对货柜车、货舱等进行有效跟踪。

(2) 汽车防盗。汽车防盗是 RFID 较新的应用，目前，已经开发出了一种能够封装到汽车钥匙中、含有特定码字的 RFID 标签。它需要在汽车上安装识读器，当钥匙插入点火器时，识读器能够辨别钥匙的身份。如果识读器接收不到标签发来的特定信号，汽车的引擎将不会启动。另一种汽车防盗系统是司机自己带有一个 RFID 标签，其发射范围在司机座椅 50cm 以内，识读器安装在座椅的背部。当读写器读取到有效的 ID 号时，系统发出 3 声鸣叫，然后汽车引擎才能启动。该防盗系统还有另一个功能：倘若司机离开汽车并且车门敞开，引擎也没有关闭，这时识读器就需要读取另一个有效 ID 号才能继续前行；假如司机将该标签(汽车钥匙)带离汽车，识读器不能读到有效的 ID，引擎就会自动关闭，同时触发报警装置。

(3) 电子物品监视系统。电子物品监视系统(electronic article surveillance，EAS)的目的是防止商品被盗。整个系统包括贴在物体上的一个内存容量仅为 1bit 的 RFID 标签和商店出口处的识读器。标签在安装时被激活。在激活状态下，标签接近扫描器时会被探测到，同时会报警。如果货物被购买，由销售人员用专用工具拆除标签，用磁场使标签失效，或者直接破坏标签本身的电特性。

2. RFID 在商品生产销售领域的应用前景

RFID 在商品生产销售领域也有着广泛的应用，主要用于生产线自动化、仓储管理、产品防伪以及收费等领域。

(1) 生产线自动化。用 RFID 技术在生产流水线上实现自动控制、监视，可以提高生产率，改进生产方式，节约成本。德国宝马汽车公司在装配流水线上应用 RFID 标签，可大量生产用户定制样式的汽车。用户可以从上万种内部和外部选项中，选定自己所需车的颜色、引擎型号和轮胎式样等，这样一来，汽车装配流水线上就能装配上百种样式的宝马汽车。宝马公司在其装配流水线上配备 RFID 系统，使用可重复使用的 RFID 标签。该标签上带有汽车所需要的详细规格要求，在每个工作点都配备识读器，这样可以保证汽车在各个流水线位置都能准确地完成装配任务。

(2) 仓储管理。将 RFID 系统用于智能仓库货物管理，能有效地解决与货物流动有关的信息管理，不但增加了处理货物的速度，还可监视货物的一切信息。RFID 标签贴在货物所通过的仓库大门旁边，识读器放在叉车上，每个货物都贴有条码，所有条码信息被存储在仓库的中央计算机里，与该货物有关的信息都能在计算机里查到。当货物出库时，由另一个识读器识别并告知中央计算机货物被放在哪辆叉车上，这样管理中心可以实时了解已经生产和发送了多少产品。

(3) 产品防伪。产品防伪是个令人头疼的问题，防伪技术本身要求成本低，且难以伪造。将 RFID 技术应用在防伪领域很有前景。RFID 标签成本相对低廉，而芯片的制造昂贵而困难，使伪造者望而却步。RFID 标签本身包含内存，可以储存、修改与产品有关的数据，利于销售商使用；而且其体积小，便于封装，在电脑、激光打印机、电视等贵重物品上都可使用。

(4) 收费。目前的收费卡多用磁卡、IC 卡，而 RFID 标签也开始占据市场。原因是在一些恶劣的环境中，磁卡、IC 卡易损坏，而 RFID 标签则不易磨损，也不怕静电；同时，RFID 标签的使用方便快捷，在识读器前晃动一下就可完成收费。另外，还可同时识别几张卡并行收费，比如公共汽车上的电子月票。

2.4 卡 识 别

卡识别是一种常见的自动识别技术，比较典型的是磁卡识别技术和 IC 卡识别技术。其中，磁卡属于磁存储器识别技术，IC 卡属于电存储器识别技术。

2.4.1 磁卡识别技术

磁卡(magnetic card)是一种磁记录介质卡片，它由高强度、耐高温的塑料或纸质材料涂覆磁层制成，利用磁性载体记录字符与数字信息，用来识别身份或作其他用途。

磁卡的类型有很多种，常见的类型是磁条型和全涂磁型。磁条型磁卡由磁条和基片组成。磁条是一层薄薄的由定向排列的铁性强化粒子组成的磁性涂料，用树脂黏合剂将这些磁性粒子严密地黏合在一起，再黏合在诸如纸或者塑料这样的非磁性基片媒介上。磁条记录信息的方法是改变磁的极性，在磁性变化的地方具有相反的极性，识读器才能够在磁条内分辨出这种磁性变化。一部识读器可以识读出磁性变化，并将它们转换成字母或数字的形式，以便由计算机来处理。而全涂磁型磁卡则是将磁性材料涂满整个基片。

一个完整的磁卡识别系统包括磁卡、识读器和计算机信息分析处理平台。磁卡识读器与计算机之间通过控制器接口相连，接口类型可以是键盘口、串口或 USB 口。

磁卡能在小范围内存储较大数量的信息，并且磁条上的信息可以被重写或更改，即具有现场改变数据的能力，这个优点使得磁卡的应用领域十分广泛，如信用卡、银行 ATM 卡、会员卡、现金卡(如电话磁卡)、机票和公交卡等。

磁卡的数据存储时间长短受磁性粒子极性的耐久性限制。另外，磁卡存储数据的安全性一般较低，接触磁性物质就可能造成数据的丢失或混乱。

磁卡的价格便宜，但容易磨损，且不能折叠、撕裂，存储数据量小。但磁条中所包含的信息一般比一维条码大。磁条内可分为三个独立磁道，称为 TK1、TK2、TK3。TK1 最多可写 79B 数据；TK2 最多可写 40B 数据；TK3 最多可写 107B 数据(也就是说，磁条最多可以存储 226 个字符)。

2.4.2 IC 卡识别技术

1. IC 卡概述

IC 卡(integrated circuit card，集成电路卡)是继磁条卡(也称磁卡)之后出现的一种信息工具，也称为智能卡(smart card)、智慧卡(intelligent card)、芯片卡(chip card)、微电路卡(microcircuit card)等。

IC 卡是将一个集成电路芯片嵌入符合 ISO 7816 国际标准的卡基中，做成卡片形式。通常 IC 卡采用射频技术与 IC 卡的识读器进行通信。IC 卡识读器是 IC 卡与应用系统间的桥梁，在 ISO 国际标准中称为接口设备(interface device，IFD)。IFD 内的 CPU 通过一个接口电路与 IC 卡相连并进行通信。IC 卡接口电路是 IC 卡识读器中至关重要的部分。

2. IC 卡的分类

按照 IC 卡与识读器的通信方式，可分为接触式 IC 卡和非接触式 IC 卡两种。

(1) 接触式 IC 卡。通过卡片表面金属触点与识读器进行物理连接，来完成通信和数据交换。接触式 IC 卡的表面有一个方形的镀金接口，共有 8 个或 6 个金属触点，用于与识读器接触。因此，读写操作时需将 IC 卡插入识读器，读写完毕，卡片自动弹出或人为抽出。接触式 IC 卡刷卡相对较慢，但可靠性高，多用于存储信息量大、读写操作复杂的场合。

(2) 非接触式 IC 卡。通过无线通信方式与识读器进行通信。通信时，非接触式 IC 卡无须与识读器直接进行物理连接。非接触式 IC 卡由集成电路芯片、感应天线和基片组成，芯片和天线完全密封在基片中，无外露部分。非接触式 IC 卡具有与接触式 IC 卡同样的芯片技术和特性，区别在于卡上设有射频信号或红外线收发器，在一定距离内即可收发识读器的信号，因而和识读器之间无机械接触。非接触式 IC 卡完全密封的形式以及无接触的工作方式，使之不易受外界不良因素的影响，有效地避免了接触式 IC 卡读写故障率高的缺点，因此被广泛应用于身份识别、公共交通自动售票系统、电子货币等多个领域。

3. 非接触式 IC 卡的工作原理

从工作原理上看，非接触式 IC 卡实质上是 RFID 技术和 IC 卡技术相结合的产物。识读器向 IC 卡发射一组固定频率的电磁波，卡片内有一个 IC 串联谐振电路，其频率与识读器发射的频率相同，在电磁波激励下，IC 谐振电路产生共振，从而使电容内有了电荷；在这个电容的另一端，接有一个单向导通的电子泵，将电容内的电荷送到另一个电容内存储，当所积累的电荷达到一定值(一般为 2V)时，此电容可作为电源为其他电路提供工作电压，以便将卡内数据发射出去或接收识读器的数据。

非接触式 IC 卡是一种使用电磁波和非触点与终端通信的 IC 卡。使用此卡时，无须把卡片插入到特定识读器插槽之中。一般来说，通信距离在几厘米至 1 米范围内。

4. IC 卡的优缺点及应用

IC 卡的外形与磁卡相似，区别在于数据存储的媒体不同。IC 卡通过嵌入卡中的集成电路芯片来存储数据信息，而磁卡通过卡上磁条的磁场变化来存储信息。IC 卡与磁卡相比较，具有以下优点。

(1) 存储容量大。磁卡的存储容量大约为 200 个数字字符，而 IC 卡根据不同型号，存储容量为几百至百万个数字字符。

(2) 安全保密性好。IC 卡上的信息能够随意读取、修改、擦除，但都需要密码。

(3) 目前带有 CPU 的 IC 卡具有数据处理能力。在与识读器进行数据交换时，可对数据进行加密、解密，以确保交换数据的准确可靠，而磁卡则无此功能。

(4) 使用寿命比磁卡长。

IC 卡虽有上述这些优点，但其缺点是价格稍高。另外，由于它的触点暴露在外面，有可能因人为原因或静电损坏。

IC 卡在金融、交通、社保等很多领域都有广泛的应用。例如，市政交通的“一卡通”、卡式水表的“收费卡”等都属于 IC 卡。另外，电话 IC 卡、购电(气)卡、手机 SIM 卡、医疗 IC 卡等都是我们经常接触的 IC 卡。

2.5 语音识别

语音识别(automatic speech recognition，ASR)技术开始于 20 世纪 50 年代，其目标是将人类语音中的词汇内容转换为计算机可识别的数据。语音识别技术并非一定要把说出的语音转换为字典词汇，在某些场合只要转换为一种计算机可以识别的形式就可以了，典型的情况是使用语音开启某种行为，如组织某种文件、发出某种命令或开始对某种活动录音。语音识别技术是语音信号处理的一个重要研究方向，是模式识别的一个分支，涉及生理学、心理学、语言学、计算机科学以及信号处理等诸多领域，甚至还涉及人的体态语言(如人在说话时的表情、手势等行为动作)，需要的技术包括信号处理、模式识别、概率论和信息论、发声机理和听觉机理、人工智能等。

2.5.1 语音识别系统分类

语音识别系统按照不同的角度、应用范围和性能要求会有不同的系统设计和实现，也会有不同的分类。

(1) 从需要识别的单位考虑，也是对说话人说话方式的要求，可以将语音识别系统分为三类：孤立词语音识别系统、连接词语音识别系统和连续语音识别系统。

(2) 从说话者与识别系统的相关性考虑，可以将语音识别系统分为三类：特定人语音识别系统、非特定人语音系统和多人的识别系统。

(3) 按照词汇量大小，可以将识别系统分为小(几十)、中(几百)、大(几千、几万)三种词汇量语音识别系统。每个语音识别系统都必须有一个词汇表，规定了识别系统所要识别的词条。词条越多，发音相同或相似的词条就越多，误识率也就越高。

(4) 按识别的方法，语音识别分为三种：基于模板匹配的方法、基于隐马尔可夫模型的方法以及利用人工神经网络的方法。

基于模板匹配的方法首先要通过学习获得语音的模式，将它们做成语音特征模板存储起来，在识别的时候，将语音与模板的参数一一进行匹配，选择出一定准则下的最优匹配模板。模板匹配识别实现较为容易，信息量小，而且只对特定人语音识别有较好的识别性能，因此一般用于较简单的识别场合。许多移动电话提供的语音拨号功能，基本都使用模板匹配识别技术。

基于隐马尔可夫模型的识别方法通过对大量语音数据进行统计，建立统计模型，然后从待识别语音中提取特征，与这些模型匹配，从而获得识别结果。这种方法无须用户事先训练，目前大多数大词汇量、连续语音的非特定人语音识别系统都基于隐马尔可夫模型。缺点是统计模型的建立需要依赖一个较大的语音库，而且识别工作运算量相对较大。

利用人工神经网络的方法是 20 世纪 80 年代末期提出的一种语音识别方法。人工神经网络模拟了人类神经活动的原理，通过大量处理单元连接构成的网络来表达语音基本单元的特性，利用大量不同的拓扑结构来实现识别系统和表述相应的语音或者语义信息。基于神经网络的语音识别具有自我更新的能力，且有高度的并行处理和容错能力。与模板匹配方法相比，人工神经网络方法在反映语音的动态特性上存在较大缺陷，单独使用人工神经网络方法的系统识别性能不高，因此，人工神经网络方法通常与隐马尔可夫算法配合使用。

2.5.2 语音识别的工作原理

不同的语音识别系统，虽然具体实现细节有所不同，但所采用的基本技术相似。一般来说，主要包括训练和识别两个阶段。在训练阶段，根据识别系统的类型选择一种能够满足要求的识别方法，采用语音分析方法分析出这种识别方法所要求的语音特征参数，把这些参数作为标准模式存储起来，形成标准模式库。在识别阶段，将输入语音的特征参数和标准模式库中的模式进行相似比较，将相似度高的模式所属的类别作为中间候选结果输出。

一个典型语音识别系统的实现过程如图 2-18 所示，大致分为预处理、特征参数提取、模型训练和模式匹配几个步骤。

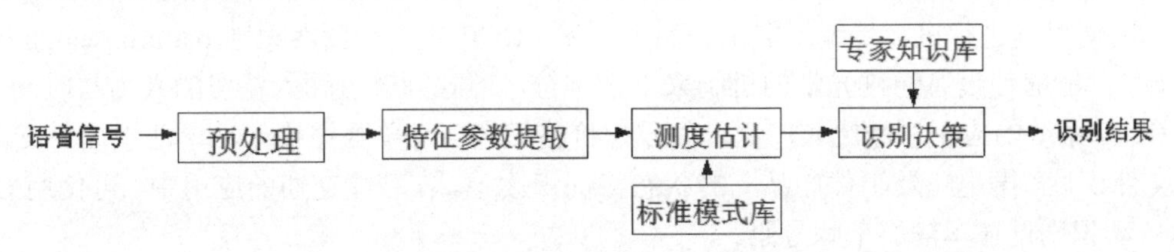

图 2-18 语音识别的原理和过程

(1) 预处理的目的是去除噪声，加强有用的信息，并对输入或其他因素造成的退化现象进行复原。

(2) 特征参数提取的目的是对语音信号进行分析处理，去除与语音识别无关的冗余信息，获得影响语音识别的重要信息，同时对语音信号进行压缩。常用的特征参数提取技术有线性预测(linear prediction，LP)分析技术、Mel 参数和基于感知线性预测(perceptual linear prediction，PLP)分析提取的感知线性预测倒谱、小波分析技术等。

LP 分析技术是目前应用广泛的特征参数提取技术，许多成功的应用系统都采用基于 LP 技术提取的倒谱参数。但 LP 是纯数学模型，没有考虑人类听觉系统对语音处理的特点。

Mel 参数和基于 PLP 分析提取的感知线性预测倒谱，在一定程度上模拟了人耳对语音处理的特点，应用了人耳听觉感知方面的研究成果。试验证明，采用这种技术后，语音识别系统性能有了进一步提高。

(3) 模型训练是指根据识别系统的类型来选择能满足要求的一种识别方法，采用语音分析技术预先分析出这种识别方法所要求的语音特征参数，再把这些语音特征参数作为标准模式由计算机存储起来，形成标准模式库或声学模型。

(4) 模式匹配是根据一定的准则，使未知模式与模式库中的某一个模式获得最佳匹配。模式匹配由测度估计、专家知识库、识别决策三部分组成。测度估计是语音识别系统的核心。语音识别的测度有多种，如欧式距离测度、似然比测度、超音段信息的距离测度、隐马尔可夫模型之间的测度、主观感知的距离测度等。测度估计方法有动态时间规整法、有限状态矢量量化法、隐马尔可夫模型法等。专家知识库用来存储各种语言学知识，如汉语声调变调规则、音长分布规则、同字音判别规则、构词规则、语法规则、语义规则等。对于不同的语音，有不同的语言学专家知识库。对于计算输入信号而得到的测度，根据若干准则及专家知识，判决出可能的结果中最好的一个，由识别系统输出，该过程就是识别决策。例如，对于欧氏距离的测度，一般可用距离最小方法来做决策。

扫描右侧二维码，了解微讯社保声纹认证。

2.6 光学字符识别

光学字符识别(OCR)是指利用数码相机、扫描仪等电子设备将印刷体图像和文字转换为计算机可识别的图像信息，再利用图像处理与字符识别技术将上述图像信息转换为计算机文字，以便对其进行进一步编辑加工的系统技术。OCR是一种图案识别(pattern recognition，PR)技术，能够使设备通过光学的机制来识别字符，节省因键盘输入花费的人力与时间。

OCR系统的应用领域比较广泛，如零售价格识读、订单数据输入、单证识读、支票识读、文件识读、微电路及小件产品上的状态特征识读等。在智能交通的应用中，可使用OCR技术自动识别过往车辆的车牌号码。

OCR系统的识别过程包括图像输入、图像预处理、特征提取、比对识别、字词后处理、人工校正和结果输出等几个阶段，其中，最为关键的环节是特征提取和比对识别。

(1) 图像输入。图像输入就是将要处理的档案通过光学设备输入到计算机中。在OCR系统中，识读图像信息的设备称为光学符号识读器，简称光符识读器。它是将印在纸上的图像或字符借助光学方法变换为电信号后，再传送给计算机进行自动识别的装置。一般的OCR系统输入装置可以是扫描仪、传真机、摄像机或数码相机等。

(2) 图像预处理。图像预处理包含图像正规化、去除噪声、图像校正等图像预处理及图文分析、文字行与字分离的文件前处理。如典型的汉字识别系统预处理就包括去除原始图像中的噪声(干扰)、扫描文字行的倾斜校正、图片/表格/文字区域分离、文章提纲与内容主题分开、文字大小与字体判断、所有文字逐个分离等。

(3) 特征提取。特征提取是OCR系统的核心，用什么特征、怎么提取会直接影响识别结果。特征可分为两类，即统计特征和结构特征。统计特征主要有文字区域内的黑/白点数比，当文字区域分成几个区域时，这一个个区域黑/白点数比联合起来构成一个数值向量。结构特征有字的笔画端点、交叉点的数量及位置等，目前，很多手写输入软件的识别方法就以此为主。

(4) 比对识别。图像的特征被提取后，不管是统计特征还是结构特征，都必须有一个特征数据库来进行比对。利用专家知识库和各种特征比对方法的相异互补性，可以提高识别的正确率。例如，在汉字识别系统中，对某一待识字进行识别时，一般必须将该字按一定准则与存储在计算机内的每一个标准汉字模板逐一比较，找出其中最相似的字作为识别的结果。汉字的数量越大，识别速度越慢。为了提高识别速度，常采用多级识别方法，即先进行粗分类，再进行单字识别。目前，较有名的比对方法有欧式空间比对方法、松弛比对法、动态程序比对法、隐马尔科夫模型(hidden markov model，HMM)法等。

(5) 字词后处理。由于OCR的识别率无法达到100%，为了进一步提高比对的正确率，一些清除错误、自动更正的功能也成为 OCR 系统的必要模块，字词后处理就是其中之一。利用比对后的识别文字与其可能的相似候选字群中的文字对比，根据前后识别文字找出最合乎逻辑的词，以实现更正的功能。

(6) 人工校正。比对算法有可能产生错误，在正确性要求较高的场合下需要采用人工校正方法，对识别输出的文字从头至尾地查看，检出识别错误的字加以纠正。为了提高人工纠错的效率，在显示输出结果时往往把错误识别可能性较大的单字用特殊颜色加以标示，以引起用户注意。也可以利用字处理软件自身的自动检错功能来校正拼写错误和不合语法规则的词汇。

(7) 结果输出。输出需要的文件格式。结果输出需要考虑使用者的目的，如果只要文本文件做部分文字的再使用，则只要输出一般的文字文件即可；如果需要和输入文字一模一样，则需要原文重现的功能；如果注重表格内的文字，则需要和 Excel 等制表软件结合。

光学字符识别的应用范围十分广泛，主要包括办公自动化中印刷体汉、英、日等文件资料的自动输入；建立汉字文献档案库；中文书刊资料的自动输入；汉字文本图像的压缩存储和传输；书刊自动识读器、盲人识读器；书刊资料的再版输入，古籍整理；智能全文信息管理系统、汉英翻译系统；名片识别管理系统；车牌自动识别系统；网络出版；表格、票据、发票识别系统；身份证识别管理系统；无纸化评卷；手写汉字识别等。

2.7 生物识别

生物识别技术主要是指通过人类生物特征进行身份认证的一种技术。具体地说，生物识别技术就是通过计算机与光学、声学、生物传感器和生物统计学原理等高科技手段相结合，利用人体固有的生理特性和行为特征来进行个人身份鉴定。其依据的是生物独一无二的个体生理特征或行为特征，这些特征可以测量和验证，具有遗传性或终身不变等特点。

生物特征的含义很广，大致可分为身体特征和行为特征两类。身体特征包括指纹、静脉、掌形、视网膜、虹膜、人体气味、脸型，甚至血管、DNA、骨骼等。行为特征包括签名、语音、步态等。生物识别系统是对生物特征进行取样，提取其唯一的特征，转化成数字代码，并进一步将这些代码组合为特征模板。当进行身份认证时，识别系统获取该人的特征，并与数据库中的特征模板进行比对，以确定二者是否匹配，从而决定接受还是拒绝该人。

目前，人们已经发展了指纹识别、掌纹与掌形识别、虹膜识别、人脸识别、手指静脉识别、声音识别、签字识别、步态识别、键盘敲击习惯识别，甚至 DNA 识别等多种生物识别技术。指纹识别、虹膜识别、视网膜识别等生物识别技术属于高级生物特征识别技术，掌形识别、人脸识别、声音识别、签名识别等属于次级生物特征识别技术；另外，还有一种生物特征识别技术是深层生物特征识别技术，利用的是生物的深层特征，如血管纹理、静脉、DNA 等。如静脉识别系统就是根据血液中的血红素有吸收红外光的特点，将具有红外线感应的小型照相机或摄像头对着手指、手掌、手背进行拍照，获取个人静脉分布图，然后进行识别。

知识拓展

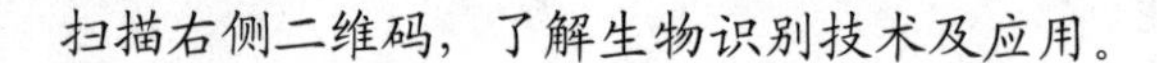
扫描右侧二维码，了解生物识别技术及应用。

2.8 图像识别

在信息化领域，图像识别是利用计算机对图像进行处理、分析和理解，以识别各种不同模式的目标和对象的技术。

小结

本章介绍了目前常见的几种自动识别技术。这些技术的性能比较见表 2-6。各种自动识别技术的特点和性能参数决定了它们的应用场合。

表 2-6　各种自动识别技术性能比较

	条　码	OCR	语　音	生物识别	磁　卡	IC 卡	NFC	RFID
信息载体	纸	物质表面			磁条	存储器	存储器	存储器
数据存储量	1～100B	1～100B			200B	16～64KB	2KB	16～64KB
机器可读性	好	好	耗时	耗时	好	好	好	好
受污染影响	很严重	很严重			可能	可能	没影响	没影响
光遮影响	严重	失效		可能	没影响	没影响	没影响	没影响
方位影响	很小	很小			插入(接触)	插入(接触)	没影响	没影响
耐磨损度	易磨损	有条件			磁场影响	不易磨损	不易磨损	不易磨损
设备成本	低	一般	很高	很高	一般	一般	低	一般
阅读速度	慢，4s	慢，4s	很慢，>5s	很慢，5～10s	慢，4s	慢，4s	快，<0.1s	快，0.5s
作用距离	0～50cm	<1cm	0～50cm	接触(指纹)	接触	接触	≤10cm	0～10m
安全性	差	一般	一般	较高	一般	较高	很高	很高

条码作为最早出现的自动识别技术，其成本最低，适用于商品需求量大并且数据不必更新的场合。但由于其数据存储量较小，较易磨损且安全性差，因此只能用于一次性的场合。

光学字符识别系统多应用于非键盘的文字输入场合，如车牌号码自动识别；也可用于有一定保密要求的领域，如支票识别、电子防伪等领域。

语音识别相比其他识别技术，其设备成本较高，识别速度也较慢。但近年来随着技术的进步，语音识别技术与智能化应用相结合，成为人工智能领域发展的重点。苹果 Siri 与微软小娜等手机语音助手就是典型的代表。

生物识别是与计算机、光学、声学、生物传感等多种技术密切相连的一种自动识别技术。它具有较高的安全性，不易伪造，具有随时可用的优点，目前，已经广泛应用在各种场合。比如指纹识别已成为很多商务笔记本电脑、智能手机的标配，虹膜识别、人脸识别已开始用于各种智能终端设备。

卡识别技术相对来讲是一种成本较低的自动识别技术，如 IC 卡，其数据存储量较大，而且数据安全性很高，因此被广泛应用于人们生活的很多领域。但由于其识别时要与读写设备接触，而且触点暴露在外，也有可能会造成损坏。

NFC 从 RFID 演变而来，其性能优势也比较明显，但 NFC 的作用距离较短，主要是作为一种短距离的无线通信技术，用于信息交互方面。

综合以上分析，RFID 技术在数据存储量、机器可读性、环境敏感度、设备成本、阅读速度、作用距离和安全性等方面都具有绝对的优势。因此，RFID 技术作为一种优势较强的自动识别技术，将成为物联网最重要的自动识别技术之一。

习　　题

一、选择题

1. 二维码目前不能表示的数据类型是(　　)。

   A. 文字　　B. 数字　　C. 二进制　　D. 高清视频

2. 二维码 QR 码 4 个角落 3 个像“回”字的正方形图案的作用是(　　)。

   A. 美观　　B. URL 地址信　　C. 数据加密　　D. 帮助解码软件定位

3. EAN-13 条码是(　　)标准化组织制定的。

   A. EAN 和 UCC　　B. ISO/IEC　　C. UID　　D. IP-X

4. 下列(　　)条形码属于一维条形码。

   A. EAN-13　　B. Code One　　C. Maxi Code　　D. Data Matrix

5. 下列(　　)不属于磁卡的体现形式。

   A. 信用卡　　B. 电话卡　　C. 手机卡　　D. 储蓄卡

6. 下列(　　)不属于一个标准的 IC 卡应用系统。

   A. IC 卡　　B. 读卡器　　C. 通信网络　　D. PC

7. 根据 IC 内芯片类型的不同，IC 卡可分为不同的类型，下列(　　)选项不是 IC 卡的类别。

   A. 存储卡　　B. 网卡　　C. CPU 卡　　D. 逻辑加密卡

8. 下列(　　)自动识别技术属于光识别技术。

   A. 条形码　　B. IC 卡　　C. RFID 技术　　D. 语音识别

9. 下列(　　)自动识别技术属于电识别技术。

   A. 条形码　　B. IC 卡　　C. RFID 技术　　D. OCR

10. 目前，最重要的自动识别技术是(　　)。

    A. 条形码　　B. IC 卡　　C. RFID 技术　　D. 语音识别

11. 以下(　　)用于存储被识别物体的标识信息。

    A. 天线　　B. 电子标签　　C. 识读器　　D. 计算机

12. RFID 硬件部分不包括(　　)。

    A. 读写器　　B. 天线　　C. 二维码　　D. 电子标签(IC 卡)

13. 以下耦合方式中，工作距离最长的是(　　)。

A. 电容耦合　B. 电感耦合　C. 磁耦合　D. 电磁后向散射耦合

14. 国内ETC一般采用(　　)频率通信。

A. 低频　B. 高频　C. 超高频或微波　D. <125kHz

15. 下列(　　)组件负责接收和发送信息及指令。

A. 天线　B. 计算机　C. 电子标签　D. 读写器

16. 三大RFID标准不包括(　　)。

A. IP-X标准　B. UID标准　C. ISO/IEC标准　D. EPC Global标准

17. 识读器的控制系统和应用软件之间的数据交换主要通过识读器的接口来完成。一般识读器的I/O接口形式不包括(　　)。

A. USB　B. LPT　C. WLAN　D. RS-232或RS485

18. RFID电子标签按芯片的类型分为存储型、逻辑加密型和CPU型标签。其中，(　　)电子标签安全等级最低。

A. 存储型　B. 逻辑加密型　C. CPU型　D. MCU型

19. 下列(　　)不属于电感耦合RFID系统特点。

A. 近距离　B. 频率低　C. 变压器模型　D. 雷达模型

20. 射频识别系统中的(　　)器件的工作频率决定了整个射频识别系统的工作频率，功率大小决定了整个射频识别系统的工作距离。

A. 电子标签　B. 上位机　C. 识读器　D. 计算机通信网络

21. 在射频识别系统中，最常用的多路存取法/防冲突法是(　　)。

A. 空分多址法　B. 频分多址法　C. 时分多址法　D. 码分多址法

22. RFID常见的高频工作频率不包括频率(　　)。

A. 6.75 MHz　B. 13.56 MHz　C. 2.45GHz　D. 27.125 MHz

23. 433 MHz、800/900 MHz也常称为(　　)频的RFID系统。

A. 低频LF　B. 高频HF　C. 超高频UHF　D. 微波

24. 下列(　　)不属于电磁耦合RFID系统的特点。

A. 远距离　B. 频率高　C. 变压器模型　D. 雷达模型

25. 电子标签正常工作所需要的能量全部是由识读器供给的，这一类电子标签称为(　　)。

A. 有源标签　B. 无源标签　C. 半有源标签　D. 半无源标签

26. 半有源RFID电子标签内电池的作用是(　　)。

A. 发送数据　B. 解码　C. 接收数据　D. 监测周围环境

27. 我国第二代身份证使用以下(　　)频段。

A. 125 kHz　B. 13.56 MHz　C. 2.45 GHz　D. 433 MHz

28. RFID的基本前端系统一般由3个部分组成，不包括(　　)。

A. 标签　B. 接收器　C. 天线　D. 传感器

29. 以下识别技术中(　　)不属于高级生物特征识别技术。

A. 指纹识别　B. 虹膜识别　C. 视网膜识别　D. 人脸识别

30. 生物特征识别技术是利用人的生理特征或行为特征来进行个人身份的鉴定，下列(　　)不是生物特征识别技术。

A. 指纹识别　　B. 虹膜识别　　C. 人脸识别　　D. IC 卡

二、填空题

1. 条码的基本单位是(　　)和(　　)。

2. 下图中(a)所示的一维条码为(　　)码，(b)所示的一维码为(　　)码。

(a) 6 901234 567892　　(b) 6901 2341

3. 下图中(a)所示的二维码为(　　)码，(b)所示的二维码为(　　)码，(c)所示的二维码为(　　)码。

(a)　　(b)　　(c)

4. 条码系统处理流程包括(　　)、(　　)、(　　)。

5. 要将条码转换成有意义的信息，需要经历(　　)和(　　)两个过程。

6. 一维条码 EAN-13 条码的前 3 位数字为国家前缀码，目前国际物品编码协会分配给我国并已启用的前缀码为(　　)。

7. 在各种自动识别技术中，(　　)是光识别技术，磁卡是磁识别技术，IC 卡是电识别技术，(　　)是无线识别技术。

8. 射频识别 RFID 的英文全称为(　　)。

9. 射频识别技术(RFID)利用(　　)信号通过空间耦合实现无接触信息传递并通过所传递的信息达到(　　)的目的。

10. RFID 系统一般情况下由(　　)、(　　)和(　　)三大部分组成。

11. RFID 标签根据是否内置电源，可以分为三种类型：(　　)标签、主动式标签和半主动式标签。

12. 电子标签按照供电方式分为(　　)、(　　)和半有源电子标签三种。

13. 读写器的硬件一般由(　　)、(　　)、(　　)和(　　)组成。

14. RFID 技术标准划分了不同的工作频率，工作频率主要有(　　)、(　　)、(　　)和(　　)。

15. 根据工作频率的不同，RFID 系统可分为四种：(　　)、(　　)、(　　)、(　　)。

16. 按照距离分类，RFID 可分为(　　)、(　　)、(　　)三种系统。

17. RFID 系统根据读写器与电子标签耦合方式、工作频率和作用距离的不同，无线信号传输分为(　　)和(　　)两种。

18. 解决防碰撞问题需要用到多路存取法。在无线通信中，多路存取法主要有(　　)、(　　)、(　　)和(　　)。

19. 现有的 RFID 防碰撞算法都是基于 TDMA 算法，可划分为(　　)和(　　)两大类。

20. 目前全球有三大 RFID 标准化组织，分别是(　　)、(　　)和(　　)。

21. 简单RFID系统包括(　　　　)和(　　　　)两部分。

22. 射频识别常用的工作频率有(　　　　)、(　　　　)、(　　　　)和(　　　　)。(备注：写出典型的低频、高频、超高频、微波频率。)

23. 目前全球有五大RFID标准化组织，这五大组织分别是(　　　　)、(　　　　)、(　　　　)、AIM Global和IP-X。

24. (　　　　)和(　　　　)频段RFID的工作波长较长，基本上都采用(　　　　)的识别方式，电子标签处于读写器天线的(　　　　)区，电子标签与识读器之间通过(　　　　)获得信号和能量；(　　　　)波段RFID的工作波长较短，电子标签基本都处于识读器天线的(　　　　)区，电子标签与识读器之间通过(　　　　)获得信号和能量。

25. 射频识别系统是由信息载体和信息获取装置组成的，其中，信息载体是(　　　　)，获取信息装置为(　　　　)。

26. 高速公路(　　　　)是目前最先进的电子自动收费系统。

27. 射频识别技术的基本原理是(　　　　　　　　　　　　)。

28. 射频标签根据工作方式分为(　　)、(　　)和(　　　　)三种类型。射频标签根据读写方式可以分为(　　　　)和(　　　　)两类。

三、判断题

1. IC卡技术不属于自动识别技术。 (　　)
2. 被动式RFID标签也被称为无源RFID标签。 (　　)
3. RFID识读器能够校验出传输到计算机数据中的错误。 (　　)
4. 当无源标签接近识读器时，标签处于读写器天线辐射形成的远场范围内。 (　　)
5. RFID识读器能够实现有效读写区域内对多个RFID标签同时读写的能力。 (　　)
6. RFID技术是一种接触式自动识别技术。 (　　)
7. RFID系统包括电子标签、读写器、系统高层。 (　　)
8. 射频识别系统与IC卡相比，在数据读取中几乎不受方向和位置的影响。 (　　)

四、简答题

1. 一维条码EAN-13条码由13位数字组成，其中，前3位数字为国家前缀码，第4～7位数字为厂商代码，第8～12位数字为商品项目代码，第13位数字为校验码。求EAN-13条码最多允许的编码容量。
2. 什么是自动识别技术？你能说出哪几种？
3. 自动识别系统由哪几部分组成？
4. 什么是一维条码和二维条码？一维条码是怎么构成的？二者各用于哪些领域？
5. 举例说明你所见到的条码识别技术是如何组成及如何识别的。
6. 简述射频识别系统的构成及工作原理。
7. 简述RFID技术常见的分类方式，以及分别用于哪些领域。
8. RFID系统射频标签与识读器之间是怎样进行能量传输的？
9. NFC与RFID两种自动识别技术的区别及联系有哪些？
10. 简述EPC的编码原则、编码类型、标识类型以及其通用标识符的编码方案。
11. 简述UID码的编码结构和编码特点。

12. 低频、高频、超高频和微波 RFID 系统的特点分别是什么？为什么超高频和微波系统越来越被重视？

13. RFID 标签与条形码相比具有哪些优点？

实践——调研生物识别技术

调研当前各种最新、最潮的生物识别技术及其具体应用情况，分析其内在原因，展望其未来发展趋势。(提示：指纹、人脸、虹膜、步态以及教材中未列举的生物识别技术。)

课堂随机抽点学生做演示或提交调研报告。

实验 1——认识条码

1. 实验内容

(1) 使用 FreeBarcode 条形码制作软件制作以及识别一维码，制作个性一维码。

(2) 在 http://www.iqrcode.cn 或 https://cli.im 网站设计二维码。

(3) 使用个性化模板制作个性二维码。

2. 分析与思考

从以下几方面对比一维条码和二维条码的差异。

条码类型	信息密度与信息容量	错误校验及纠错能力	垂直方向是否携带信息	用途	对数据库和通信网络的依赖	识读设备	安全性
一维条码							
二维条码							

实验 2——RFID 基础实验

1. 实验内容

本实验通过物联网平台(或者专用 RFID 识读器+ISO 15693、14443 标准卡)完成 RFID 射频标签相关信息的读写、RFID 射频标签的刷卡操作，以及对 RFID 射频标签进行充值和消费操作，在实际应用中加深对 RFID 射频技术的理解。

2. 分析与思考

(1) 思考生活中有哪些地方应用了 RFID 射频技术，并简述其操作原理。

(2) 如何解决 RFID 的安全问题？

第3章 传感器与无线传感网

导读

传感器(sensor或transducer)是一种物理装置，是能够探测、感受外界的物理或化学变量信号，并将感知到的各种形式的信息按照一定的规律转换成输出信号的装置。其功能正如其名：一是“感”(感知)，二是“传”(传送)。

本章主要从构成、种类、应用等角度描述传感器，并重点介绍几种常用传感器和新型传感器。另外，各种传感器通过短距离无线通信技术组网可以完成森林火警、污染监测、治安监控、战场监视等更多的功用，本章将重点介绍无线传感网的结构组成、通信协议以及关键技术。

人在从事体力和脑力劳动的过程中，通过感觉器官接收外界信号，再将这些信号传送给大脑，大脑对这些信号进行分析处理后传递给肢体。如果用机器完成这一过程，计算机相当于人的大脑，执行器相当于人的肢体，传感器相当于人的五官和皮肤。因此，有人认为传感器好比人体感官的延伸，称为“电五官”。传感器与人的感官对比如图3-1所示。

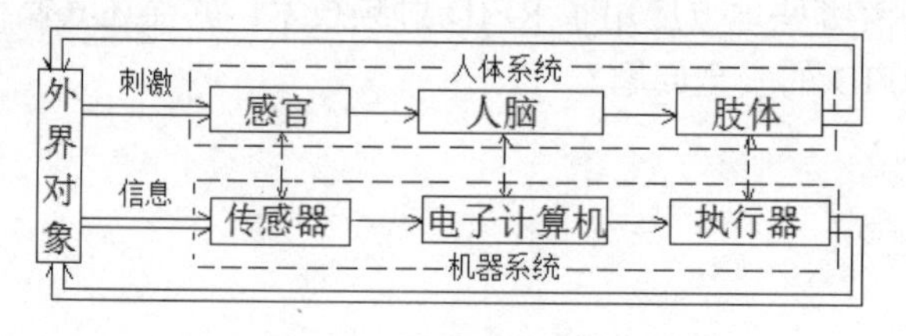

图3-1 传感器与人的感官对比

3.1 传感器概述

传感器早已渗透到人们日常生活中的每一个领域，它正在改变着人们的生活方式，给人们的生活带来方便、安全和快捷。比如，当我们夏天使用空调时，用热敏电阻制作的传感器会让房间保持在一个设定的温度下。当然，在生活中用到传感器的地方还有很多，如烟雾报警器、光敏路灯、声控路灯、自动门、手机触摸屏、数码相机、体脂秤、话筒、电子体温计、全自动洗衣机、红外线报警器等。

3.1.1 传感器的定义

国家标准 GB 7665—87 对传感器的定义是：“传感器是能够感受规定的被测量并按照一定的规律转换成可用输出信号的器件或装置，通常由敏感元件和转换元件组成。”

具体地说，传感器是一种能够检测被测量的器件或装置；被测量可以是物理量、化学量或生物量等；输出信号要便于传输、转换、处理、显示，一般是电参量；输出信号要正确地反映被测量的数值、变化规律等，即两者之间要有确定的对应关系，且应具备一定的精确度。总而言之，凡是输出量与输入量之间存在严格的一一对应关系的器件和装置均可称作传感器。测量体温的电子体温计就是常见的传感器，它将人体温度转换为电信号，利用显示屏显示温度数字。

现代科学技术的发展已经进入了许多新领域。例如，宏观上要观察上千光年的茫茫宇宙，微观上要观察小到纳米的粒子世界，纵向上要观察长达数十万年的天体演化和短到微秒的瞬间反应。此外，还出现了对深化物质认识、开拓新能源和新材料等具有重要作用的各种极端技术，如超高温、超低温、超高压、超高真空、超强磁场等。这些都是人类感官无法直接获取的信息，且不易于测量。传感器就是要把非电的物理量(如位移、速度、压力、温度、湿度、流量、声强、光照等)转换成易于测量、传输和处理的电参量(如电压、电流等)。

传感器的发展趋势包括微型化、数字化、智能化、多功能化、系统化、网络化，它是实现自动检测和自动控制的首要环节。传感器的存在和发展让物体有了触觉、味觉和嗅觉等感官，让物体慢慢活了起来。

3.1.2 传感器的构成

传感器一般把被测量按照一定的规律转换成相应的电信号，它由敏感元件、转换元件、转换电路、辅助电源等 4 部分构成。敏感元件是传感器中能感受或响应被测量并输出信号的部分。转换元件是将敏感元件的输出信号转换成适于传输或测量(后续处理)的信号(一般指电信号)的部分。转换电路用于对获得的微弱电信号进行放大、运算调制等。转换元件和转换电路一般还需要用辅助电源供电。传感器的基本构成如图 3-2 所示。

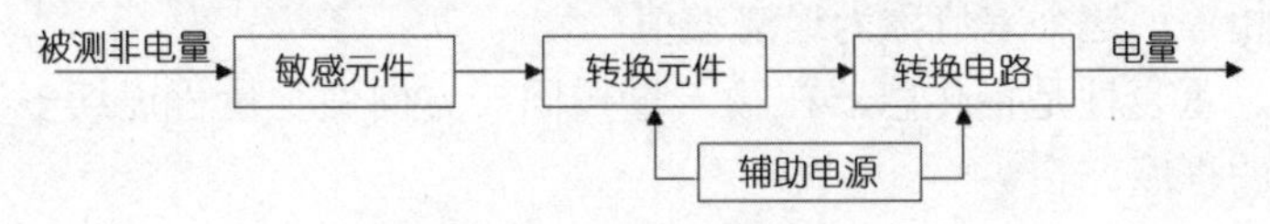

图 3-2　传感器的基本构成

随着半导体器件与集成技术在传感器中的应用，传感器的基本转换电路可安装在传感器壳体里或与敏感元件一起集成在同一芯片上，构成集成传感器。另外，这四部分也不是必需的。从能量的角度分类，典型的传感器结构有三种。

(1) 自源型。这是最简单、最基本的传感器构成形式，只包含敏感元件和转换元件，无须外加能源。其转换元件能够从被测对象直接吸收能量，并转换成电量输出，但输出电量较微弱，如压电器件、热电偶等传感器。

(2) 辅助能源型。由敏感元件、转换元件和辅助能源组成，没有转换电路。辅助能源(电源或磁源)起激励作用，输出电量较大，如磁电式传感器和霍尔式传感器。

(3) 外源型。由敏感元件、转换元件、转换电路和辅助电源组成。转换电路把转换元件输出的电信号调制成便于显示、记录、处理和控制的可用信号，如电桥、放大器、振荡器、阻抗变换器等。其主要特点是必须通过外带电源的变换电路，才能获得有用的电量输出。

3.1.3 传感器的特性

1. 传感器的静态特性

传感器的静态特性是指被测量的值处于稳定状态时的输出输入关系。因为这时输入量和输出量都和时间无关，所以它们之间的关系，即传感器的静态特性可用一个不含时间变量的代数方程，或以输入量作横坐标，把与其对应的输出量作纵坐标而画出的特性曲线来描述。表征传感器静态特性的主要参数有线性度、灵敏度、迟滞、重复性、漂移，等等。

(1) 线性度。指传感器输出量与输入量之间的实际关系曲线偏离拟合直线的程度，定义为在全量程范围内实际特性曲线与拟合直线之间的最大偏差值与满量程输出值之比。

通常情况下，传感器的实际静态特性输出是条曲线而非直线。在实际工作中，为使仪表具有刻度均匀的读数，常用一条拟合直线近似地代表实际的特性曲线。图 3-3 是几种拟合方式的示意图。线性度(非线性误差)就是这个近似程度的一个性能指标。

(2) 灵敏度。灵敏度是传感器静态特性的一个重要指标，其定义为输出量的增量与引起该增量的相应输入量增量之比，用 S 表示。即灵敏度是指传感器在稳态工作情况下输出量变化Δy对输入量变化Δx的比值，是输出输入特性曲线的斜率。如果传感器的输出和输入之间是线性关系，则灵敏度 S 是一个常数，否则它将随输入量的变化而变化。灵敏度的量纲是输出、输入量的量纲之比。例如，某位移传感器，在位移变化 1mm 时，输出电压变化为 200mV，则其灵敏度应表示为 200mV/mm。当传感器的输出、输入量的量纲相同时，灵敏度可理解为放大倍数。提高灵敏度，可得到较高的测量精度。但灵敏度越高，测量范围越窄，稳定性也往往越差。

(3) 迟滞。传感器在输入量由小到大(正行程)及输入量由大到小(反行程)变化期间，其输入输出特性曲线不重合的现象称为迟滞。对于同一大小的输入信号，传感器的正反行程输出信号大小不相等，这个差值称为迟滞差值。

(4) 重复性。重复性是指传感器在输入量按同一方向做全量程连续多次变化时，所得特性曲线不一致的程度。

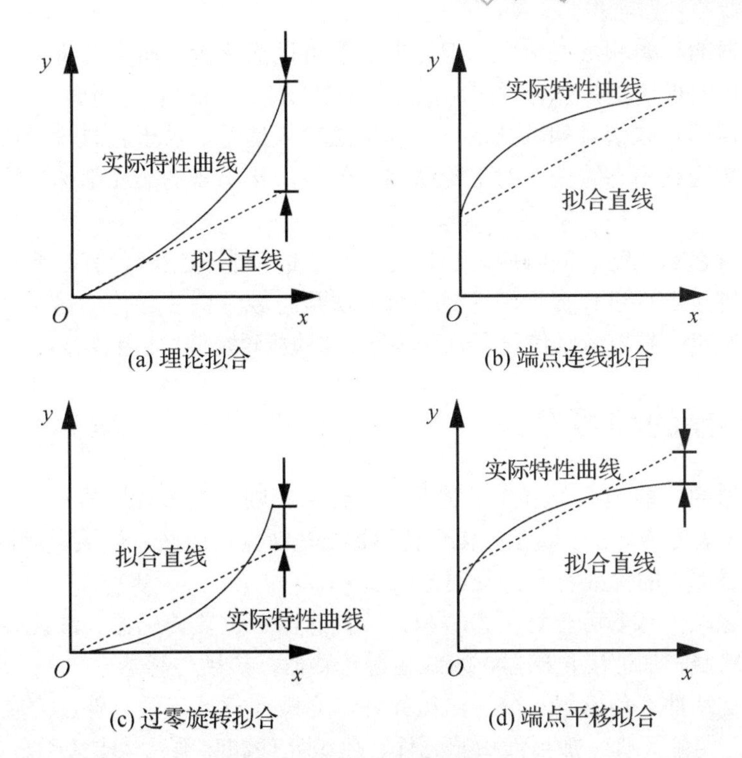

图 3-3 几种常见的拟合方式

(5) 漂移。传感器的漂移是指在输入量不变的情况下，传感器输出量随着时间发生变化。产生漂移的原因有两个，一是传感器自身结构参数，二是周围环境(如温度、湿度等)。

(6) 分辨率。当传感器的输入从非零值缓慢增加时，在超过某一增量后输出发生可观测的变化，这个输入增量称为传感器的分辨率，即最小输入增量。通常传感器在满量程范围内各点的分辨率并不相同，因此，常用满量程中能使输出量产生阶跃变化的输入量中的最大变化值作为衡量分辨率的指标。上述指标若用满量程的百分比表示，则称为分辨率。分辨率与传感器的稳定性有负相关性。

(7) 阈值。当传感器的输入从零值开始缓慢增加时，在达到某一值后输出发生可观测的变化，这个输入值称传感器的阈值。

2. 传感器的动态特性

传感器的动态特性是指在输入发生变化时传感器的输出响应特性。在实际工作中，传感器的动态特性常用它对某些标准输入信号的响应来表示。这是因为传感器对标准输入信号的响应容易用试验方法求得，并且它对标准输入信号的响应与它对任意输入信号的响应之间存在一定的关系，往往知道了前者就能推定后者。最常用的标准输入信号有阶跃信号和正弦信号两种，所以传感器的动态特性也常用阶跃响应和频率响应来表示。传感器主要的动态特性指标有时域单位阶跃响应性能指标和频域频率特性性能指标。

当被测量是时间的函数时，传感器的输出量也是时间的函数，其间的关系要用动态特性来表示。一个动态特性好的传感器，其输出将再现输入量的变化规律，即具有相同的时间函数。实际上除了具有理想的比例特性外，输出信号将不会与输入信号具有相同的时间函数，这种输出与输入之间的差异就是所谓的动态误差。

虽然传感器的种类和形式很多，但它们一般可以简化为一阶或二阶系统。传感器的输入量随时间变化的规律是各种各样的，在对传感器动态特性进行分析时，一般采用最典型、最简单、易实现的正弦信号和阶跃信号作为标准输入信号。对于正弦输入信号，传感器的响应称为频率响应或稳态响应；对于阶跃输入信号，传感器的响应则称为传感器的阶跃响应或瞬态响应。

传感器的瞬态响应是时间响应。在研究传感器的动态特性时，有时需要从时域中对传感器的响应和过渡过程进行分析。这种分析方法是时域分析法，传感器对所加激励信号的响应称为瞬态响应。常用激励信号有阶跃函数、斜坡函数、脉冲函数等。

3.1.4 传感器的种类

若将传感器的功能与人类五大感觉器官相比拟，则：光敏传感器——视觉；声敏传感器——听觉；气敏传感器——嗅觉；化学传感器——味觉；压敏、温敏、流体传感器——触觉。传感器按照不同的标准有多种分类方法。

(1) 按用途，传感器可分为压力敏和力敏传感器、位置传感器、液位传感器、能耗传感器、速度传感器、加速度传感器、射线辐射传感器、热敏传感器。

(2) 按感官特性，传感器可分为热敏元件、光敏元件、气敏元件、力敏元件、磁敏元件、湿敏元件、声敏元件、放射线敏感元件、色敏元件和味敏元件十大类。

(3) 按输出信号，传感器可分为四类：模拟传感器，将被测量的非电学量转换成模拟电信号；数字传感器，将被测量的非电学量转换成数字输出信号(包括直接和间接转换)；膺数字传感器，将被测量的信号量转换成频率信号或短周期信号的输出(包括直接或间接转换)；开关传感器，当一个被测量的信号达到某个特定的阈值时，传感器相应地输出一个设定的低电平或高电平信号。

(4) 按制造工艺，传感器可分为四类：集成传感器，是用标准的生产硅基半导体集成电路的工艺技术制造的，通常还将用于初步处理被测信号的部分电路集成在同一芯片上；薄膜传感器，则是通过沉积在介质衬底上的、相应敏感材料的薄膜形成的，使用混合工艺同样可将部分电路制造在此基板上，厚膜传感器，是用相应材料的浆料涂覆在陶瓷基片上制成的，基片通常是用 Al_2O_3 制成，然后进行热处理，使厚膜成形；陶瓷传感器，采用标准的陶瓷工艺或其某种变种工艺(溶胶、凝胶等)生产，完成适当的预备性操作之后，将已成形的元件在高温中进行烧结。厚膜传感器和陶瓷传感器在工艺之间有许多共同特性，在某些方面可以认为厚膜工艺是陶瓷工艺的一种变型。每种工艺技术都有自己的优点和不足。由于研究、开发和生产所需的资本投入较低，以及传感器参数的高稳定性等原因，采用陶瓷和厚膜传感器比较合理。

(5) 按工作原理，传感器可分为三类：物理型传感器，是利用被测量物质的某些物理性质发生明显变化的特性制成的；化学型传感器，是利用能把化学物质的成分、浓度等化学量转化成电学量的敏感元件制成的；生物型传感器，是利用各种生物或生物物质的特性做成的，是用于检测与识别生物体内化学成分的传感器。

(6) 按构成，传感器可分为三类：基本型传感器，是一种最基本的单个变换装置；组合型传感器，是由不同的单个变换装置组合而构成的传感器；应用型传感器，是基本型传感器或组合型传感器与其他机构组合成的传感器。

(7) 按作用形式，传感器可分为主动型和被动型。主动型传感器又分为作用型和反作用型，此种传感器对被测对象发出一定探测信号，检测探测信号在被测对象中所产生的变化，或者由探测信号在被测对象中产生某种效应而形成信号。检测探测信号变化方式的称为作用型，检测产生响应而形成信号方式的称为反作用型。雷达与无线电频率范围探测器是作用型实例，而光声效应分析装置与激光分析器是反作用型实例。被动型传感器只是接收被测对象本身产生的信号，如红外辐射温度计、红外摄像装置等。

(8) 按照材料，传感器可分为金属聚合物、陶瓷混合物、导体绝缘体或半导体磁性材料、单晶或多晶、非晶材料等传感器。

(9) 按照能量关系，传感器可分为有源传感器和无源传感器。有源传感器能将非电能量转换为电能量，也称为能量转换型传感器，通常配有电压测量和放大电路。光电式传感器、热电式传感器属此类传感器。无源传感器本身不能换能，被测非电量仅对传感器中的能量起控制或调节作用，所以必须具有辅助能源，故又称为能量控制型传感器。电阻式、电容式和电感式等参数型传感器属此类传感器，此类传感器通常使用的测量电路有电桥和谐振电路。

(10) 按测量方式，传感器分为接触式传感器和非接触式传感器。接触式传感器与被测物体接触，如电阻应变式传感器和压电式传感器。非接触式传感器与被测物体不接触，如光电式传感器、红外线传感器、涡流式传感器和超声波传感器等。

总之，传感器的种类很多，一种传感器可以测量几种不同的被测量，而同一种被测量可以用几种不同类型的传感器来测量。再加上被测量要求千变万化，为此选用的传感器也各不相同。

3.1.5 传感器产业的发展

1. 传感器技术的发展

传感器技术的发展大体经历了三代。

(1) 第一代是结构型传感器，它利用结构参量变化来感受和转化信号。结构型传感器虽属早期开发的产品，但近年来由于新材料、新原理、新工艺的相继应用，在精确度、可靠性、稳定性、灵敏度等方面也有了很大的提高。目前，结构型传感器在工业自动化、过程检测等方面仍占有相当大的比重。

(2) 第二代是固体型传感器，这种传感器由半导体、电介质、磁性材料等固体元件构成，是利用材料的某些物理特性制成的。如利用热电效应、霍尔效应、光敏效应，分别制成热电偶传感器、霍尔传感器、光敏传感器。这类传感器基于物性变化，无运动部件，结构简单，体积小；运动响应好，且输出为电量；易于集成化、智能化；低功耗、安全可靠。虽然优势很多，但线性度差，温漂大，过载能力差，性能参数离散大。

(3) 第三代是智能型传感器，是微型计算机技术与检测技术相结合的产物，使传感器具有一定的人工智能。智能型传感器技术目前正处于蓬勃发展时期，具有代表性的是美国霍尼韦尔公司的 ST-3000 系列智能变送器和德国斯特曼公司的二维加速度传感器，以及一些含有微处理器的集成压力传感器、具有多维检测能力的智能传感器和固体图像传感器等。

随着技术的不断发展，智能型传感器将会进一步扩展到化学、电磁、光学和核物理等研究领域，新兴的智能化传感器将会在关系到全人类民生的各个领域发挥越来越大的作用。

2. 传感器技术的产业特点

(1) 基础、应用两头依附。基础依附是指传感器技术的发展依附于敏感机理、敏感材料、工艺设备和计测技术这四个领域技术发展的支撑。应用依附是指传感器技术基本上属于应用技术，其市场开发多依赖于检测装置和自动控制系统的应用，这样才能真正体现出它的高附加值。因此，发展传感器技术要以市场为导向，用需求来牵引。

(2) 技术、投资两个密集。技术密集是指传感器在研制和制造过程中技术的多样性、边缘性、综合性和技艺性，它是多种高技术的融合。投资密集是指研究开发和生产某一种传感器产品要求一定的投资强度，尤其是在进行工程化研究以及建设生产线时，要求较大的投资。

(3) 产品、产业两大分散。产品结构和产业结构的两大分散是指传感器产品门类品种繁多(共 10 大类、42 小类，近 6000 个品种)，其应用渗透到各个产业部门。只有按照市场需求，不断调整产业结构和产品结构，才能实现传感器产业的全面、协调、持续发展。

3. 传感器的发展趋势

随着人们对自然的认识不断深化，会不断发现一些新的物理效应、化学效应、生物效应等。利用这些新的效应可开发出相应的新型传感器，从而为提高传感器性能和拓展传感器的应用范围提供新的可能。

世界传感器市场正在稳步发展中，新的应用领域也在不断增长。传感器领域的主要技术将在现有基础上予以延伸和提高，半导体传感器市场份额会继续增加，而以 MEMS(微机电系统)为基础的智能化传感器和具有总线能力的传感器将成为市场的主流。

MEMS 的发展，把传感器的微型化、智能化、多功能化和可靠性水平提升到了新的高度。

除 MEMS 外，新型传感器的发展还有赖于新型敏感材料、敏感元件和纳米技术，如新一代光纤传感器、超导传感器、焦平面阵列红外探测器、生物传感器、纳米传感器、新型量子传感器、微型陀螺、网络化传感器、智能传感器、模糊传感器、多功能传感器等。

另外，多传感器数据融合技术也促进了传感器技术的发展。多传感器数据融合技术形成于 20 世纪 80 年代，它不同于一般的信号处理，也不同于单个或多个传感器的监测和测量，是基于多个传感器测量结果的更高层次的综合决策过程。有鉴于传感器技术的微型化、智能化程度提高，在获取信息的基础上，多种功能进一步集成融合，这是必然的趋势。把分布在不同位置的多个同类或不同类传感器所提供的局部数据资源加以综合，采用计算机技术对其进行分析，消除多传感器信息之间可能存在的冗余和矛盾，加以互补，可以降低其不确定性，获得被测对象的一致性解释与描述，从而提高系统决策、规划、反应的快速性和准确性，使系统获得更充分的信息。

近年来，传感器正向微型化、高精度、高可靠性和宽温度范围、低功耗及无源化、智能化和数字化等方向发展。

(1) 微型化。各种控制仪器的功能越来越强大，要求各个部件占用的空间越小越好，因而传感器的尺寸也是越小越好，这就要求发展新的材料及加工技术。如传统的加速度传感器是由重力块和弹簧等制成的，体积较大，稳定性差，寿命也短，而利用激光等各种微细加工技术制成的硅加速度传感器体积非常小，互换性、可靠性都很好。

(2) 高精度。随着自动化生产程度的不断提高，对传感器的要求也在不断提高，必须研制出具有灵敏度高、精确度高、响应速度快、互换性好的新型传感器，以确保生产自动化的可靠性。

(3) 高可靠性和宽温度范围。传感器的可靠性直接影响电子设备的抗干扰等性能，研制高可靠性、宽温度范围的传感器将是永恒的方向。加大温度范围历来是大课题，大部分传感器的工作温度范围都为-20～70℃，在军用系统中要求工作温度为-40～85℃，而汽车锅炉等场合对传感器的温度要求更高，因此发展新兴材料(如陶瓷)的传感器将大有前途。

(4) 低功耗及无源化。传感器一般都是非电量向电量的转化，工作时离不开电源，在野外或远离电网的地方，往往采用电池或太阳能供电，开发低功耗的传感器及无源传感器是必然的发展方向，这样既可以节省能源，又可以提高系统使用寿命。

(5) 智能化和数字化。随着现代化的发展，传感器已突破传统的功能，其输出不再是单一的模拟信号，而是经过处理后的数字信号，有的甚至带有控制功能，这就是所谓的数字传感器。智能传感器内嵌有微处理器，具有采集、处理、交换信息的能力，是传感器集成化与智能化相结合的产物。

3.2 常用传感器

3.2.1 温度传感器

温度是一个基本的物理量，自然界中的一切过程无不与温度密切相关，温度传感器是利用感应材料的各种物理性质随温度变化的规律把温度转换为可用输出信号。温度传感器是开发最早、应用最广的一类传感器，它的市场份额大大超过了其他的传感器。

1. 按测量方式分类

按测量方式不同，可分为接触式温度传感器和非接触式温度传感器。

1) 接触式温度传感器

接触式温度传感器的检测部分与被测对象有良好的接触，又称温度计。温度计通过传导或对流达到热平衡，从而使温度计的示值能直接表示被测对象的温度。

一般来说，接触式温度传感器的测量精度较高。在一定的测温范围内，温度计也可测量物体内部的温度分布，但对于运动物体、小目标或热容量很小的对象则会产生较大的测量误差。常用的温度计有双金属温度计、玻璃液体温度计、压力式温度计、电阻温度计、热敏电阻温度计和温差电偶温度计等。它们广泛应用于工业、农业、商业等各个部门，在日常生活中也常常被使用。随着低温技术在国防工程、空间技术、冶金、电子、食品、医药和石油化工等部门的广泛应用和超导技术的发展，出现了测量 120K 以下温度的低温温度计，如低温气体温度计、蒸汽压温度计、声学温度计、顺磁盐温度计、量子温度计、低温热电阻温度计和低温温差电偶温度计等。低温温度计要求感温元件体积小，准确度高，复现性和稳定性好。利用多孔高硅氧玻璃渗碳烧结而成的渗碳玻璃热电阻就是低温温度计的一种感温元件，可用于测量 1.6～300K 内的温度。

2) 非接触式温度传感器

非接触式温度传感器的敏感元件与被测对象互不接触，又称非接触式测温仪表。这种仪表可用来测量运动物体、小目标、热容量小或温度变化迅速(瞬变)对象的表面温度，也可用于测量温度场的温度分布。最常用的非接触式测温仪表基于黑体辐射的基本定律，称为辐射测温仪表。

辐射测温法包括亮度法、辐射法和比色法。各类辐射测温方法只能测出对应的光度温度、辐射温度或比色温度，只有对黑体所测温度才是真实温度。如要测定物体的真实温度，则必须进行材料表面发射率的修正。材料表面发射率不仅取决于温度和波长，还与表面状态、涂膜和微观组织等有关，因此很难精确测量。

在自动化生产中，往往需要利用辐射测温法来测量或控制某些物体的表面温度，如冶金中的钢带轧制温度、轧辊温度、锻件温度和各种熔融金属在冶炼炉或坩埚中的温度。在这些具体情况下，物体表面发射率的测量是相当困难的。对于固体表面温度自动测量和控制，可以采用附加的反射镜，使其与被测表面一起组成黑体空腔。附加辐射的影响能提高被测表面的有效辐射和有效发射系数。利用有效发射系数通过仪表对实测温度进行相应修正，最终可得到被测表面的真实温度。最为典型的附加反射镜是半球反射镜。

对于气体和液体介质真实温度的辐射测量，则可以用插入耐热材料管至一定深度以形成黑体空腔的方法。计算出与介质达到热平衡后的圆筒空腔的有效发射系数，在自动测量和控制中就可以用此值对介质温度进行修正而得到介质的真实温度。

非接触测温的优点主要就是测量上限不受感温元件耐温程度的限制，因而最高可测温度原则上没有上限。对于 1800℃以上的高温，主要采用非接触测温方法。随着红外技术的发展，辐射测温逐渐由可见光向红外线扩展，700℃以下直至常温都已采用，且分辨率很高。

2. 按传感器材料及电子元件特性分类

按照传感器材料及电子元件特性不同，温度传感器分为热电偶和热电阻两类。

1) 热电偶

两种不同材质的导体，如在某点互相连接在一起，对这个连接点加热，则在它们不加热的部位就会出现电位差。原理如图 3-4 所示。

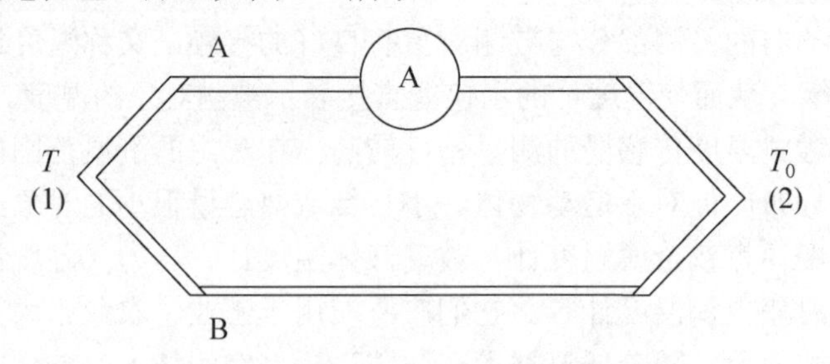

图 3-4 塞贝克热电效应示意图

这个电位差的数值与不加热部位测量点的温度和这两种导体的材质有关。这种现象可以在很宽的温度范围内出现，如果精确测量这个电位差，再测出不加热部位的环境温度，就可以准确知道加热点的温度。由于必须是两种不同材质的导体，所以称为热电偶。不同材质做出的热电偶应用于不同的温度范围，它们的灵敏度也各不相同。热电偶的灵敏度是指加热点温度变化 1℃时，输出电位差的变化量。对于大多数金属材料支撑的热电偶而言，这个数值在 5～40μV/℃。

热电偶是温度测量中最常用的温度传感器，其主要好处是宽温度范围和适应各种大气环境，而且结实，无须供电，价格也是最便宜的。热电偶是最简单和最通用的温度传感器，但并不适合高精度的测量和应用。热电偶传感器有自己的优点和缺陷：它的灵敏度比较低，容易受到环境干扰信号的影响，也容易受到前置放大器温度漂移的影响，因此不适合测量微小的温度变化。热电偶温度传感器的灵敏度与材料的粗细无关，用非常细的材料也能够做成温度传感器。由于制作热电偶的金属材料具有很好的延展性，这种细微的测温元件有极高的响应速度，可以测量快速变化的过程。

2) 热电阻

热电阻是用半导体材料制成的，大多为负温度系数，即阻值随温度增加而降低。温度变化会造成大的阻值改变，因此它是最灵敏的温度传感器。但热电阻的线性度极差，并且与生产工艺有很大关系。热电阻的体积非常小，对温度变化的响应也很快。但热电阻需要使用电流源，对自热误差极为敏感。热电阻在两条线上测量的是绝对温度，有较好的精度，但它比热电偶贵，可测温度范围也小于热电偶。一种常用热电阻在 25℃时的阻值为 5kΩ，每 1℃的温度改变造成 200Ω的电阻变化。注意，10Ω的引线电阻仅造成可忽略的 0.05℃误差，它非常适合需要进行快速和灵敏的温度测量的电流控制应用。热电阻还有其自身的测量技巧。热电阻的体积小，能很快稳定，不会造成热负载；不过也很不结实，大电流会造成自热。由于热电阻是一种电阻性器件，任何电流源都会在其上因功率而造成发热，由于功率等于电流的平方与电阻的积，因此需要使用小的电流源。

3.2.2 湿度传感器

湿度传感器是能感受气体中水蒸气的含量，并转换成可用输出信号的传感器。人类的生存和社会活动与湿度密切相关，因此湿度传感器的应用领域十分广泛。由于应用领域不同，对湿度传感器的技术要求也不同。

水是一种极强的电解质。水分子有较大的电偶极矩，在氢原子附近有极大的正电场，因而它有很大的电子亲和力，使得水分子易吸附在固体表面并渗透到固体内部。利用水分子这一特性制成的湿度传感器称为水分子亲和力型传感器，而把与水分子亲和力无关的湿度传感器称为非水分子亲和力型传感器。在现代工业上使用的湿度传感器大多是水分子亲和力型传感器，它们将湿度的变化转换为阻抗或电容值的变化后输出。

空气中含有水蒸气的量称为湿度，含有水蒸气的空气是一种混合气体。湿度主要有质量百分比和体积百分比、相对湿度和绝对湿度、露点(霜点)等表示方法。

1. 湿度传感器的主要参数

(1) 湿度量程。湿度量程指湿度传感器技术规范中所规定的感湿范围。全湿度范围用相对湿度 RH 表示，其取值范围为 0～100%，它是湿度传感器工作性能的一项重要指标。

(2) 感湿特征量。每种湿度传感器都有其感湿特征量，如电阻、电容等，通常用电阻比较多。以电阻为例，在规定的工作湿度范围内，湿度传感器的电阻值随环境湿度变化的关系特性曲线，简称阻湿特性。

(3) 感湿灵敏度。感湿灵敏度简称灵敏度，又叫湿度系数，是指在某一相对湿度范围内，相对湿度RH改变1%时，湿度传感器电参量的变化值或百分率。

(4) 特征量温度系数。该参数表示湿度传感器的感湿特征量——相对湿度特性曲线随环境温度而变化的特性。感湿特征量随环境温度的变化越小，环境温度变化所引起的相对湿度的误差就越小。在环境温度保持恒定时，湿度传感器特征量的相对变化量与对应的温度变化量之比，称为特征量温度系数。

(5) 感湿温度系数。该参数是反映湿度传感器温度特性的一个比较直观、实用的物理量。它表示在两个规定的温度下，湿度传感器的电阻值(或电容值)达到相等时，其对应的相对湿度之差与两个规定的温度变化量之比，或环境温度每变化1℃时所引起的湿度传感器的湿度误差。

(6) 湿滞现象。湿滞现象是脱湿比吸湿滞后的现象，吸湿和脱湿特性曲线所构成的回线为湿滞回线。

(7) 响应时间。在一定温度下，当相对湿度发生跃变时，湿度传感器的电参量达到稳态变化量的规定比例所需要的时间称为响应时间。一般是以相应的起始和终止这一相对湿度变化区间的63%作为相对湿度变化所需要的时间，也称时间常数，用于表示湿度传感器相对湿度发生变化时其反应速度的快慢，单位是秒。响应时间又分为吸湿响应时间和脱湿响应时间，一般以脱湿响应时间作为湿度传感器的响应时间。

(8) 电压特性。当用湿度传感器测量湿度时，所加的测试电压不能用直流电压。这是由于加直流电压引起感湿体内水分子的电解，会致使电导率随时间的增加而下降，故测试电压采用交流电压。

2. 湿度传感器的分类及实例

湿度传感器按所使用的原材料可分为电解质型、陶瓷型、高分子型和单晶半导体型。

(1) 电解质型：以氯化锂为例，它在绝缘基板上制作一对电极，涂上氯化锂盐胶膜。氯化锂极易潮解，产生离子并导电，电阻随湿度升高而减小。

(2) 陶瓷型：一般以金属氧化物为原料，通过陶瓷工艺，制成一种多孔陶瓷。这是利用多孔陶瓷的阻值对空气中水蒸气的敏感特性而制成。

(3) 高分子型：先在玻璃等绝缘基板上蒸发形成电极，再通过浸渍或涂覆使其在基板上附着一层有机高分子感湿膜。有机高分子的材料种类很多，工作原理也各不相同。

(4) 单晶半导体型：所用材料主要是硅单晶，利用半导体工艺制成，主要有二极管湿敏器件和MOSFET湿度敏感器件等，其特点是易于和半导体电路集成。

3. 湿度传感器的具体种类

(1) 氯化锂湿度传感器。这种元件具有较高的精度，同时结构简单、价格低廉，适用于常温常湿的测控。氯化锂元件的测量范围与湿敏层的氯化锂浓度及其他成分有关。单个元件的有效感湿范围一般在20%RH以内。要测量较宽的湿度范围，必须把不同浓度的元件组合在一起使用。可用于全量程测量的湿度计组合的元件数一般为5个。

(2) 碳湿敏元件。与常用的毛发、肠衣和氯化锂等探空元件相比，碳湿敏元件具有响应速度快、重复性好、无冲蚀效应和滞后环窄等优点。我国气象部门于20世纪70年代初开展碳湿敏元件的研制，并取得了积极的成果，其测量不确定度不超过±5%RH，时间常数在正温时为2～3s，滞差一般在7%，比阻稳定性也较好。

(3) 氧化铝湿度计。氧化铝传感器的突出优点是体积非常小(如用于探空仪的湿敏元件仅90μm厚、12mg重)，灵敏度高(测量下限达-110℃露点)，响应速度快(一般为0.3～3s)，测量信号直接以电参量的形式输出，大大简化了数据处理程序。它还适用于测量液体中的水分。以上特点正是工业和气象中的某些测量领域所希望具备的，因此它被认为是进行高空大气探测可供选择的几种合乎要求的传感器之一。不过研究人员在氧化铝传感器的性能上始终未能取得突破性进展，目前只能在特定的条件下和有限的范围内使用。

(4) 陶瓷湿度传感器。在湿度测量领域，对于低湿和高湿及其在低温和高温条件下的测量，到目前为止仍然是一个薄弱环节，而其中又以高温条件下的湿度测量技术最为落后。随着科学技术的进展，要求在高温下测量湿度的场合越来越多，例如水泥、金属冶炼、食品加工等涉及工艺条件和质量控制的许多工业过程的湿度测量与控制。实践已经证明，陶瓷元件不仅具有湿敏特性，而且还具有感温特性和气敏特性。这些特性使它极有可能成为一种有发展前途的多功能传感器。寺日、福岛、新田等人于1980年研制成称为“湿瓷-II型”和“湿瓷-III型”的多功能传感器，前者可测控温度和湿度，主要用于空调；后者可用来测量湿度和诸如酒精等多种有机蒸气，主要用于食品加工方面。

以上是应用较多的几类湿度传感器，另外，还有其他根据不同原理研制的湿度传感器。

3.2.3 气敏传感器

气敏传感器是一种检测特定气体的传感器，其原理是声表面波器件的波速和频率会随外界环境的变化而发生漂移。气敏传感器就是利用这个原理在压电晶体表面涂覆一层选择性吸附某气体的气敏薄膜，当该气敏薄膜与待测气体相互作用(化学作用或生物作用，或者是物理吸附)，使得气敏薄膜的膜层质量和导电率发生变化时，引起压电晶体的声表面波频率发生漂移；气体浓度不同，膜层质量和导电率变化程度亦不同，即引起声表面波频率的变化也不同，通过测量声表面波频率的变化就可以获得准确反映气体浓度的变化值。

气敏传感器将气体种类及其与浓度有关的信息转换成电信号，根据这些电信号的强弱就可以获得与待测气体在环境中的存在情况有关的信息，从而可以进行检测、监控、报警，还可以通过接口电路与计算机组成自动检测、控制和报警系统。

气敏传感器主要包括半导体气敏传感器、接触燃烧式气敏传感器和电化学气敏传感器等，其中使用最多的是半导体气敏传感器，它的应用主要有一氧化碳气体的检测、瓦斯气体的检测、煤气的检测、氟利昂的检测、呼气中乙醇的检测、人体口腔口臭的检测等。

半导体气敏传感器是利用待测气体与半导体表面接触时产生的电导率等物理性质变化来检测气体的。按照半导体与气体相互作用时产生的变化只限于半导体表面还是深入到半导体内部，可分为表面控制型和体控制型：前者半导体表面吸附的气体与半导体间发生电子的施受，造成电子迁移，结果使半导体的电导率等物理性质发生变化，但内部化学组成不变；后者半导体与气体的反应，使半导体内部组成发生变化而使电导率变化。按照半导体变化的物理特性，又可分为电阻型和非电阻型：电阻型半导体气敏元件是利用敏感材料接触气体时其阻值产生变化来检测气体的成分或浓度；非电阻型半导体式气敏元件则是根据气体的吸附和反应特性，使其某些特性发生改变对气体进行直接或间接的检测，如利用二极管伏安特性和场效应晶体管的阈值电压变化来检测被测气体。

半导体气敏元件的特性参数主要如下。

(1) 气敏元件的电阻值。电阻型气敏元件在常温下洁净空气中的电阻值，称为气敏元件(电阻型)的固有电阻值，表示为 R。一般其固有电阻值在 10^3～$10^5\Omega$。

(2) 气敏元件的灵敏度。它是表征气敏元件对于被测气体的敏感程度的指标，表示气体敏感元件的电参量(如电阻型气敏元件的电阻值)与被测气体浓度之间的依赖关系。

(3) 气敏元件的分辨率。它表示气敏元件对被测气体的识别(选择)能力以及对干扰气体的抑制能力。

(4) 气敏元件的响应时间。它表示在工作温度下，气敏元件对被测气体的响应速度。

(5) 气敏元件的加热电阻和加热功率。气敏元件一般工作在200℃以上高温，为气敏元件提供必要工作温度的加热电路的电阻称为加热电阻，用 R_H 表示。直热式的加热电阻值一般小于5Ω；旁热式的加热电阻值一般大于20Ω。气敏元件正常工作所需的加热电路功率称为加热功率，用 P_H 表示，一般为0.5～2.0W。

(6) 气敏元件的恢复时间。它表示在工作温度下，被测气体由该元件上脱附的速度。一般从气敏元件脱离被测气体时开始计时，直到其阻值恢复到在洁净空气中阻值的63%时为止，所需时间称为气敏元件的恢复时间，也称脱附时间。

3.2.4 应变片式传感器

应变片式传感器目前已成为非电量电测技术中非常重要的检测工具，广泛应用于工程测量和科学实验中。如用电阻应变片可测量桥梁固有频率。在桥梁中部的桥身粘贴上应变片，形成半桥或全桥的测量电路；然后用载重不同的卡车以不同的速度通过大桥。在桥梁中部桥面设置一个三角枕木障碍，当前进中的汽车遇到障碍时对桥梁形成一个冲击力，激起桥梁的脉冲响应振动。用应变片测量振动引起的桥身应变频率，从应变信号中就可以分析出桥梁的固有频率。当桥梁固有频率发生变化时，说明桥梁结构有变化，应进行细致的结构安全检查。

1. 特点

应变片式传感器具有以下几个特点。

(1) 精度高，测量范围广。

(2) 频率响应特性较好。应变式传感器可测几十甚至上百千赫兹的动态过程。

(3) 结构简单，尺寸小，质量轻。应变片粘贴在被测试件上，对其工作状态和应力分布的影响很小，使用和维修方便，可在高(低)温、高速、高压、强烈振动、强磁场及核辐射和化学腐蚀等恶劣条件下正常工作。

(4) 易于实现小型化、固态化。随着大规模集成电路工艺的发展，目前已实现测量电路甚至A/D转换器与传感器组成一个整体。传感器可直接接入计算机进行数据处理。

(5) 价格低廉，品种多样，便于选择。

2. 工作原理

电阻应变片式传感器是利用电阻应变片将应变转换为电阻变化的传感器，传感器通过在弹性元件上粘贴电阻应变敏感元件制成，日常使用的台式秤就属于这种应用。电阻应变片的工作原理是基于应变效应，即当金属导体或半导体在受到外力作用时，会发生机械变形，其电阻值随着所受机械变形(伸长或缩短)的变化而发生变化。其中，半导体材料在受到外力作用时，其电阻率 ρ 发生变化的现象称为应变片的压阻效应。利用电阻应变片，将金属的应变转换成电阻值的变化，从而将力学量转换成电学量。

电阻值计算公式为

$$R=\rho L/S$$

式中，ρ 为电阻丝的电阻率；L 为电阻丝的长度；S 为电阻丝的截面积。当导体或半导体受到外力作用被拉伸或压缩时，会引起电阻的变化(拉伸时电阻变大，压缩时电阻变小)。因此，通过测量阻值的变化值，可以获得外界作用力的大小。

3. 电阻应变片的类型

传感器中的电阻应变片具有金属的应变效应，即在外力作用下产生机械形变，从而使电阻值发生相应的变化。电阻应变片品种繁多，形式多样，其中常用的应变片可分为金属电阻应变片和半导体电阻应变片两类。金属电阻应变片有金属丝式、箔式、薄膜式之分，半导体电阻应变片具有灵敏度高(通常是丝式、箔式的几十倍)、横向效应小等优点。

(1) 丝式应变片。丝式应变片是金属电阻应变片的典型结构，是将一根高电阻率金属丝(直径为 0.025 mm 左右)绕成栅形，粘贴在绝缘的基片和覆盖层之间并引出导线制成的。这种应变片制作简单、性能稳定、成本低、易粘贴。

(2) 箔式应变片。箔式应变片是利用光刻、腐蚀等工艺制成的一种很薄的金属箔栅，其厚度一般为 0.003～0.01mm。它的优点是敏感栅的表面积和应变片的使用面积之比大，散热条件好，允许通过的电流较大，灵敏度高，工艺性好，可制成任意形状，易加工，适于成批生产，成本低。由于上述优点，箔式应变片在测试中得到了广泛的应用，在常温条件下有逐步取代丝式应变片的趋势。

(3) 薄膜应变片。薄膜应变片是采用真空蒸发或真空沉淀等方法，在薄的绝缘基片上形成厚度为 0.1μm 以下的金属电阻薄膜的敏感栅，最后再加上保护层。它的优点是应变灵敏度系数大，允许电流密度大，工作范围广，易实现工业化生产。

(4) 半导体应变片。半导体应变片常用硅或锗等半导体材料作为敏感栅，一般为单根状。半导体应变片的突出优点是灵敏度高，比金属丝式高 50～80 倍；尺寸小，横向效应小，动态响应好。

4. 测量电路

电阻应变计可把机械量变化转换成电阻变化，但电阻变化量一般很小，用普通的电子仪表很难直接检测出来，必须用专门的电路才能测量。测量电路把微弱的电阻变化转换为电压的变化，电桥电路就是实现这种转换的电路之一，如图 3-5 所示。

为了提高电桥的灵敏度或进行温度补偿，往往在桥臂中安置多个应变片。电桥也可采用四等臂电桥，如图 3-6 所示。

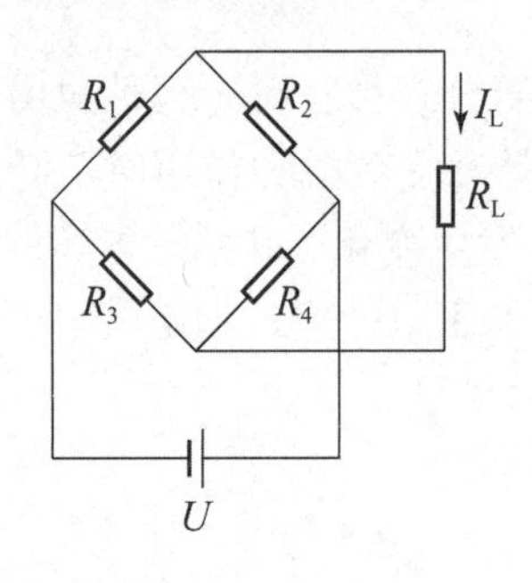

图 3-5 直流电桥

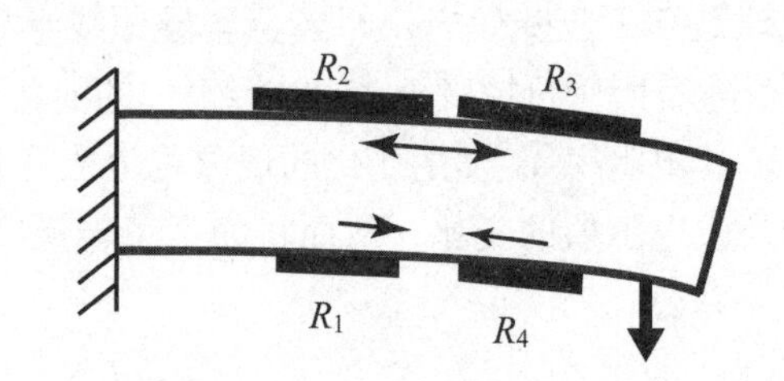

图 3-6 四等臂电桥

3.2.5 霍尔传感器

霍尔传感器是根据霍尔效应制作的一种磁场传感器。霍尔效应是磁电效应的一种。这一现象是霍尔(A. H. Hall，1855—1938)于 1879 年在研究金属的导电结构时发现的。后来在半导体、导电流体中也发现这种效应，而半导体的霍尔效应要比金属强得多。

什么是霍尔效应？若在图 3-7 所示的金属或半导体薄片两端通上电流 I，并在薄片的垂直方向向下施加磁感应强度为 B 的磁场，那么在垂直于电流和磁场的方向将产生电动势 U_H(称为霍尔电动势或霍尔电压)，这种现象称为霍尔效应。

利用这种现象制成的各种霍尔元件，如磁罗盘、磁头、电流传感器、非接触开关、接近开关、位置传感器、角度传感器、速度传感器、加速度传感器、压力变送器、无刷直流电动机及各种函数发生器、运算器等，广泛地应用于工业自动化技术、检测技术及信息处理等领域。各种霍尔元件如图 3-8 所示。

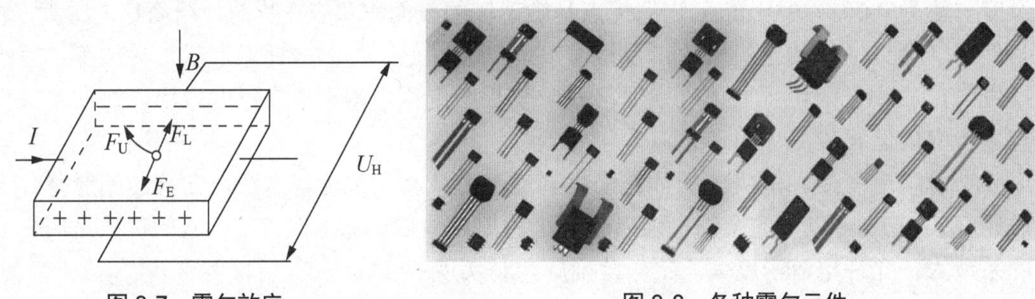

图 3-7 霍尔效应

图 3-8 各种霍尔元件

霍尔式无刷电动机取消了换向器和电刷，而采用霍尔元件来检测转子和定子之间的相对位置，其输出信号经放大、整形后触发电子线路，从而控制电枢电流的换向，维持电动机的正常运转。由于无刷电动机不产生电火花且不存在电刷磨损点，其在录像机、CD 唱机、光驱等设备中得到越来越广泛的应用。无刷直流电动机因其没有电刷和机械换向器，无须减速装置，噪声低，被广泛应用于电动自行车中。旋转手柄，调节磁铁和霍尔元件之间的距离，电路会输出相应的电压，这样可以控制车速。

霍尔传感器一般分为霍尔电流传感器、霍尔位移传感器、霍尔位置传感器等三种。

3.2.6 超声波传感器

超声波传感器是利用超声波的特性研制而成的传感器。超声波是一种振动频率高于声波的机械波，由换能晶片在电压的激励下发生振动而产生，它具有频率高、波长短、绕射现象弱等特点，特别是方向性好，能够成为射线而定向传播。超声波对液体、固体的穿透本领很强，尤其是在阳光无法透过的固体中，它可穿透几十米的深度。超声波碰到杂质或分界面，会产生显著反射形成反射回波，碰到活动物体能产生多普勒效应，因此超声波检测广泛应用在工业、国防、生物医学等领域。

以超声波作为检测手段，必须产生超声波和接收超声波。完成这种功能的装置就是超声波传感器，习惯上称为超声换能器，或者超声波探头，如图 3-9 所示。

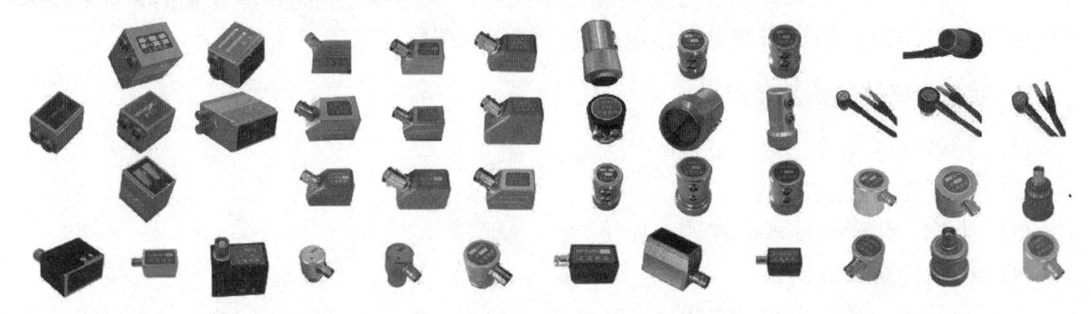

图 3-9 各种超声波探头

超声波探头主要由压电晶片组成，它既可以发射超声波，也可以接收超声波。压电晶片是一种压电式传感元件，它既可以将机械能转化为电能，又可以将电能转化为机械能。如果对晶体施加交变电压，晶体就会产生振动，也就是将电振荡转变为机械振动，当频率适当时便产生超声波。这就是超声波发射器的工作原理。

当晶体受到压力 F_1 时，晶体的表面产生上正、下负的电荷；而当晶体受到拉力 F_2 时，晶体的表面产生上负、下正的电荷。超声波对晶体周期性地施加 F_1 和 F_2，其表面就会产生正、负交变的电场。这就是超声波接收器的工作原理。

在工业中，经常使用一种称为耦合剂的液体物质，使之充满接触层，起到传递超声波的作用。常用的耦合剂有自来水、机油、甘油、水玻璃、胶水、化学糨糊等。

当超声波发射器与接收器分别置于被测物两侧时，这种类型称为透射型。透射型可用于遥控器、防盗报警器、接近开关等。超声波发射器与接收器置于同侧的属于反射型，反射型可用于接近开关、测距、测液位或物位、金属探伤及测厚等。超声波测厚由探头发射超声振动脉冲，超声脉冲到达测试件底面时被反射回来，并被探头再次接收。只要测出从发射超声波脉冲到接收超声波脉冲所需的时间 t，乘以被测体的声速常数 C，就得到超声脉冲在被测件中所经历的往返距离，再除以 2，就得到厚度δ。测距公式为

$$\delta=\mathrm{C}t/2$$

3.3 新型传感器

新型传感器借助于现代先进的科学技术，利用了现代科学原理，应用了现代新型功能材料，采用了现代先进制造技术。近年来，由于世界发达国家对传感器技术的发展极为重视，传感器技术迅速发展，传感器新原理、新材料和新技术的研究更加深入、广泛，传感器新品种、新结构、新应用不断涌现，层出不穷。

1. 新型传感效应

新型传感效应是利用各种物理现象、化学反应、生物效应等，是传感器的基本原理，主要由光电效应、磁效应、力效应、生化效应、多普勒效应组成：①光电效应是指物体吸收了光能后，转换为该物体中某些电子的能量而产生的电效应。②磁效应一方面是指磁状态的变化会引起其他各种性能的变化，另一方面是指电、热、力、光、声等作用也会引起磁性的变化。③力效应是物体受到力的作用后所产生的效果。④生化效应是指通过生物和化学的作用所产生的效果。⑤多普勒效应是指相对运动物体之间有电波传输时，其传输频率随瞬时相对距离的缩短和增大而相应增高和降低的现象。

2. 新型传感器的研发特点

(1) 功能日渐完善。

(2) 微型化速度加快。

(3) 生物、化学传感器研究速度加快。

(4) 创新性更加突出。

(5) 商品化、产业化前景广阔。

3. 新型传感器的类型

新型传感器集各种先进技术于一体，是对传统传感器单一感测功能的改善和集成，可以同时感测到多种物理量。新型传感器有多功能传感器、MEMS 传感器和智能传感器等几种类型。这几种新型传感器之间没有明显的界线，仅仅是新技术的应用叠加。随着科技的发展，它们最终都将走向拥有智能微处理传感系统功能的智能仪器方向。

3.3.1 多功能传感器

多功能传感器是指能够感受两个或两个以上被测物理量并将其转换成可以输出的电信号的传感器。多功能传感器是对传统传感器的继承和发展。传统传感器通常情况下只能用来探测一种物理量，但在许多应用环境中，为了能够完美而准确地反映客观事物和环境，往往需要同时测量大量的物理量。由若干种敏感元件组成的多功能传感器则是一种体积小巧而多种功能兼备的新一代探测系统，它可以借助敏感元件中不同的物理结构或化学物质及其各不相同的表征方式，用一个传感器系统来同时实现多种传感器的功能。

随着传感器技术和微机电系统技术的飞速发展，目前已经可以生产出将若干种敏感元件装在同一种材料或单独一块芯片上的一体化多功能传感器，并且逐步向高集成化和智能化的方向发展。

多功能传感器的实现形式主要有以下三种。

(1) 将几种不同的敏感元件组合在一起形成一个传感器，同时测量几个参数，各敏感元件是独立的。例如，把测温度和测湿度的敏感元件组合在一起，就可以同时测量温度和湿度。

(2) 利用同一敏感元件的不同效应，可以获得不同的测量信息。例如，用线圈作为敏感元件，在具有不同磁导率或介电常数物质的作用下，会表现出不同的电容和电感。

(3) 利用同一敏感元件在不同激励下所表现出的不同特性，可以同时测量多个物理量。例如，对传感器施加不同的激励电压、电流，或工作在不同的温度下，因其特性不同，有时可相当于几个不同的传感器在工作。

不论使用哪种形式实现的多功能传感器，很有可能都要面对一个问题，就是必须能将检测出的多个混合在一起的信息区分开，因此就需要使用信号处理的方法将多种信息进行分离，从而实现对多种外界物理量同时进行测量。

多功能传感器广泛用于汽车导航、GPS 盲区推估、手机个人导航应用、计步器、3D 游戏控制等应用场合。

3.3.2 MEMS 传感器

微机电系统(MEMS)是在微电子技术基础上发展起来的多学科交叉的前沿研究领域，它涉及电子、机械、材料、物理学、化学、生物学、医学等多种学科与技术，具有广阔的应用前景。目前，全世界有超过 600 家单位从事 MEMS 的研制和生产工作，已研制出包括微型压力传感器、加速度传感器、微喷墨打印头、数字微镜显示器在内的数百种产品，其中，MEMS 传感器占相当大的比例。

MEMS 传感器是采用微电子和微机械加工技术制造出来的新型传感器。与传统的传感器相比，它具有体积小、重量轻、成本低、功耗低、可靠性高、适于批量化生产、易于集成和实现智能化的特点。同时，微米量级的特征尺寸使得它可以完成某些传统机械传感器所不能实现的功能。MEMS 传感器包括微型传感器、微型执行器和相应的处理电路等部分，在不同场合下也被称作微机械、微构造或微电子机械系统。MEMS 的特征尺度为 1nm～1μm，既有电子部件，又有机械部件。

1. MEMS 的组成

完整的 MEMS 是由微传感器、微执行器、信号处理单元、通信接口和电源等部件组成的一体化微型器件系统，可集成在一个芯片中，其组成及信号流如图 3-10 所示。

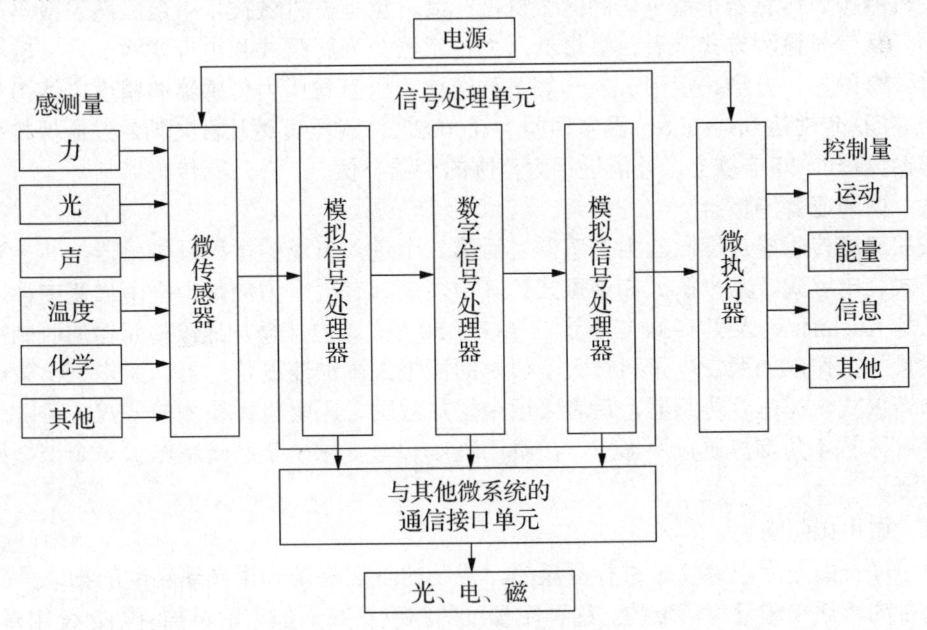

图 3-10 MEMS 的组成及信号流

(1) 微传感器实现能量的转化，将代表自然界各种信息的感测量转换为系统可以处理的电信号。微传感器是MEMS最重要的组成部分，它比传统传感器的性能高几个数量级，涉及的领域有压力、力矩、加速度、速度、位置、流量、电量、磁场、温度、气体成分、湿度、pH、离子浓度、生物浓度、微陀螺、触觉传感等。

(2) 信号处理单元含有信号处理器和控制电路。信号处理单元对来自微传感器的电信号进行A/D转换、放大、补偿等处理，以校正微传感器特性不理想和其他影响造成的信号失真，然后通过D/A转换变成模拟电信号，送给微执行器。

(3) 微执行器将模拟电信号变成非电量，使被控对象产生平移、转动、发声、发光、发热等动作，自动完成人们所需要的各种功能。微执行器主要有微电机、微开关、微谐振器、梳状位移驱动器、微阀门和微泵等几种类型。微执行器的驱动方式主要有静电驱动、压电驱动、电磁驱动、形状记忆合金驱动、热双金属驱动、热气驱动等。把微执行器分布为阵列，可以收到意想不到的效果，如可用于物体的搬送、定位等。

(4) 通信接口单元能够以光、电、磁等形式与外界进行通信，或输出信号以供显示，或与其他微系统协同工作，或与高层的管理处理器通信，构成一个更完整的分布式信息采集、处理和控制系统。

(5) 电源部件一般有微型电池和微型发电装置两类。微型电池包括微型燃料电池、微型化学能电池、微型热电池和微型薄膜电池等。例如，薄膜锂电池的电池体厚度只有15μm，放电率为$5mA/cm^2$，容量为$130\mu Ah/cm^2$。微型发电装置包括微型内燃机发电装置、微型旋转式发电装置和微型振动式发电装置。例如，微型涡轮发电装置的涡轮叶片直径只有4mm。

2. MEMS传感器的分类

1) 微机械压力传感器

微机械压力传感器是最早研制的微机械产品，也是微机械技术中最成熟、最早产业化的产品。从信号检测方式来看，微机械压力传感器分为压阻式和电容式两类。从敏感膜结构来看，有圆形、方形、矩形、E形等多种结构。压阻式压力传感器的精度可达0.05%～0.01%，年稳定性达0.1%/F.S，温度误差为0.0002%，耐压可达几百兆帕，过压保护范围可达传感器量程的20倍以上，并能进行大范围的全温补偿。

2) 微加速度传感器

微加速度传感器是继微压力传感器之后第二个进入市场的微机械传感器，其主要类型有压阻式、电容式、力平衡式和谐振式。其中，最具有吸引力的是力平衡加速度计，其典型产品是Kuehnel等人在1994年报道的AGXL50型。国内在微加速度传感器的研制方面也做了大量的工作，如西安电子科技大学研制的压阻式微加速度传感器和清华大学微电子所开发的谐振式微加速度传感器。后者采用电阻热激励、压阻电桥检测的方式，其敏感结构为高度对称的4角支撑质量块形式，在质量块4边与支撑框架之间制作了4个谐振梁用于信号检测。

3) 微机械陀螺

角速度一般是用陀螺仪来进行测量的。传统的陀螺仪是利用高速转动的物体具有保持其角动量的特性来测量角速度的。这种陀螺仪的精度很高，但它的结构复杂，使用寿命短，成本高，一般仅用于导航，难以在一般的运动控制系统中应用。实际上，如果不是受成本限制，角速度传感器可在诸如汽车牵引控制系统、摄像机稳定系统、医用仪器、军事仪器、运动机械、计算机惯性鼠标、军事等领域有广泛的应用前景。常见的微机械角速度传感器有双平衡环结构、悬臂梁结构、音叉结构、振动环结构等。但是，实现的微机械陀螺的精度还不到 10°/h，离惯性导航系统所需的 0.1°/h 相差甚远。

4) 微流量传感器

微流量传感器不仅外形尺寸小，能达到很低的测量量级，而且死区容量小，响应时间短，适用于微流体的精密测量和控制。目前国内外的微流量传感器，依据工作原理可分为热式(包括热传导式和热飞行时间式)、机械式和谐振式三种。清华大学精密仪器系设计的阀片式微流量传感器通过阀片将流量转换为梁表面弯曲应力，再由集成在阀片上的压敏电桥检测出流量信号。该传感器的芯片尺寸为 3.5mm×3.5mm，在 10～200mL/min 的气体流量下，线性度优于 5%。

5) 微气敏传感器

根据制作材料的不同，微气敏传感器分为硅基气敏传感器和硅微气敏传感器。其中，前者以硅为衬底，敏感层为非硅材料，是当前微气敏传感器的主流。微气体传感器可满足人们对气敏传感器集成化、智能化、多功能化等需求。例如，许多气敏传感器的敏感性能和工作温度密切相关，因而要同时制作加热元件和温度探测元件，以监测和控制温度。MEMS 技术很容易将气敏元件和温度探测元件制作在一起，保证气体传感器性能的发挥。谐振式气敏传感器不需要对器件进行加热，且输出信号为频率量，是硅微气敏传感器发展的重要方向之一。北京大学微电子所提出的一种微结构气体传感器，由硅梁、激振元件、测振元件和气体敏感膜组成。硅梁被置于被测气体中后，表面的敏感膜吸附气体分子而使梁的质量增加，梁的谐振频率减小。这样通过测量硅梁的谐振频率就可得到气体的浓度值。

6) 微机械温度传感器

微机械温度传感器与传统的传感器相比，具有体积小、重量轻等优点，其固有的热容量仅为 1～10J/K，使其在温度测量方面具有传统温度传感器不可比拟的优势。

7) 其他微机械传感器

利用微机械加工技术还可以实现其他多种传感器，例如，瑞士 Chalmers 大学的 Peter 等人设计的谐振式流体密度传感器，浙江大学研制的力平衡微机械真空传感器，中科院合肥智能所研制的振梁式微机械力敏传感器等。

3. MEMS 的应用

目前，MEMS 压力传感器、光开关、惯性传感器和集成微流量控制器在生物传感、汽车工业、生物医学、电子产品和军事应用等领域都有着广泛的应用。

在电子消费产品中，各种 MEMS 技术得到了大量的应用，如 MEMS 加速度传感器、MEMS 运动传感器和 MEMS 陀螺仪等。

(1) MEMS 加速度传感器可以感应物体的加速度。加速度传感器一般有 X、Y 两轴与 X、Y、Z 三轴两种，两轴多用于车、船等平面移动物体，三轴多用于导弹、飞机等飞行物。任天堂的 Wii 游戏机遥控器使用的就是三轴 MEMS 加速度传感器，用户可以通过细微的动作控制游戏中飞机的飞行动作。手机和平板计算机中的 MEMS 加速度传感器使人机界面变得更简单、更直观，通过手的动作就可以操作界面功能，翻转终端设备，图像、视频和网页也随之旋转。

(2) MEMS 运动传感器可以为先进的节能技术提供支持。例如，当手机没有关闭就放在桌上时，MEMS 传感器会把耗电量大的模块(如显示器背光板和 GPS 模块)全部关闭以降低能耗；只要碰触一下机身，又可以打开全部功能。

(3) MEMS 陀螺仪是一种能够测量沿一个轴或几个轴运动的角速度的传感器，它是补充 MEMS 加速计功能的理想技术，可应用于航空航天、航海、兵器、汽车、生物医学、环境监控等领域。与传统的陀螺相比，MEMS 陀螺具有如下的明显优势。

① 体积小、重量轻，适用于对安装空间和重量要求苛刻的场合，例如弹载测量等。

② 低成本、高可靠性、内部无转动部件、全固态装置、抗大过载冲击、工作寿命长。

③ 低功耗、大量程，适于高转速的场合。

④ 易于数字化、智能化，可进行数字输出、温度补偿、零位校正等。

在大部分的电子产品中，通常是将各种 MEMS 技术组合在一起使用，例如将 MEMS 加速度传感器与陀螺仪配合使用，可以把更先进的选择功能变为现实，如在空中操作的三维鼠标和遥控器等。在这些设备中，传感器检测到用户的手势，并将其转换成计算机显示器上的光标移动或机顶盒和电视机的频道与功能选择。

3.3.3 智能传感器

智能传感器(intelligent sensor 或者 smart sensor)是一种可以感测一种或多种外部物理量并将它们转换为电信号，能够完成信号探测、变换处理、逻辑判断、数据存储、功能计算、数据双向通信，内部可以实现自检、自校、自补偿、自诊断，体积微小、高度集成的器件。换一种说法，智能传感器是一个以微处理器为内核，扩展了外围部件的计算机检测系统，具有信息处理功能的传感器。智能传感器带有微处理器，具有采集、处理、交换信息的能力，是传感器集成化与微处理机相结合的产物。与一般传感器相比，智能传感器具有三个优点：通过软件技术可实现高精度的信息采集，而且成本低；具有一定的自动编程能力；功能多样化。

1. 智能传感器的特征

智能传感器是微处理器技术应用于传感器领域的重要成果。它在传感器中增加了微处理器模块，使传感器具有了数据计算、存储、处理以及智能控制等功能。

智能传感器与 MEMS 技术的结合极大地拓宽了传感器的应用范围。在这种智能传感器中，不仅吸收了 MEMS 技术的高度集成化制作模式，以及体积小、低功耗、低成本等各种优点，而且还继承了 MEMS 结构中的微传感器、微执行器和信号处理电路等部分。更重要的是，智能传感器在结构中比 MEMS 传感器增加了微处理器模块、存储器和各种总线模块等，相当于为 MEMS 增加了用于数据处理的大脑，这也是 MEMS 技术发展的必然趋势。

智能传感器的种类繁多，根据检测要求的不同，在性能设计方面的侧重点也不尽相同，但是，相比其他类型的传感器，所有的智能传感器都具有如下一些特征。

(1) 具有由模拟测量信号转换到数字量值的 A/D 转换模块，并且能在程序控制下设置 A/D 转换的精度。

(2) 具有数据运算处理、逻辑判断功能，并具有自己的指令系统。能在程序的控制下进行信号变换和数据处理，并能以数字量形式输出检测结果和传感器工作状态指示信息。有些智能传感器还能以模拟、数字双通道输出检测结果。

(3) 具有自我诊断功能，能在上电后自检各主要模块是否工作正常，给出检测结果信号。有些电源自给型的低耗电智能传感器还可以通过控制电源供给类型，确定是用数据总线寄生电源供电还是使用专用外接电源供电。

(4) 具有自己的数据总线和双向数据通信功能，能够与外部的微处理器系统进行数据交换。外部的微处理器系统可以接收和处理来自传感器的数据，也可以根据处理结果将数据发送至指定的传感器，对测量过程进行控制或进行反馈调节。

(5) 具有数据存储功能。智能传感器内部一般都带有自备的 ROM、EEPROM 和 RAM，用于存储自身的器件序列号、基本操作程序、设定的参数以及操作过程中的数据。

(6) 有些智能传感器还带有自动补偿功能，可以通过硬件电路或软件编程的方式，对传感器的非线性误差、温度系统、失调电压、零点漂移等进行自动补偿。

(7) 有些智能传感器还带有自校准功能，用户可以通过输入零点值或某一标准量值，通过自校准软件设定基准点或校准零点。

(8) 一些新型的智能传感器还带有安全识别功能和超限报警功能，能够防止非法指令控制和非法数据侵袭，并能在测量结果超限时发出报警信号。

2. 智能传感器的组成和工作原理

智能传感器的组成及其信号处理流程模型如图 3-11 所示。智能传感器由传感器敏感元件、信号处理模块、微处理器模块、输出接口模块等部分组成，它比 MEMS 多了微处理器模块，使得智能传感器除具有 MEMS 的一般功能之外，还可以对信号进行计算和处理，支持用户编程控制，实现同单片机、DSP 等信息处理平台协同工作等功能。

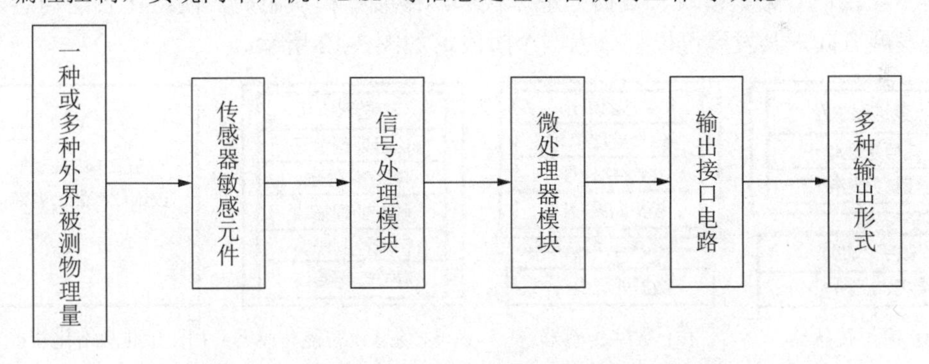

图 3-11　智能传感器的组成及其信号处理流程模型

智能传感器在工作时的信号流程大致为：一种或多种外界物理量被智能传感器的敏感元件感测到并转换为模拟形式的电信号，然后通过信号处理电路，一方面，将模拟信号转换为数字信号，另一方面，将转换后的信号进行解析区分(在感测多种物理量的情况下)、变换和编码，以适合微处理器对其进行处理计算。信号在微处理器模块中还可能被保存并用于做其他处理。处理后的结果通过输出接口模块转换为模拟电信号输出给用户，或直接以数字信号的形式显示在各种数字终端设备上，如 LED/LCD 显示器等。

3. 智能传感器的功能

智能传感器的功能主要有数字信号输出、信息存储与记忆、逻辑判断、决策、自检、自校、自补偿等。

(1) 复合敏感功能。能够同时测量声、光、电、热、力、化学等多个物理和化学量，给出比较全面的反映物质运动规律的信息，如能同时测量介质的温度、流速、压力和密度的复合液体传感器，能同时测量物体某一点的三维振动加速度、速度、位移的复合力学传感器。

(2) 自补偿和计算功能。只要传感器的重复性好，就可以实现温度漂移补偿、非线性补偿、零位补偿、间接量计算等功能。

(3) 自检测、自校正、自诊断功能。智能传感器具有上电自诊断、设定条件自诊断或利用 EEPROM 中的计量特性数据自校正功能。

(4) 信息存储和数据传输功能。用通信网络以数字形式实现传感器测试数据的双向通信，是智能传感器的关键标志之一。利用双向通信网络，可设置智能传感器的增益、补偿参数、内检参数，并输出测试数据。

4. 典型的智能传感器

近年来随着半导体技术、嵌入式技术和网络通信技术的迅猛发展，智能传感器技术取得了巨大的发展，现已广泛应用于国防军事、航空航天、石油化工、机械矿山等各个领域。

1) 网络化智能传感器

网络化智能传感器是将通信、传感器和计算机技术融为一体，从而实现信息采集、传输和处理的统一与协同。网络化智能传感器不仅将敏感元件、转换电路和变送器结合为一体，实现了智能化，而且在内部嵌入了通信协议，具有强大的网络通信功能。网络化智能传感器一般由信号采集模块、数据处理模块和网络接口模块组成。网络化智能传感器是传感器的发展方向，其发展可以划分为四个阶段，如图 3-12 所示。

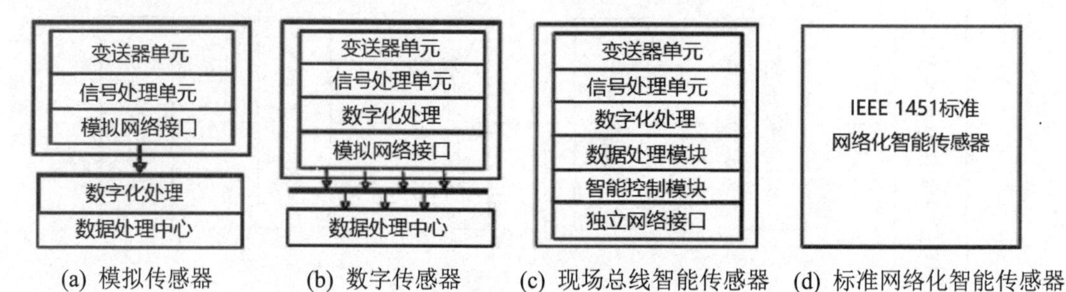

(a) 模拟传感器　(b) 数字传感器　(c) 现场总线智能传感器　(d) 标准网络化智能传感器

图 3-12　传感器的发展方向

网络化智能传感器的标准在 IEEE 1451 中做了详细的定义。

2) 智能微尘

智能微尘是指具有电脑功能的一种超微型传感器。智能微尘是以无线方式传递信息的传感器，具有低成本、低功率等特征，尺寸可以小到 1mm 以下。智能微尘可以探测周围的环境参数，收集大量数据，并进行适当的计算。

随着微机电系统、传感器、无线通信以及集成电路等技术的发展和成熟，低成本、低功耗的微型传感器的大量生产成为可能。同时，传感器的信息获取技术，已经从过去的单一化逐渐向集成化、微型化和网络化的方向发展。目前，集成了传感器、处理器、无线通信模块和供电模块的微型器件的体积已经缩小到沙粒大小，但它却包含了信息采集、信息处理、信息发送所必需的全部部件。智能微尘的外观如图 3-13 所示。

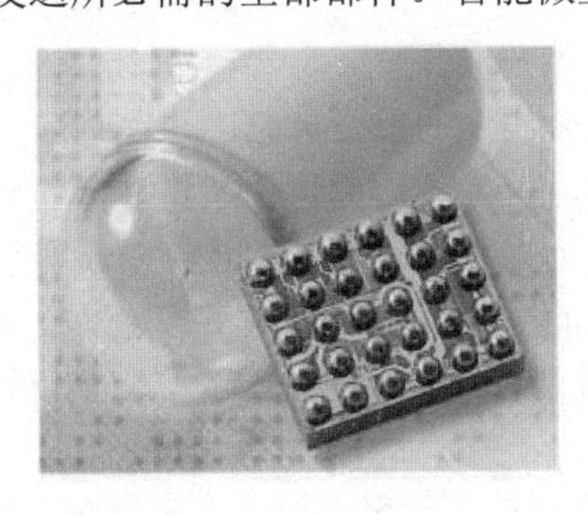
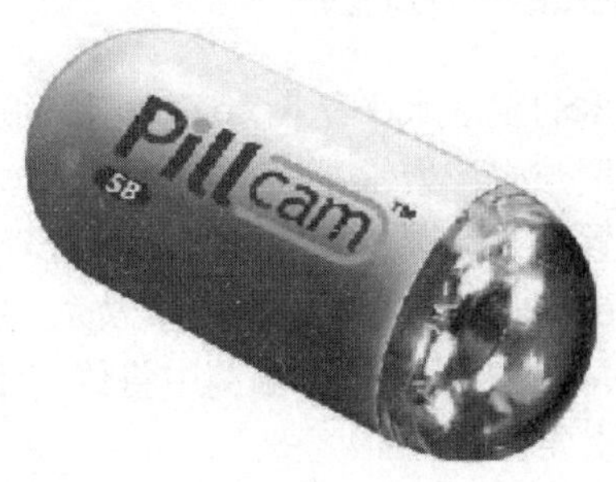

图 3-13 智能微尘的外观

智能微尘的主要应用如下。

(1) 军事应用。智能微尘系统可以部署在战场上，用远程传感器芯片能够跟踪敌人的军事行动。智能微尘可以被大量地装在宣传品、子弹或炮弹壳中，在目标地点撒落下去，形成严密的监视网络，敌国的军事力量和人员、物资的运动情况一目了然。智能微尘还可用于防止生化攻击——通过分析空气中的化学成分来预告生化攻击。此外，智能微尘还有许多具体的军事应用。

(2) 远程健康监控。通过这种无线装置，可以定期检测人体内的葡萄糖水平、脉搏或含氧饱和度，将信息反馈给本人或医生，用它来监控病人或老年人的生活。将来老年人或病人生活的屋里将会布满各种智能微尘监控器，如嵌在手镯内的传感器会实时发送老人或病人的血压情况，地毯下的压力传感器将显示老人的行动及体重变化，门框上的传感器可了解老人在各房间走动的情况，衣服里的传感器能测出体温的变化，甚至抽水马桶里的传感器可以及时分析排泄物并给出诊断结果……这样，老人或病人即使一个人在家也是安全的。

(3) 医疗应用。如果一个患者吞下一颗米粒大小的金属块，就可以在电脑中看到自己胃肠病的发展状况，对患者来说无疑是一个福音。智能微尘将来也可以植入人体，为糖尿病患者监控血糖含量的变化，这样患者就可以根据电脑屏幕上显示的血糖指数决定自己吃什么。

(4) 防灾领域的应用。智能微尘可在发生森林火灾时通过直升机飞播温度传感器来了解火灾情况。未来将用于通过传感器网络调查北太平洋海洋板块的美国华盛顿大学“海洋项目”及美国正在推进的行星网络项目中。

(5) 大面积、长距离无人监控。如果智能微尘的技术成熟，仅用于西气东输工程就可能节省上亿元的资金。电力监控方面同样如此，一旦用智能微尘来监控每个点的用电情况，供电局就能精确掌握地区用电数据，从而精确供电。另外，智能微尘在拥挤的闹市区可用作交通流量监测器，在家庭中则可监测各种家电的用电情况以避开高峰期；在工厂，智能微尘可以感应工业设备的非正常振动以确定制造工艺缺陷。而且微尘器件的价格将大幅下降，这预示着智能微尘具有广阔的市场前景。

3.4 传感器的应用

3.4.1 传感器应用现状

传感器技术的发展水平是衡量一个国家综合实力的重要标志，也是判断一个国家科学技术现代化程度与生产力水平高低的重要依据。世界各国都将传感器技术的研发放在十分重要的战略位置上。美国将传感器及信号处理列为对国家安全和经济发展有重要影响的关键技术之一；欧洲将传感器技术作为优先发展的重点技术；日本将传感器技术列为六大核心技术之一，并在 21 世纪技术预测中将传感器列为首位；在中国的国家重点科技项目中，传感器也列在重要位置。

传感器已渗透到宇宙开发、海洋探测、军事国防、环境保护、资源调查、医学诊断、生物工程、商检质检，甚至文物保护等极其广泛的领域，下面是一些常见的传感器应用实例。

(1) 现代家用电器遥控所使用的红外接收器、照相机中的自动曝光系统、电冰箱和电饭煲使用的温度传感器、抽油烟机使用的气敏传感器、全自动洗衣机中使用的水位和浊度传感器等。

(2) 自动化生产中，监视和过程参数控制。

(3) 航空航天领域，飞行速度、加速度、位置、姿态、温度、气压、磁场、振动的测量。

(4) 楼宇自动化系统中，空调制冷、给水排水、变配电系统、照明系统、电梯、安全保护、自动识别等。

(5) 国防军事领域，雷达探测系统、水下目标定位系统、红外制导系统等。

(6) 环境保护领域，水质监控、空气质量的监控。

(7) 医学诊断领域，对各种生化指标、影像资料的获取。

(8) 刑事侦查过程，对声音、指纹、DNA、人脸、步态等的识别。

(9) 交通管理系统中，车流量统计、车速监测、车牌识别等。

3.4.2 传感器应用案例

1. 传感器在汽车上的应用

车用传感器是汽车计算机系统的输入装置，它把汽车运行中的各种工况信息，例如车速、各种介质的温度、发动机的运转情况等，转化成电量信息传输给计算机，以使发动机处于最佳的工作状态，如图 3-14 所示。

现代汽车技术发展的趋势之一，就是越来越多的部件采用传感器进行控制。汽车传感器已经由过去单纯的用于发动机上，扩展到现在的用于底盘、车身、灯光、电气等系统上，种类达到 100 多种。根据传感器的作用，可以将汽车传感器分为测量温度、压力、流量、位置、气体浓度、速度、光亮度、干/湿度、距离等功能的传感器。下面简要介绍几种典型的车用传感器。

(1) 里程表传感器是安装在差速器或者半轴上面的传感器，一般用霍尔、光电两种方式来检测信号，其目的是利用里程表计数有效地分析判断汽车的行驶速度和里程。里程表传感器插头一般位于变速箱上，有的打开发动机盖可以看到。

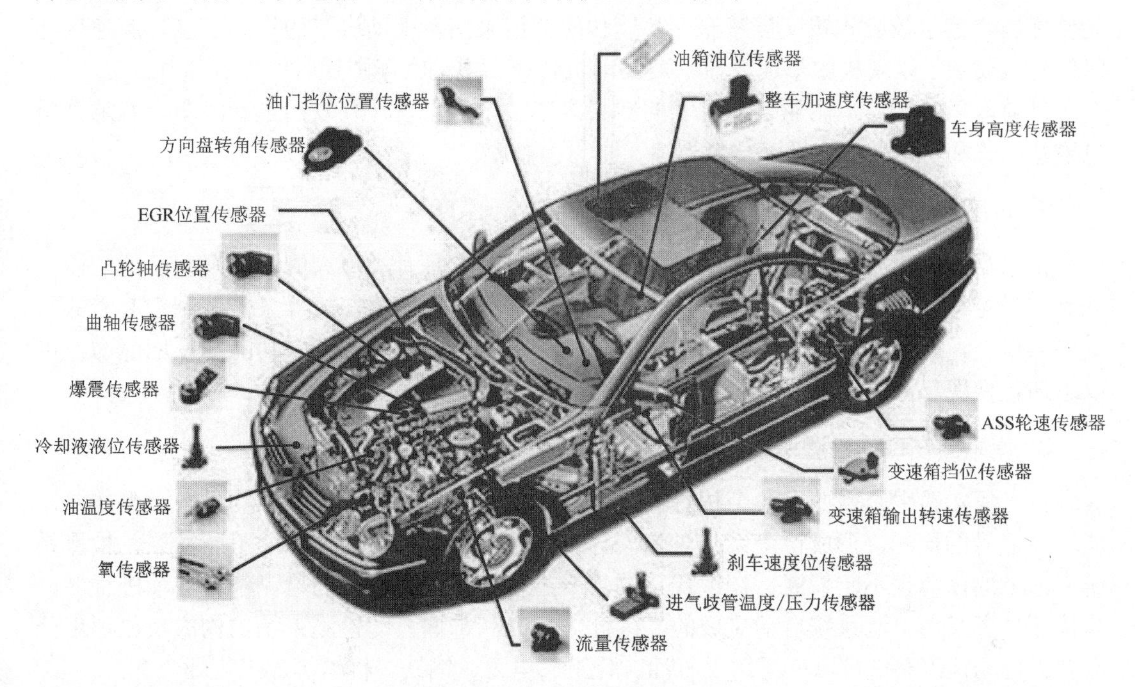

图 3-14　汽车上的传感器

(2) 机油压力传感器是集微型传感器、执行器以及信号处理和控制电路、接口电路、通信和电源于一体的微型机电系统，用来检测汽车机油箱内的机油量。常用的有硅压阻式和硅电容式，两者都是在硅片上生成的微机械电子传感器。

(3) 水温传感器安装在发动机缸体或缸盖的水套上，与冷却水直接接触。水温传感器的内部是一个半导体热敏电阻，温度越低，电阻越大，反之电阻越小。电控单元根据这一变化测得发动机冷却水的温度，作为燃油喷射和点火时的修正信号。

(4) 空气流量传感器的作用是检测发动机进气量的大小，将进气量信息转换成电信号输出，并传送到电控单元(electrical control unit，ECU)。

(5) ABS 传感器通过随车轮同步转动的齿圈，输出一组准正弦交流电信号，其频率和振幅与轮速有关。该输出信号传往电控单元，实现对轮速的实时监控。

(6) 安全气囊传感器也称碰撞传感器，按照用途的不同，分为触发碰撞传感器和防护碰撞传感器。触发碰撞传感器用于检测碰撞时的加速度变化，并将碰撞信号传给气囊电脑，作为气囊电脑的触发信号；防护碰撞传感器与触发碰撞传感器串联，用于防止气囊误爆。

(7) 气体浓度传感器主要用于检测车体内气体和废气排放。其中最主要的是氧传感器，它可以检测汽车尾气中的氧含量，根据排气中的氧浓度测定空燃比，向电控单元发出反馈信号，以控制空燃比收敛于理论值。当空燃比变高，废气中的氧浓度增加时，氧传感器的输出电压减小；当空燃比变低，废气中的氧浓度降低时，输出电压增大。电控单元识别这一突变信号，对喷油量进行修正，从而相应地调节空燃比，使其在理想空燃比附近变动。

(8) 速度传感器是电动汽车极为重要和应用较多的传感器，主要用来测量速度，可分为转速传感器、车速传感器、车轮转速传感器等。转速传感器主要用于电动汽车电动机旋转速度的检测，常用的转速传感器有三种，分别为电磁感应式转速传感器、光电感应式转速传感器、霍尔效应式转速传感器。车速传感器用来测量电动汽车的行驶速度，车速传感器信号主要用于仪表板的车速表显示及发动机转速、电动汽车加速时的控制等。

目前，以特斯拉、比亚迪为代表的新兴汽车生产厂家设计开发的电动汽车上普遍采用电磁感应式和霍尔效应式转速传感器。

2. 传感器在机器人上的应用

传感器在机器人领域有着广阔的应用前景。机器人具有类似人的肢体及感官的功能，并具备一定程度的智能，工作时可以不依赖人的操纵。传感器在机器人的控制中起着非常重要的作用，正因为有了传感器，机器人才具备了类似于人类的感知功能和反应能力，可以感知各种现象，完成各种动作。

3. 传感器在自动检测系统中的应用

在工程实践中，需要将多个传感器与多台测量仪表有机组合起来，构成一个整体，才能完成信号的检测，形成检测系统。随着计算机技术及信息处理技术的不断发展，检测系统所涉及的内容也不断扩展。在现代化的生产过程中，过程参数的检测都是自动进行的，即检测任务是由检测系统自动完成的，因此，研究和掌握自动检测系统的构成及原理十分必要。自动检测系统可以广泛用于石油、化工、电力、钢铁、机械等加工工业。

4. 传感器在家用电器中的应用

为了实现家用电器的智能化、自动化控制以及安全运行，需要对一些物理量进行不间断的检测，而传感器是必不可少的一个元器件。家用电器中常用的传感器主要有温度传感器、气体传感器、光传感器、超声波传感器和红外线传感器。下面以冰箱和空调为例来介绍传感器在家用电器中的使用。

(1) 冰箱。冰箱要解决的最大问题是节能。减少能量消耗的措施，一是改进冰箱压缩机和隔热材料，二是使整个控制系统向电子化方向发展。冰箱需要的传感器主要有代替过去压力式热电开关的热敏电阻或热敏舌簧式继电器、判断冰箱开关的报警器、除霜传感器、结霜传感器、保持蔬菜新鲜度的湿度传感器。

(2) 空调。空调既要考虑节能，又要考虑消除过冷、过热或温度转换时给人带来的不舒适感，解决的办法是通过微型计算机和传感器组成的电控系统进行控制。空调机的压力式热电开关已改为热敏电阻，今后需要的传感器主要是稳定性好的长寿命温度传感器、结霜传感器、冷煤气压力传感器和空气流量传感器等。

家用传感器今后的发展方向是家庭防灾传感器和家务劳动传感器。前者分两类，一是检测煤气泄漏和火灾前征兆的煤气、温度、烟雾等的传感器，二是防止强盗入侵的传感器。后者是实现家务劳动自动化和省力化的各种家用电器传感器，如全自动洗衣机用传感器。若将清扫机、洗碗机等跟视觉、触觉传感器组合在一起，则可完成家庭主妇的许多家务。

5. 传感器在医疗上的应用

医疗传感器与监护基站组成个人或者家庭病房无线传感器网络，进而可以组成社区或整个医院监护网络，甚至更大范围的远程医疗监护系统。首先，医疗传感器节点采集人体生理参数，并对采集到的参数进行简单处理后，通过无线通信的方式直接或者间接把数据传输到基站上。监护基站对数据进行进一步处理后转发给监护中心，监护中心进行数据分析并及时向病人进行信息反馈。监护中心还可以采用多种方式(因特网、移动通信网络等)进行远程数据传输，并与其他监护中心共享信息。随着人口数量的不断增长、人口老龄化程度的加重，越来越多的人开始寻求医疗帮助，这就需要在减少手工劳动者和人为失误的同时，提高医疗器械的可靠性和处理相关问题的自动化能力。为了使智能器械达到安全可靠、自动化处理的目标，配备传感器是最好的方法。传感器已被广泛应用于外科手术设备、加护病房、医院疗养和家庭护理中。

3.5 无线传感网概述

无线传感网(WSN)是大量的静止或移动的传感器以自组织和多跳的方式构成的无线网络，目的是协作地采集、处理和传输网络覆盖地域内感知对象的监测信息，并报告给用户。

在这个定义中，传感器网络实现了数据采集、处理和传输等三种功能，而这正对应着现代信息技术的三大基础技术，即传感器技术、计算机技术和通信技术，它们分别构成了信息系统的“感官”“大脑”和“神经”三个部分。也就是说，无线传感网正是这三种技术的结合，构成了一个独立的现代信息系统。

无线传感网以其低功耗、低成本、分布式和自组织等特点为人类感知能力的延伸带来了一场巨大的变革。大量的微型无线传感器网络节点被嵌入日常生活中，为实现人与自然丰富多样的信息交互提供了技术条件。无线传感器网络适合布线和电源供给困难的区域、人员不能到达的区域(如受到污染、环境不能被破坏或敌对区域)和一些临时场合(如发生自然灾害，固定通信网络被破坏时)等。它不需要固定网络的支持，具有快速展开、抗毁性强等特点。无线传感器网络借助其自身的特点和优势，在军事应用、精细农业、安全监控、环保监测、智能建筑、医疗监护、工业监控、智能交通、物流管理、空间探索、智能家居等领域发挥着巨大的作用。

3.5.1 无线传感网的组成

无线传感网由无线传感器节点(sensor node)、汇聚节点(sink node)和管理节点(manager node)三部分组成，如图 3-15 所示。

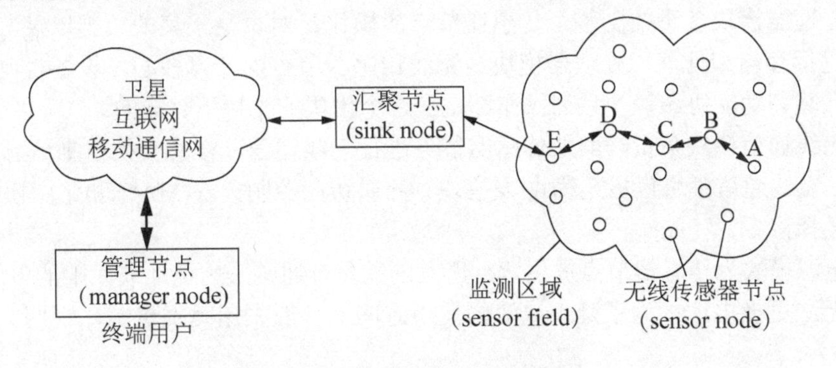

图 3-15 无线传感器网络的组成

在无线传感网中，智能的传感器节点感知信息，并将其通过自组网传递到网关，网关通过各种通信网络将收集到的感应信息提交到管理节点进行处理。管理节点对数据进行处理和判断，根据处理结果发送执行命令到相应的执行机构，调整被控或被测对象的控制参数，达到远程监控的目的。

1. 无线传感器节点

无线传感器节点通常是一个微型的嵌入式系统，安装有一个微型化的嵌入式操作系统，它的处理能力、存储能力和通信能力相对较弱，自身携带的能量有限。虽然无线传感器节点的几项指标都相对偏弱，但是它在无线传感器网络中既充当传感器，又充当网络通信节点，具有信息采集和路由的双重功能；除了进行本地信息收集和数据处理外，还要存储、管理和融合其他节点转发过来的数据，同时与其他节点协作完成一些特定任务。无线传感器节点由传感器模块、处理器模块、无线通信模块、能量供应模块四个部分组成，如图3-16所示。

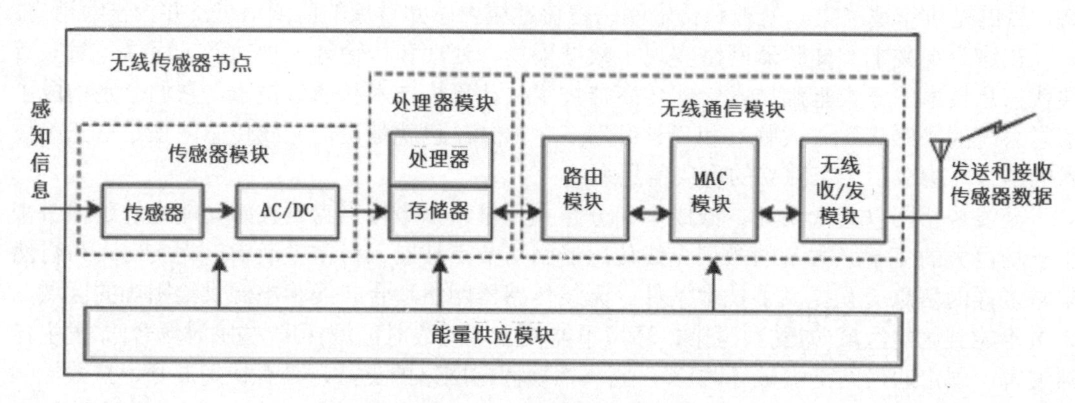

图3-16　无线传感器节点硬件结构

(1) 传感器模块负责监测区域内信息的采集和模/数转换。传感器模块种类繁多，根据物联网应用的不同，传感器的功能和性能也不相同，但是都用于测量各种物理量，例如测量传感器周围的光、声音、温度、磁场以及传感器加速度等。大部分传感器输出的是模拟量，需要将模拟信号转换成数字信号。无线传感器节点对于传感器的测量精度要求并不是很高，整个网络对精度的要求更多的是通过对整个网络各个节点数据的数理统计和处理来实现的。

(2) 处理器模块负责控制整个传感器节点的操作，对本身采集的数据以及其他节点发送的数据进行存储和处理。处理器模块是无线传感器节点的计算核心，设备控制、任务调度、能量计算和功能协调等一系列操作都是在这个模块的支持下完成的。

(3) 无线通信模块负责与其他传感器节点进行无线通信，彼此交换控制信息和收/发采集的数据。无线通信模块包括无线收/发模块、介质访问控制模块(MAC)和路由模块(数据传递的路由选择)。

(4) 电源模块为传感器节点提供运行所需的能量，通常采用电池或太阳能电池板供电。有些场合无法更换电池，为了延长电池的使用时间，一般采用睡眠机制，定期关闭某些模块的供电。

2. 汇聚节点

汇聚节点通常具有较强的处理能力、存储能力和通信能力，它既可以是一个具有足够能量供给、更多内存资源和计算能力的增强型传感器节点，也可以是一个带有无线通信接口的特殊网关设备(一般是功能较为强大的嵌入式基站)。汇聚节点连接传感器网络与外部网络，通过协议转换实现管理节点与传感器网络之间的通信，把收集到的数据信息通过互联网、卫星或者其他方式转发到外部网络上，最终提交给管理节点。同时也负责将管理节点发送的控制信号及数据分发给所有或者指定的无线传感器节点。汇聚节点和网关通常集成在一个物理设备中。

汇聚节点的发射能力较强，具有较高的电能供应(一般采用交流电或者太阳能电池板)，可以将整个区域内的数据传送到远程控制中心进行集中处理。

3. 管理节点

管理节点通常是一台计算机或者功能强大的嵌入式处理设备，任务是对汇聚节点传回的数据进行处理和判断，并向汇聚节点发送控制信号。用户通过管理节点对传感器网络进行配置和管理，发布监测任务以及收集监测数据。

3.5.2 无线传感网的体系结构

1. 无线传感网的协议体系结构

无线传感网(WSN)的协议体系结构从下到上可分为五层，即物理层、数据链路层、网络层、传输层和应用层，如图 3-17 所示。需要注意的是，无线传感网各层使用的协议与互联网协议并不相同。

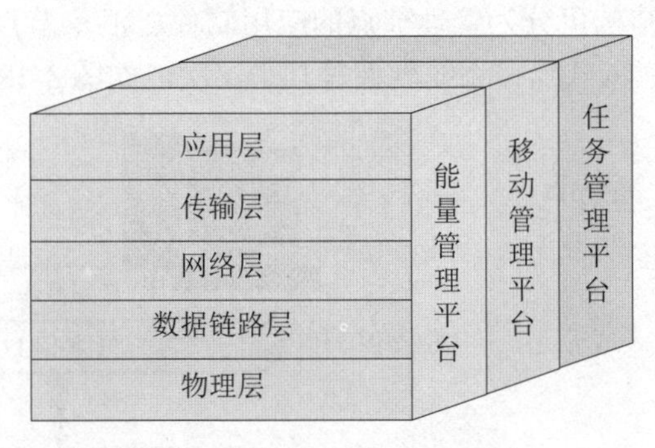

图 3-17 WSN 的协议体系结构

(1) 物理层负责载波频率的产生，信号调制、解调，同时也负责射频收发器的激活和休眠、信道的频段选择等。物理层协议主要涉及无线传感网采用的物理媒介、频段和调制方式。目前，无线传感网采用的传输媒介主要有无线电、红外线和光波等。其中，无线电传输是目前无线传感网采用的主流传输方式。

(2) 数据链路层负责数据帧的定界、帧监测、媒介访问控制(MAC)和差错控制。帧的定界就是根据物理层的数据流判定预先指定的数据格式。媒介访问控制协议就是解决各传感器节点同时发送信号时的冲突问题。无线传感网是一种共享媒介的网络，多个节点同时发送信号会造成冲突，MAC 协议就是提供一种无线信道的分配方法，以便建立可靠的点到点或点到多点的通信链路。差错控制保证源节点发出的信息可以完整无误地到达目标节点。

(3) 网络层负责路由发现和维护。通常大多数节点无法直接与网关通信，需要通过中间节点以多跳路由的方式将数据传送至汇聚节点。网络层协议负责把各个独立的节点协调起来构成一个收集并传输数据的网络。在研究网络层相关技术时，经常将网络拓扑设计、网络层协议和数据链路层协议结合起来考虑。网络拓扑决定了网络的设计架构。网络层的路由协议决定了监测信息的传输路径。数据链路层的媒介访问控制用来构建底层的基础结构，控制传感器节点的通信过程和工作模式。

(4) 传输层主要负责数据流的传输控制，以便把传感器网络内采集的数据送往汇聚节点，并通过各种通信网络送往应用软件。传输层是保证通信服务质量的重要部分，它采用差错恢复机制，确保在拓扑结构、信道质量动态变化的条件下，为上层应用提供节能、可靠、实时性高的数据传输服务。

(5) 应用层协议负责任务调度、数据分发等具体业务，与具体应用场合和环境密切相关，主要功能是获取数据并进行处理，为管理人员运营和维护无线传感网提供操作界面。

除了按层次划分的协议栈外，利用无线传感网各层协议提供的功能，还可以提供整个 WSN 的管理平台。管理平台包括能量管理平台、移动管理平台和应用管理平台。能量管理平台用来管理传感器节点如何使用能源，不仅仅包括无线收发器的休眠与激活，在各个协议层都需要考虑节省能量。移动管理平台用来检测和控制节点的移动，维护到汇聚节点的路由，还可以使传感器节点能够动态跟踪其邻居的位置。应用管理平台的功能是在一个给定的区域内平衡和调度监测任务。总之，管理平台的主要作用是使传感器节点能够高效、协同工作，并支持多任务和资源共享。

2. 无线传感网的软件层次结构

无线传感网的软件结构可分为管理节点的应用软件、汇聚节点的数据处理软件、分布式中间件、终端节点的嵌入式操作系统软件等几个层次，如图 3-18 所示。

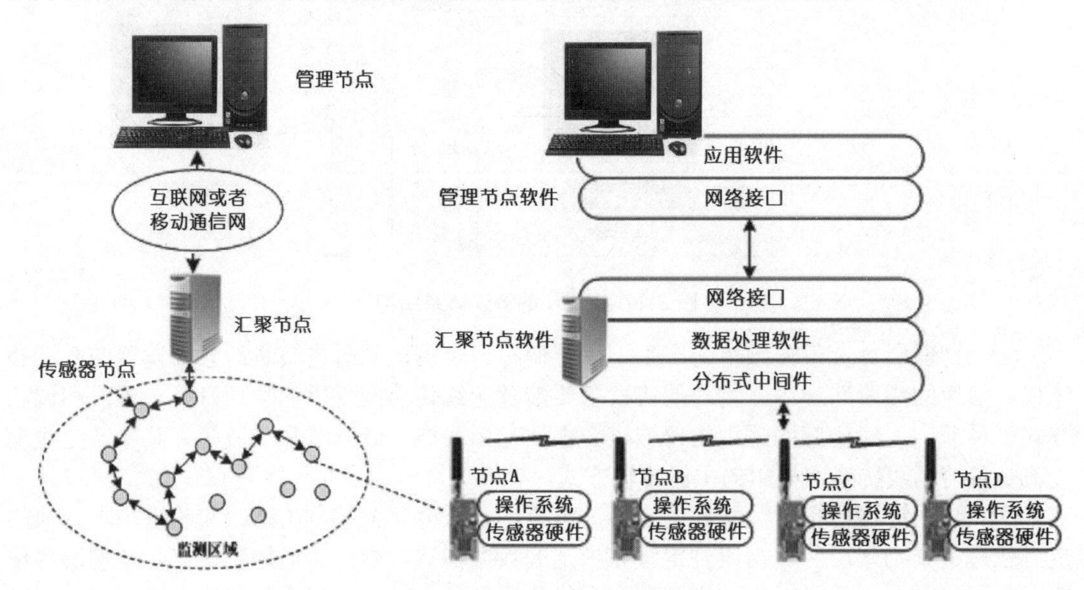

图 3-18　无线传感网软件结构

3.5.3 无线传感网的特征

无线传感网就是由大量廉价微型的传感器节点，通过无线通信方式形成的一个特殊的 Ad Hoc 网络。Ad Hoc 源于拉丁语，意思是“for this”，引申为“for this purpose only”，即 Ad Hoc 网络是为某种目的设置的、具有特殊用途的网络。

WSN 是由随机分布的集成有传感器、数据处理单元和通信模块的微小节点通过自组织方式构成的网络，借助节点中内置的形式多样的传感器，可以协作地测量所在地周边环境中的热、红外、声呐、雷达和地震波等信号，从而探测包括温度、湿度、光强、电磁、压力、地震、土壤成分、物体大小、物体速度等众多我们感兴趣的环境信息。WSN 将这些信息发送到网关节点，以实现指定范围内目标的检测与跟踪，具有快速展开、抗毁性强等特点。

WSN 是一种无基础设施的、自组织的无线多跳网络。在无线传感器网络中，无基础设施指的是整个网络无须任何基站、布线系统、服务器等组网设备，只存在无线传感器节点；自组织指的是传感器节点能够各尽其责而又相互协调地自动形成有序的网络系统；多跳指的是传感器节点之间的数据传输可能需要若干中间传感器节点的转发。其特点主要如下。

(1) 自组织。部署无线传感器网络时，传感器节点的位置常常不能预先精确设定，节点之间的相互邻居关系预先也不知道，这就要求传感器节点具有自组织能力，能够自动进行配置和管理，通过拓扑控制机制和网络协议自动形成转发监测数据的多跳无线网络系统。

(2) 大规模。为了对一个区域执行高密度的监测、感知任务，WSN 往往将成千上万的传感器节点投放到这个区域，规模较移动通信网络呈数量级地提高，甚至无法为单个节点分配统一的物理地址。WSN 的大规模性主要指两个方面：一是传感器节点分布在很大的地理区域内；二是在不大的空间内密集部署大量的传感器节点。WSN 的节点分布非常密集，只有这样才能减少监测盲区，提高监测的精确性，但这也要求中心节点必须提高数据融合能力。

(3) 动态性。尽管 WSN 中的传感器节点在部署完成后大部分不会再移动，但 WSN 的拓扑结构还是会因诸多因素发生变化。例如，环境因素或电能耗尽造成的传感器节点故障；传感器、感知对象和观察者的移动；环境变化造成的无线通信链路带宽变化；新节点的加入，节点为省电而休眠等。这就要求 WSN 具有动态的系统可重构性和故障自修复性。

(4) 数据汇聚型。WSN 一般是多对一通信，即网络中的所有节点都将数据汇聚到汇聚节点，普通节点之间几乎不会发生消息交换。另外，WSN 不是简单的汇聚，它需要将多个源产生的表示同一事件的多个数据分组聚合为单个分组再传送给汇聚节点。WSN 采用的分组过滤技术就是在中间节点上进行一定的聚合、过滤或压缩，以减小节点的能量开销。

(5) 以数据为中心。在 WSN 中，人们主要关心某个区域的某些观测指标，而不是关心具体某个节点的观测数据，这就是 WSN 以数据为中心的特点。相比之下，互联网传送的数据是和节点的物理地址联系起来的。以数据为中心的特点要求 WSN 能够脱离传统网络的寻址过程，快速有效地组织起各个节点的感知信息，并融合提取出有用信息，直接传送给用户。

(6) 与应用相关。WSN 是用来感知客观世界的，而不同的 WSN 应用关注的物理量也不同，因此对传感器的应用系统也有多种多样的要求。WSN 特别适合部署在恶劣环境或各类不易到达的区域，并且传感器节点常常随机部署，这种应用环境要求传感器节点要非常坚固，不易损坏，能够适应各种恶劣的环境条件。

(7) 无人值守。传感器的应用与物理世界紧密联系，传感器节点往往密集分布于急需监控的物理环境中。由于规模巨大，不可能人工“照顾”每个节点，网络系统往往在无人值守的状态下工作。每个节点只能依靠自带或自主获取的能源(电池、太阳能)来供电。

3.5.4 无线传感网的接入

无线传感网(WSN)通常通过网关与提供远程通信的各种通信网络相连。WSN 网关作为传感器网络和外部网络数据通信的桥梁，处于承上启下的地位，它包括两部分功能：一是通过汇聚节点获取传感器网络的信息并进行转换；二是利用外部网络进行数据转发。

WSN 网关的系统结构如图 3-19 所示，通常与汇聚节点放置在同一个设备内。传感器节点采集感知区域内的数据，进行简单的处理后发送至汇聚节点，网关利用串行方式读取数据并转换成用户可知的信息，如传感器节点部署区域内的温度、加速度、坐标等，然后由网关通过不同的接入方式连接到外部网络进行远距离传输，同时也可以将数据封装成短信发送至移动终端用户。外部网络可以是任意的通信网络，如以太网、公共电话网(PSTN)等有线网络，或者 GPRS、CDMA 1X 等无线网络。

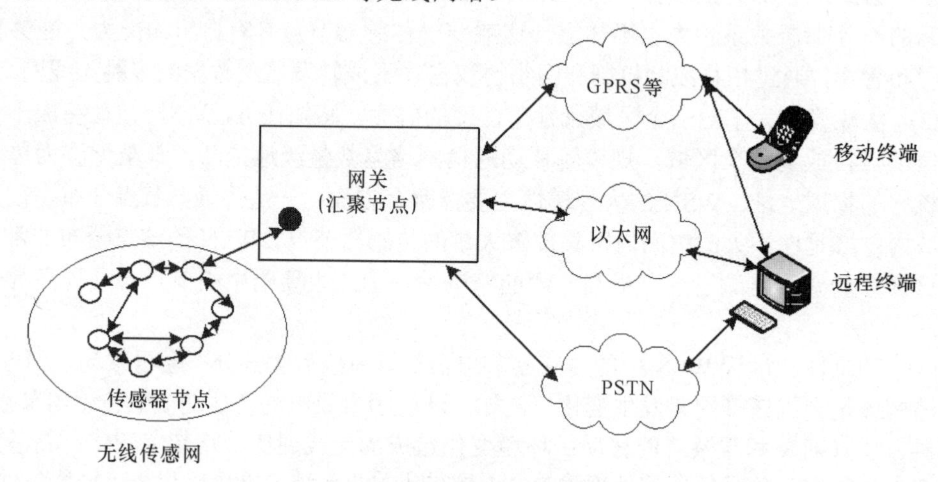

图 3-19 WSN 网关的系统结构

根据功能可以将网关分为两个模块，即网关与汇聚节点的通信模块和网关与外部网络的通信模块。网关与汇聚节点间的通信主要是读取汇聚节点的数据，一般采用串行接口(如 RS-232 等)通信方式。网关软件需要设置串行通信的波特率、数据位数、奇偶校验方式等属性，最后对串行口进行读写，读入并存储汇聚节点送过来的数据。在数据读取完成后，网关调用相应的转换函数，将这些原始数据解析为用户可知的信息。例如，温度、光强、坐标值等并存储在发送缓冲区内，准备发送到外部网络。

网关与外部网络通信模块的主要功能是转发 WSN 网关转换后的数据。网关与外部网络的接入方式可以分为有线方式的以太网和无线方式的 GPRS、GSM、WLAN 等，网关具体选择哪种接入方式与实际情况有关。

3.6 无线传感网的通信协议

按照无线传感网的分层模型，其协议也相应地分为物理层、数据链路层、网络层、传输层和应用层。由于节能是无线传感网设计中最重要的方面，而传统无线通信网络的协议对功耗考虑较少，因此，无线传感网需要特定的 MAC 协议、路由协议和传输协议。

3.6.1 MAC 协议

媒介访问控制(medium access control，MAC)用于解决共享媒介网络中的媒介占用问题，决定无线信道的使用方式，在传感器节点之间分配有限的无线通信资源，用来构建传感器网络系统的底层基础结构。无线传感网 MAC 协议的设计目标是充分利用网络节点的有限资源，尽可能延长网络的服务寿命。因此，与传统无线网络不同，无线传感网 MAC 协议的设计需要考虑如下网络性能指标：节省能耗，可扩展性，网络效率，冲突避免，信道利用率，时延，吞吐量，公平性。

其中，节省能耗是重中之重。通信过程中的能耗主要存在于：冲突导致重传和等待重传；非目的节点接收并处理数据形成串扰；发射、接收不同步导致分组空传；控制分组本身开销；无通信任务节点对信道的空闲侦听等。

因此，可以相应采取如下措施，以减少冲突、串扰和空闲侦听：通过协调节点间的侦听、休眠周期以及节点发送、接收数据的时机，避免分组空传和减少过度侦听；通过限制分组长度和数量控制开销；尽量延长节点休眠时间，减少状态交换次数。

传感器节点无线通信模块的状态包括：发送状态，接收状态，侦听状态，睡眠状态。各状态耗能按上述顺序依次减少，因此，通常采用“侦听/睡眠”交替使用的无线信道使用策略。WSN 节点的能耗状况如图 3-20 所示。

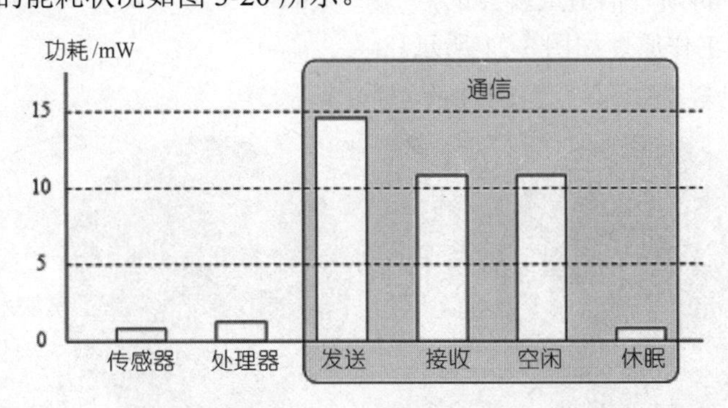

图 3-20 WSN 节点的能耗状况

能量、通信能力、计算能力和存储能力的限制决定了无线传感网的 MAC 层不能使用过于复杂的协议，应尽量简单、高效。根据 MAC 协议分配信道的方式，可以将 MAC 协议分为竞争型、调度型和混合型等三种类型。

(1) 竞争型 MAC 协议简单高效，在数据发送量不大，竞争节点较少时，有较好的信道利用率。但竞争型 MAC 协议往往只考虑发送节点，较少考虑接收节点，因而数据传送需要的跳数较多、时延较大。另外，控制帧和数据帧发生冲突的可能性随着网络通信量的增加而增加，致使网络的宽带利用率急剧降低，而重传也会降低能量效率。无线传感网的竞争型 MAC 协议有 CSMA/CA、S-MAC、T- MAC、PMAC、WiseMAC、Sift 等。

(2) 调度型 MAC 协议在节能上有优势，但需要严格的时间同步，不能适应无线传感网不断变化的拓扑结构，所以可扩展性不好。调度型 MAC 协议有 TRAMA、SMACS、DMAC 等。

(3) 混合型协议能较好地避免共享信道的碰撞问题，有效地减少能量消耗，但对节点的计算能力要求较高，整个网络的带宽利用率不高，实现比较复杂。混合型 MAC 协议有 μ-MAC、ZMAG 等。

1. 竞争型 MAC 协议

竞争型 MAC 协议的基本思想是：当节点需要发送数据时，通过竞争方式使用无线信道，若发送的数据产生冲突，就按照某种策略退避一段时间再重发数据，直到发送成功或放弃发送为止。在无线传感网中，睡眠/唤醒调度、设计握手机制和减少睡眠时间是竞争型协议需要重点考虑的。

典型的竞争型 MAC 协议是 IEEE 802.11 无线局域网和 ZigBee 网络使用的 CSMA/CA(载波侦听多路接入/冲突避免)。CSMA/CA 的原理如下。

(1) 节点在发送数据前首先侦听信道是否空闲，即是否有其他节点在发送数据，如果有其他节点占用信道，则等待。

(2) 当信道由忙变闲时，则发送 RTS(request to send，请求发送)帧请求占用信道。

(3) 如果收到接收方的 CTS(clear to send，允许发送)帧，则说明信道占用成功，就可以发送数据帧了。

(4) 如果没有收到对方的 CTS 帧，说明与其他节点发送的 RTS 帧发生了冲突，于是随机退避一段时间，再侦听信道重新尝试。

CSMA/CA 的工作原理如图 3-21 所示。

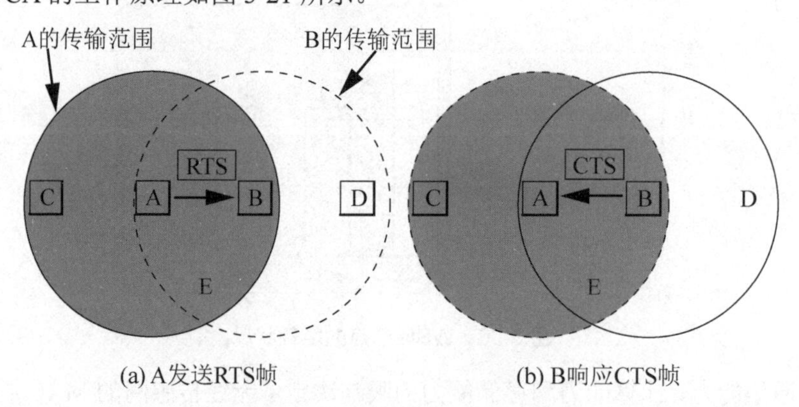

图 3-21　CSMA/CA 的工作原理

在 CSMA/CA 的基础上，针对能耗问题，人们提出了多种用于无线传感网的竞争型 MAC 协议，如 S-MAC、T-MAC、PMAC、WiseMAC、Sift 等。

S-MAC 协议采用周期性的睡眠和侦听机制。在侦听状态，节点可以和它的相邻节点进行通信，侦听、接收或发送数据。在休眠状态，节点关闭发射接收器，以此减少能量的损耗。

2. 调度型 MAC 协议

调度型 MAC 协议就是按预先固定的方法把信道划分给或轮流分配给各个节点。具体的分配方法有 TDMA(时分多址)、FDMA(频分多址)和 CDMA(码分多址)。调度型 MAC 协议的基本思想是：采用某种调度算法将时隙、频率或正交码映射到每个节点，使每个节点只能使用其特定的时隙、频率或正交码，无冲突地访问信道。其优点是无冲突、无隐藏终端问题、易于休眠、适合低功耗网络。其缺点是必须具备中心控制节点来分配信道。

TRAMA(traffic adaptive medium access，流量自适应介质接入)MAC 协议是 Rajendran V 等提出的，旨在以有效节能的方式改进传统的 TDMA 机制的利用率。TRAMA 协议将时间划分为连续时隙，根据局部两跳内的邻居信息，采用分布式方式选择算法确定每个时隙的无冲突发送者。它可以避免把时隙分配给无流量的节点，并让不发送和不接收信息的节点处于睡眠状态以达到节能目的。TRAMA 协议将时间划分为交替的随机访问周期和调度访问周期，其时隙数由具体应用决定。TRAMA 协议包括三个部分：邻居协议(neighbor protocol，NP)、调度交换协议(schedule exchange protocol，SEP)和自适应时隙选择算法(adaptive electional algorithm，AEA)。

(1) 邻居协议(NP)：所有节点在随机访问周期内都处于激活状态，并周期性地通告自己的 ID、是否有数据发送请求以及一跳内的邻居节点等信息，使节点获得两跳内的拓扑结构和节点流量信息，并实现时间的同步。

(2) 调度交换协议(SEP)：建立和维护发送者和接收者的调度信息，在调度访问周期内，节点周期性地广播其调度信息，每个节点根据报文产生速率和报文队列长度计算节点优先级。

(3) 自适应时隙选择算法(AEA)：根据当前两跳邻居节点内的节点优先级和一跳邻居的调度信息，决定节点在当前时隙的状态策略——接收、发送或睡眠。由于 AEA 算法更适合周期性的数据采集任务，所以 TRAMA 协议非常适合周期性监测应用。

DMAC 协议是一种针对树状数据采集网络提出的 MAC 协议，采用预先分配的方法来避免睡眠时延。在无线传感网中，从传感器感知节点到汇聚节点形成一棵数据汇聚树，数据由子节点单向流向父节点。DMAC 协议根据该数据汇聚树，采用交错唤醒调度机制，让节点在工作和睡眠之间切换，其中工作阶段又分为发送和接收两部分。每个节点的调度具有不同的偏移，子节点的发送时间对应于父节点的接收时间。在理想情况下，数据能够连续地从数据源节点传送到数据目的节点，从而避免了睡眠时延。

3. 混合型 MAC 协议

竞争型 MAC 协议能很好地适应网络规模、拓扑结构和数据流量的变化，无需精确的时钟同步机制，实现简单，但是能量效率较低。调度型 MAC 协议的信道之间无冲突、无干扰，数据包在传输过程中不存在冲突重传，能量效率相对较高，但是需要网络中的节点形成簇，对网络拓扑结构变化的适应能力不强。混合型 MAC 协议包含了以上两类协议的设计要素，取长避短。当时空域或某种网络条件改变时，混合型 MAC 协议仍表现为以某类协议为主其他协议为辅的特性。

μ-MAC 是一种典型的混合型 MAC 协议，适用于周期性采集数据的无线传感网。它假设可以获得流量模式的信息，通过应用层的流量信息来提高 MAC 协议的性能。在μ-MAC 中用一个独立于 WSN 节点之外的固定基站提供信标源，实现时钟同步，并负责发出任务指令，汇聚各节点采集的数据。μ-MAC 的信道结构包含竞争期和无竞争期：竞争期采用分时隙的随机竞争接入方式，无竞争期采用 TDMA 调度接入方式。

3.6.2 路由协议

路由协议解决的是数据传输的问题，主要是寻找源节点和目的节点之间的优化路径，将数据分组从源节点通过网络转发到目的节点。传统的无线网络路由协议设计的主要目的是为网络提供高效的服务质量和带宽，但无线传感网路由协议的首要目标是高效节能，延长整个网络的生命周期，应具有能量优先、基于局部的拓扑信息、以数据为中心和应用相关四个特点。无线传感器路由协议可分为四类：以数据为中心的路由协议、基于簇结构的路由协议、基于地理位置信息的路由协议和基于 QoS 的路由协议。

1. 以数据为中心的路由协议

此类路由协议对感知到的数据按照属性命名，对相同属性的数据在传输过程中进行融合操作，以减少网络中冗余数据的传输。典型协议有基于信息协商的传感器(sensor protocols for information via negotiation，SPIN)协议、定向扩散(directed diffusion，DD)协议等。

DD 协议采用基于数据相关的路由算法，是一种基于查询的方法。在 DD 协议中，汇聚节点周期性地通过泛洪的方式广播一种称为“兴趣”的数据包，告诉网络中的节点它需要收集信息的类型(兴趣扩散)；在“兴趣”数据包的传播过程中，DD 协议根据数据上报率、下一跳等信息逐跳地在每个传感器节点上建立反向的从数据源到汇聚节点的梯度场(梯度建立)；传感器节点将采集到的数据沿着梯度场传送到汇聚节点，梯度场的建立需要根据成本最小化和能量值适应原则。当网络中的传感器节点采集到相关的匹配数据后，向所有感兴趣的邻居节点转发这个数据，收到该数据的邻居节点如果不是汇聚节点，则采取同样的方法转发该数据，这样汇聚节点会收到从不同路径传送过来的相同数据；在收到这些数据以后，汇聚节点选择一条最优的路径，后续的数据将沿着这条路径传输(路径加强)。DD 协议的机制如图 3-22 所示。

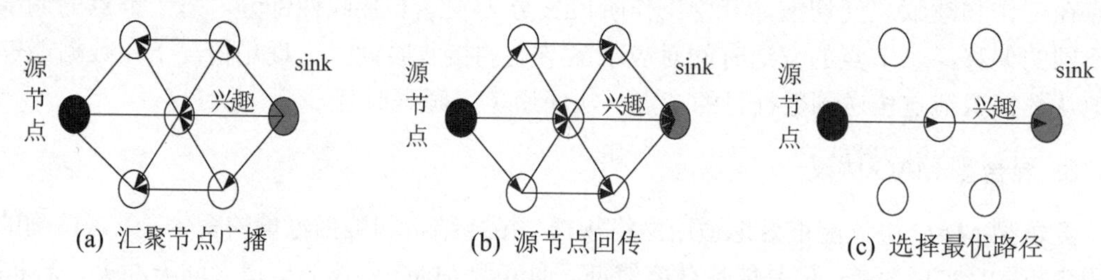

图 3-22 DD 协议的机制

DD 算法是一个以数据为中心的经典路由算法，DD 路由协议需要通过汇聚节点完成对节点的查询，因此不能用于大规模的网络，主要应用于具有大量查询而只有少量事件的场景。如果网络拓扑结构频繁变动，算法性能将大幅下降。

2. 基于簇结构的路由协议

簇结构路由协议是一种网络分层路由协议，重点考虑的是路由算法的可扩展性。它将传感器节点按照特定规则划分为多个集群(簇)，每个簇由一个簇首和多个簇成员组成。多个簇首形成高一级的网络，在高一级的网络中，又可以分簇，从而形成更高一级的网络，直至最高级的汇聚节点。在这种结构(实际上就是多叉树结构，也称为簇树)中，簇首节点不仅负责管理簇内节点，还要负责簇内节点信息的收集和融合，并完成簇间数据的转发。通常情况下，每个簇都是基于节点的能量以及簇首的接近程度形成的。这种路由结构对簇首节点的依赖性较大，信息采集与处理均会大量消耗簇首的能量，簇首节点的可靠性与稳定性同样对全网性能有着很大的影响。簇结构路由协议使用的路由算法有 LEACH、PEGASIS、TEEN、APTEEN 和 TTDD 等。下面主要介绍前两种算法。

1) LEACH(low-energy adaptive clustering hierarchy，低能耗自适应分簇结构)

LEACH 是最早提出的分层路由算法，它以簇内节点的能量消耗为出发点，旨在延长节点的工作时间，平衡节点能耗。LEACH 算法定义了“轮”的概念，每一轮分为两个阶段：初始化和稳定工作。在初始化阶段，网络以周期性循环的方式随机选择簇首节点，簇首节点向周围广播信息，其他节点依照所接收到的广播信号强度加入相应的簇首，形成虚拟簇。此后进入稳定工作阶段，簇首接收节点持续采集监测到的数据，并进行数据融合处理，以减少网络数据量，并发送至汇聚节点。为了延长节点的工作时间，需要定期更换簇首节点，因此整个网络的能量负载被平均分配到每个节点上，从而实现平均分担转发通信业务。LEACH 协议的网络结构如图 3-23 所示。簇首节点的选择是 LEACH 算法中的关键，它是根据网络中需要的簇首节点数和到目前为止每个节点成为簇首的次数来决定的。

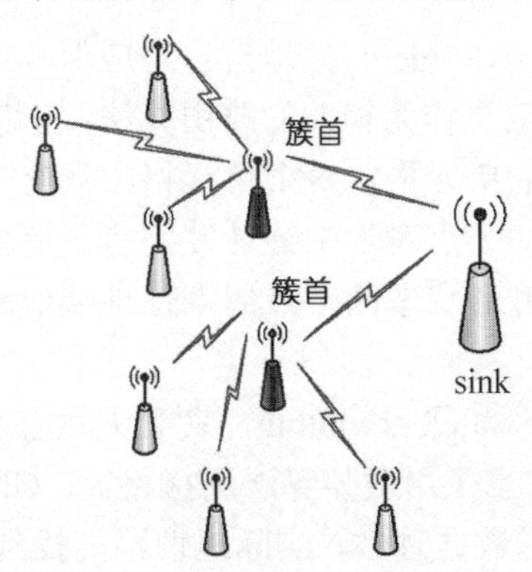

图 3-23　LEACH 协议的网络结构

2) PEGASIS(power-efficient gathering in sensor information systems，传感器信息系统的节能型采集方法)

PEGASIS 在 LEACH 的基础上进行了改进，依然采用动态选取簇首的方法，将网络中的所有节点连接成一条“链”，避免了频繁选取簇首的通信开销。PEGASIS 协议的网络结构如图 3-24 所示。

在此算法中，每个节点利用信号强度比较其邻居节点的远近，选出最近邻居的同时调整发送的信号强度，使得只有最近节点才能收到信号。这样节点只需要与离它最近的邻居进行通信。PEGASIS 利用贪婪算法(贪婪算法就是不从整体考虑，而只从局部考虑找出当前的最优解)将整个传感器网络中的节点组成一个链，链中只有一个链首。并且各节点轮流担当链首的角色，从而实现节点的能耗平衡。链中节点沿链将数据传送到簇首，在传送过程中进行数据融合，最后簇首将收集到的数据发送给汇聚节点。网络中的所有节点都会成为簇首，因此，所有节点都应能与汇聚节点通信。簇首失效会导致路由失败，并且链过长会导致数据传输量的增加，所以这种协议不适合实时性的应用。

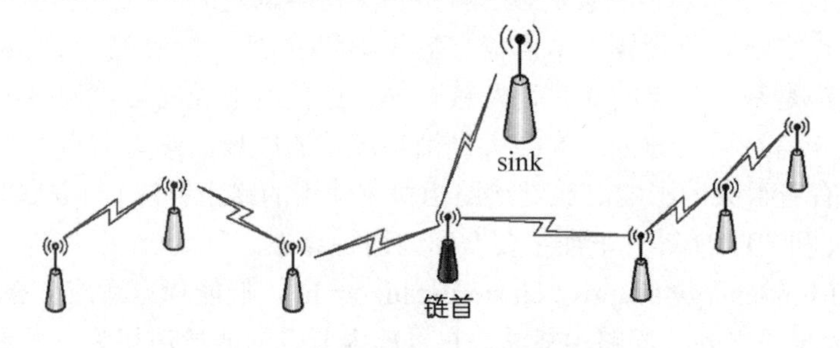

图 3-24　PEGASIS 协议的网络结构

3. 基于地理位置信息的路由协议

基于地理位置信息的路由协议假设节点知道自身、目的节点或目的区域的地理位置，节点利用这些地理位置信息进行路由选择，将数据转发至目的节点。在路由协议中使用地理位置信息主要有以下两种用途：将地理位置信息作为其他算法的辅助，从而限制网络中搜索路由的范围，减少了路由控制分组的数量；直接利用地理位置信息建立路由，节点直接根据位置信息指定数据转发策略。基于地理位置信息的路由协议使用的路由算法有 GAF、GPSR 和 CEAR 等。

1)　GAF(geographical adaptive fidelity，地理自适应保真)算法

GAF 是一种使用地理位置信息作为辅助的路由算法，它将监测区域划分成虚拟单元格，各节点按照位置信息划入相应的单元格，每个单元格中只有一个簇首节点保持活动，其他节点均处于睡眠状态。网格中的节点对于中继转发而言是等价的，它们通过分布式协商确定激活节点和激活时间。处于激活状态的节点周期性地唤醒睡眠节点，通过交换角色来平衡网络的能耗。

2)　GPSR(greedy perimeter stateless routing，贪婪无状态周边路由)算法

GPSR 直接利用地理位置信息采用贪婪算法选择路径。GPSR 协议中的节点都知道自身地理位置并统一编址，节点发送数据时，以实际地理距离找到与目的节点最近的邻居节点，将该邻居节点作为数据分组的下一跳，然后将数据分组传送到该邻居节点；重复该过程，直到数据到达目的节点。GPSR 协议有如下几个优点：只依赖直接邻居节点进行路由选择；避免在节点中建立、维护及存储路由表；由于选择了接近最短真实距离的路由，所以数据的传输时延较小，在网络连通性完整的条件下，可以保证一定能找到可达路由。然而，若汇聚节点和源节点分别集中在两个区域，通信量容易失衡，导致部分节点失效，从而破坏网络的连通性。

3)　GEAR(geographic and energy aware routing，位置和能量感知路由)算法

GEAR 结合了 DD 算法以及 GPSR 算法的思想，根据事件区域的地理位置信息，采用查询的方法建立从汇聚节点到事件区域的优化路径。

4. 基于 QoS 的路由协议

基于 QoS 的路由协议在建立路由的同时，还会考虑节点的剩余电量、每个数据包的优先级、端到端的估计时延，从而为数据包选择一条最合适的发送路径，尽量满足网络的服务质量要求。具体的协议有 SAR、SPEED 等。

1) SAR(sequential assignment routing，有序分配路由)协议

SAR 综合考虑了能效和 QoS，维护多棵树结构，每棵树以落在汇聚节点的有效传输半径内的节点为根向外生长，树干的选择需要满足一定的 QoS 要求和能量储备。大多数节点可能同时属于多棵树，每个节点与汇聚节点之间有多条路径，可任选某一采集树回到汇聚节点。为了防止一些节点死亡导致网络拓扑结构变化，汇聚节点会定期发起路径重建命令来保证网络的连通性。

2) SPEED 协议

在一些传感器网络应用中，汇聚节点需要根据采集数据实时性做出反应，因此，传感器节点到汇聚节点的数据通道要保持一定的传输速率。

SPEED 协议是一个实时路由协议。SPEED 中的每个节点记录所有邻节点的位置信息和转发速度，并设定一个速度门限，当节点接收到一个数据包时，根据这个数据包的目的位置把相邻节点中距离目的位置比该节点近的所有节点划分为转发节点候选集合，然后把转发节点候选集合中转发速度高于速度门限的节点划分为转发节点集合，在这个集合中转发速度越高的节点被选为转发节点的概率越大。如果没有节点属于这个集合，则利用反馈机制重新路由。该协议在一定程度上实现了端到端的传输速率保证、网络拥塞控制以及负载平衡机制，缺点是传输的报文没有优先级机制。

3.6.3 传输协议

传输层的主要功能是利用下层提供的服务向上层提供可靠、透明的数据传输服务，因此，传输层必须实现流量控制和拥塞避免的功能，以实现无差错、无丢失、无重复、有序的数据传输功能。无线传感网的传输层技术应该充分协同多余传感器节点，在满足可靠性的要求下，传输最少的数据，从而降低能量消耗。目前的无线传感网传输协议一般都采用以下几项技术。

(1) 由传感器执行拥塞检测。源传感器根据自身的缓存状态判断是否发生拥塞，然后向汇聚节点发送当前的网络状态。

(2) 采用事件到汇聚节点的可靠性模型。一些传输协议定义了衡量当前传输可靠性程度的量化指标，由汇聚节点根据收到的报文数量或其他一些特征进行估算。汇聚节点根据当前的可靠性程度及网络状态自适应地进行流量控制。

(3) 消极确认机制。只有当节点发现缓存中的数据包并不是连续排列时，才认为数据丢失，并向邻居节点发送否认数据包，索取丢失的数据包。

(4) 局部缓存和错误恢复机制。每个中间节点都缓存数据包，丢失数据的节点快速地向邻居节点索取数据，直到数据完整后，该节点才会向下一跳节点发送数据。

以上几项技术可以保证传输协议利用较低的能量提供可靠的传输，并且具有良好的容错性和可扩展性。典型的无线传感网的传输协议有 PSFQ、ESRT 等。

1) PSFQ(pump slowly fetch quickly，缓发快取)传输协议

该协议可以把用户数据可靠、低能耗地由汇聚节点传输到目的传感器节点。在 PSFQ 中，汇聚节点以较长的发送间隔将分组顺序地发布到网络中，中间节点在自己的缓冲区中存储这些分组并转发到下游节点。中间节点如果接收到一个乱序的帧，不是立刻转发，而是迅速向上游邻居索取缺失的数据帧。该协议采用的是本地点到点逐跳的差错恢复机制，而不是端到端恢复机制。PSFQ 传输协议适用要求可靠管理传感器网络的应用。

2) ESRT(event-to-sink reliable transport，事件到汇聚节点的可靠传输)传输协议

该协议是把源传感器节点获取的事件可靠、低能耗地传输到汇聚节点。ESRT 协议规定汇聚节点采用基于当前传输状态的动态流量控制机制，确保传输稳定在最优工作状态。传输开始时，汇聚节点发送控制报文，命令源传感器节点以预定的速率回送事件消息报文。在每个决策周期结束时，汇聚节点计算当前传输的可靠性程度，结合源传感器节点回送的拥塞标志位，判断当前的传输状态。汇聚节点将根据当前的传输状态和报告频率计算下一个决策周期内的报告频率。最后汇聚节点发送控制报文，命令源传感器节点以新的报告频率回送事件消息报文。ESRT 传输协议具有良好的伸缩性和容错性，它在网络拓扑变化或传感器网络的密度和规模增大时能够保持良好的性能，适用于无线传感网进行可靠监测的应用。

3.7 无线传感网的组网技术

3.7.1 无线传感网的组网模式

组建无线传感网首先要分析应用需求，如数据采集频度、传输时延要求、有无基础设施支持、有无移动终端参与等，这些情况直接决定了无线传感网的组网模式，从而也就决定了网络的拓扑结构。无线传感网的组网模式通常有如下三种。

1. 网状模式

网状模式分两种情况，一种是传统的 Ad Hoc 组网模式，另一种是 Mesh 模式。在传统的 Ad Hoc 组网模式下，所有节点的角色相同，通过相互协作完成数据的交流和汇聚，适合采用定向扩散路由协议。Mesh 模式是在传感器节点形成的网络上增加一层固定无线网络，用来收集传感器节点数据，同时实现节点之间的信息通信和网内数据融合。

2. 簇树模式

簇树模式是一种分层结构，节点分为普通传感节点和用于数据汇聚的簇头节点，传感节点将数据先发送到簇头节点，然后由簇头节点汇聚到后台，所以簇头节点需要完成更多的工作，消耗更多的能量。如果使用相同的节点实现分簇，则要按需更换簇头，避免簇头节点因为过度消耗能量而死亡。簇树模式适合采用树型路由算法，适用于节点静止或者移动较少的场合，属于静态路由，不需要路由表，对于传输数据包的响应较快，但缺点是不灵活，路由效率低。

3. 星型模式

星型模式根据节点是否移动分为固定汇聚和移动汇聚两种情况。在固定汇聚模式中，

中心节点汇聚其他节点的数据，网络覆盖半径比较小。移动汇聚模式是指使用移动终端收集目标区域的传感数据，并转发到后端服务器。移动汇聚可以提高网络的容量，但如何控制移动终端的轨迹和速率是其关键所在。

无线传感器网络中的应用一般不需要很高的信道带宽，却要求具有较低的传输时延和极低的功率消耗，使用户能在有限的电池寿命内完成任务。无线传感器网络的组建一般都采用低功耗的个域网(PAN)技术，一些低功耗、短距离的无线传输技术都可以用于组建无线传感器网络，如 ZigBee 网络、6LoWPAN 网络、Bluetooth、UWB、IrDA、低功耗的 IEEE 802.11 等。目前，无线传感器网络的典型组网技术是 ZigBee 网络。

3.7.2 ZigBee 概述

长期以来，低价位、低速率、短距离、低功率的无线通信市场一直存在。蓝牙的出现，曾让工业控制、家用自动控制、玩具制造等厂商雀跃不已，但是蓝牙的售价一直居高不下，严重影响了这些厂商的应用积极性。在蓝牙技术的使用过程中，人们发现蓝牙技术尽管有许多优点，但仍存在许多缺陷。对工业控制、家庭自动化控制和工业遥测遥控领域而言，蓝牙技术存在复杂度高、功耗大、距离近、组网规模太小等缺点。而工业自动化对无线数据通信的需求越来越强烈，且对于工业现场，无线传输必须是高可靠的，并能抵抗工业现场的各种电磁干扰。

经过人们的长期努力，ZigBee 协议在 2004 年正式问世。ZigBee 是 IEEE 802.15.4 协议的代名词。它不仅适用于自动控制和远程控制领域，可以嵌入各种设备中，同时也支持地理定位功能。ZigBee 的名字来源于蜂群使用的赖以生存和发展的通信方式，即蜜蜂靠飞翔中“嗡嗡”(Zig)地抖动翅膀与同伴传递新发现食物源的位置、距离和方向等信息，也就是说，蜜蜂依靠这样的方式构成了群体中的通信网络。

与蓝牙相比，ZigBee 结构更简单，速率更慢，功率及费用也更低。同时，由于 ZigBee 技术的低速率和通信范围较小等特点，也决定了 ZigBee 技术只适合承载数据流量较小的业务。由于 ZigBee 技术具有成本低、组网灵活等特点，可以嵌入各种设备，在物联网中发挥重要作用。其目标市场包括键鼠、游戏操控杆等 PC 外设、消费类电子设备上的遥控装置、家居智能控制、电子宠物、医护、工业控制等非常广阔的领域。

3.7.3 ZigBee 协议的特点

ZigBee 协议具有低功耗、低成本、低速率、近距离、短时延、高容量、灵活的工作频段、高可靠性和高安全性等特点。

(1) 低功耗。ZigBee 发射功率仅为 1mW，而且采用了休眠模式。在低耗电待机模式下，两节 5 号干电池可支持一个节点工作 6～24 个月，甚至更长。这是 ZigBee 的突出优势。相同条件下，蓝牙只可以工作数周，Wi-Fi 则只能工作数小时。

(2) 低成本。通过大幅简化协议使成本很低(约为蓝牙的 1/10)，降低了对通信控制器的要求。按预测分析，以 8051 的 8 位微控制器测算，全功能的主节点需要 32KB 代码，子功能节点只需 4KB 代码，而且 ZigBee 的协议专利免费。

(3) 低速率。ZigBee 通信速率为 20～250kbps，能够满足低速率传输数据的应用需求。

(4) 近距离。传输范围一般为10～100m，增加RF发射功率后，可达1～3km。这指的是相邻节点间的距离。如果通过路由和节点间通信的接力，传输距离可以更远。

(5) 短时延。ZigBee的响应速度较快，一般从睡眠转入工作状态只需15ms，节点连接进入网络只需30ms，进一步节省了电能。相比之下，蓝牙需要3～10s，Wi-Fi需要3s。

(6) 高容量。ZigBee可采用星型、簇树型和网型等多种组网结构，由一个主节点管理若干子节点，一个主节点最多可管理254个子节点；同时主节点还可由上一层网络节点管理，可组成一个最多65000个节点的大网。

(7) 灵活的工作频段。ZigBee采用分组交换和跳频技术，使用的频段分别为2.4GHz(公共通用频段)、868MHz(欧洲采用)及915MHz(美国采用)，这些均为免执照频段。

(8) 高可靠性。ZigBee采用碰撞避免机制，同时为需要固定带宽的通信业务预留了专用时隙，避免了发送数据时的竞争和冲突；节点模块之间具有自动动态组网的功能，信息在整个ZigBee网络中通过自动路由的方式进行传输，保证了信息传输的可靠性。

(9) 高安全性。ZigBee提供了三级安全模式，包括：无安全设定；使用接入控制清单(ACL)，防止非法获取数据；采用高级加密标准(AES128)的对称密码，以灵活确定其安全属性。

ZigBee与Wi-Fi、蓝牙等几种短距离无线通信技术的性能对比见表3-1。

表3-1 几种短距离无线通信技术的对比

特 性	IEEE 802.11b Wi-Fi	IEEE 802.15.1 蓝牙	IEEE 802.15.4 ZigBee
电池寿命	几小时	几周	6～24个月
复杂程度	非常复杂	复杂	简单
节点/主节点	32个	8个	65535个
接入网络速度	最长3s	最长10s	1s以内(15～30ms)
覆盖范围	100m	10m	30～300m
可扩展性	可以漫游	不可以漫游	可以漫游
有效吞吐量	4Mbps～7Mbps	700kbps	100kbps
安全	验证服务装置ID(SSID)	64位，128位	128位AES和应用层
应用	设备无线接入互联网	主机与外设无线连接	传感和控制

3.7.4 ZigBee协议的设备和结构

根据设备的通信能力，ZigBee把节点设备分为全功能设备(full-function device，FFD)和精简功能设备(reduced-function device，RFD)两种。FFD设备可以与所有其他FFD设备或RFD设备通信。RFD设备之间不能直接通信，只能与FFD设备通信，或者通过一个FFD设备向外转发数据。RFD设备传输的数据量较少，主要用于简单的控制应用，如灯的开关、被动式红外线传感器等。

根据设备的功能，ZigBee网络定义了三种设备，即协调器(coordinator)、路由器(router)和终端设备(end device)。协调器和路由器必须是FFD设备，终端设备可以是FFD或RFD设备。

每个 ZigBee 网络都必须有且仅有一个协调器。当启动一个全功能设备时，首先通过能量检测等方法确定有无网络存在，有则作为子设备加入，无则自己作为协调器负责建立并启动网络，进行广播信标帧以提供同步信息、选择合适的射频信道、选择唯一的网络标识符等一系列操作。

路由器在节点设备之间提供中继功能，负责发现邻居、搜寻网络路径、维护路由、存储转发数据等，以便在任意两个设备之间建立端到端的传输。路由器扩展了 ZigBee 网络的范围。

终端设备就是网络中的任务执行节点，负责采集、发送和接收数据，在不进行数据收发时进入休眠状态以节省能量。协调器和路由器也可以负责数据的采集。

ZigBee 网络有信标和非信标两种工作模式。在信标工作模式下，网络中所有设备都同步工作、同步休眠，以减少能耗。网络协调器负责以一定的时间间隔广播信标帧，两个信标帧之间有 16 个时隙，这些时隙分为休眠区和活动区两个部分，数据只能在网络活动区的各时隙内发送。在非信标模式下，只有终端设备进行周期性休眠，协调器和路由器一直处于工作状态。

ZigBee 网络的拓扑结构有星型、网状和簇树三种，如图 3-25 所示。

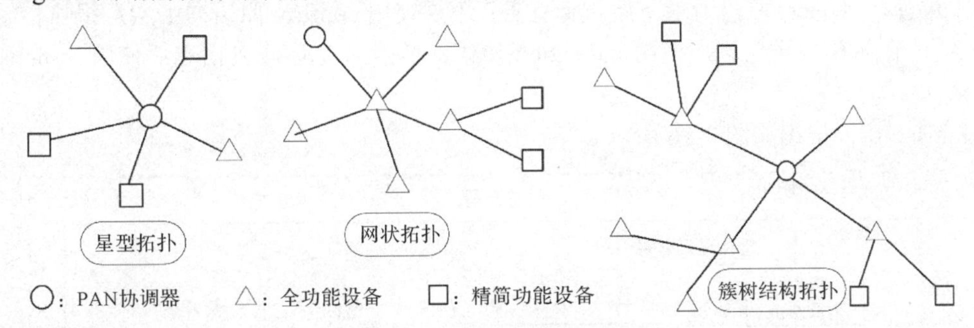

图 3-25 WSN 的拓扑类型

(1) 星型拓扑组网简单，成本低，电池使用寿命长，但是网络覆盖范围有限，可靠性不如网状拓扑结构，对充当中心节点的 PAN 协调器依赖性较大。

(2) 网状拓扑中的每个全功能节点都具有路由功能，彼此可以通信，网络可靠性高，覆盖范围广，但是电池使用寿命短，管理复杂。

(3) 簇树拓扑是组建无线传感器网络常用的拓扑结构，它是无线传感网中信息采集树的物理体现。

在组建无线传感网时，协调器既是树根又是汇聚节点。中间节点由 ZigBee 路由器担任。叶子节点用于采集数据，由 ZigBee 终端设备担任，是典型的无线传感器节点。在实际环境中，拓扑结构取决于节点设备的类型和地理环境位置，由协调器负责网络拓扑的形成和变化。

ZigBee 联盟目前提供三种规范，即 ZigBee 规范、ZigBee RF4CE 规范、ZigBee IP 规范。RF4CE 是新一代家电遥控的标准和协议，其中，RF 代表射频(radio frequency)，4 指 for，CE 指消费电子(consumer electronics)。ZigBee IP 规范是基于 IPv6 的低速无线个域网规范，是 ZigBee 发展到一定阶段的产物。2009 年，ZigBee 联盟基于 6LowPAN 推出最新的 ZigBee IP 协议标准。下面介绍目前主流的 ZigBee 规范。

3.7.5 ZigBee 协议栈

ZigBee 协议栈自下而上由物理层、媒介访问控制(MAC)层、网络层和应用层构成。其中，物理层和媒介访问控制层采用 IEEE 802.15.4 标准，ZigBee 联盟在 IEEE 802.15.4 基础上添加了网络层(network layer，NWL)和应用层(application layer，APL)。

在应用层内提供了应用支持子层(application support sublayer，APSS)和 ZigBee 设备对象(zigbee device object，ZDO)。应用框架中则加入了用户自定义的应用对象。

ZigBee 的体系结构由称为层的各模块组成。每一层为其上层提供特定的服务，即由数据实体提供数据传输服务，由管理实体提供所有的其他管理服务。每个服务实体通过相应的服务接入点(SAP)为其上层提供一个接口，每个服务接入点通过服务原语来完成所对应的功能。

ZigBee 原语有四种类型：request(请求)原语、indication(指示)原语、response(响应)原语和 confirm(确认)原语。

请求、响应原语信息流由协议栈中较高层指向较低层；确认、指示原语则从较低层向较高层返回结果或传达信息。

上层使用 request 原语请求下层执行任务；下层使用 confirm 原语向上层汇报执行结果；节点 A 向节点 B 发送信息，使用 indication 原语；节点 B 上层收到信息后使用 response 原语向 A 发送消息。

ZigBee 协议架构如图 3-26 所示。

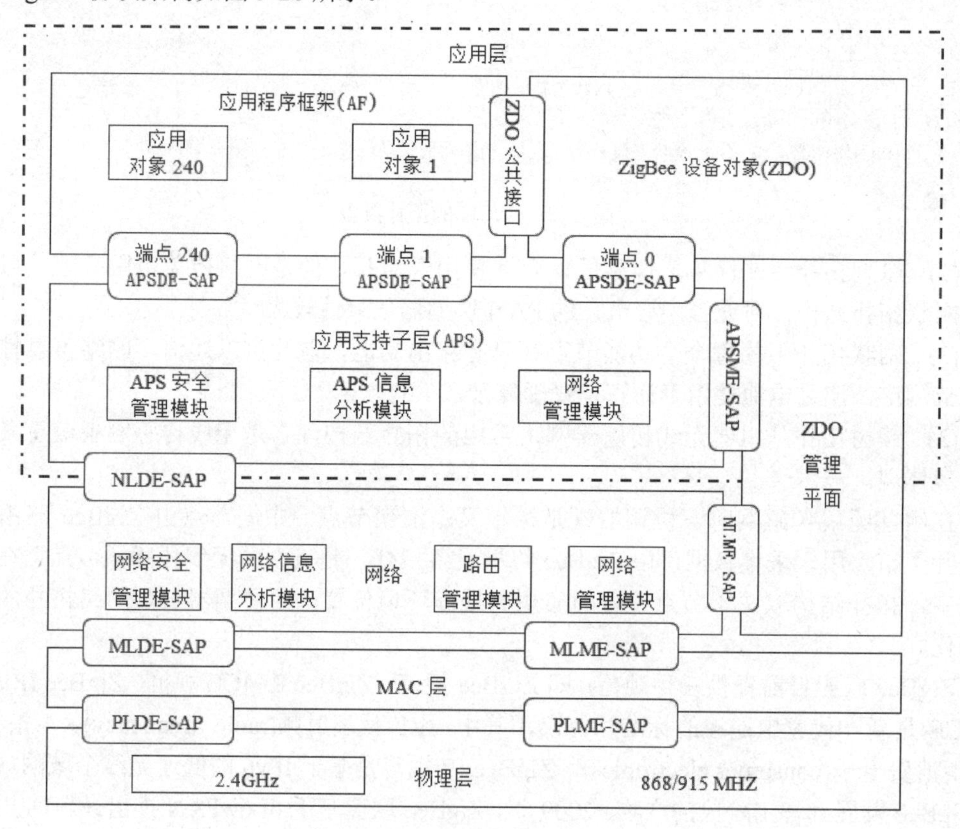

图 3-26 ZigBee 协议架构

ZigBee 协议定义了各层帧的格式、意义和交换方式。当一个节点要把应用层的数据传输给另一个节点时，它会从上层向下层逐层进行封装，在每层给帧附加上帧首部(在 MAC 层还有帧尾)，以实现相应的功能，如图 3-27 所示。

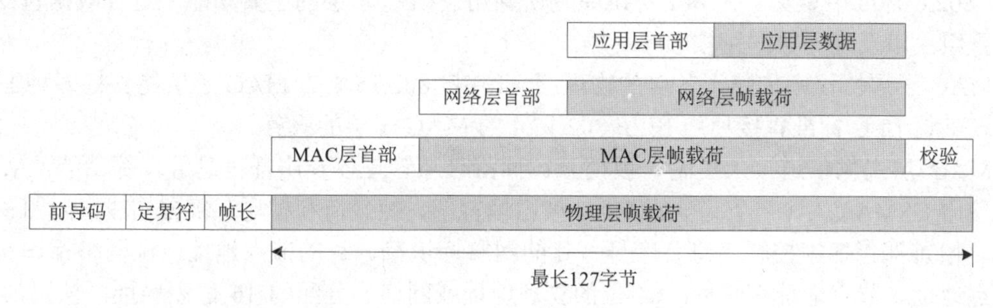

图 3-27　ZigBee 各层帧结构的封装关系

当节点从网络接收数据帧时，它会从下层向上层逐层剥离首部，执行相应的协议功能，并把载荷部分提交给相邻的上层。

1. ZigBee 物理层

物理层规定了信号的工作频率范围、调制方式和传输速率。ZigBee 采用直接序列扩频技术，定义了三种工作频率：当采用 2.4GHz 频率时，使用 16 信道，传输速率为 250kbps；当频率为 915MHz 时，使用 10 信道，传输速率为 40kbps；当采用 868MHz 时，使用单信道，可提供 20kbps 的传输速率。物理层协议数据单元中的前导码由 32 个 0 组成，接收设备根据接收到的前导码获取时钟同步信息，以识别每一位。定界符为 11100101，用来标识前导码的结束和载荷的开始。ZigBee(IEEE 802.15.4)标准工作频率、带宽以及调制方式等参数见表 3-2。

表 3-2　IEEE 802.15.4 标准工作频率、带宽以及调制方式等参数

物理层	频段(MHz)	扩频参数		数据参数				
		码片速率 (k chip/s)	调制方式	比特率 (kbps)	信道数量	频率间隔	符号速率 (k symbols/s)	符　号
868MHz	868～868.6	300	BPSK	20	1		20	二进制
915MHz	902～928	600	BPSK	40	10	2MHz	40	二进制
2.4GHz	2400～2483.5	2000	Q-QPSK	250	16	5MHz	62.5	十六进制

IEEE 802.15.4/ZigBee 物理层(PHY)的任务是通过无线信道进行安全、有效的数据通信，为数据链路层提供服务；物理层通过射频固件与射频硬件提供 MAC 层与物理无线信道之间的接口。物理层主要包括物理层管理实体(PLME)、物理层管理服务接口和物理层个域网信息库(PIB)，通过物理层数据服务接入点(PD-SAP)提供物理层数据服务，通过物理层管理实体服务接入点(PLME-SAP)提供物理层管理服务并维护 PIB。

物理层(PHY)的功能主要有：激活和休眠射频收发器；信道能量检测(energy detect)；检测接收数据包的链路质量指示(link quality indication，LQI)；空闲信道评估(clear channel assessment，CCA)；收发数据。

2. ZigBee 数据链路层

数据链路层又分为逻辑链路控制(LLC)子层和媒介访问控制(MAC)子层。LLC 子层在 IEEE 802.6 标准中定义，为 802 标准系列所共用；LLC 子层的主要功能是进行数据包的分段与重组，以及确保数据包按顺序传输。

MAC 子层协议则依赖于各自的物理层。IEEE 802.15.4 的 MAC 子层能支持多种 LLC 标准，其他 LLC 标准直接使用 IEEE 802.15.4 的 MAC 子层的服务。

MAC 层提供信道接入控制、帧校验、预留时隙管理以及广播信息管理等功能。MAC 协议使用 CSMA/CA。一个完整的 MAC 帧由帧首部、帧载荷和帧尾三部分构成，如图 3-28 所示。帧首部包括帧控制信息、序号、目的网络标识符、目的节点地址、源网络标识符和源节点地址。节点地址有两种：64 位的物理地址或网络层分配的 16 位短地址。帧尾为 16 位的 FCS 校验码。

帧首部						帧载荷	帧尾
2 字节	1 字节	0/2 字节	0/2/8 字节	0/2 字节	0/2/8 字节	长度可变	2 字节
帧控制信息	列号	目的网络标识符	目的节点地址	源网络标识符	源节点地址	帧数据单元	FCS 校验

图 3-28 MAC 帧格式

MAC 层提供网络层和物理层之间的接口。MAC 层主要包括 MAC 层管理实体(MLME)、MAC 层管理服务接口和 MAC 层个域网信息库(PIB)。MAC 层通过 MAC 层公共部分子层 MCPS 的数据接入点(MCPS-SAP)提供 MAC 数据服务，通过 MAC 层管理实体的管理接入点(MLME-SAP)提供管理服务并维护 MAC PIB。

MAC 层的功能主要有：令协调器产生并发送信标帧，普通设备根据信标帧与协调器同步；支持 PAN 网络的关联(association)和取消关联(disassociation)操作；支持无线信道通信安全；使用 CSMA/CA 机制访问信道(载波监听多路访问/冲突检测方法)；支持时槽保障(guaranteed time slot，GTS)机制；支持不同设备的 MAC 层间可靠传输。

3. ZigBee 网络层

ZigBee 网络层主要实现节点加入或离开网络、接收或抛弃其他节点、路由查找及传送数据等功能。ZigBee 没有指定组网的路由协议，这样就为用户提供了更为灵活的组网方式。ZigBee 网络层的帧由网络层帧头和帧载荷组成，如图 3-29 所示。

<table>
<tr><td>2 字节</td><td>2 字节</td><td>2 字节</td><td>1 字节</td><td>1 字节</td><td>长度可变</td></tr>
<tr><td>帧控制</td><td>目的地址</td><td>源地址</td><td>半径</td><td>序号</td><td rowspan="3">帧载荷</td></tr>
<tr><td></td><td colspan="4">路由字段</td></tr>
<tr><td colspan="5">帧头</td></tr>
</table>

图 3-29 ZigBee 网络层帧结构

帧头部分的字段顺序是固定的，但不一定要包含所有的字段。帧头中包括帧控制字段、目的地址字段、源地址字段、半径字段和序号字段。其中，帧控制字段由 16 位组成，包括帧种类、寻址和排序字段以及其他的控制标志位。目的地址字段用来存放目标设备的 16 位网络地址。源地址字段用来存放发送设备的 16 位网络地址。半径字段用来设定广播半径，在传播时，某个设备接收一次广播帧，就将该字段的值减 1。序号字段为 1 字节，每发送一次帧时值加 1。帧载荷字段存放应用层的首部和数据。

ZigBee 网络层的职责很多，一是加入和离开一个网络；二是制定安全可靠的数据包传输机制；三是为到预定目的地的帧寻找路由；四是发现和维护设备之间的路由；五是发现邻居；六是存储相关的邻居信息。

4. ZigBee 应用层

应用层定义了各种类型的应用业务，主要负责组网、安全服务等功能。应用层分为三个部分：应用支持子层、应用对象和应用框架。

(1) 应用支持子层的任务是将网络信息转发到运行在节点上的应用程序，主要负责维护绑定表，匹配两个设备之间的需求与服务，并在两个绑定的设备之间传输消息。

(2) 应用对象是运行在节点上的应用软件，它具体实现节点的应用功能，主要职能是定义网络中设备的角色，发现网络中的设备并检查它们能够提供哪些服务，初始化和响应绑定请求，并在网络设备间建立安全的通信。

(3) 应用框架是驻留在设备里的应用对象的环境，是设备商自定义的应用组件，给应用对象提供数据服务。应用框架提供两种数据服务：关键值配对(key value pair，KVP)服务和通用消息服务。KVP 服务将应用对象定义的属性与某一操作一起传输，从而为小型设备提供一种命令/控制体系。通用消息服务并不规定应用支持子层的数据帧的任何内容，其内容由开发者自己定义。

应用层主要负责把不同的应用映射到 ZigBee 网络上，具体包括安全与鉴权、多个业务数据流的会聚、设备发现和服务发现。

3.7.6 6LoWPAN

低速率无线个域网(low rate wireless personal area network，LR-WPAN)技术是为短距离、低速率、低功耗无线通信设计的网络，可广泛用于智能家电和工业控制等领域。IEEE 802.15.4 是 LR-WPAN 的典型代表，其应用前景非常广阔。

IPv6 以其规模空前的地址空间及开放性，对 LR-WPAN 产生了极大的吸引力。IETF 组织于 2004 年 11 月正式成立了 IPv6 over LR-WPAN(6LoWPAN)工作组，着手制定基于 IPv6 的低速无线个域网标准，即 IPv6 over IEEE 802.15.4，旨在将 IPv6 引入以 IEEE 802.15.4 为底层标准的无线个域网。

6LoWPAN 协议是 2006 年推出的，是基于 IPv6 的无线自组网协议，它是 ZigBee 发展到一定阶段的产物。2009 年，ZigBee 联盟基于 6LowPAN 推出最新的 ZigBee IP 协议标准，这是无线自组网的物联网技术发展的新阶段。美国国家电网公司将 6LowPAN 指定为美国国家电网标准规范，6LowPAN 在欧美一些发达国家已经得到了非常广泛的应用。

1. 6LoWPAN 协议简介

6LoWPAN 工作组的研究重点为适配层、路由、报头压缩、分片、IPv6、网络接入和网络管理等技术，目前已提出了适配层技术草案，其他技术还在探讨中。

6LoWPAN 技术底层采用 IEEE 802.15.4 规定的 PHY 层和 MAC 层，网络层采用 IPv6 协议。由于 IPv6 中 MAC 支持的载荷长度远大于 6LoWPAN 底层所能提供的载荷长度，为了实现 MAC 层与网络层的无缝链接，6LoWPAN 工作组建议在网络层和 MAC 层之间增加一个网络适配层，用来完成包头压缩、分片与重组以及网状路由转发等工作，如图 3-30 所示。

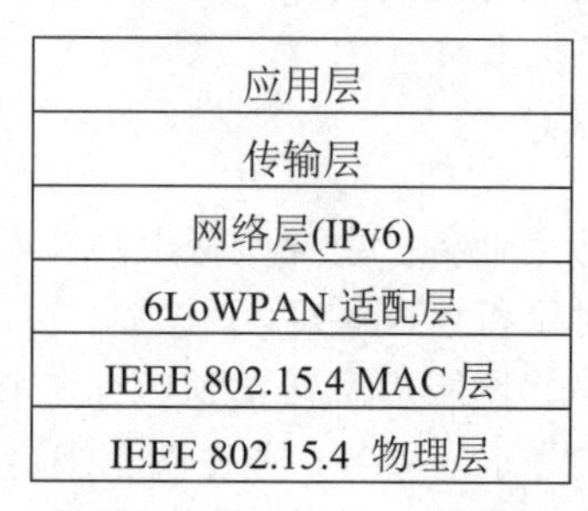

图 3-30　6LoWPAN 协议栈的参考模型

2. 6LoWPAN 技术优势

与 ZigBee 相比，6LoWPAN 有很大的技术优势，主要是因为它建构在 IPv6 的基础上。具体而言，其技术优势如下。

(1) 普及性。IP 网络应用广泛，作为下一代互联网核心技术的 IPv6，也在加速其普及的步伐，在 LR-WPAN 网络中使用 IPv6 更易于被接受。

(2) 适用性。IP 网络协议栈架构受到广泛的认可，LR-WPAN 网络完全可以基于此架构进行简单、有效的开发。

(3) 更多地址空间。IPv6 应用于 LR-WPAN 的最大亮点就是庞大的地址空间，这恰恰满足了部署大规模、高密度 LR-WPAN 网络设备的需要。

(4) 支持无状态自动地址配置。IPv6 中当节点启动时，可以自动读取 MAC 地址，并根据相关规则配置好所需的 IPv6 地址。这个特性对传感器网络来说非常有吸引力，因为在大多数情况下，不可能对传感器节点配置用户界面，节点必须具备自动配置功能。

(5) 易接入。LR-WPAN 使用 IPv6 技术，更易于接入其他基于 IP 技术的网络及下一代互联网，使其可以充分利用 IP 网络的技术进行发展。

(6) 易开发。目前基于 IPv6 的许多技术已比较成熟，并被广泛接受，其针对 LR-WPAN 的特性需进行适当的精简和取舍，简化协议开发的过程。由此可见，IPv6 技术在 LR-WPAN 网络上的应用具有广阔的发展空间，而将 LR-WPAN 接入互联网将大大扩展其应用，使得大规模传感器网络的实现成为可能。

3. 6LoWPAN 关键技术

6LowPAN 工作组对 IPv6 和 IEEE 802.15.4 结合的关键技术进行了积极的研究与讨论。目前，在 IEEE 802.15.4 上实现传输 IPv6 数据包的关键技术如下。

1) IPv6 和 IEEE 802.15.4 的协调

IEEE 802.15.4 标准定义的最大帧长度是 127 字节，MAC 头部最大长度为 25 字节，剩余的 MAC 载荷最大长度为 102 字节。如果使用安全模式，不同的安全算法占用不同的字节数，比如 AES-CCM-128 需要 21 字节，AES-CCM-64 需要 13 字节，而 AES-CCM-32 需要 8

字节，这样留给 MAC 的载荷最少，只有 81 字节。而在 IPv6 中，MAC 载荷最大为 1280 字节，IEEE 802.15.4 帧不能封装完整的 IPv6 数据包。因此，要协调二者之间的关系，就要在网络层与 MAC 层之间引入适配层，用来完成分片和重组的功能。

2) 地址配置和地址管理

IPv6 支持无状态地址自动配置，相对于有状态自动配置，它所需开销比较小，这正适合 LR-WPAN 的设备特点。同时，由于 LR-WPAN 设备可能大量、密集地分布在人员比较难以到达的地方，实现无状态地址自动配置则更加重要。

3) 网络管理

网络管理技术对 LR-WPAN 网络很关键。由于网络规模大，而一些设备的分布地点又是人员所不能到达的，因此 LR-WPAN 网络应该具有自愈能力，要求 LR-WPAN 的网络管理技术能够在很低的开销下管理分布高度密集的设备。由于在 IEEE 802.15.4 上转发 IPv6 数据提倡尽量使用已有的协议，而简单网络管理协议(SNMP)又为 IP 网络提供了一套很好的网络管理框架和实现方法，所以 6LoWPAN 倾向于在 LR-WPAN 上使用 SNMPv3 进行网络管理。但是，由于 SNMP 的初衷是管理基于 IP 的互联网，要想将其应用到硬件资源受限的 LR-WPAN 网络中，仍需进一步调研和改进，如限制数据类型，简化基本的编码规则等。

4) 安全问题

由于使用安全机制需要额外的处理和带宽资源，所以这不适合 LR-WPAN 设备，而 IEEE 802.15.4 在链路层提供的 AES 安全机制又相对宽松，有待进一步加强，因此寻找一种适合 LR-WPAN 的安全机制就成为 6LoWPAN 研究的关键问题之一。作为当今信息领域的新研究热点，6LoWPAN 还有非常多的关键技术有待发现和研究，比如服务发现技术、设备发现技术、应用编程接口技术、数据融合技术等。

4. 无线组网方案比较

6LoWPAN 和 ZigBee 是最值得比较的两个方案，它们可以运行在相同的硬件平台上，都能支持较大的节点。如果做一般的无线自组网项目，那么两者基本是相同的，无非就是 ZigBee 网关通常为串口网关，而 6LoWPAN 是与应用无关的以太网网关。但如果做具有互联网服务器的物联网系统，那么 6LoWPAN 的优势就出来了。因为 6LoWPAN 本身就是 TCP/IP 的架构，从服务器上可以看到每一个节点的 IP 地址，这正是物联网应用所需要的。

6LoWPAN 和 ZigBee 都是符合 IEEE 802.15.4 标准的协议，但是 ZigBee 是一个完整的协议栈(从应用层到物理层都有自己的定义)；6LoWPAN 是一个适配层协议，是网络层与 MAC 层之间的适配层，主要用途是在 IEEE 802.15.4 的 MAC 层上适配 IP 网络的数据报。6LoWPAN 的优势主要体现在 IP 网络与 IPv6 上，除了具有 ZigBee 的优点，还免费，完全开放协议栈。常用无线组网协议对比见表 3-3。

表 3-3 常用无线组网协议对比

	6LoWPAN	ZigBee	Wi-Fi	Bluetooth
自组网	是	是	不是	需要配对
功耗	低	低	高	低
安全性	高	高	低	高

续表

	6LoWPAN	ZigBee	Wi-Fi	Bluetooth
接入节点数	200个以上	200个以上	最大32个	最多7个
TCP/IP性质	IPv6	不支持	IPv4/v6	IPv4/v6
性质	公有协议	私有协议	公有协议	公有协议

3.8 无线传感网的关键技术

无线传感网的关键技术屏蔽了硬件细节，为网络的组建、运行和维护提供了支持，主要包括拓扑控制、时间同步和数据融合技术。

3.8.1 拓扑控制

拓扑控制是指通过某种机制自适应地将节点组织成特定的网络拓扑形式，以达到均衡节点能耗、优化数据传输的目的。节点的移动、缺电、损坏或新节点的加入都会导致网络拓扑结构发生变化，这就要求拓扑控制算法具有较强的自适应能力，从而保证网络的服务质量。高效优化的拓扑控制可以降低节点能量消耗，为路由协议提供基础，有利于分布式算法的应用和数据的融合。拓扑控制分为功率控制算法和层次拓扑结构控制算法两个方面。

1. 功率控制算法

功率控制是指调整网络中每个节点的发射功率，保证网络连通，均衡节点的直接邻居数目，降低节点之间的通信干扰。适当降低节点发射功率，不仅可以大大节约电池能量损耗，也可以提高信道的空间复用度，同时降低对邻近节点的干扰，最终提高整个网络的容量。空间复用就是指无线通信系统中若干正在同时进行的通信，由于信号的传播衰减，使得在空间上相隔一定距离的通信可以使用相同的资源，而互不影响。在收发机参数及信道条件一定的情况下，节点的发射功率决定了节点的通信距离。利用无线传感网的多跳方式，尽可能地降低节点的发射功率，使得接收端和发送端的节点可以使用比两者直接通信小得多的功率进行通信，从而提高了网络的生存时间和系统的能量效率。

功率控制与无线传感网的各个协议层都紧密相关，是一个跨层的技术。它会影响物理层的链路质量，影响MAC层的带宽和空间复用度，影响网络层的可选路由和转接跳数，还会影响传输层的拥塞事件。功率控制对传感器网络性能的优化主要集中在网络拓扑控制、网络层和MAC层这三个方面。功率控制在保证网络连通的条件下，通过改变发射功率的大小，动态调整网络的拓扑结构和选路，在满足性能要求的同时使全网的性能达到最优。功率控制对网络层的影响与拓扑控制联系紧密，并对信息的多跳传输影响显著，是全局性的优化。功率控制对链路层的影响是根据局部信息优化网络性能，它主要通过MAC协议，根据每个分组下一跳节点的距离、信道状况等条件来动态调整发射功率。

2. 层次拓扑结构控制算法

层次拓扑控制就是利用分簇思想，依据一定的算法，将网络中的传感器节点划分成两类：簇头节点和簇内节点。簇头节点构建成一个连通的网络，用来处理和传输网络中的数据。簇头节点需要协调其簇内节点的工作，并执行数据的融合与转发，能量消耗相对较大。簇内节点只需将采集到的数据信息发送给其所在簇的簇头节点，在没有转发任务时就可以暂时关闭通信模块，进入低功耗的休眠状态。整个网络需要定期或不定期地重新选择簇头节点以均衡网络中节点的能量消耗。基于层次划分的拓扑控制算法能够在更大程度上减少数据通信量，节约能耗，显著延长网络的生存时间。

根据簇头产生方式的不同，分簇算法可分为分布式和集中式两种。分布式又可分为两类：一类是节点根据随机数与阈值的大小关系自主决定是否成为簇头，如 LEACH 算法；另一类是通过节点间的交互信息产生簇头，如 HEED 算法、最小 ID 算法及组合加权算法等。集中式是指由基站根据整个网络信息决定簇头，如 LEACH-C 算法、LEACH-F 算法等。

HEED 分簇算法作为衡量簇内通信代价的标准，规定簇头的选择主要依据主、次两个参数，其中，主参数依赖于剩余能量，具有较高剩余能量的节点将具有较高的概率成为临时簇头，并且其算法收敛的速度也较快；次要参数有节点邻近度或者节点密度。处于相同簇覆盖范围的多个簇头节点则通过次要参数平均可达能级(AMRP)来竞争出最终的簇头，对于处于多个簇覆盖范围内的成员节点则根据次要参数 AMRP 来选择最终的簇加入。

总结起来，拓扑控制的意义有五点：一是降低节点能量消耗，延长网络生存时间；二是有利于应用分布式算法；三是为路由协议提供基础；四是有利于数据融合；五是降低节点通信干扰，提高网络吞吐量。

3.8.2 时间同步

在无线传感器网络中，每个节点都有自己的本地时钟。传感器节点的时钟信号通常由晶体振荡器产生，各个节点的晶体振荡器频率总会存在一定的差别，外界环境也会使时钟产生偏差。

在无线传感网中，大多数情况下是需要时间同步的。例如，在多传感器融合应用中，为了减少网络通信量以降低能耗，往往需要将传感器节点采集的目标数据在网络传输过程中进行必要的汇聚融合处理，进行这些处理的前提就是网络中的节点必须共享相同的时间标准，以保证数据的一致性。一般只要节点之间的时间偏差小于系统允许的最大时间偏移值，就可以认为它们是保持同步的。

1. 无线传感器网络的传输时延

时间同步消息在网络中传输延迟的非确定性是影响时间同步精度的主要因素。时间同步的误差主要来源于时间同步消息从发送节点到接收节点之间的传输时延。

(1) 发送时间。指发送节点用来构造时间同步信息所用的时间，包括内核协议处理时间以及由操作系统引起的各种时延，例如上下文切换、系统调用时间、同步应用程序的时间开销。发送时间还包括把同步消息从主机发送到网络接口的时间。

(2) 访问时间。指发送节点等待占用传输信道的时间，这与所采用的 MAC 协议有很大联系。在基于竞争的 MAC 协议网络中，发送节点必须等到信道空闲时才能传输数据，而且一旦发生冲突就需要重传。在 ZigBee 网络中，RTS/CTS 机制要求节点交换控制信息之后才能传输数据。在TDMA中，节点只有等分配给它的时隙到来才能传输数据。

(3) 传播时间。指从离开发送节点那一刻起，时间同步消息从发送节点传输到接收节点所需要的时间。如果发送节点和接收节点共享物理媒介，这个传播时间就非常短，因为它仅仅是信号通过媒介的电磁波传播时间。否则，在广域网中传播时间将会占整个传输时延的主要部分，包括消息在路由器中的排队和转发延迟。

(4) 接收时间。指接收节点的网络接口从信道接收消息并通知主机有消息到达所需要的时间。如果接收消息在接收主机操作系统内核的足够低的底层被加上时间戳，接收时间就不包括系统被调用、上下文切换以及消息从网络接口传输到主机所需要的时间。

上述同步时间消息传输时延的四个部分中，对于不同的网络应用，一般访问时间和传播时间变化相对较大，而发送时间和接收时间的变化则相对较小。在各种时间同步机制中，都必须采取一定的方法来估计和尽可能地消除这些传输延迟，以提高时间同步的精度。

2. 时间同步的分类

时间同步按同步层次分为排序、相对同步和绝对同步三个层次，按时钟源分为外同步与内同步两种，按所有节点是否同步分为局部同步与全网同步两种。

(1) 排序、相对同步和绝对同步。这三种时间同步方法分别用于对时间精度要求差异非常大的场合。要求最低的是位于第一层次的排序，时间同步只需能够实现对事件的排序即可，也就是能够判断事件发生的先后顺序。第二层次是相对同步，节点维持其本地时钟的独立运行，动态获取并存储它与其他节点之间的时钟偏移，根据这些信息进行时钟转换，达到时间同步的目的。相对同步并不直接修改节点的本地时间，保持了本地时间的持续运行。第三层次是绝对同步，节点的本地时间与参考基准时间时刻保持一致，需要利用时间同步协议对节点的本地时间进行修改。

(2) 外同步与内同步。外同步是指同步时间参考源来自网络外部。例如，时间基准节点通过外界GPS接收机获得世界协调时间(universal time coordinated，UTC)，而网内的其他节点通过时间基准节点实现与UTC时间的间接同步，或者为每个节点都外接GPS接收机，从而实现与UTC时间的直接同步。内同步是指同步时间参考源来源于网络内部，如网内某个节点的本地时间。

(3) 全网同步与局部同步。根据不同应用的需要，若需要网内所有节点时间的同步，则称为全网同步。某些节点往往只需要与该事件相关的部分节点同步即可，这称为局部同步。

3. 无线传感器网络的时间同步协议

时间同步协议用于把时钟信息准确地传输给各个节点，每台计算机上的Internet时间就是利用网络时间协议(NTP)修正本地计算机时间的。在无线传感器网络中，时间同步协议有RBS、TPSN、DMTS、LTS和FTSP。

(1) 参考广播时钟同步(reference broadcast synchronization，RBS)协议属于第二层次的接收方——接收方时间同步模式。发送节点广播一个信标分组，接收到这个广播信息的一组节点构成一个广播域，每个节点接到信标分组后，用自己的本地时间记录接收到分组的时刻，然后交换它们记录的信标分组接收时间。两个接收时间的差值相当于两个接收节点之间的时间差值，其中一个接收节点可以根据这个时间差值更改它的本地时间，从而达到两个接收节点的时间同步。

(2) 传感网络时间同步(timing-sync protocol for sensor networks，TPSN)协议能够提供整个网络范围内的节点时间同步，它采用层次型的网络结构，协议分为两个阶段。在层次发现阶段，通过广播分级数据包对所有节点进行分级。在同步阶段，根节点向全网广播时间同步数据包，网络中的所有节点最终达到与根节点同步。

(3) 延迟测量时间同步(delay measurement time synchronization，DMTS)是一种单向同步协议，它要求网络中的接收节点通过测量从发送节点到接收节点的单向时间延迟来计算时间调整值。

(4) 轻量级时间同步(lightweight time synchronization，LTS)协议的目的是通过找到一个最小复杂度的方法来达到最终的同步精度。LTS 算法提出集中式和分布式两种同步算法，这两种算法都要求网络中的节点和相应的参考节点同步。

(5) 泛洪时间同步协议(flooding time synchronization protocol，FTSP)的目标是实现整个网络的时间同步并将误差控制在微秒级。该算法使用单个广播消息实现发送节点与接收节点之间的时间同步。

3.8.3 数据融合

传感器网络的基本功能是收集并返回其传感器节点所在监测区域的信息。在收集信息的过程中，采用各个节点单独传送数据到汇聚节点的方法是不合适的，一是冗余的信息造成通信带宽和能量的浪费；二是多个节点同时传送数据造成的冲突会影响信息搜集的及时性。因此，无线传感网普遍采用数据融合的方法，对数据进行初步的处理。

数据融合是指将多份数据或信息进行处理，组合出更有效、更符合用户需求的数据的过程。数据融合的方法普遍应用在日常生活中，比如在辨别一个事物的时候通常会综合各种感官信息，包括视觉、触觉、嗅觉和听觉等。单独以某一种感官获得的信息往往不足以对事物做出准确判断，而综合多种感官数据，对事物的描述会更准确。

对于传感器网络的应用，数据融合技术主要用于处理同一类型传感器的数据。例如，在森林防火的应用中，需要对多个温度传感器探测到的环境温度数据进行融会，在目标自动跟踪和自动识别应用中，需要对图像检测传感器采集的图像数据进行融合处理。

1. 数据融合的作用

在传感器网络中，数据融合起着十分重要的作用。它主要用于处理同一类型的数据，以减少数据的冗余性。数据融合可以达到如下三个目的。

(1) 节省能量。鉴于单个传感器节点的检测范围和可靠性有限，在部署网络时，经常使用大量的传感器节点，以增强整个网络的健壮性和监测信息的准确性，有时甚至需要将多个节点的监测范围相互交叠，这就导致邻近节点报告的信息存在一定程度的冗余。针对这种情况，数据融合对冗余数据进行网内处理，即中间节点在转发传感器数据前先去掉冗余信息，再将数据送往汇聚节点。

(2) 获得更准确的信息。传感器节点部署在各种各样的环境中，仅收集少数几个分散的传感器节点的数据难以确保信息的正确性，这就需要通过对监测同一对象的多个传感器所采集的数据进行综合，来有效地提高信息的精度和可信度。另外，由于邻近的传感器节点监测同一区域，其获得的信息之间差异性很小，如果个别节点报告了错误的或误差较大的信息，很容易在本地处理中通过简单的比较算法进行排除。

(3) 提高数据收集效率。在网内进行数据融合，可以在一定程度上提高网络收集数据的整体效率。数据融合减少了需要传输的数据量，可以减轻网络的传输拥塞，降低数据的传输延迟。即使有效数据量并未减少，但通过对多个数据分组进行合并减少了数据分组个数，减少传输中的冲突碰撞现象，也能提高无线信道的利用率。

2. 数据融合的种类

数据融合根据融合前后信息量的变化分为有损融合和无损融合两种，根据数据来源分为局部融合和全局融合两种，根据融合的操作级别分为数据级融合、特征级融合和决策级融合三种。局部或自备式融合收集来自单个平台上多个传感器的数据。全局融合或区域融合对来自空间和时间上不相同的多个平台、多个传感器的数据进行优化组合。数据级融合是最底层的融合，操作对象是传感器采集的数据。数据融合大多依赖传感器，不依赖用户需求，在节点处进行。特征级融合是通过某些特征提取手段，将数据表示为一系列特征向量，以表示事物的属性，通常在基站处进行；它对多个传感器节点传输的数据进行数据校准和状态估计，常采用加权平均、卡尔曼滤波、模糊逻辑、神经网络等方法。决策级融合是最高级的融合，在基站处进行，它依据特征级融合提供的特征向量，对检测对象进行判别、分类，通过简单的逻辑运算，执行满足应用需求的决策。

数据融合可以在网络协议栈的各个层次中进行。在应用层，可以利用分布式数据库技术，对采集的数据进行逐步筛选，达到融合效果，根据与应用数据的语义关系分为应用依赖性的数据融合和独立于应用的数据融合两种。在网络层，很多路由协议都结合了数据融合机制，可以将多个数据包合并成一个简单的数据包，以减少数据传输量。在 MAC 层进行数据融合，可以减少发送数据的冲突次数。

3. 数据融合的方法

数据融合最简单的处理方法是从多个数据中任选一个，或者计算数据的平均值、最大值或最小值，从而将多个数据合并为一个数据。目前，用于数据融合的方法有很多，常用的有贝叶斯方法、神经网络法等。

1) 贝叶斯方法

贝叶斯决策就是在不完全情报情况下，对部分未知的状态用主观概率估计，再用贝叶斯公式对发生概率进行修正，最后利用期望值和修正概率做出最优决策。贝叶斯决策理论方法是统计模型决策中的一个基本方法，其基本思想是：已知条件概率密度参数表达式和先验概率，利用贝叶斯公式转换成后验概率，根据后验概率的大小进行决策分类。

贝叶斯对统计推理的主要贡献是使用了“逆概率”这个概念，并把它作为一种普遍的推理方法提出来。贝叶斯定理原本是概率论中的一个定理，这一定理用一个数学公式来表达，这个公式就是著名的贝叶斯公式。贝叶斯公式是贝叶斯在 1763 年提出来的：假定 $B_1,B_2,\cdots,B_n$ 是某个过程的若干可能的前提，则 $P(B_i)(1\leqslant i\leqslant n)$是人们事先对各前提条件出现可能性大小的估计，称为先验概率。如果这个过程得到了一个结果 A，那么贝叶斯公式提供了我们根据 A 的出现而对前提条件做出新评价的方法。$P(B_i|A)$即是对以 A 为前提下 B_i 的出现概率的重新认识，称 $P(B_i|A)$为后验概率。经过多年的发展与完善，贝叶斯公式以及由此

发展起来的一整套理论与方法，已经成为概率统计中的一个冠以“贝叶斯”名字的学派，在自然科学及国民经济的许多领域有着广泛应用。公式如下：

$$P(B_i \mid A)=\frac{P(B_i)P(A \mid B_i)}{\sum_{i=1}^{n}P(B_i)P(A \mid B_i)}$$

2) 神经网络法

人工神经网络首先要以一定的准则进行学习，然后才能工作。现以人工神经网络对手写“A”“B”两个字母的识别为例进行说明，规定当“A”输入网络时，应该输出“1”，而当输入为“B”时，输出为“0”。因此，网络学习的准则应该是：如果网络做出错误的判决，则通过网络的学习，应使得网络减少下次犯同样错误的可能性。首先，给网络的各连接权值赋予(0,1)区间内的随机值，将“A”所对应的图像模式输入给网络，网络将输入模式加权求和，与门限比较，再进行非线性运算，得到网络的输出。在此情况下，网络输出为“1”和“0”的概率各为50%，也就是说，是完全随机的。这时如果输出为“1”(结果正确)，则使连接权值增大，以便使网络再次遇到“A”模式输入时，仍然能做出正确的判断。如果输出为“0”(即结果错误)，则把网络连接权值朝着减小综合输入加权值的方向调整，其目的在于使网络下次再遇到“A”模式输入时减少犯同样错误的可能性。如此操作调整，当给网络轮番输入若干个手写字母“A”“B”后，网络按以上学习方法经过若干次学习后，正确率将大大提高。这说明网络对这两种模式的学习已经获得了成功，它已将这两种模式分布地记忆在网络的各个连接权值上。当网络再次遇到其中任何一种模式时，能够做出迅速、准确的判断和识别。一般来说，网络中所含的神经元个数越多，则它能记忆、识别的模式也就越多。

3.9 无线传感网的应用

在工业界和商业界中，无线传感网用于监测数据，而如果使用有线传感器，则成本较高且实现起来较为困难。无线传感器可以长期放置在荒无人烟的地区，用于监测环境变量。随着微电子工业的发展进步，微处理器的体积不断缩小，其性能不断提升，使得无线传感网被大规模投入市场化应用。其应用主要集中在以下领域。

1. 军事领域

由于无线传感网具有密集型、随机分布的特点，使其非常适合应用于恶劣的战场环境中，包括侦察敌情，监控兵力、装备和物资，判断核、生、化攻击等。美国国防部远景计划研究局已投资几千万美元帮助大学进行 Smart Dust 传感器技术的研发。美国国防部支持的 Sensor IT 项目探索如何将 WSN 技术应用于军事领域，实现所谓的“超视距”战场监测。UCB 的教授主持的 Sensor Web 是 Sensor IT 的一个子项目，原理性地验证了应用 WSN 进行战场目标跟踪的技术可行性。Sensor Web 让翼下携带 WSN 节点的无人机飞到目标区域后抛下节点，使其随机散落在被监测区域，然后利用安装在节点上的地震波传感器就可以探测到外部目标，如坦克、装甲车等，并根据信号的强弱估算距离，综合多个节点的观测数据最终定位目标，并能绘制出其移动的轨迹。

2. 工业监控

英特尔在其芯片制造厂安装了 210 台无线传感器，用于监控部分工厂设备的振动状况，并在测量结果超标时提供监测报告。这样可以大幅降低检查设备的成本，同时由于可以提前发现问题，能够缩短停机时间，提高效率并延长设备的使用时间。WSN 还被应用于一些危险的工业环境，如矿井、核电厂等，工作人员通过它可以实施安全监测。

3. 精细农业

利用无线传感器网络可以实现对农田温湿度、光照、病虫害、土壤的酸碱度、施肥状况、农作物长势等信息的全方位监测，从而达到精准管理、智能耕种的效果。

4. 环境监测

随着人们对环境问题的关注程度越来越高，需要采集的环境数据也越来越多，无线传感网的出现为随机性的研究数据获取提供了便利，并且还可以避免传统数据收集方式给环境带来的侵入式破坏。无线传感器网络可以跟踪候鸟和昆虫的迁移，研究环境变化对农作物的影响，监测海洋、大气和土壤的成分等。英特尔研究实验室的研究人员曾将 32 个小型传感器连入互联网，用来监测缅因州“大鸭岛”上的气候，评价一种海燕巢的自然条件。

5. 医疗监控

罗彻斯特大学的科学家使用无线传感器创建了一个智能医疗房间，使用微尘来测量居住者的重要体征(血压、脉搏和呼吸)、睡觉姿势以及全天的活动状况。英特尔也推出了基于 WSN 的家庭护理技术。该技术是作为探讨应对老龄化社会的技术项目(center for aging services technologies，CAST)的一部分，通过在鞋、家具、家用电器等道具和设备中嵌入半导体传感器，帮助老龄人士、阿尔茨海默氏病患者以及残障人士接受护理，同时可以减轻护理人员的负担。

尽管无线传感器技术仍处于初步应用阶段，但它已经展示出非凡的应用价值。相信随着相关技术的发展和进一步推广，这项技术一定会得到更加广泛的应用。

小　结

本章首先介绍了传感器的基础知识，然后分别介绍几种常用的传感器，并针对物联网应用的发展，对多功能传感器、MEMS 传感器、智能传感器等新型传感器做了相应的介绍。

另外，本章还对无线传感网的概念、特点、体系结构、组网技术以及拓扑控制、时间同步、数据融合等关键技术做了分析。

通过本章的学习，读者能够对传感器及无线传感网的概念、体系结构、特点、通信协议和关键技术有一个基本的了解，为传感器及无线传感网在物联网中的应用开发打下基础。

习　　题

一、选择题

1. (　　)是测试系统的第一个环节，是将被测系统或过程中需要观测的信息转化为人们所熟悉的各种信号。

   A. 敏感元件　　B. 转换元件　　C. 传感器　　D. 被测量

2. 静态误差是指传感器在全量程内任一点的输出值与其(　　)的偏离程度。

   A. 平均值　　B. 实际值　　C. 标定值　　D. 理论输出值

3. 传感器的静态特性是指(　　)处于稳定状态时的输出输入关系。

   A. 被测量的值　　B. 测量的值　　C. 输入数据　　D. 输出数据

4. 下列(　　)不是传感器的组成元件。

   A. 敏感元件　　B. 转换元件　　C. 变换电路　　D. 电阻电路

5. 模拟信号转换成数字信号的三个阶段为(　　)。

   A. 抽样—量化—编码　　B. 抽样—编码—量化

   C. 编码—抽样—量化　　D. 量化—编码—抽样

6. 环境温度变化后，光敏元件的光学性质也将随之改变，这种现象称为(　　)。

   A. 光谱特性　　B. 光照特性　　C. 频率特性　　D. 温度特性

7. 利用(　　)制成的光电元件有光敏二极管、光敏三极管和光电池等。

   A. 压电效应　　B. 光生伏特效应

   C. 外光电效应　　D. 光电导效应

8. 光敏传感器接收(　　)信息，并将其转化为电信号。

   A. 力　　B. 声　　C. 光　　D. 位置

9. 位移传感器接收(　　) 信息，并将其转化为电信号。

   A. 力　　B. 声　　C. 光　　D. 位置

10. 气敏传感器不包括(　　)。

    A. 半导体气敏传感器　　B. 接触燃烧式气敏传感器

    C. 电化学气敏传感器　　D. 导体气敏传感器

11. 电动汽车上普遍采用(　　)和霍尔式速度传感器。

    A. 电磁感应式　　B. 水温传感器

    C. 里程表传感器　　D. 空气流量传感器

12. 无线传感器是一种集传感器、控制器、(　　)、通信能力于一身的嵌入式设备。

    A. 存储器　　B. 计算能力　　C. 传输　　D. 采集

13. 以下选项中，(　　)不属于无线传感器网络节点的组成模块。

    A. 传感器模块　　B. 处理器模块　　C. 无线通信模块　　D. 驱动模块

14. 无线传感器节点无线通信模块的四种状态中，耗电最多的是(　　)。

    A. 发送状态　　B. 接收状态　　C. 侦听状态　　D. 睡眠状态

15. 以下关于无线传感器网络的基本结构的描述中，错误的是(　　)。

A. 大量传感器节点随机部署在监测区域
B. 传感器节点通过汇聚节点构成网络
C. 传感器节点监测的数据经过多跳路由到达汇聚节点
D. 管理节点对传感器网络进行配置和管理，发布监测任务以及收集监测数据

16. 以下关于WSN汇聚节点的描述中，错误的是(　　)。
A. 汇聚节点的处理能力、存储能力和通信能力相对较强
B. 连接传感器网络与互联网等外部网络，实现两种通信协议之间的转换
C. 将收集到的数据转发到外部网络，发布管理节点的监测任务
D. 汇聚节点是没有监测功能仅带有无线通信接口的特殊网关设备

17. 以下术语(　　)与无线自组网的意义不相同。
A. mobile Ad Hoc network　　B. ubiquitous network
C. self-organizing network　　D. infrastructureless network

18. ZigBee不支持的网络拓扑结构是(　　)。
A. 树型　　B. 星型　　C. 环型　　D. 网型

19. 下列说法正确的是(　　)。
A. ZigBee是用于互联网的协议栈
B. 在WSN中，ZigBee是唯一可选择的协议栈
C. ZigBee网络是自组织的网络
D. 组建ZigBee网络的时候，优先考虑带宽

20. IEEE 802.15 下设多个工作组，以下(　　)协议不属于其工作组制定。
A. Bluetooth　　B. UWB　　C. ZigBee　　D. HTML

21. IEEE 802.15.4标准是针对(　　)制定的标准。
A. 高速无线个域网络标准　　B. 低速无线个域网络标准LR-WPAN
C. 蓝牙BLE无线个域网络标准　　D. 与WLAN网络共存问题

22. ZigBee协议栈是在(　　)标准基础上建立的。
A. IEEE 802.15.4　B. IEEE 802.11　C. IEEE 802.15.3　D. IEEE 802.15.1

23. 以下(　　)不是ZigBee网络的特点。
A. 短距离、低功耗　　B. 网络容量大
C. 范围大、速率高　　D. 成本低

24. 根据IEEE 802.15.4标准协议，ZigBee的工作频段分为(　　)三个。
A. 868MHz、915MHz、2.3GHz　　B. 868MHz、915MHz、2.4GHz
C. 868MHz、960MHz、2.4GHz　　D. 433MHz、915MHz、2.4GHz

25. IEEE 802.15.4标准在2.4GHz频段上定义了(　　)个信道。
A. 16　　B. 10　　C. 27　　D. 1

26. IEEE 802.15.4标准在915MHz频段上定义了(　　)个信道。
A. 16　　B. 10　　C. 27　　D. 1

27. ZigBee网络通信在国内使用的是2.4GHz频段，具有(　　)的最高数据传输速率。
A. 20kbps　　B. 40kbps　　C. 250kbps　　D. 1Mbps

28. 一个ZigBee网络中最多可容纳(　　)个节点。

A. 1023　　B. 511　　C. 65535　　D. 254

29. ZigBee 网络中每个协调器节点最多可连接(　　)个节点。

A. 255　　B. 254　　C. 258　　D. 126

30. ZigBee 网络中(　　)设备负责建立网络，并允许其他设备加入网络。

A. 路由器　　B. 终端设备　　C. 协调器　　D. 汇聚设备

31. 在 ZigBee 网络中，具有路由转发功能的节点是(　　)。

A. 网关节点　　B. 传感器节点　　C. 路由器节点　　D. 终端节点

32. 下面(　　)是精简功能设备(RFD)。

A. 协调器　　B. 路由器　　C. 终端设备　　D. 网关

33. ZigBee 具有(　　)，增删一个节点，节点位置变动，节点发生故障等，网络都能够自我修复，并对网络拓扑结构进行相应的调整，无须人工干预，保证整个系统仍然能正常工作。

A. 自愈功能　　B. 自组织功能　　C. 碰撞避免机制　D. 数据传输机制

34. ZigBee(　　)负责设备间无线数据链路的建立、维护和结束。

A. 物理层　　B. MAC 层　　C. 网络层　　D. 应用层

二、填空题

1. 传感器一般由(　　　　)、转换元件和转换电路组成。
2. (　　　　)是指传感器中能直接感受被测物理量的部分。
3. 传感器按输出信号为标准分类，有(　　　　)、(　　　　)和(　　　　)。
4. 光敏传感器接收(　　)信息，并转化为电信号。
5. 霍尔传感器一般分为(　　　　)、(　　　　)、(　　　　)三种。
6. 无线传感器网络中常用的三个网络拓扑结构是(　　　　)、(　　　　)和(　　　　)。
7. 无线传感器网络由(　　　　)节点、(　　)节点、(　　)节点三部分组成。
8. 传感器节点由(　　　　)、处理器模块、(　　　　)和能量供应模块四部分组成。
9. 无线传感器网络的协议栈包括物理层、(　　　　)、网络层、(　　　　)和应用层，还包括能量管理、移动管理和任务管理等平台。
10. 无线传感器网络根据分配信道的方式不同，可以将 MAC 协议分为(　　　　)、(　　　　)和(　　　　)等三种类型。
11. 无线传感器网络(　　)协议负责将数据分组从源节点通过网络转发到目的节点。
12. 无线传感器网络是由大量静止或移动的传感器以(　　　)方式构成的无线网络。
13. 定向扩散路由机制可以分为周期性的兴趣扩散、(　　　)和路径加强三个阶段。
14. 根据设备的功能，ZigBee 网络定义了三种设备，分别是(　　　　)、(　　　　)、(　　　　)。
15. 根据设备的通信能力，ZigBee 把节点设备分为(　　　　)、(　　　　)。
16. ZigBee 技术应用层由三部分构成，分别是应用支持子层(APS)、厂商定义的应用对象框架(AF)和(　　　　)。
17. ZigBee 网络中的应用框架是为 ZigBee 设备中的应用对象提供活动的环境，最多可以定义(　　)个相对独立的应用程序对象。

18. ZigBee协议为了实现层与层之间的关联，采用了称为服务(　　)的操作。

19. ZigBee网络的MAC帧由(　　　)、(　　　)、(　　　)三部分组成。

20. ZigBee主要可使用的频段是(　　　)、(　　　)和(　　　)。

21. 2.4GHz频率下，ZigBee的传输速率是(　　　)。

22. ZigBee协议层与层之间通过(　　　)接口进行信息交换。大多数层有两种类型的这种接口，(　　　)向上层提供所需的数据服务，(　　　)向上层提供访问内部层的参数、配置信息和数据管理服务。

23. ZigBee网络中的每一个节点都有一个16位的(　　)地址和一个64位的(　　)地址。

24. ZigBee联盟目前提供三种规范，即(　　　)、ZigBee RF4CE规范、ZigBee IP规范。RF4CE是新一代家电遥控的标准和协议，其中，RF代表(　　　)，4指for，CE指消费电子(consumer electronics)。

25. ZigBee采用了(　　　)的碰撞避免机制，以提高系统的兼容性。

26. ZigBee的技术安全性高，其加密技术采用了(　　　)加密算法。

27. ZigBee协议栈的物理层和(　　　)由IEEE 802.15.4标准定义。ZigBee协议栈的网络层和应用层标准由(　　　)制定。

28. IEEE 802.15.4有两个物理层，运行在两个不同的频率范围，分别是超高频段的(　　　)和微波频段的2.4GHz。

29. ZigBee使用的三个频段共定义了(　　)个物理信道，其中，868MHz频段定义了(　　)个物理信道。

30. 6LoWPAN在网络层和MAC层之间增加一个(　　　)，其功能是完成包头压缩、分片与重组以及网状路由转发等工作。

三、判断题

1. 一个传感器和传感网络节点的区别主要在于是否植入了一个通信模块。(　　)
2. 转换电路将敏感元件的输出转换为电路参量(如电压、电感等)。(　　)
3. 植入式传感器体积小、重量轻，同时其功率必须非常大。(　　)
4. 超声波碰到分界面会产生显著反射形成反射回波。(　　)
5. 敏感元件和转换元件是传感器的核心。(　　)
6. WSN不适合在大尺度复杂环境监测领域发挥作用。(　　)
7. WSN可长期部署在人迹罕至的环境，无需人工维护，但需要一些基础设施。(　　)
8. 无线自组网中寻址是数据传输的基础，寻址能力直接影响着无线自组网上层协议和服务的性能。(　　)
9. WSN操作系统只需要有限的网络协议就能支持多种多样的应用。(　　)
10. ZigBee网络地址使用64位地址，用以区分ZigBee网络中的设备。(　　)
11. 新节点加入ZigBee网络后，其短地址由父节点分配。(　　)

四、简答题

1. 什么是传感器？传感器一般由哪几部分构成？各部分的功能是什么？
2. 从传感器的能量角度简述传感器的分类。

3. 一般传感器的静态特性有哪些？
4. 什么是压电效应？常见的压电材料可以分为哪几种类型？
5. 什么是热电效应？列出几种常见的热电偶传感器。
6. 什么是光电效应？常见的光电传感器的类型有哪几种？
7. 什么是霍尔效应？列出几种常见的基于霍尔效应实现的传感器。
8. 简要描述超声波传感器的工作原理，举例说明典型的超声波传感器及其应用领域。
9. 什么是 MEMS 技术？MEMS 的主要特点是什么？
10. 简要描述智能传感器的工作原理，举例说明典型的智能传感器及其应用领域。
11. 简述无线传感网(WSN)的特点。
12. 介绍无线传感器网络的协议栈，简述各层的功能和研究的内容。
13. MAC 协议是如何分类的？简述各类协议的基本思想及其优缺点。
14. 概述 WSN 路由协议的主要任务，并简述路由协议的分类。
15. WSN 的组网模式有哪些？描述每种拓扑结构的作用与优缺点。
16. 简述 ZigBee 的协议框架，并简述各层的作用。
17. ZigBee 规范与 IEEE 802. 15.4 标准有什么联系和区别？
18. 试比较 ZigBee 与 6LoWPAN 两种无线组网方案的异同。
19. 在无线传感网中，拓扑控制研究的主要问题是什么？
20. 无线传感网中的拓扑控制可以分为功率控制及层次拓扑结构控制两个研究方向，简要介绍这两种控制策略。
21. 时间同步消息的传输时延可以分为哪几部分？哪些部分对时间同步的影响最大？
22. 阐述数据融合的概念及其在无线传感器网络中的作用。
23. 根据设备的功能，ZigBee 网络定义了哪三种设备？其功能分别是什么？
24. ZigBee 网络有哪两种工作模式？区别是什么？
25. 假设在一个 WSN 中只有一个信道，信道传输速率为 40kbps，在 5s 时间里总共传输了 60Kb 的数据，请问该信道的信道利用率是多少？网络的吞吐量是多少？

实践——调研高铁使用的物联网技术

调研复兴号高铁列车所使用的物联网技术，重点是传感器与组网技术。要求如下。

(1) 写出调研报告，包括复兴号高铁列车系统的总体情况、性能指标和系统所采用的具体物联网技术。

(2) 制作 PPT，在课内做 1～3min 的内容分享。

实验 1——传感器基础实验

1. 实验内容

本实验通过操作软件平台播放 Flash 动画，让学生了解温度传感器的工作原理，并通过对周围环境温度的监测、观察，使其对传感器有进一步认识。

2. 分析与思考

(1) 结合本实验原理以及软件平台的动画内容总结温度传感器的工作原理。

(2) 了解其他类型的温度传感器敏感元件以及工作原理。

(3) 了解温度传感器的具体应用。

实验2——ZigBee组网实验

1. 实验内容

本实验通过搭建智能家居实验环境，操作软件平台，让学生对无线传感网有一个感性的认识，可以在软件平台的网络拓扑中得到各个传感器节点的信息，从而帮助学生对无线传感网络有更深入的理解。

使用实验箱或者厂家提供的ZigBee无线节点模块，通过不同传感器的特性、不同网络的组成形式、无线定位技术，开发出更多实用性强的物联网应用模式。

实验中有两种设备被配置，即ZigBee协调器和ZigBee传感器终端。整个实验流程为：ZigBee传感器终端节点加入ZigBee网络并正常工作后，采集各种传感数据，并将它们发送到协调器进行处理。协调器处理数据后通过串口将其发送给智能网关，继而传输到计算机。

这个实验实现了两个效果。

(1) 多个ZigBee模块自动形成一个ZigBee无线传感网。

(2) 各个ZigBee传感器终端模块能够正常进行相应传感数据的采集并通过ZigBee网络上报给ZigBee协调器。

2. 分析与思考

(1) 结合本节所述实验原理以及软件平台的动画内容，总结无线传感器网络的组网拓扑。

(2) 理解无线传感器是如何实现自组网的。

第4章 定位技术

导读

物联网感知层主要实现对物理世界原始信息的采集，其中一项重要信息是位置，该信息是很多应用甚至是物联网底层通信的基础。它涵盖空间、时间与对象三要素，如何通过定位技术更精准、更全面地获取位置信息(空间坐标、时间坐标、身份信息)是物联网一项重要的研究课题。在未来复杂的异构网络环境下，对“物”进行精准的定位、跟踪和操控，可以实现全面、灵活、可靠的人—物通信和物—物通信。定位技术的不断发展，使物联网的应用更加大众化。在日常生活中，移动定位服务不仅可以让人们随时了解自己所处的位置，还可以提供实时移动地图、紧急呼叫救援或物品追踪等扩展功能服务，而这些服务的实现都需要定位技术的支撑。

本章从定位技术的发展、性能指标、分类和应用的角度介绍定位技术以及基于位置的服务，重点是基于导航卫星的定位、基于网络的定位、感知定位以及这几种定位技术的综合使用。

4.1 定位技术概述

定位是指在一个时空参照系中确定物理实体地理位置的过程。定位技术以探测移动物体的位置为主要目标，在军事或日常生活中利用这些位置信息为人们提供各式各样的服务，因此，定位服务的关键前提就是地理位置信息的获取。

定位服务是通过无线通信网络提供的，是构成众多服务应用的基石。用户可以利用定位服务随时随地获取所需信息，如人们在开车时使用 GPS 定位自动导航，让导航仪自动计算出到达目的地的最优路线。

4.1.1 定位技术的早期发展

位置信息在任何情况下都是人们关注的信息之一。早期的航海活动主要通过沿着海岸线布置的灯塔来实现对船只的导航，这些定位技术的精确度非常差，并且覆盖的范围很小。无线电技术出现以后，利用这种技术可以进行更大范围、更加精确的定位。

最早的基于无线电的定位系统是 LORAN 远程导航系统，用于舰船、飞机及陆地车辆的导航定位。最初的 LORAN 远程导航系统称为 LORAN-A，经过多次的技术改进，其中最成功的版本是 LORAN-C，此技术主要由美国掌握。苏联也建立了类似于 LORAN-C 的 Chayka 导航系统。

LORAN-C 导航系统(LORAN-C navigation system，LORAN 是 Long Range 的缩写)的全称是远程、低频、脉冲相位距离双曲线导航系统，它是一种远程双曲线无线电导航系统，作用距离可达 2000km，工作频率为 100kHz。它成功地解决了周期识别问题并采用了比相、多脉冲编码和相关检测等技术，成为陆、海、空通用的一种导航定位系统。

20 世纪 80 年代中期，国际航空界正式启用 LORAN-C，随后欧盟建立了多个 LORAN-C 台链，日本、韩国、中国、印度也都相继建立了台链。到目前为止，全世界共建成了 30 多个 LORAN-C 台链。该系统的主要特点是覆盖范围广，岸台采用固态大功率发射机，峰值发射功率可达 2MW，因此，其抗干扰能力强，可靠性高。

我国建有三个 LORAN-C 导航台链，是一种为我国完全掌握的无线电导航资源，可覆盖我国沿海的大部分地区，在战时具有重要意义。

虽然 GPS 的问世对 LORAN-C 的应用有较大影响，但 LORAN-C 仍有它的独到之处，不可能完全被 GPS 所取代；若把 LORAN-C 与 GPS 组合使用，则将在覆盖范围、实用性、完善性等方面得到改善。

LORAN-C 系统由设在地面的 1 个主台与 2～3 个副台合成的台链和飞机上的接收设备组成。测定主、副台发射的两个脉冲信号的时间差和两个脉冲信号中载频的相位差，即可获得飞机到主、副台的距离差。距离差保持不变的航迹是一条双曲线，再测定飞机到主台和另一副台的距离差得另一条双曲线，根据两条双曲线的交点可以确定飞机的位置，如图 4-1 所示。这一位置由显示装置以数据形式显示出来。由于从测量时间差而得到距离差的测量方法精度不高，所以只能起到粗测的作用。副台发射的载频信号的相位和主台的相同，因而飞机上接收到的主、副台载频信号的相位差和距离差成比例关系，测量相位差就可得到距离差。由于 100kHz 载频的巷道宽度(距离差与相位差存在单值关系的区域称为巷道宽度，其值为电波波长的 1/2)只有 1.5km，测量距离差的精度很高，能起精测的作用。测量相位差的多值性问题，可以用粗测的时间差来解决。LORAN-C 导航系统既测量脉冲的时间差又测量载频的相位差，所以又被称为低频脉相双曲线导航系统。1968 年研制成功的 LORAN-D 导航系统提高了地面发射台的机动性，是一种军用战术导航系统。

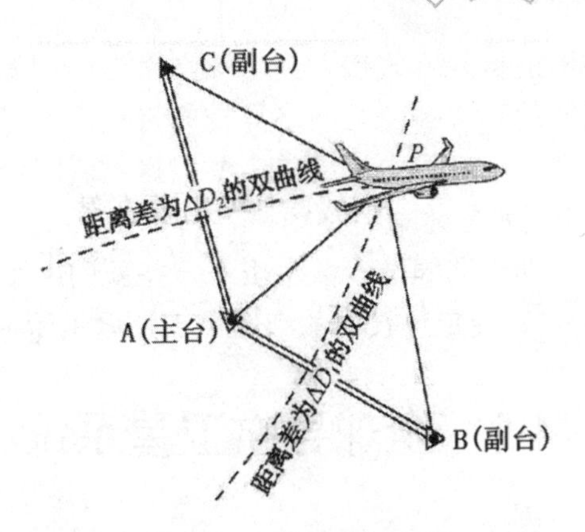

图 4-1 LORAN 远程导航系统定位原理

4.1.2 定位的性能指标

定位的性能指标主要有两个，即定位精度和定位准确度。定位精度是指物体的位置信息与其真实位置之间的接近程度，即测量值与真实值的误差。定位准确度是指定位的可信度。孤立地评价二者中任意一个都没有太大的意义。因此，在评价某个定位系统的性能时，通常描述其“可以在 95%(定位准确度)的概率下定位到 10m(定位精度)的范围”。定位精度越高，相应的定位准确度就越低，反之亦然，因此通常需要在二者之间进行权衡。一般情况下，室内应用所需的定位精度要比室外高得多，人们通常通过增加定位设备的密度或综合使用多种不同的定位技术来同时提高定位系统的精度和准确度。

4.1.3 定位技术的分类

在无线定位技术中，需要先测量无线电波的传输时间、幅度和相位等参数，然后利用特定算法对参数进行计算，从而判断被测物体的位置。这些计算工作可以由终端来完成，也可以由网络来完成。根据测量和计算实体的不同，定位技术分为基于终端的定位技术、基于网络的定位技术和混合定位三大类。按照定位系统或网络的不同，定位技术可分为基于卫星导航系统的定位、基于蜂窝基站的定位和基于无线局域网的定位。按照计算方法的不同，定位技术可分为基于三角和运算的定位、基于场景分析的定位和基于临近关系的定位三种。基于三角和运算的定位利用几何三角的关系计算被测物体的位置，是最主要、应用最为广泛的一种定位技术，也可细分为基于距离的测量和基于角度的测量。基于场景分析的定位可以对特定环境进行抽象和形式化，用一些量化的参数描述定位环境中的各个位置，并用一个特征数据库把采集到的信息集成在一起，该技术常常应用在无线局域网定位系统中。基于临近关系的定位是根据待定物体与一个或多个已知位置参考点的临近关系进行定位，这种定位技术需要使用唯一的标识确定已知的各个位置，如移动蜂窝网络中的基于小区的定位。

4.1.4 定位技术与物联网

物联网的初衷是将生活中的全部实物都虚拟为计算机世界的一个标签，然后通过传感器网络或小型局域网等不同的接入方式接入到全球网络当中。无论使用哪种接入方式，都离不开位置信息，但物联网的环境多变与网络异构的特点，使得不同设备在不同环境下的准确定位成为新的挑战。在实际应用中，经常需要根据物联网变化多端的应用环境选择适当的定位技术，或者将其中几种技术兼容使用。

物联网中定位技术与移动终端的结合衍生出了一些新的应用领域，其中，最具价值的就是基于位置的服务(LBS)，它使定位技术的应用更加贴近生活，具有广阔的市场前景。

4.2 全球导航卫星系统

在物联网中，最常见的定位系统是全球导航卫星系统(global navigation satellite system，GNSS)，它是所有在轨工作的卫星导航定位系统的总称。

目前，GNSS 主要包含美国的 GPS、俄罗斯的 GLONASS、欧盟的 Galileo 系统、中国的 BDS(bei dou system，北斗系统)，它们全部建成后其可用的卫星数目将达到 100 颗以上。

除此之外，GNSS 中还有 WAAS(广域增强系统)、EGNOS(欧洲静地卫星导航重叠系统)、DORIS(星载多普勒无线电定轨定位系统)、PRARE(精确距离及其变率测量系统)、QZSS(准天顶卫星系统)、GAGAN(GPS 静地卫星增强系统)和 IRNSS(印度区域导航卫星系统)。

GNSS 系统一般由三部分组成，即地面部分、空间部分和用户部分。不同的导航定位系统发射的信号不尽相同，但基本上有三个，一个是供用户计算卫星位置的导航电文，一个是用来测距的测距码，还有一个是加载信号和测距的载波。GNSS 卫星上配有频率稳定的原子钟，由此产生一个频率为 10.23MHz 的基准钟频信号。GNSS 可为用户提供高精度、全天时、全天候的定位、导航和授时服务。

4.2.1 美国 GPS

GPS 是英文 global positioning system(全球定位系统)的简称，是由美国国防部研制建立的一种具有全方位、全天候、全时段、高精度的卫星导航系统。GPS 起始于 1958 年美国军方的一个项目，于 1964 年投入使用。20 世纪 70 年代，美国陆、海、空三军联合研制了新一代卫星定位系统 GPS，其主要目的是为陆、海、空三大领域提供实时、全天候和全球性的导航服务，并用于情报搜集、核爆监测和应急通信等一些军事目的，经过 20 余年的研究试验，耗资 300 亿美元，到 1994 年，全球覆盖率高达 98%的 24 颗 GPS 卫星星座布设完成。

1. 构成

GPS 导航系统是以 24 颗定位卫星为基础，向全球各地全天候地提供三维位置、三维速度等信息的一种无线电导航定位系统。它由三部分构成：一是空间星座部分，由 24 颗卫星组成，分布在 6 个轨道平面；二是地面监控系统，由主控站、地面天线、监测站及通信辅助系统组成；三是用户设备部分，由 GPS 接收机和卫星天线组成。

1) 空间星座部分

GPS 的空间星座部分由 24 颗卫星组成(其中有 21 颗工作卫星，3 颗备用卫星)，工作卫星位于距地表20200km的上空，均匀分布在6个轨道面内(每个轨道面4颗)。各轨道平面相对地球赤道的倾角均为55°，各轨道平面彼此相距60°，如图4-2所示。卫星的分布使得在全球任何地方、任何时间都可观测到4颗以上的卫星，每颗卫星带有4个原子钟，大约每11小时58分钟绕行地球一周。GPS卫星星座结构示意图如图4-2所示。

图4-2　GPS卫星星座结构示意图

2)　地面监控系统

对于导航定位来说，GPS卫星是一个动态已知点，卫星的位置是依据卫星发射的星历(描述卫星运动及其轨道的参数)算得的。每颗GPS卫星所播发的星历，是由地面监控系统提供的。卫星上的各种设备是否正常工作，以及卫星是否一直沿着预定轨道运行，都要由地面设备进行监测和控制。地面监控系统的另一个重要作用是保持各卫星处于同一时间标准(GPS时间系统)。这就需要地面站监测每颗卫星的时间，求出钟差，然后由地面注入站将其发给卫星，卫星再通过导航电文发给用户设备。GPS工作卫星的地面监控系统包括1个主控站、3个注入站和5个监测站，如图4-3所示。

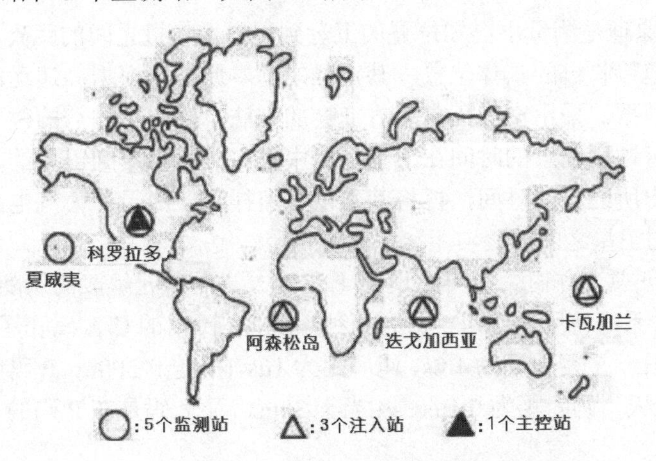

图4-3　GPS地面监控系统

主控站设在美国科罗拉多州春田市范登堡空军基地。主控站的任务是收集、处理本站和监测站收到的全部资料，编算出每颗卫星的星历和GPS时间系统，将预测的卫星星历、钟差、状态数据及大气传播改正编制成导航电文传送到注入站。主控站还负责纠正卫星的轨道偏离，必要时调度卫星，让备用卫星取代失效的工作卫星。另外，主控站负责监测整个地面监测系统的工作，检验注入给卫星的导航电文，判断监测卫星是否将导航电文发送给了用户。

3 个注入站分别设在大西洋的阿森松岛、印度洋的迭戈加西亚岛和太平洋的卡瓦加兰，任务是将主控站发来的导航电文注入相应卫星的存储器，每天注入 3 次，每次注入 14 天的星历。此外，注入站能自动向主控站发射信号，每分钟报告一次自己的工作状态。

5 个监测站中，1 个位于范登堡空军基地的主控站内，3 个分别位于阿森松、迭戈加西亚和卡瓦加兰的注入站内，还有 1 个设在夏威夷。监测站的主要任务是为主控站提供卫星的观测数据。

3) 用户设备部分

用户设备部分即 GPS 信号接收机，主要由无线电传感和计算机技术支撑的 GPS 卫星接收机和 GPS 数据处理软件构成。GPS 卫星接收机能够捕获按一定卫星高度截止角所选择的待测卫星的信号，并跟踪这些卫星的运行，对接收到的 GPS 信号进行变换、放大和处理，以便测量出 GPS 信号从卫星到接收机天线的传播时间，解译出 GPS 卫星所发送的导航电文，实时计算出用户的三维位置，甚至三维速度和时间，最终达到利用 GPS 进行导航和定位的目的。

接收机硬件和机内软件以及 GPS 数据的后处理软件包构成完整的 GPS 用户设备。GPS 接收机的结构分为天线单元和接收单元两部分。接收机一般采用机内和机外两种直流电源，设置机内电源的目的在于更换外电源时不中断连续观测。在使用机外电源时，机内电池自动充电。关机后，机内电池为 RAM 存储器供电，以防止数据丢失。各种类型的接收机体积越来越小，重量越来越轻，越来越便于野外观测使用。而使用者接收器现有单频与双频两种，但由于价格因素，一般用户所购买的多为单频接收器。

2. GPS 定位原理

GPS 的基本原理是测量出已知位置的卫星到用户接收机之间的距离，然后综合多颗卫星的数据就可知道接收机的具体位置。其定位的基本原理是根据高速运动的卫星瞬间位置作为已知的起算数据，采用空间距离后方交会的方法，确定待测点的位置。其中，卫星位置可以根据星载时钟所记录的时间在卫星星历中查出；而用户到卫星的距离则通过记录卫星信号传播到用户所经历的时间，再将其乘以光速得到。由于有大气电离层的干扰，这一距离并不是用户与卫星之间的真实距离，而是伪距。

当 GPS 卫星正常工作时，会不断地用 1 和 0 二进制码元组成的伪随机码(简称伪码)发射导航电文。GPS 系统使用的伪码一共有两种，分别是民用的 C/A 码和军用的 P(Y)码。C/A 码频率为 1.023MHz，重复周期为 1ms，码间距为 1μs，相当于 300m；P 码频率为 10.23MHz，重复周期为 266.4 天，码间距为 0.1μs，相当于 30m。而 Y 码是在 P 码的基础上形成的，保密性能更佳。

导航电文包括卫星星历、工作状况、时钟改正、电离层时延修正、大气折射修正等信息。它是从卫星信号中解调出来，以 50bps 调制在载频上发射的。导航电文每个主帧中包含 5 个子帧，每帧长 6s。前三帧各 10 个字码，每 30s 重复一次，每小时更新一次。后两帧共 15000b。导航电文中的内容主要有遥测码，转换码，第 1、2、3 数据块，其中最重要的则为星历数据。当用户接收到导航电文时，提取出卫星时间并将其与自己的时钟做对比，便可得知卫星与用户的距离，再利用导航电文中的卫星星历数据推算出卫星发射电文时所处的位置，用户在 WGS-84 大地坐标系中的位置、速度等信息便可得知。

可见，GPS 导航系统卫星部分的作用就是不断地发射导航电文。然而，由于用户接收机使用的时钟与卫星星载时钟不可能总是同步，所以除了用户的三维坐标 x、y、z 外，还要引进一个Δt(即卫星与接收机之间的时间差)作为未知数，然后用 4 个方程将这 4 个未知数解出来。因此，如果想知道接收机所处的位置，至少要能接收到 4 颗卫星的信号。

GPS 接收机能接收到可用于授时的准确至纳秒级的时间信息；用于预报未来几个月内卫星所处概略位置的预报星历；用于计算定位时所需卫星坐标的广播星历，精度到几米至几十米(各个卫星不同，随时变化)；以及 GPS 系统信息，如卫星状况等。

通过 GPS 接收机对码的量测就可得到卫星到接收机的距离，由于数据中含有接收机卫星钟的误差及大气传播误差，故称为伪距。对 CA 码测得的伪距称为 CA 码伪距，精度约为 20m；对 P 码测得的伪距称为 P 码伪距，精度约为 2m。

GPS 接收机对收到的卫星信号进行解码或采用其他技术，将调制在载波上的信息去掉后，就可以恢复载波。严格意义上讲，载波相位应被称为载波拍频相位，它是收到的受多普勒频移影响的卫星信号载波相位与接收机本机振荡产生信号相位之差。一般在接收机时钟确定的历元时刻量测，保持对卫星信号的跟踪，就可记录下相位的变化值，但开始观测时的接收机和卫星振荡器的相位初值是不知道的，起始历元的相位整数也是不知道的，即整周模糊度只能在数据处理中作为参数解算。相位观测值的精度高至毫米，但前提是解出整周模糊度，因此只有在相对定位并有一段连续观测值时才能使用相位观测值，而要达到优于米级的定位精度只能采用相位观测值。

按定位方式，GPS 定位分为单点定位和相对定位(差分定位)。单点定位就是根据一台接收机的观测数据来确定接收机位置的方式，它只能采用伪距观测量，可用于车船等的概略导航定位。相对定位(差分定位)是根据两台以上接收机的观测数据来确定观测点之间相对位置的方法，它既可采用伪距观测量，也可采用相位观测量。大地测量或工程测量均应采用相位观测值进行相对定位。

在 GPS 观测量中包含了卫星和接收机的钟差、大气传播延迟、多路径效应等误差，在定位计算时还要受到卫星广播星历误差的影响，在进行相对定位时大部分公共误差被抵消或削弱，因此定位精度大大提高。双频接收机可以根据两个频率的观测量抵消大气电离层误差的主要部分。在精度要求高、接收机间距离较远时(大气有明显差别)，应选用双频接收机。

3. GPS 定位方法

利用 GPS 进行定位的方法有很多种。

(1) 若按照参考点的位置不同，定位方法可分为绝对定位和相对定位。

① 绝对定位，即在协议地球坐标系中，利用一台接收机来测定该点相对于协议地球质心的位置，也叫单点定位。

② 相对定位，即利用两台以上的接收机测定观测点至某一地面参考点(已知点)之间的相对位置，也就是测定地面参考点到未知点的坐标增量。相对定位的精度远高于绝对定位的精度。

(2) 按用户接收机在作业中的运动状态不同，可将定位方法分为静态定位和动态定位。

① 静态定位，即在定位过程中，将接收机安置在测站点上并固定。严格来说，这种静止状态只是相对的，通常指接收机相对于其周围点位没有发生变化。

② 动态定位，即在定位过程中，接收机处于运动状态。

(3) 若依照测距的原理不同，可将定位方法分为测码伪距法定位、测相伪距法定位、差分定位等。什么是伪距？利用 GPS 定位，不管采用何种方法，都必须通过用户接收机来接收卫星发射的信号并加以处理，获得卫星至用户接收机的距离，从而确定用户接收机的位置。GPS 卫星到用户接收机的观测距离，由于各种误差源的影响，并非真实地反映卫星到用户接收机的几何距离，而是带有误差，这种带有误差的 GPS 观测距离称为伪距。

① 测码伪距测量。通过测量 GPS 卫星发射的测距码信号到达用户接收机的传播时间，从而计算出接收机至卫星的距离，即 ρ=CΔt，式中，C 为光速，Δt 为传播时间。为了测量上述测距码信号的传播时间，GPS 卫星在卫星原子钟的某一时刻发射出某一测距码信号，用户接收机在同一时刻也产生一个与发射码完全相同的码(称为复制码)。卫星发射的测距码信号经过 Δt 的时间被接收机收到(称为接收码)，接收机通过时间延迟器将复制码向后平移若干码元，使复制码信号与接收码信号达到最大相关(即复制码与接收码完全对齐)，并记录平移的码元数(见图 4-4)。平移的码元数与码元宽度的乘积，就是卫星发射的码信号到达接收机天线的传播时间 Δt，又称时间延迟。

② 载波相位测量。通过测量 GPS 卫星发射的载波信号从卫星到接收机的传播路程上的相位变化，从而确定传播距离，因而又称为测相伪距测量。在某一卫星钟时刻，卫星发射载波信号，与此同时，接收机内振荡器复制一个与发射载波完全相同的参考载波，被接收机收到的卫星载波信号与此时的接收机参考载波信号的相位差，就是载波信号从卫星传播到接收机的相位延迟(载波相位观测量)，如图 4-5 所示。

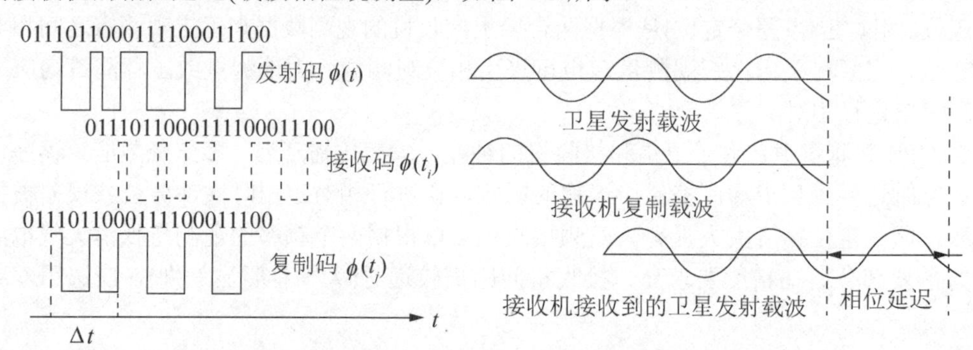

图 4-4 测码伪距测量

图 4-5 载波相位测量

③ 差分定位是指在已有精确地心坐标点放置 GPS 接收机(称为基准站)，利用已知地心坐标和星历计算 GPS 观测值的校正值，并通过无线电通信设备(称为数据链)将校正值发送给运动中的 GPS 接收机(称为流动台)。流动台利用校正值对自己的 GPS 观测值进行修正，以消除误差，从而提高实时定位精度。

4.2.2 俄罗斯 GLONASS

格洛纳斯(GLONASS)是俄语“全球卫星导航系统”(global navigation satellite system)的

缩写。

1. 卫星星座

俄罗斯 GLONASS 卫星定位系统拥有工作卫星 21 颗，同时有 3 颗备份星。每颗卫星都在 19100km 高的轨道上运行，周期为 11 小时 15 分钟。卫星均匀地分布在 3 个近圆形的轨道平面上，这三个轨道平面两两相隔 120°，每个轨道面有 8 颗卫星，同平面内的卫星之间相隔 45°，轨道倾角 64.8°。GLONASS 星座如图 4-6 所示。

图 4-6 GLONASS 星座

2. 地面支持

地面支持系统由系统控制中心、中央同步器、遥测遥控站(含激光跟踪站)和外场导航控制设备组成。地面支持系统的功能由苏联境内的许多场地来完成。随着苏联的解体，GLONASS 系统由俄罗斯航天局管理，地面支持部分已经减少到只有俄罗斯境内的场地了，系统控制中心和中央同步处理器位于莫斯科，遥测遥控站位于圣彼得堡、捷尔诺波尔、埃尼谢斯克和共青城。

3. 用户设备

GLONASS 用户设备(即接收机)能接收卫星发射的导航信号，并测量其伪距和伪距变化率，同时从卫星信号中提取和处理导航电文，接收机处理器对上述数据进行处理并计算出用户所在的位置、速度和时间信息。GLONASS 系统提供军用和民用两种服务。目前，GLONASS 系统的主要用途是导航定位，当然与 GPS 系统一样，也可以广泛应用于各种等级和种类的定位、导航和时频领域。

与美国的 GPS 系统不同的是，GLONASS 系统采用频分多址(FDMA)方式，根据载波频率来区分不同卫星(GPS 是码分多址，根据调制码来区分卫星)。每颗 GLONASS 卫星发射的两种载波的频率分别为 L_1=1602+0.5625K(MHz)和 L_2=1246+0.4375K(MHz)，其中，K=1～24，为每颗卫星的频率编号。所有 GPS 卫星的载波频率相同，均为 L_1=1575.42MHz 和 L_2=1227.6MHz。

GLONASS 卫星的载波上也调制了 S 码和 P 码两种伪随机噪声码。俄罗斯对 GLONASS 系统采用了军民合用、不加密的开放政策。

GLONASS 系统单点定位精度水平方向为 16m，垂直方向为 25m。

4. 主要问题

GLONASS 存在的问题如下所述。

(1) 目前 GLONASS 工作不稳定，卫星工作寿命短，在轨卫星变化大。

(2) GLONASS 用户设备发展缓慢，生产厂家少，设备体积大而笨重。

(3) 由于 GLONASS 采用的是 FDMA，所以用户接收机中频率综合器比较复杂。

(4) 对 GPS/GLONASS 兼容接收机，需解决两系统的时间和坐标系统问题。

4.2.3 中国 BDS

中国北斗卫星导航系统(BDS)是中国自行研制的全球卫星导航系统，是继美国全球定位系统(GPS)、俄罗斯格洛纳斯(GLONASS)卫星导航系统之后第三个成熟的卫星导航系统。中国 BDS、美国 GPS、俄罗斯 GLONASS 和欧盟 Galileo 系统是联合国卫星导航委员会认定的四大供应商。

北斗卫星导航系统(北斗三号系统)由空间段、地面段和用户段三部分组成。

(1) 空间段包括 24 颗中圆地球轨道卫星(MEO)、3 颗地球静止轨道卫星(GEO)和 3 颗倾斜地球同步轨道卫星(IGSO)，由 30 颗卫星组成。24 颗 MEO 卫星平均分布在倾角为 55° 的三个平面上，轨道高度为 21500km。BDS 星座如图 4-7 所示。

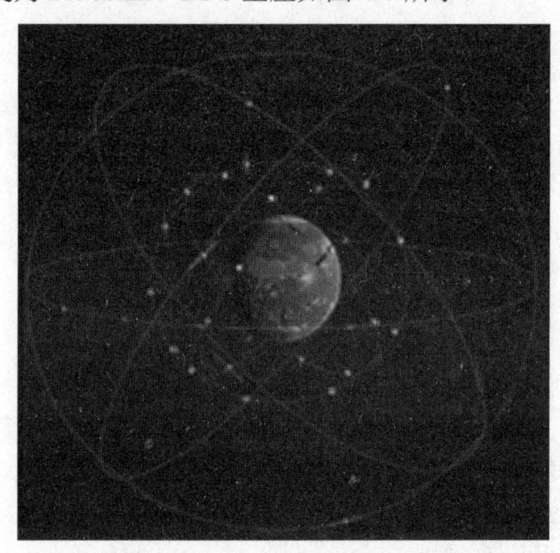

图 4-7 BDS 星座

(2) 地面段包括主控站、注入站、监测站、配有电子高程图的地面中心、网管中心、测轨站、测高站和数十个分布在全国的地面参考站。

(3) 用户段包括北斗用户终端及与其他卫星导航系统兼容的终端，其功能是 3D 定位，对 GPS 和 BDS 自身的增强以及短消息通信。

BDS 系统提供两种服务方式，即开放服务和授权服务。开放服务是在服务区免费提供定位、测速和授时服务，定位精度为 3～5m，授时精度为 20ns，测速精度为 0.2m/s。授权服务是向授权用户提供更安全的定位、测速、授时和通信服务以及系统完好性信息。

2021 年 3 月，北斗三号全球卫星导航系统正式开通。BDS 可在全球范围内全天候、全天时为各类用户提供高精度、高可靠定位、导航、授时服务，并具有短报文通信能力。其功能主要如下。

(1) 快速定位，为服务区域内的用户提供全天候、实时定位服务，定位精度与 GPS 民用定位精度相当。

(2) 短报文通信，一次可传送多达 120 个汉字的信息。

(3) 精密授时，精度最高可达 20ns。BDS 系统容纳的最大用户数为 540000 户/小区。

BDS 的军事功能与 GPS 类似，如运动目标的导航定位、武器发射位置的快速定位、人员搜救、水上排雷的定位等。BDS 在军事上还可以主动进行各级部队的定位，也就是说，解放军各级部队一旦配备 BDS，除了可供自身定位导航外，指挥部也可随时通过 BDS 掌握部队位置，并传递相关命令，对任务的执行有很大的助益。

BDS 在应用方面具有以下五大优势。

(1) 全球独一无二的短报文，同时具备定位与通信功能，无须其他通信系统支持。

(2) BDS 三代 2021 年 3 月覆盖全球，全天候服务，无通信盲区，在中国及周边国家和地区定位精度将优于 GPS，实测达到了水平 4～5m、高程 5～6m 的精度水平。

(3) 适合集团用户大范围监控与管理，以及无依托地区数据采集用户数据传输应用。

(4) 独特的中心节点式定位处理和指挥型用户机设计，可同时解决“我在哪儿”和“你在哪儿”的问题。

(5) 自主系统，高强度加密设计，安全、可靠、稳定，不受制于人，适合关键部门应用，对中国的国家安全具有特殊意义。

4.2.4 欧盟 Galileo 系统

伽利略卫星导航系统(galileo satellite navigation system)是由欧盟研制和建立的全球卫星导航定位系统，该计划于 1999 年 2 月由欧洲委员会公布，由欧洲委员会和欧空局共同负责。系统由轨道高度为 23616km 的 30 颗卫星组成(其中有 27 颗工作星，3 颗备份星)，位于 3 个倾角为 56° 的轨道平面内。Galileo 星座如图 4-8 所示。

图 4-8 Galileo 星座

2016 年 12 月 15 日，伽利略全球卫星导航系统首次投入使用，可提供的免费功能有：通过“开放式服务”向用户提供更准确的导航；通过“寻找救援”功能支持应急行动，遇难者手机呼叫的定位时间将缩短至 10min 以内；促进关键设备更好地同步运行，以便在金融交易、电信和能源配送等方面更好地进行管理；最后，通过“公共管理职能”满足政府部门的安全需求，利用更加精准的新工具保护民众，提供人道援助；海关和治安部队也能提高效率。

伽利略系统已于 2020 年完成部署，在轨卫星 30 颗，系统目前处于全负荷运转状态。

在 2021 年 1 月 12 日举行的第 13 届欧洲太空会议上，欧盟专员蒂埃里•布雷顿(Thierry Breton)表示，欧盟希望在比原计划提前的 2024 年发射新一代欧洲伽利略卫星。伽利略系统可以替代美国 GPS、俄罗斯的 GLONASS 和中国的北斗卫星导航系统，并且有望在这一领域为欧盟提供具有战略意义的自主权。

伽利略系统的基本服务有导航、定位、授时；特殊服务有搜索与救援(SAR 功能)；扩展应用服务系统有飞机导航和着陆系统、铁路安全运行调度、海上运输系统、陆地车队运输调度、精准农业等中的应用。

四大卫星导航系统的参数对比见表 4-1。

表 4-1　四大卫星导航系统的参数对比

项目	GPS	GLONASS	BDS	Galileo 系统
星座卫星数	24	24	30	30
轨道面个数	6	3	3(MEO)	3
轨道高度	20183km	19100km	21500km	24126km
运行周期	11h58min	11h15min	12h50min/MEO 23h56min/GEO/IGSO	14h4min45s
轨道倾角	55°	65°	55(MEO/IGSO)	
传输频率	L_1：1575.42MHz	L_1：1602.56MHz	B_1：1561.098MHz	E_1：1575.420MHz
	L_2：1227.60MHz	L_2：1246.44MHz	B_2：1207.14MHz	E_5：1191.795MHz
传输方式	CDMA	FDMA	QPSK/BPSK/CDMA	
调制码	C/A 码和 P 码	S 码和 P 码	测距码+数据码	测距码
时间系统	UTC	UTC	BDT	GST
坐标系统	WGS-84	SGS-E90	ITRS	CGCS2000
定位精度	6m	12m	3～5m	1m
授时精度	20ns	25ns	20ns	20ns
测速精度	0.1m/s	0.1m/s	0.2m/s	0.1m/s
SA	有(2000 年 5 月取消)	无	无	无

综上所述，美国 GPS 应用最广泛，技术最成熟；俄罗斯格洛纳斯抗干扰能力强；中国 BDS 互动性好、开放性好，前途远大；欧盟伽利略民用、精准。

4.3 基于网络的定位技术

GPS 定位时，需要首先寻找卫星，初始定位慢，设备耗能高，在建筑内部、地下和恶劣环境中，经常接收不到 GPS 信号，或者接收到的信号不可靠。而且一般民用的精度也不够高(10m 左右)，相对于室内导航的要求(1m 左右)还有一段距离。随着智能手机的普及，以及移动互联网的发展，地图与导航类软件将进入一个新的时代——室内定位。近年来，科技巨头以及一些世界著名的大学都在研究室内定位技术。

室内定位技术的商业化必将带来一拨创新高潮，各种基于此技术的应用将出现在我们的生活中，其影响和规模绝不会亚于 GPS。我们可以想象一些比较常见的应用场景，比如，在大型商场里面借助室内导航快速找到出口、电梯，家长用来跟踪小孩的位置避免小孩在超市中走丢，房屋根据你的位置打开或关闭电灯，商店根据用户的具体位置向用户推送更多关于商品的介绍等。

室内定位主要采用基于网络的定位技术以及基于各种短距离无线通信的感知定位技术。基于网络的定位技术主要分为基于移动通信网络的定位技术和基于无线局域网的定位技术两大类。

4.3.1 基于移动通信网络的定位

目前，大部分 GSM、CDMA、3G、4G 等移动通信网络均采用蜂窝网络架构，即将网络中的通信区域划分为一个个蜂窝小区。通常每个小区有一个对应的基站，移动设备要通过基站才能接入网络进行通信，因此在移动设备进行通信时，利用其连接的基站即可定位该移动设备的位置，这就是基于移动通信网络的定位。在这种定位技术中，只要已知至少 3 个基站的空间坐标以及各个基站与移动终端间的距离，就可根据信号到达的时间、角度或强度等信息计算出终端的位置。

手机等移动设备最适合使用基于移动通信网络的定位技术，但要考虑如何有效地保护用户的位置隐私以及如何提高移动终端定位的准确度等。

基于移动通信网络的定位技术通常包括蜂窝定位小区(COO)、到达时间(TOA)、到达时间差(TDOA)、到达角度(AOA)和增强观测时间差(E-OTD)等几种方式。

1. 定位小区

定位小区(cell of origin，COO)是一种单基站定位方法，它以移动设备所处基站的蜂窝小区作为移动设备的坐标，利用小区标识进行定位。定位小区的精度取决于蜂窝小区覆盖的范围，如覆盖半径为 50m，则误差最大为 50m，而通过增加终端到基站的来回传播时长、把终端定位在以基站天线为中心的环内等措施，可以提高定位小区的精度。定位小区的最大优点是确定位置信息的响应时间很短(只需 2～3s)，而且不用升级终端和网络，可直接向用户提供位置服务，应用比较广泛。不过由于定位小区的精度不高，在需要提供紧急位置服务时，可能会有所影响。

2. 基于到达时间和到达时间差的定位

基于到达时间(time of arrival，TOA)和到达时间差(time difference of arrival，TDOA)的定位是在定位小区的基础上利用多个基站同时测量的定位方法。

(1) TOA 与 GPS 定位的方法相似，首先通过测量电波传输时间，获得终端和至少 3 个基站之间的距离，然后得出终端的二维坐标，也就是 3 个基站以自身位置为圆心，以各自测得的距离为半径做出的 3 个圆的交点。TOA 方法对时钟同步精度要求很高，但是由于基站时钟的精度不如 GPS 卫星，而且多径效应等影响也会使测量结果产生误差，因此，TOA 的定位精度也会受到影响。

(2) TDOA 定位技术主要通过信号到达两个基站的时间差来抵消时钟不同步带来的误差，是一种基于距离差的测量方法。该技术中通常采用 3 个不同的基站，此时可以测量到两个 TDOA，再以任意两个基站为焦点和终端到这两个焦点的距离差，做出一个双曲线方程，则移动终端在两个 TDOA 决定的双曲线的交点上。该定位方法在实际使用中一般取得多组测量结果，通过最小二乘法来减小误差。TDOA 的定位精度比 COO 稍好，但响应时间较长。

以 GSM 网络为例，其网络中与定位相关的设备有 LMU(位置测量单元)、SMLC(移动定位中心)和 GMLC(移动定位中心网关)等。其中，LMU 通常安装在蜂窝基站中，配合基站收发器(BTS)一起使用，负责对信号从终端传送到周围的基站所需的时间进行测量和综合，以计算终端的准确位置。LMU 可支持多种定位方式，其测量可分为针对一个移动终端的定位测量和针对特定地理区域中所有移动终端的辅助测量两类。LMU 的初始值、时间指令等其他信息可预先设置或由 SMLC 提供，最后 LMU 会将得到的所有定位和辅助信息提供给相关的 SMLC。SMLC 用于管理所有用于手机定位的资源，计算最终定位结果和精度。

SMLC 通常分为基于 NSS(网络子系统)和基于 BSS(基站子系统)两种类型。GMLC 则是 LCS(外部位置服务)用户进入移动通信网络的第一个节点。图 4-9 给出了 GSM 的定位网络结构及接口。

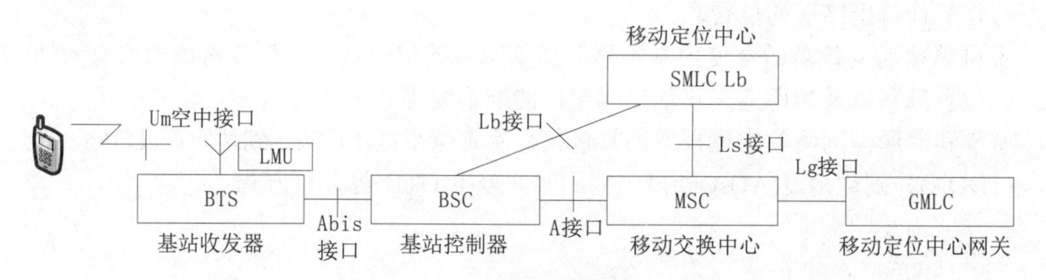

图 4-9　GSM 的定位网络结构及接口

在 GSM 网络中要想采用 TDOA 方案，首先需为每个基站增加一个 LMU，以测量终端发出的接入突发脉冲或常规突发脉冲的到达时刻，这样当请求定位的手机发出接入突发信号时，3 个或更多 LMU 会接收该信号并利用信号到达时的绝对 GPS 时间计算 RTD(相对时间差)，然后交由 SMLC 进行两两比较，计算突发信号到达时间差，在得到精确位置后，将结果返回给移动终端。TDOA 中测量的是移动终端发射的信号到达不同 LMU 的时间差，因此必须提前知道各 LMU 的地理位置以及它们之间的时间偏移量。TDOA 只需要参与定位的各 LMU 之间同步即可，而 TOA 由于测量的是绝对传输时间，所以要求移动终端与 LMU

之间必须精确同步。

3. 基于到达角度的定位

到达角度(angle of arrival，AOA)方法无须对移动终端进行修改，其最普通的版本为“小缝隙方向寻找”，即在每个蜂窝小区站点上放置 4～12 组天线阵列，利用这些天线阵列确定终端发送信号相对于蜂窝基站的角度。当有若干个蜂窝基站发现该信号的角度时，终端的位置即为从各基站沿着得到的角度引出的射线的交会处。AOA 方法在障碍物较少的地区定位精度较高，但在障碍物较多时，因多径效应而增大了误差，定位精度较低。

4. 增强观测时间差的定位技术

增强观测时间差(enhanced-observed time difference，E-OTD)定位技术主要通过放置位置接收器或参考点实现定位。E-OTD 中的参考点通常分布在较广区域内的多个站点上，并作为位置测量单元使用。当终端接收到来自至少三个位置的测量单元信号时，利用这些信号到达终端的时间差可以生成几组交叉双曲线，由此估计出终端的位置。E-OTD 的定位精度较高，但其响应时间很长。与 TDOA 方案相比，E-OTD 是由终端测量并计算出其相对于参考点的位置，而 TDOA 则是由终端进行测量却由基站计算出终端的位置。因此，TDOA 支持现存的终端设备，缺点是需在基站中安装昂贵的监测设备；而 E-OTD 方案则必须改造终端和网络。

5. 基于信号强度分析的定位

信号强度分析法是通过将基站和移动台之间的信号强度转化成距离来确定移动台的位置。由于移动通信的多径干扰、阴影效应等影响，移动台的信号强度经常变化，因此，在室外环境中很少使用这种方法。

4.3.2 基于无线局域网的定位

无线局域网(wireless local area network，WLAN)是一种全新的信息获取平台，可以在广泛的应用领域实现复杂的大范围定位、监测和追踪任务，而网络节点自身定位是大多数应用的基础和前提。

基于无线局域网的定位是一种室内定位技术。由于室内环境中的 GPS 信号会受到遮蔽，基站定位的信号受到多径效应的影响导致定位效果不佳，因此，室内定位多采取基于信号强度(radio signal strength，RSS)的方法。基于 RSS 的定位系统不需要专门的设备，利用已架设好的无线局域网即可进行定位。

当前比较流行的 Wi-Fi 定位是基于无线局域网络系列标准 IEEE 802.11 的一种定位解决方案。该系统采用经验测试和信号传播模型相结合的方式，易于安装，只需很少的基站，能采用相同的底层无线网络结构，系统总精度高(绘图的精确度在 1～20m)。总体而言，它比蜂窝网络三角测量定位方法更精确。目前，它应用于小范围的室内定位，成本较低。但无论是用于室内还是室外定位，Wi-Fi 收发器都只能覆盖半径在 90m 以内的区域，而且很容易受到其他信号的干扰，从而影响其精度，且定位器的能耗也较高。

室内定位的定位精度与定位目标、环境，尤其是定位参考点铺设的密度等有关，参考点部署密度越高，定位精度也越高。常用的 WLAN 定位方法有几何定位法、近似定位法和场景分析法。

1. 几何定位法

几何定位法是根据被测物体与若干参考点之间的距离，计算出被测物体在参考坐标系中的位置。这种方法可以利用信号到达时的传输时延或信号与参考点间的角度等结合数学原理进行测距。前面介绍过的 GPS 定位技术(基于 TOA)和基于 TOA/TDOA/AOA 的蜂窝移动网络定位技术采用的就是几何定位法。由于 WLAN 中接入点的覆盖范围往往不超过 100m，无线电波的传播时延经常可以忽略不计，因此，采用 TOA 或 TDOA 技术测距时往往无济于事。

2. 近似定位法

近似定位法是用已知物体的位置估计被测物体的位置。在近似定位法中，先设定已知位置，然后利用物理接触或其他方式感知用户，当用户靠近已知位置或进入已知位置附近一定范围内时，即可估计用户的位置。

在无线局域网中，所有进入接入点 AP 信号覆盖范围的无线用户都可以通过 AP 连入网络，因此可以将 AP 的位置作为已知位置，实现近似法定位。这种方法最大的优点是简单、易于实现，在客户端也无须安装硬件或软件；缺点是定位准确度依赖于 AP 的性能和定位环境，不够稳定。由于障碍物的影响，AP 的使用范围一般为室内 30m，室外 100m。

IEEE 802.11 协议中规定，AP 中要保存当前与其相连接的移动终端的信息，因此，也可以通过访问 AP 上保存的信息来确定移动用户的位置。目前，有两种途径可以获取 AP 上记录的用户信息，一种是基于 RADIUS 认证协议，另一种是基于 SNMP 网络管理协议。不过直接访问 AP 进行定位的方法有时误差较大，如采用 SNMP 访问时，周期性的轮询将延长对用户的响应时间。此外，为减少用户频繁地与 AP 连接、断开时带来的资源消耗，IEEE 802.11 规定即使用户已断开与 AP 的连接，其信息也将会保留 15～20 min。这些都会使访问 AP 时获得的信息不准确，导致定位存在误差。

3. 场景分析法

场景分析法是利用在某一有利地点观察到的场景中的特征来推断观察者在场景中的位置。该方法的优点在于物体的位置能够通过非几何的角度或距离特征推断出来，不用依赖几何量，从而可以减少其他干扰因素带来的误差，也无须添加专用的精密仪器测量。不过使用该方法时，需要先获取整个环境的特征集，然后才能和被测用户观察到的场景特征进行比较和定位。此外，环境中的变化可能会在某种程度上影响观察的特征，从而需要重建预定的数据集或使用一个全新的数据集。

WLAN 中的信号强度、信噪比都是比较容易测得的电磁特性，一般采用信号强度的样本数据集。信号强度数据集也称为位置指纹或无线电地图，它包含多个采样点和方向采集到的有关 WLAN 内通信设备感测的无线信号强度。WLAN 中场景分析法使用的信号强度特征值虽然与具体环境有关，但并没有直接被转换成几何长度或角度来得到物体的位置，因而可靠性比较高；不过在使用这种方法定位时，如何计算生成信号强度数据集是影响定位精准度的一个关键因素。

WLAN 场景分析法的定位过程分为离线训练和在线定位两个阶段。离线训练是空间信号覆盖模型的建立阶段，通过若干已知位置的采样点，构建一个信号强度与采样点位置之间的映射关系表，也就是位置指纹数据库。在线定位阶段的目的是进行位置计算，用户根据实时接收到的信号强度信息，将其与位置指纹数据库中的信息进行比较、修正，最终计算出该用户的位置。基于位置指纹的室内定位技术如图 4-10 所示。

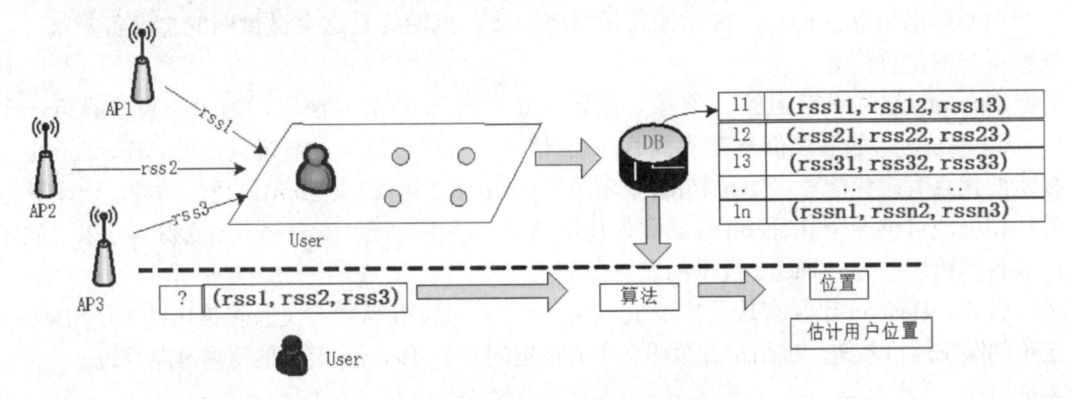

图 4-10 基于位置指纹的室内定位技术

基于位置指纹的定位系统根据位置指纹表示的不同，可以分为基于确定性和基于概率两种表达计算方法。基于确定性的方法在表示位置指纹时，用的是每个 AP 的信号强度平均值。在估计用户的位置时，采用确定性的推理算法，例如，在位置指纹数据库里找出与实时信号强度样本最接近的一个或多个样本，将它们对应的采样点或多个采样点的平均值作为估计的用户位置。基于概率的方法则通过条件概率为位置指纹建立模型，并采用贝叶斯推理机制估计用户的位置，也就是说，该方法将检测到的信号强度划分为不同的等级，然后计算无线用户在不同位置上出现的概率。

4.4 感知定位技术

目前，除了基于 WLAN 的室内定位技术外，其他室内定位方法还有蓝牙定位、ZigBee 定位、RFID 定位、红外定位、超声波定位、超宽带定位等基于短距离无线通信技术的定位。这些定位技术都可以称为感知定位技术。

4.4.1 蓝牙定位技术

蓝牙定位技术最大的优点是设备体积小，易于集成在 PDA、PC 及手机中，因此很容易推广普及。理论上，对于持有集成蓝牙功能移动终端设备的用户，只要设备的蓝牙功能开启，蓝牙室内定位系统就能够对其位置进行判断。采用该技术做室内短距离定位时，容易发现设备且信号传输不受视距的影响。其不足之处在于蓝牙器件和设备的价格比较昂贵；而且对于复杂的空间环境，蓝牙系统的稳定性稍差，受噪声信号干扰大。

蓝牙定位技术的应用主要有基于范围检测的定位和基于信号强度的定位两种实现方法。基于范围检测的定位用于早期蓝牙定位的研究中，当用户携带设备进入蓝牙信号的覆盖范围时，通过在建筑物内布置的蓝牙接入点发现并登记用户，然后将其位置信息注册在定位服务器上，从而追踪移动用户的位置，这种定位方法通常可以实现“房间级”的定位精度。基于信号强度的定位则是已知发射节点的发射信号强度，接收节点根据接收信号的强度计算出信号的传播损耗，利用理论或经典模型将传输损耗转化为距离，再利用已有的定位算法计算出节点的位置。在室内安装适当的蓝牙局域网接入点，把网络配置成基于多用户的基础网络连接模式，并保证蓝牙局域网接入点始终是这个微微网的主设备，就可以获得用户的位置信息。

iBeacon 是苹果推出的一项基于蓝牙 4.0 的精准微定位技术，当手持设备靠近一个 Beacon 基站时，设备就能够感应到 Beacon 信号，范围可以从几毫米到 50m。iBeacon 定位技术的优点有：免配对；定位精准(毫米级别)、距离更远(最大 50m)；超低功耗；一个普通的纽扣电池可供一个 iBeacon 基站硬件使用两年；适用广泛。所有搭载有蓝牙 4.0 以上版本的设备都可以作为 iBeacon 技术的发射器和接收器。

目前，iBeacon 已经实现了广泛的应用，例如，绍兴市第一人民医院推出的基于 iBeacon 定位的医院巡检系统，杭州市行政服务中心推出的基于 iBeacon 定位的室内寻路系统。

4.4.2 基于 ZigBee 的定位技术

ZigBee 是一种新兴的短距离、低速率无线网络技术，它介于射频识别和蓝牙之间，也可以用于室内定位。它有自己的无线电标准，在数千个微小的传感器之间相互协调通信以实现定位。这些传感器只需要很少的能量，以接力的方式通过无线电波将数据从一个传感器传到另一个传感器，所以它们的通信效率非常高。ZigBee 最显著的技术特点是低功耗和低成本。

基于 ZigBee 网络定位时，可以利用 ZigBee 网络节点组成链状或网状拓扑结构的 ZigBee 无线定位骨干网络，网络中包括网关、参考和移动三种节点。网关节点主要负责接收各参考节点和移动节点的配置数据，并发送给相应的节点。参考节点被放置在定位区域中的某一具体位置，负责提供一个包含自身位置的坐标值以及信号强度值作为参照系，并在接收到移动节点的信息(如信号强度)后，以无线传输方式传送到网关节点进行处理。移动节点则能够与离自己最近的参考节点通信，收集参考节点的相关信息，并据此计算自身的位置。

ZigBee 定位中常用的测距技术有基于信号强度和基于无线信号质量两种，通过测量接收到的信号强度或无线链路的质量值，推算移动节点到参考节点的距离。位置判别的精度取决于参考节点的密度规划。在定位过程中，需要利用 ZigBee 节点的标识来辨认每个节点的身份。

ZigBee 定位技术中，若采用参考节点定位方法，则主要有以下三种计算方法。

(1) 将 ZigBee 参考节点以等间距布置成网格状，移动节点通过无线链路的信号值，计算移动节点到相邻节点间的距离，从而进行定位。此法适用于较开阔地带。

(2) 移动节点接收相邻两个参考节点的信号值，通过计算其差值进行定位。

(3) 将收到最大信号值的节点位置作为移动节点位置，即采用固定点定位。此法定位精度不高。

4.4.3 基于 RFID 的定位技术

射频识别(RFID)技术是一种操控简易、适用于自动控制领域的技术，它利用了电感和电磁耦合或雷达反射的传输特性，实现对物体的自动识别。射频是具有一定波长的电磁波，它的频率描述为 kHz、MHz、GHz，范围从低频到微波不一。

系统通常由射频标签、射频识读器、中间件及计算机数据库组成。射频标签和识读器是通过由天线架起的空间电磁波的传输通道进行数据交换的。在定位系统应用中，将射频识读器放置在待测移动物体上，射频标签嵌入到操作环境中。射频标签上存储有位置识别的信息，识读器则通过有线或无线形式连接到信息数据库。

RFID 定位系统能够实现一定范围内的实时定位，无论在室内或室外都能随时跟踪各种移动物体或人员，准确查找到目标对象，并将得到的动态信息上传给监控端计算机。

在粗定位时，RFID 系统利用标签的唯一标识特性，可以把物体定位在与标签正在通信的识读器覆盖范围内，其精度取决于识读器的类型，一般为几百到几千米，普遍用于物流监控、车辆管理、公共安全等领域。

在细定位时，依据识读器与安装在物体上的标签之间的射频通信的信号强度、信号到达时间差或者信号到达延迟来估计标签与识读器之间的距离。这种方法能够比较精确地确定物体的位置和方向。在实际应用中，可以将粗定位的结果作为细定位的输入，二者结合可以获得更精准的效果。

基于信号强度的距离估计方法需要大量的参考标签和识读器以及较长时间的累计数据，才能获得信号强度和几何路径之间的映射关系，系统成本较高。考虑到 RFID 空间数据关联的特点，可以通过修改常见的定位算法来提高 RFID 定位的精度。

4.4.4 基于红外的定位技术

红外线是一种波长在无线电波和可见光波之间的电磁波。典型的红外线室内定位系统 active badges 为待测物体附上一个电子标签，该标签通过红外发射机向室内固定放置的红外接收机周期性地发送该待测物唯一的 ID，接收机再通过有线网络将数据传输给数据库。这个定位技术功耗较大且会受到室内墙体或物体的阻隔，实用性较低，定位精度为 5～10m。由于光线不能穿过障碍物，所以红外线仅能视距传播。直线视距和传输距离较短这两大主要缺点使其室内定位的效果很差。当标签放在口袋里或者有墙壁及其他遮挡时就不能正常工作，所以需要在每个房间、走廊安装接收天线，造价较高，定位系统复杂度较高，有效性和实用性较其他技术仍有差距。因此，红外线只适合短距离传播，而且容易被荧光灯或者房间内的灯光干扰，在精确定位上有其局限性。

4.4.5 超声波定位技术

目前，超声波定位大多数采用反射式测距法。系统由一个主测距器和若干个射频标签组成，主测距器可放置于移动机器人本体上，各个射频标签放置于室内空间的固定位置。定位过程为：先由上位机发送同频率的信号给各个射频标签，射频标签接收后又反射传输给主测距器，从而可以确定各个射频标签到主测距器之间的距离，并得到定位坐标。

目前，比较流行的基于超声波室内定位的技术有两种。

一种是将超声波与射频技术结合进行定位，由于射频信号的传输速率接近光速，远高于射频速率，可以利用射频信号先激活射频标签而后使其接收超声波信号，利用时间差的方法测距。这种技术成本低，功耗小，精度高。

另一种是多超声波定位技术，该技术采用全局定位，可在移动机器人身上 4 个朝向安装 4 个超声波传感器，将待定位空间分区，由超声波传感器测距形成坐标，总体把握数据。这个技术抗干扰性强，精度高，而且可以解决机器人迷路的问题。

超声波定位精度可达厘米级，精度比较高。缺陷在于超声波在传输过程中衰减明显，从而影响其定位有效范围；而且超声波受多径效应和非视距传播影响很大，同时需要大量的底层硬件设施投资，成本太高。

4.4.6 超宽带定位技术

超宽带定位(UWB)技术是近年来兴起的一项无线技术，目前，包括美国、日本、加拿大在内的一些国家都在研究该技术，在无线室内定位领域具有良好的前景。UWB 技术传输速率高(可达 1000Mbps)，发射功率较低，穿透能力较强。

超宽带室内定位系统包括 UWB 接收器、UWB 参考标签和主动 UWB 标签。定位过程中，由 UWB 接收器接收标签发射的 UWB 信号，通过过滤电磁波传输过程中夹杂的各种噪声干扰，得到含有效信息的信号，再通过中央处理单元进行测距定位计算分析，其定位方法为三角定位，定位精度为 6～10 cm，缺陷是造价较高。

4.5 混合定位

各类定位技术各有各的优势，其对比见表 4-2。

表 4-2　三种定位技术对比

类　别	代表性技术	精　度	覆盖范围	应用场景	定位坐标
卫星定位技术	GPS、BDS、Galileo 系统	中高	广	室外	几何坐标
网络定位技术	GSM、3G、CDMA、Wi-Fi	中低	较广	室外/室内	几何坐标
感知定位技术	RFID、蓝牙、红外、超声波	高	小	室内	符号坐标

混合定位是指综合利用 GPS 等卫星导航定位技术、无线网络定位技术以及感知定位技术的优势来提高定位精度的定位方法。最常见的混合定位是使用移动通信网络与 GPS 的混合定位，如 A-GPS 和 GPSOne。

4.5.1 A-GPS

A-GPS(assisted GPS，网络辅助 GPS)结合了 GPS 定位和蜂窝基站定位的优势，借助蜂窝网络的数据传输功能，可以达到很高的定位精度和很快的定位速度，在移动设备特别是智能手机中被广泛使用。

传统 GPS 定位存在一些不足：一是 GPS 卫星穿透力弱，易受建筑物、树木等障碍物阻挡，在室内不能探测到卫星信号；二是硬件初始化时间长，一般接收机初次搜索卫星需要几分钟甚至十几分钟，长时间搜索和获取卫星信号将导致设备耗电量较大、启动时间(从开机到初始定位)长等。A-GPS 主要借助网络的辅助来弥补这些不足。

A-GPS 的基本思想是建立一个与移动通信网相连的 GPS 参考网络，网络内的 GPS 接收机具有良好的视野，可以连续运行，实时监控卫星状况。GPS 参考网络包含接收机、天线、位置测量单元和数据处理器等设备。网络中每隔一段距离(200～400m)固定放置一个接收机，接收机除了接收 GPS 信号外，同时还向终端发送一串极短的辅助信息，包括时间、卫星可见性、卫星信号多普勒参数和时钟修正值等，用于辅助移动终端完成对定位信息的读取，减少终端 GPS 模块获取 GPS 信号的时间，降低首次定位时间，从而减少设备的电量消耗。在终端收到 GPS 信息后，计算自身的精确位置，然后将位置信息和伪距等数据返回到网络，网络中的处理器再进行必要的修正，以提高定位精度。

A-GPS 定位的基本流程如下。

1. GPS 初始化

(1) 设备从蜂窝基站获取当前所在的小区位置(COO)。

(2) 设备通过蜂窝网络将当前蜂窝小区位置传送给网络中的 A-GPS 位置服务器。

(3) A-GPS 位置服务器根据当前小区位置查询该区域当前可用的卫星信息(卫星频段、方位、仰角等)并返回给该设备。

(4) GPS 接收机根据收到的可用卫星信息快速找到当前可用的 GPS 卫星。

2. 计算当前位置

GPS 接收机一旦找到 4 颗以上的可用卫星，就可以开始接收卫星信号实现定位。

根据位置计算所在端的不同，有以下两种方案。

1) MS-Based 方案

在移动设备端进行计算。其过程与传统 GPS 完全相同：GPS 接收机接收原始 GPS 信号，解调并进行一定的变换处理，再根据处理后的信息进行位置计算，得到最终的位置坐标。

2) MS-Assisted 方案

在网络端进行计算。解调之后，设备将处理后的 GPS 伪距信息通过蜂窝网络传输给 A-GPS 位置服务器，A-GPS 服务器根据伪距信息并结合蜂窝基站定位或者参考 GPS 定位得到的辅助定位信息，计算出最终的位置坐标，返回给该设备。

第二种方案中，由于辅助定位信息的加入，可以取得更高的定位精度，同时也有效克服了在 GPS 信号弱的情况下无法定位或定位精度下降的问题。另外，将复杂计算转移到网络端也可以减小设备的电量消耗。

A-GPS 已成为 3G/4G 移动通信标准的定位解决方案。中国移动制订的 A-GPS 方案基于 OMA 的 SUPL 规范。目前大部分支持 A-GPS 的手机采用纯软件的 A-GPS 方案，该方案采用 MS-Based 的位置计算方式。

A-GPS 解决方案的优势主要有三点。

(1) 缩短定位时间。由于利用移动网络提供 GPS 辅助信息，无须移动终端接收 GPS 卫星广播数据，因此首次捕获 GPS 信号的时间一般仅需几秒，不像 GPS 的首次捕获时间可能要 2～3min。

(2) 降低终端耗电量。由于不需要对卫星进行全频段扫描和跟踪，定位时间大大缩短，因此终端的耗电量大大降低。

(3) 提升定位灵敏度。在靠近建筑物或者天气不好等相对恶劣的环境下，由于有网络辅助数据，终端可直接锁定卫星定位。而此时 GPS 卫星信号会非常微弱，独立 GPS 定位模式则往往会因为终端不能接收完所有的卫星星历和时钟等参数而导致定位失败。

4.5.2 GPSOne

GPSOne 技术是美国高通公司在 GPS 定位技术的基础上进行优化，并融合了 Cell ID、AFLT 等蜂窝定位技术而形成的一项专利技术。GPS One 定位技术结合了高级前向链路三角测量法和辅助全球卫星定位，把移动终端定位技术与网络定位技术结合起来，属于混合定位技术。

为确保定位精度、灵敏度和速度，使用了 CDMA AFLT 技术。上述手段失败之后，又使用起源蜂窝小区定位确保定位成功率。在移动目标处于比较空旷的区域且卫星数量较多时，依靠卫星参数定位，而不借助地面的参数。

GPSOne 的优点有 5 个：一是定位覆盖范围广，在传统 GPS 不能工作的城市密集楼群、购物中心、楼内、地下停车场、桥梁等地方，GPSOne 可以保证高可用性及高覆盖率；二是定位精度高，室外误差在 5～50m，室内误差一般小于 200m；三是连续定位间隔短，第三方定位需 10s，自定位需 2～3s；四是冷启动速度快，约 2～3s；五是终端成本低、耗电省、体积小、轻便。

中国联通提供的 GPSOne 是 MS-Assisted 方式的 A-GPS 定位方案，目前只用于 CDMA 网络。

4.6 基于位置的服务

基于位置的服务(location based services，LBS)是指通过电信移动运营商的无线电通信网络或外部定位方式，获取移动终端用户的位置信息，在 GIS 平台的支持下，为用户提供相应服务的一种增值业务。它包括两层含义：首先是确定移动设备或用户所在的地理位置；其次是提供与位置相关的各类信息服务，意指与定位相关的各类服务系统，简称定位服务，也称为移动定位服务(mobile position services，MPS)。如找到手机用户的当前地理位置，然后在成都市 14312km^2 范围内寻找手机用户当前位置 1km 半径范围内的宾馆、影院、图书馆、加油站等的名称和地址。所以说 LBS 就是要借助互联网或无线网络，在固定用户或移动用户之间完成定位和服务两大功能。

例如，腾讯微信软件里有摇一摇的功能，就是利用 GPS 定位周围 1000m 范围内使用微信的陌生人。随着增强现实(augmented reality，AR)等技术的发展，LBS 可在一定程度上把人、物、环境与网络中的虚拟信息世界结合起来，统一呈现给用户，而这正是物联网追求的最终目标——虚拟世界与现实环境的完美融合。

4.6.1 LBS 发展历程

LBS 首先从美国发展起来，起源于 GPS，随后在测绘和车辆跟踪定位等领域开始应用。当 GPS 民用化以后，产生了以定位为核心功能的大量应用。但直到 20 世纪 90 年代后期，LBS 及其所涉及的技术才得到广泛的重视和应用。

从另外一个角度来看，LBS 起源于紧急呼叫服务。在 20 世纪 70 年代，美国颁布了 911 服务规范。基本的 911 业务(Basic 911)要求美国联邦通信委员会(FCC)定义的移动和固定运营商实现一种关系国家和生命安全的紧急处理业务。该服务规范要求电信运营商在紧急情况下，可以跟踪到呼叫 911 号码的电话所在地。随着无线通信技术的发展，FCC 于 1996 年公布了 E911(Emergency-911)的定位需求，这实际就是位置服务的雏形。

随后，在定位技术和通信技术的双重推动下，世界各国相继推出了各自的 LBS 服务。至 2009 年 3 月，基于用户地理位置信息的手机社交服务网站 Foursquare 在美国上线， 2011 年 3 月注册用户达到了 750 万。随后美国本土涌现出了 Loopt、Bright Kite、Yelp、Where、Gowalla 和 Booyah 等 LBS 社交网络服务商，Google、Apple、Facebook、Twitter 等更具竞争力的领先企业也加入 LBS 市场的角逐之中。

在我国，武汉大学李德仁院士早在 2002 年就提出开展空间信息与移动通信集成应用的研究，推动了我国 LBS 的应用发展。在短短 10 年间，LBS 技术研究与应用在我国得到迅速发展。我国的 LBS 商业应用始于 2001 年中国移动首次开通的移动梦网品牌下的位置服务。2003 年，中国联通又推出了“定位之星”业务。用户在使用这项服务时，只要在手机上输入出发地和目的地，就可以查到开车路线；如果用语音导航，还能得到实时提示。该项业务能够实现 5～50m 的连续、精确定位，用户可以在较快的速度下体验下载地图和导航类的复杂服务。2006 年年初，中国移动在北京、天津、辽宁、湖北 4 地进行了“手机地图”业务的试点运行，为广大手机用户提供显示、动态缩放、动态漫游跳转、全图、索引图、比例尺、城市切换以及各种查询等位置服务。

2006 年，互联网地图的出现加速了我国 LBS 产业的发展。众多地图厂商、软件厂商相继开发了一系列在线 LBS 终端软件产品。在 Web 2.0 浪潮的冲击下，受 Foursquare 模式的启发，国内也涌现出了诸多新兴的 LBS 服务提供商，它们专注于基于手机的 LBS 服务，利用 LBS 手机软件或 Web 站点向用户提供个性化的 LBS 服务。

LBS 的发展非常迅速，其发展过程主要有以下四个特点。

(1) 从被动式到主动式。早期的 LBS 可称为被动式，即终端用户发起一个服务请求，服务提供商再向用户传送服务结果。这种模式是基于快照查询，简单但不灵活。主动式的 LBS 基于连续查询处理方法，能不断更新服务内容，因而更灵活。

(2) 从单用户到交叉用户。在早期阶段，服务请求者的位置信息仅限于为该用户提供服务，而没有其他用途。而在新的 LBS 应用中，服务请求者的位置信息还将被用于为其他用户提供查询服务，位置信息实现了用户之间的交叉服务。

(3) 从单目标到多目标。在早期阶段，用户的电子地图中仅可显示单个目标的位置和轨迹，但随着应用需求的发展，现有 LBS 系统已经可以同时显示和跟踪多个目标对象。

(4) 从面向内容到面向应用。“面向内容”是指需要借助其他应用程序向用户发送服务内容，如短信等。“面向应用”则强调利用专有的应用程序呈现 LBS 服务，且这些程序往往可以自动安装或者移除相关组件。

4.6.2 LBS 核心技术

影响 LBS 服务的主要因素有定位精度、无线通信网络传送数据量的大小、地理信息的表达对用户终端和网络带宽的要求等。因此，LBS 的核心技术也就相应地锁定为空间定位技术、地理信息系统技术和网络通信技术。

1. 空间定位技术

LBS 的首要任务是确定用户的当前实际地理位置，然后据此向用户提供相关的信息服务。LBS 可以使用终端定位、网络定位和混合定位等方式。目前，LBS 常用的是 A-GPS 定位技术。

2. 地理信息系统技术

地理信息系统(geographic information system，GIS)又称为地学信息系统或资源与环境信息系统。它被定义为一种特定的空间信息系统，在计算机软/硬件系统支持下，以空间数据库为基础，运用地理学、测绘学、数学、空间学、管理学和系统工程的理论，对空间数据进行处理和综合分析，为规划、决策等提供辅助支持，其主要功能有空间查询、叠加分析、缓冲区分析、网络分析、数字地形模拟和空间模型分析等。

GIS 主要对原始数据进行地理学的空间分析算法处理。简单来说，GIS 就是利用计算机对地图进行管理和应用的软件系统。高德地图、百度地图就是典型的 GIS，利用这些电子地图，除了查找地点外，还有行驶路线推荐、路况信息显示、服务设施检索等功能。

GIS 系统是解决空间问题的辅助决策支持工具，可以将描述位置的信息结合在一起，通过这些信息可以更好地认识这个位置(地方)，可以根据需要选择使用哪些层信息，比如找一个更好的地段设立店铺、分析环境危害、通过综合城市中相同的犯罪发现犯罪类型等。GIS 一般具备下列基本功能。

(1) 数据采集与输入功能。即在数据处理系统中将系统外部的原始数据传输到系统内部，并将这些数据从外部格式转换为系统便于处理的内部格式。数据采集是将非数字化的各种信息通过某些方法数字化。例如，将真实的地理信息转换为不同图层，每个图层对应一个专题，包含某一种或某一类数据，如地貌层、水系层、道路层、居民地层等。

(2) 数据处理和变换。原始数据不可避免会有误差，为了保证数据的完整性和一致性，需对原始数据进行编辑处理，形成能用的数据，通常采用图形变换和数据重构等方法。不同的地图采用不同的投影方式，当这些地图资料数据进入计算机时，需要进行转换。

(3) 数据存储与管理。与一般数据库相比，GIS 的数据量大，数据复杂，应用广泛，需要对数据进行组织管理，才能高效地进行利用。

(4) 空间查询和分析。空间查询与分析是 GIS 的核心，通过空间查询与分析得出决策结论，是 GIS 最重要的功能。如果要计算道路拓宽改建过程中因道路拓宽而需拆迁的建筑物的面积和房产价值，就可以利用 GIS 系统：在现状道路图上，选择拟拓宽的道路，建立道路的缓冲区(地理空间目标的一种影响范围或服务范围)。将此缓冲区与建筑物层数据进行拓扑叠加，产生一幅新图，对全部或部分位于拆迁区的建筑物进行选择，对所有需拆迁的建筑物进行拆迁指标计算。

(5) 数据显示与输出。地理信息系统不仅可以为用户输出全要素地图，而且可以根据用户需要分层输出各种专题地图，如行政区划图、土壤利用图、道路交通图、等高线图等；还可以通过空间分析得到一些特殊的地学分析用图，如坡度图、坡向图、剖面图等。

3. 网络通信技术

在 LBS 业务中，通信网络的选择不仅影响相关的定位技术，也影响对用户的服务质量。目前，LBS 主要依靠移动互联网为用户提供服务。移动互联网的可扩展性、开放性、海量信息和查询方便等特点给 LBS 的发展带来了机遇，使 LBS 为终端用户提供全新的移动数据交互成为可能。移动互联网技术的核心是移动接入技术，涵盖了蜂窝移动通信网络(GPRS、CDMA 1X 和 3G)、无线局域网(WLAN 等)和近距离通信系统(蓝牙、近场通信等)。

4.6.3 LBS 服务模式

1. 休闲娱乐模式

1) 签到(check-in)服务模式

整合型地理位置签到服务(location check-in aggregator)是指可以将地理位置信息同时签到至多个地理位置服务的网站，这类服务的出现是伴随着大量类 Foursquare 的出现而出现的。类 Foursquare 服务包括 Brightkite、Gowalla 以及 Facebook、Twitter 将推出的地理位置服务，还包括 Google Latitude 和 Whrrl 等，已经出现的此类服务有 Brightkite 推出的服务，可以支持一次性将地理位置同时签到至 Foursquare、Brightkite、Gowalla、Whrrl、Trioutnc；另一个是 FootFeed，支持将地理位置信息同时签到至 Foursquare、Brightkite、Gowalla 和 Facebook，并且可以同时管理这些网站上的联系人。

而国内提供同类服务的公司有嘀咕、玩转四方、街旁、开开、多乐趣、在哪儿等。

2) 游戏模式

基于地理位置的游戏(location based game，LBG)应该是又一个值得被关注的地理位置领域的方向。Foursquare 的成功有多方面的原因，其“勋章+Mayor”的方式激发了很多签到的兴趣。其实这个签到+勋章+Mayor 的模式也可以认为是一种基于地理位置的游戏，只不过这种游戏相对简单，而像 My Town 则是一种基于地理位置+小游戏的一种模式，它加入了更多的游戏元素，如“签到+房产买卖”的模式，并且引入了道具的游戏元素。由于有了更多的游戏的元素，这样一类基于地理的游戏也有可能发展出一些不同于 Foursquare 的盈利方式。国内的 16Fun 也是这方面的实践者。

这种模式的特点是更具趣味性，可玩性与互动性更强，比签到模式更具黏性，但是由于需要对现实中的房产等地点进行虚拟化设计，因此开发成本较高；并且由于地域性过强，覆盖速度不可能很快。在商业模式方面，除了借鉴签到模式的联合商家营销外，还可提供增值服务，以及植入广告等。

2. 生活服务模式

(1) 搜索服务。提供基于地理位置的周边搜索。大众点评已经推出了 Android 和 iPhone

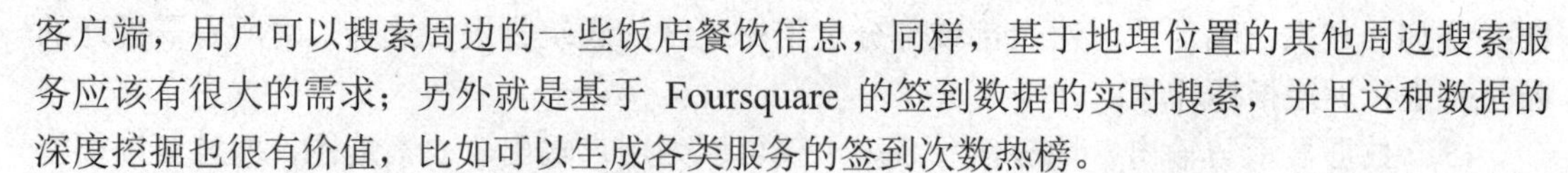

客户端，用户可以搜索周边的一些饭店餐饮信息，同样，基于地理位置的其他周边搜索服务应该有很大的需求；另外就是基于 Foursquare 的签到数据的实时搜索，并且这种数据的深度挖掘也很有价值，比如可以生成各类服务的签到次数热榜。

(2) 与旅游的结合。旅游具有明显的移动特性和地理属性，LBS 和旅游的结合是十分切合的。分享攻略和心得体现了一定的社交性质，代表是游玩网。

(3) 会员卡与票务模式。实现一卡制，捆绑多种会员卡的信息，同时电子化的会员卡能记录消费习惯和信息，能使用户感受到简捷的形式和大量优惠信息的聚合，代表是国内的 Mokard(M 卡)，还有票务类型的 Eventbee。这些移动互联网化的应用正在慢慢渗入生活服务的方方面面，使我们的生活更加便利与时尚。

3. 社交模式

(1) 地点交友，即时通信。不同的用户在同一时间处于同一地理位置因而构建用户关联，代表是兜兜友、微信(摇一摇)。

(2) 以地理位置为基础的小型社区。以地理位置为基础的小型社区，代表是区区小事。

4. 商业模式

(1) LBS+团购。美国 GroupTabs 的做法是：GroupTabs 的用户去往一些本地的签约商家，比如一间酒吧，到达后使用 GroupTabs 的手机应用进行签到。当签到的数量到达一定数量后，所有进行过签到的用户就可以得到一定的折扣或优惠。

(2) 即时信息推送。所谓 Push 技术是一种基于客户服务器的机制，由服务器主动将信息发往客户端的技术。基于地理位置向用户实时推送是指通过检测用户位置向用户主动发送推送信息的方式，如用户安装 Getyowza 提供的客户端后，Getyowza 会根据用户的地理位置，给用户推送附近的优惠券信息。Getyowza 只在美国开展此项业务，用户安装软件之后可以设置推送距离(推送距离自己多大范围内的优惠信息)，也可以直接在 Google Maps 上查看这些优惠信息，收藏自己喜欢的店铺，选择只接收自己收藏店铺的优惠券的推送信息等。Getyowza 的优惠券不需要打印，直接给商户展示手机便可以享受打折优惠。

(3) 店内模式。ShopKick 将用户吸引到指定的商场，完成指定的行为后便赠送其可兑换商品或礼券的虚拟点数。

4.6.4 LBS 应用案例——AR

增强现实技术(AR)是指借助计算机图形和可视化技术生成虚拟对象，通过传感技术将虚拟对象准确地“放置”在真实环境中，达到虚拟图形和现实环境融为一体的效果。

AR 技术是一种将真实世界信息和虚拟世界信息“无缝”集成的新技术，是把原本在现实世界的一定时间、空间范围内很难体验到的实体信息(视觉、声音、味道、触觉等)，通过电脑等科学技术模拟仿真后再叠加，将虚拟的信息应用到真实世界，被人类感官所感知，从而达到超越现实的感官体验。

AR 系统的工作流程如图 4-11 所示。它首先通过摄像头或传感器获取真实场景信息，然后对真实场景和场景位置信息进行分析，生成虚拟物体，再与真实场景信息进行合并处理，在输出设备上显示出来。在这个过程中，跟踪与定位技术、交互技术、真实与虚拟环境间的融合技术是支撑 AR 系统的关键。

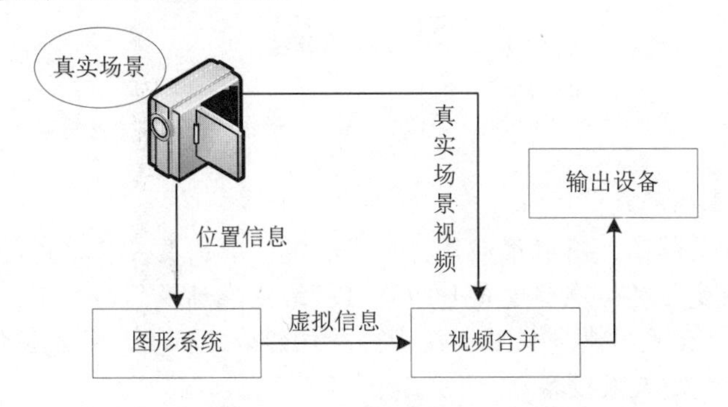

图 4-11 AR 系统的工作流程

AR 技术包含多媒体、三维建模、实时视频显示及控制、多传感器融合、实时跟踪注册、场景融合等新技术与新手段。其关键技术是三维跟踪注册。三维跟踪注册是指虚拟物体与真实物体的对准，发生在配准的过程中。注册的任务是根据测量出的物体位置和方向角，确定所需添加的虚拟三维模型在真实世界中的正确位置。跟踪则是识别物体的运动和视角的变化，使虚拟物体与真实物体的叠加随时保持一致。AR 系统往往不需要显示完整的虚拟场景，只需要具备分析大量的定位数据和场景信息的能力，以保证由计算机生成的虚拟物体能精确地定位在真实场景中，这个定位过程称为配准。配准时，AR 系统要实时检测观察者在场景中的位置，甚至是运动方向，并需要从场景标志物或交互工具中获取空间位置信息。AR 所投射的图像必须在空间定位上与用户相关，当用户转动或移动头部、变动视野时，计算机产生的增强信息也要随之变化。AR 系统中经常使用的检测技术有视频检测、光学系统、GPS 导航系统、超声波测距、惯性导航装置和磁场感应信息等。

AR 技术试图创造一个虚实结合的世界，为用户实时提供一个由虚拟信息和真实景物组成的混合场景。AR 系统具备三个特点：一是真实世界和虚拟的信息集成；二是具有实时交互性；三是在 3D 空间中添加和定位虚拟物体。

AR 技术在手持设备上的应用有 Layer Reality Brower、Yelp 和 Wikitude Drive 等。其中 Layer Reality Brower 是全球第一款支持增强现实技术的手机浏览器，使用者只需要将手机的摄像头对准建筑物，就能在手机的屏幕下方看到这栋建筑物的经纬度以及周边房屋出租等实用性信息。

作为对现实世界的一种补充和增强，AR 技术与 GIS 的结合将更准确地为用户提供户外移动式信息交互服务。AR 技术不仅应用于 LBS，也广泛应用于其他领域，例如在工业方面，AR 技术可以用于复杂机械的装配、维护和维修上。

小　结

本章介绍了定位技术以及基于位置的服务。通过本章的学习，读者能够了解定位技术的基本概念、技术原理、应用状况以及基于位置服务的发展状况，为后面的进一步学习打下良好的基础。

习　题

一、选择题

1. 下列说法正确的是(　　)。

A. 定位精度越高，准确度越高　　B. 定位准确度要求放宽，定位精度越低
C. 定位精度与定位准确度是一回事　D. 给定准确度的前提下，精度越高越好

2. 具体而言，位置信息包括三大要素：所在的地理位置、处在该地理位置的(　　)、处在该地理位置的对象(人或设备)。

A. 空间　　B. 事件　　C. 时间　　D. 场景

3. GPS 由三大部分组成：宇宙空间部分、地面监测部分和(　　)部分。

A. 空中接收　　B. 用户设备　　C. 管理控制　　D. 连接传输

4. GPS 定位的基本原理采用的方法是(　　)。

A. 侧方交会　　B. 前方交会　　C. 单三角形　　D. 测边后方交会

5. AR 系统的技术关键是(　　)。

A. 配准　　B. 精确定位　　C. 图形生成　　D. 三维跟踪注册

6. GPS 接收机按用途分为(　　)。

A. 导航接收机　　B. 测地接收机　　C. 授时型接收机　D. 上述选项都对

7. GPS 卫星的核心设备包括(　　)。

A. 原子钟　　B. 微处理器　　C. 双叶太阳能板　D. 双频发射接收机

8. 关于位置信息与 LBS 的描述，错误的是(　　)。

A. 位置信息包含空间、时间、路由三要素
B. 位置信息是物联网应用系统实现服务功能的基础
C. 智能手机、移动互联网、GPS 技术推动了 LBS 的发展
D. LBS 主要功能是确定你的位置，提供适合你的服务

9. 关于卫星导航定位系统的描述，错误的是(　　)。

A. GLONASS 卫星星座由 24 颗卫星组成，均匀分布在 3 个轨道平面上
B. GPS 接收机稳定接收到 4 颗卫星信号时可以解算出自己的海拔高度
C. GPS 提供导航、定位、授时和短报文服务
D. 2020 年中国建成 30 颗卫星组成的北斗卫星导航系统

10. 以下不属于卫星差分定位系统组成部分的是(　　)。

A. 基准站　　B. 流动台　　C. 数据链　　D. 监测站

二、填空题

1. 全球四大卫星导航定位系统分别是(　　　　)、(　　　　)、(　　　　)、(　　　　)。

2. 全球定位系统(GPS)主要由(　　　　)、(　　　　)和(　　　)三部分组成。

3. GPS 卫星星座由(　　)颗卫星组成。工作卫星分布在(　　)个圆形轨道面内，每个轨道面有(　　)颗卫星。卫星距离地面高度是(　　)km。

4. GPS 地面监控站按照功能可分为(　　　　)、(　　　　)和(　　　　)三种。

5. GPS 依照测距的原理不同，又可将定位方法分为(　　　　　)、(　　　　　)、(　　　　　)等。

6. BDS 三代卫星有三种轨道，分别是(　　　　　)、(　　　　　)、(　　　　　)。

7. BDS 具有(　　　　　)、(　　　　　)和(　　　　　)的功能。

8. Galileo 系统由轨道高度为(　　　　)km 的(　　)颗卫星组成，卫星位于(　　)个轨道面内。

9. 室内定位技术主要有(　　　)、(　　　)、(　　　)、(　　　)、(　　　)和(　　　)等感知定位技术和基于(　　　　　)的定位技术。

10. GPS 的中文名称是(　　　　　　　)，英文全称是(　　　　　　　　)。

三、判断题

1. 卫星从 20000km 高空向地面传输信息，空中经过电离层、对流层，会产生时延，所以 GPS 接收机测得的距离含有误差。(　　)

2. GPS 三维定位至少需要 4 颗卫星，当地面高程已知时也可用 3 颗卫星定位。(　　)

3. GPS 地面监控系统包括 1 个主控站、3 个注入站和 5 个监测站，共 9 个站。(　　)

4. GPS 系统启用备用卫星以代替失效的工作卫星的职能是由监测站执行。(　　)

5. 用户设备是指用户 GPS 接收机，其主要任务是捕获、跟踪并锁定卫星信号。(　　)

6. 差分技术的目的是消除公共误差，提高定位精度。(　　)

7. GLONASS 卫星星座拥有 24 颗卫星，分布在 6 个轨道面。(　　)

8. GPS 技术属于物联网网络层技术。(　　)

四、简答题

1. 目前世界上主要有哪些全球卫星导航定位系统？

2. 室内定位技术主要有哪些？室内定位技术与室外定位技术有何不同？

3. 什么是地理信息系统(GIS)？它在物联网中有什么地位与作用？

4. 简要说明 GPS 系统的架构。

5. 物联网相关定位技术有哪些？分别应用在哪些场景？

6. LBS 的应用有哪些？

7. LBS 的核心技术都有哪些？

实践——调研物联网定位技术应用案例

通过网络方式调研有关物联网定位技术的应用案例，需包含以下要点。

(1) 详细的物联网定位技术应用案例场景及功能展示，采用图片匹配文字形式展现。

(2) 针对场景分析使用的物联网定位技术，简单分析定位技术的优缺点。

(3) 如果自己要设计一个针对特定场景的定位系统，思考如何选择合适的定位技术。

实验——卫星导航定位实验

本实验为卫星导航定位算法与程序设计，实验内容以及实验要求如下。

(1) 编程实现读取下载的星历。实验要求：读取 RINEX N 文件，将所有星历放到一个列表(数组)中，并输出和自己学号相关的卫星编号的星历文件信息。读取 RINEX O 文件，并输出指定时刻的观测信息。

(2) 输出 GPS 卫星坐标值。实验要求：利用下载的对应星历文件计算指定时刻(学号后五位对应年积日所对应的秒)的所有卫星的位置，如孙文轩 21016020544/09123881，后五位 20544，取 20544−3600×5=2544 秒，5 点 42 分 24 秒。根据学号计算后为读取 2022 年 4 月 1 日 5 点 42 分 24 秒的星历文件，并将此时段的卫星坐标信息输出。

(3) 精密单点定位。实验要求：编程实现 GPS 单点定位，要求加入电离层、对流层改正。

第 5 章 智能嵌入技术

导读

智能嵌入技术包含电子、计算机、自动控制等多学科专业知识，其开发涉及软件与硬件，需要具备数字电路、计算机组成原理、C 语言编程等知识与技能，是目前快速发展的一种应用技术，也是从早期的计算机系统嵌入结构发展成为系统设计的重要方法。

嵌入式系统将计算与控制的概念联系在一起，并嵌入物理实体之中，达到“物体智能化”的目的。WSN、RFID 是嵌入式技术在实现“网络智能化”方向迈出的一大步。未来可能有高达 90%以上的计算设备将工作在嵌入式系统中。嵌入式系统已经应用于工业、农业、军事、家电等各个领域。物联网中的各种智能设备都需要使用智能嵌入技术来进行设计与制造。

本章介绍嵌入式系统的基本概念、体系结构、软硬件发展以及产业应用等情况，并对智能嵌入技术的发展趋势做了展望。

5.1 嵌入式系统概述

5.1.1 嵌入式系统的基本概念

嵌入式系统(embedded system)也称作嵌入式计算机系统(embedded computer system)。IEEE(国际电气和电子工程师协会)的定义是：嵌入式系统是用于控制、监视或者辅助操作机器和设备的装置。此定义是从应用上考虑的，嵌入式系统是软件和硬件的综合体，还可以涵盖机电等附属装置。所谓“嵌入”，就是将计算机的硬件或软件嵌入其他机电设备中去，构成了一种新的系统，即嵌入式系统。

国内公认的定义是：嵌入式系统是以应用为中心，以计算机技术为基础，并且软硬件可裁剪，适用于应用系统，对功能、可靠性、成本、体积、功耗有严格要求的专用计算机系统。它一般由嵌入式微处理器、外围硬件设备(存储器、I/O 端口等)、嵌入式操作系统以及用户的应用程序等四个部分组成，用于实现对其他设备的控制、监视或管理等功能。

智能嵌入技术是将计算机作为一个信息处理部件嵌入应用系统中的一种技术，也就是说，它将软件固化集成到硬件系统中，将硬件系统与软件系统一体化。智能嵌入技术具有软件代码小、高度自动化和响应速度快等特点。

各种形式的 PDA(personal digital assist)、GPS 接收机、智能手机、电视机机顶盒、智能家电、路由器、机器人、传感器节点、RFID 识读器、数字标牌(digital signage)等都是典型的嵌入式系统。嵌入式系统被广泛应用于工业控制、智能监控、智能家居、机器人等领域，并在微控制系统中发挥着重要作用。物联网感知层的设备很多都属于嵌入式，这些设备上基本都安装有嵌入式操作系统(embedded operating system，EOS)，从而对设备进行统一的管理和控制，并提供通信与组网的功能。

微型机应用和微处理器芯片技术的发展为嵌入式系统研究奠定了基础。智能嵌入技术的发展适应了智能控制的需求，促进了芯片、操作系统、软件编程语言与体系结构研究的发展。

5.1.2 嵌入式系统的基本特点

嵌入式系统一般指非 PC 系统，它包括硬件和软件两部分。硬件包括处理器/微处理器、存储器及外设器件和 I/O 端口、图形控制器等。软件包括嵌入式操作系统(要求实时和多任务操作)和应用程序，有时设计人员把这两种软件组合在一起。应用程序控制着系统的运作和行为；而嵌入式操作系统控制着应用程序编程与硬件的交互作用。

(1) 嵌入式系统通常是面向特定应用的。嵌入式 CPU 与通用 CPU 的最大不同就是嵌入式 CPU 大多工作在为特定用户群设计的系统中，它通常都具有低功耗、体积小、集成度高等特点，能够把通用 CPU 中许多由板卡完成的任务集成在芯片内部，从而有利于嵌入式系统设计趋于小型化，移动能力大大增强，与网络的耦合也越来越紧密。

(2) 嵌入式系统是将先进的计算机技术、半导体技术和电子技术与各个行业的具体应用相结合后的产物。嵌入式系统的研究体现出多学科交叉融合的特点。

(3) 嵌入式系统的硬件和软件都必须高效率地设计，量体裁衣、去除冗余，力争在同样的硅片面积上实现更高的性能，这样才能在具体应用中在处理器的选择方面更具竞争力。嵌入式系统的发展促进了芯片、操作系统、软件编程语言与体系结构研究的发展。

(4) 嵌入式系统和具体应用有机地结合在一起，它的升级换代也是和具体产品同步进行，因此嵌入式系统产品一旦进入市场，那么将具有较长的生命周期。

(5) 为了提高执行速度和系统可靠性，嵌入式系统中的软件一般都固化在存储器芯片或微控制器中，而不是存储于磁盘等载体中。

(6) 嵌入式系统本身不具备自主开发能力，即使设计完成用户通常也不能对其中的程序功能进行修改，必须有一套开发工具和环境才能进行开发。

5.1.3 嵌入式系统的发展过程

嵌入式系统的发展主要体现在以控制器为核心的硬件部分和以嵌入式操作系统为主的软件部分。嵌入式系统的发展过程可以划分为四个阶段。

第一阶段：无操作系统的嵌入算法阶段。此阶段以可编程控制器系统为核心。这种系统大部分应用于一些专业性极强的工业控制系统中，一般没有操作系统的支持，通过汇编语言对系统进行直接控制，运行结束后清除内存。其特点是系统结构和功能都相对单一，处理效率较低，存储容量较小，几乎没有用户接口。

第二阶段：以嵌入式 CPU 为基础、简单操作系统为核心的阶段。这种系统的主要特点是 CPU 种类繁多，通用性比较差；系统开销小，效率高；一般配备系统仿真器，操作系统具有一定的兼容性和可扩展性；应用软件较专业，用户界面不够友好；系统主要用来控制负载以及监控应用程序运行。

第三阶段：以通用的嵌入式实时操作系统为标志的阶段。这种系统的主要特点是能运行于各种不同类型的微处理器上，兼容性好；操作系统内核精小，效率高，并且具有高度的模块化和可扩展性；具备文件和目录管理、设备支持、多任务、网络支持、图形窗口以及用户界面等功能；具有大量的应用程序接口(API)，开发应用程序简单；嵌入式应用软件丰富。

第四阶段：基于网络操作的嵌入式系统发展阶段。这一阶段是一个正在迅速发展的阶段。系统能通过各种有线接入技术和无线接入技术随时接入互联网，能执行以前不能执行的复杂运算，具备全联通、智能化、信息实时共享等特点。嵌入式设备与 Internet 的结合将代表着嵌入式技术的真正未来。

5.2 嵌入式系统的结构

嵌入式系统是一种专用的计算机应用系统，包括硬件和软件两大部分。硬件包括微处理器、存储器、外设器件、I/O 端口和图形控制器等。软件包含负责硬件初始化的代码及驱动程序，负责软硬件资源分配的嵌入式操作系统和运行在嵌入式操作系统上面的应用软件。这些软件有机地结合在一起，形成系统特定的一体化软件。因此，可以把嵌入式系统的结构分为硬件层、硬件抽象层、系统软件层和应用软件层。

5.2.1 硬件层

嵌入式系统的硬件层由电源管理模块、时钟控制模块、存储器模块、总线模块、数据通信接口模块、可编程开发调试模块、处理器模块、各种控制电路以及外部执行设备模块等部分组成。对于不同性能、不同厂家的嵌入式微处理器，与其兼容的嵌入式系统的结构差异很大。典型的嵌入式系统的硬件体系结构如图 5-1 所示。

图 5-1 中给出了嵌入式系统硬件结构模型的基本模块，具体的嵌入式设备并不是包含所有的电路和接口。嵌入式系统的硬件要根据实际应用进行选择或剪裁，以便降低产品的成

本和功耗。例如，有些应用要求具有 USB 接口，而有些应用仅仅需要红外数据传输接口等。

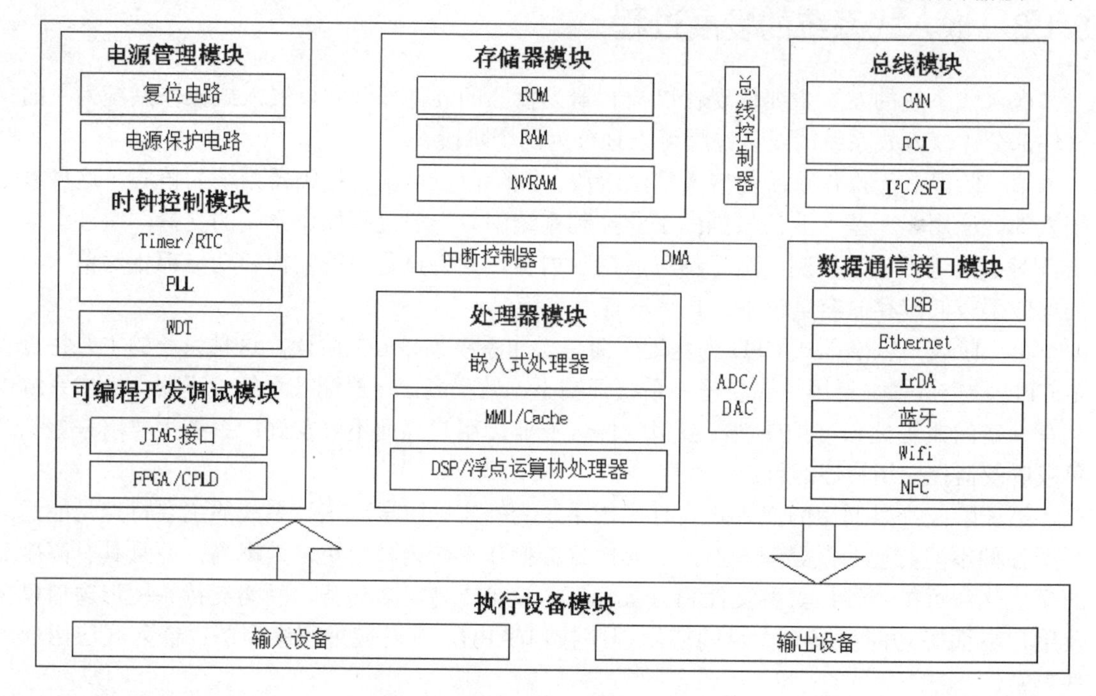

图 5-1　嵌入式系统硬件体系结构

5.2.2　硬件抽象层

硬件抽象层(hardware abstract layer，HAL)也称为中间层或板级支持包(board support package，BSP)，它在操作系统与硬件电路之间提供软件接口，用于将硬件抽象化，也就是说，用户可以通过程序来控制处理器、I/O 接口和存储器等硬件，从而使上层的设备驱动程序与下层的硬件设备无关，提高了上层软件系统的可移植性。

硬件抽象层包含系统启动时对指定硬件的初始化、硬件设备的配置、数据的输入或输出操作等，为驱动程序提供访问硬件的手段，同时引导、装载系统软件或嵌入式操作系统。

5.2.3　系统软件层

根据嵌入式设备类型及应用的不同，系统软件层的划分方法略有不同。部分嵌入式设备考虑到功耗、应用环境不同，不具有嵌入式操作系统。这种系统通过设备内部的可编程拓展模块，同样可以为用户提供基于底层驱动的文件系统和图形用户接口，如电子词典以及带有液晶屏幕的 MP3、MP4 等设备。这些系统上的图形界面软件以及文件系统软件同样属于系统软件层的范围。而对于装载有嵌入式操作系统(EOS)的嵌入式设备来说，系统软件层自然就是 EOS。在 EOS 中包含有图形用户界面、文件存储系统等多种系统层的软件支持接口。

EOS 是嵌入式应用软件的开发平台，它是保存在非易失性存储器中的系统软件，用户的其他应用程序都建立在 EOS 之上。EOS 使得嵌入式应用软件的开发效率大大提高，减少了嵌入式系统应用开发的周期和工作量，并且极大地提高了嵌入式软件的可移植性。为了满足嵌入式系统的要求，EOS 必须包含操作系统的一些最基本的功能，并且向用户提供 API(应用程序编程接口)函数，使应用程序能够调用操作系统提供的各种功能。

EOS 通常包括与硬件相关的底层驱动程序软件、系统内核、设备驱动接口、通信协议、图形界面、标准化浏览器等。设备驱动程序用于对系统安装的硬件设备进行底层驱动，为上层软件提供调用的 API 接口。上层软件只需调用驱动程序提供的 API 方法，而不必关心设备的具体操作，便可以控制硬件设备。此外，驱动程序还具备完善的错误处理函数，以便对程序的运行安全进行保障和调试。

典型的 EOS 都具有编码体积小、面向应用、实时性强、可移植性好、可靠性高以及专用性强等特点。随着嵌入式系统的处理和存储能力的增强，EOS 与通用操作系统的差别将越来越小。

5.2.4 应用软件层

应用软件层是嵌入式系统为解决各种具体应用而开发的软件，如便携式移动设备上面的电量监控程序、绘图程序等。针对嵌入式设备的区别，应用软件层可以分为两类：一类是在不具有 EOS 的嵌入式设备上，应用软件层包括使用汇编程序或 C 语言程序针对指定的应用开发出来的各种可执行程序；另一类就是在目前广泛流行的搭载 EOS 的嵌入式设备上，用户使用 EOS 提供的 API 函数，通过操作和调用系统资源而开发出来的各种可执行程序。

5.3 嵌入式微处理器的分类

嵌入式微处理器的主要特点如下。

(1) 可扩展的处理器结构，以便能够迅速开发出满足应用要求的高性能嵌入式微处理器。

(2) 功耗必须很低。

(3) 对实时多任务有很强的支持能力。

(4) 具有功能很强的存储区保护功能。这是由于嵌入式系统的软件结构已模块化，而为了避免在软件模块之间出现错误的交叉作用，需要设计强大的存储区保护功能，同时也有利于软件诊断。

嵌入式微处理器主要分为四类，即嵌入式微控制器、嵌入式数字信号处理器、嵌入式微处理单元和片上系统。

5.3.1 嵌入式微控制器

嵌入式微控制器(embedded microcontroller unit，EMCU)又称为单片机，从 20 世纪 70 年代末出现至今，这种电子器件在工业控制、电器产品、物流运输等领域一直有着极其广泛的应用。一般把 4～16 位的微处理器称为微控制器(单片机)。

单片机芯片内部集成了 ROM/FPROM、RAM、总线、总线逻辑、定时/计数器、看门狗、I/O、串口、脉宽调制输出、A/D、D/A、Flash RAM、EEPROM 等，支持 I^2C、CAN 总线、

LCD 等各种必要的功能和接口。

嵌入式微控制器的典型产品包括 8051、MCS-251、MCS-96/196/296、P51 XA、C166/167、68K 系列，以及 MCU 8XC930/931、C540 和 C541 等。

5.3.2 嵌入式数字信号处理器

嵌入式数字信号处理器(embedded digital signal processor，EDSP)是专门用于信号处理的处理器，在系统结构和指令算法方面进行了特殊设计，内部采用程序和数据分开的哈佛结构，具有专门的硬件乘法器，多采用流水线减少指令执行时间，因而具有很高的编译效率和指令执行速度。

DSP(digital signal processor)的理论算法在 20 世纪 70 年代就已出现，并通过 MPU(微处理器)等分立元件实现。MPU 较低的处理速度无法满足 DSP 的算法要求，随着大规模集成电路技术的发展，1982 年世界上诞生了首枚 DSP 芯片。DSP 运算速度比 MPU 快了几十倍，在语音合成和编码解码器中得到了广泛应用。到 20 世纪 80 年代中期，随着 CMOS 技术的进步与发展，第二代基于 CMOS 工艺的 DSP 芯片应运而生，其存储容量和运算速度都得到数倍提高，成为语音处理、图像硬件处理技术的基础。到 20 世纪 80 年代后期，DSP 的运算速度进一步提高，应用领域也扩大到了通信和计算机方面。20 世纪 90 年代后，DSP 发展到了第五代产品，广泛应用于数码产品和网络接入。2006 年，TI 公司推出了 TMS320C62X/C67X、TMS320C64X 等第六代 DSP 芯片，集成度更高，使用范围也更加广阔。

比较有代表性的嵌入式数字信号处理器是 TI 公司的 TMS320 系列、Motorola 公司的 DSP56000 系列，以及 Philips 公司的 REAL DSP 处理器。

5.3.3 嵌入式微处理单元

嵌入式微处理单元(embedded microprocessor unit，EMPU)是将运算器和控制器集成在一个芯片内的集成电路。在嵌入式应用中，一般将微处理单元、ROM、RAM、总线接口和各种外设接口等器件安装在一块电路板上，称为单板机(single-board compute，SBC)。

嵌入式微处理器的特征是具有 32 位以上的处理器，内部采用程序和数据一体的冯·诺依曼结构，具有较高的性能，当然其价格也相对较高。但与计算机通用处理器不同的是，在实际嵌入式应用中，只保留和嵌入式应用紧密相关的功能硬件，去除其他的冗余功能部分，这样就能以最低的功耗和资源实现嵌入式应用的特殊要求。同工业控制计算机相比，嵌入式微处理器具有体积小、重量轻、成本低、可靠性高等优点。主要的嵌入式处理器类型有 MIPS、ARM、RISC-V 系列等，其中，ARM 是专为手持设备开发的嵌入式微处理器。

ARM 处理器同其他嵌入式微处理器一样，属于 RISC(精简指令集计算机)处理器，而通常桌面计算机上的 CPU 是 CISC(复杂指令集计算机)处理器。RISC 处理器多用在手机或者移动式便携产品上，特点是单次执行效率低，但是执行次数多，典型代表是 ARM 指令架构。CISC 处理器的特点是单次执行效率高，但是执行次数少，典型代表是 Intel 的 X86 指令架构。

ARM 内核分为 ARM7、ARM9、ARM9E、ARM10E 以及 Strong ARM 等几类，其中每

一类又根据其各自包含的功能模块而分成多种构成。这些芯片虽然型号不同，但同一代的芯片内核基本相同，因而其软件编程和调试方法相同，被广泛应用于 PDA、机顶盒、DVD 机、POS 机、GPS 终端、手机以及智能终端等设备上。

在 CPU 架构领域，ARM 架构和 Intel X86 架构分别在移动端和桌面端占据了绝大部分市场份额。但是，ARM 架构的收费授权模式和 X86 架构的不对外授权使得越来越多的芯片研发企业转向了开源架构 RISC-V，其开源性和易用性为芯片市场打开了另一扇大门。RISC-V 指令集完全开源，设计简单，易于移植 UNIX/Linux 系统，采用模块化设计，拥有完整的工具链，同时有大量的开源实现和流片案例。目前，国内 IT 公司正大力推进 RISC-V 架构的软硬件开发。2018 年，中国开放指令生态(RISC-V)联盟(CRVA)成立，联盟依托单位为中国科学院计算技术研究所。到 2020 年年底，成员单位不断扩充，其副理事长单位包括百度、紫光展锐、杭州中天微、华为、长虹、腾讯等科技企业。

5.3.4 片上系统

片上系统(system on chip，SoC)的设计技术始于 20 世纪 90 年代中期。随着半导体工艺的发展，大规模复杂功能的集成电路设计能够在单硅片上实现，SoC 正是在集成电路(IC)向集成系统(IS)转变的大方向下产生的。1994 年 Motorola 发布的 Flex Core 系统(用来制作基于 68000 和 PowerPC 的定制微处理器)和 1995 年 LSI Logic 公司为 Sony 公司设计的 SoC，可能是基于 IP(intellectual property，知识产权)核完成的最早 SoC 设计。IP 核是指具有确定功能的 IC 模块。由于 SoC 可以充分利用已有的设计积累，显著提高了 ASIC 的设计能力，因此发展非常迅速。

片上系统也称为系统级芯片，它是一个产品，是一个有专用目标的集成电路，其中包含完整系统并有嵌入软件的全部内容。同时它又是一种技术，用于实现从确定系统功能开始，到软/硬件划分，并完成设计的整个过程。从狭义角度讲，它是信息系统核心的芯片集成，是将系统关键部件集成在一块芯片上。从广义角度讲，SoC 是一个微小型系统，如果说 CPU 是大脑，那么 SoC 就是包括大脑、心脏、眼睛和手的系统。SoC 的定义是将微处理器、模拟 IP 核、数字 IP 核和存储器集成在单一芯片上的一种客户定制的或者面向特定用途的标准产品。

SoC 定义的基本内容主要包括两方面：一是其构成，二是其形成过程。SoC 的构成可以包括系统级芯片控制逻辑模块、微处理器/微控制器 CPU 内核模块、数字信号处理器 DSP 模块、嵌入的存储器模块、外部进行通信的接口模块、含有 ADC/DAC 的模拟前端模块、电源、功耗管理模块、用户定义逻辑以及微电子机械模块。无线 SoC 还具有射频前端模块。更重要的是，一个 SoC 芯片内嵌有基本软件模块或可载入的用户软件等。

SoC 设计的关键技术主要包括总线架构技术、IP 核可复用技术、软硬件协同设计技术、SoC 验证技术、可测性设计技术、低功耗设计技术、超深亚微米电路实现技术等，此外，还要做嵌入式软件移植、开发研究，是一门跨学科的新兴研究领域。

SoC 按指令集主要划分为 X86 系列、ARM 系列、MIPS 系列、RISC-V 系列、自开发类等几大类。国内的研发主要基于后四者，如华为海思麒麟 9000SoC(CPU 基于 ARM 授权 IP 核 A77+ A55)、中科院计算所龙芯 SoC(CPU 采用兼容 MIPS 的 LoongArch 指令集)、中科院

“香山”SoC(核心“南湖”，RISC-V，14nm 工艺，2GHz 频率，中芯国际代工，2022 年年初发布)、阿里玄铁 910(2019 年发布，采用 RISC-V 指令集，主要用途是 5G 和人工智能等领域)和国芯 C3 Core(继承 M3 Core)等。

5.4 嵌入式操作系统

5.4.1 嵌入式操作系统概述

嵌入式操作系统(EOS)是一种支持嵌入式系统应用的、连接硬件与应用程序的系统程序，其基本功能有进程管理、进程间通信、内存管理、I/O 资源管理等。它是嵌入式系统的重要组成部分。EOS 具有通用操作系统的基本特点，能够有效管理复杂的系统资源，并且把硬件虚拟化。

嵌入式操作系统从应用角度可分为通用型嵌入式操作系统和专用型嵌入式操作系统。常见的通用型嵌入式操作系统有 Linux、VxWorks、Windows CE 等，常用的专用型嵌入式操作系统有 Smart Phone、Pocket PC、Symbian 等。

嵌入式操作系统按实时性可分为实时嵌入式操作系统和非实时嵌入式操作系统两类。实时嵌入式操作系统主要面向控制、通信等领域，如 WindRiver 公司的 VxWorks、ISI 公司的 pSOS、QNX 公司的 QNX、ATI 公司的 Nucleus 等。非实时嵌入式操作系统主要面向消费类电子产品，这类产品包括移动电话、机顶盒、电子书等，如微软面向手机应用的 Smart Phone 操作系统。

EOS 是一种用途广泛的系统软件，过去它主要应用于工业控制和国防领域。EOS 负责嵌入系统的全部软、硬件资源的分配、调度工作，控制协调并发活动；它必须体现其所在系统的特征，能够通过装卸某些模块来达到系统所要求的功能。目前，已推出一些应用比较成功的 EOS 产品系列。随着 Internet 技术的发展、智能设备的普及、EOS 的微型化和专业化，EOS 开始从单一的弱功能向高专业化的强功能方向发展。EOS 在系统实时高效性、硬件的相关依赖性、软件固态化以及应用的专用性等方面具有较为突出的优势。EOS 是相对于一般操作系统而言的，除具备一般操作系统最基本的功能，如任务调度、同步机制、中断处理、文件功能等外，还具有以下特点。

(1) 可装卸性、开放性、可伸缩性的体系结构。

(2) 强实时性。大多数嵌入式系统为实时系统，而且多是强实时多任务系统，要求相应的 EOS 也必须是实时操作系统(RTOS)。RTOS 作为操作系统的一个重要分支，已成为研究的一个热点，主要探讨实时多任务调度算法和可调度性、死锁解除等问题。

(3) 统一的接口。提供各种设备驱动接口。

(4) 操作方便、简单，提供友好的图形用户界面，追求易学、易用。

(5) 提供强大的网络功能，支持 TCP/IP 协议及其他协议，提供 TCP/UDP/IP/PPP 协议支持及统一的 MAC 访问层接口，为各种移动计算设备预留接口。

(6) 强稳定性，弱交互性。嵌入式系统一旦开始运行就不需要用户过多的干预，这就要求负责系统管理的 EOS 具有较强的稳定性。EOS 的用户接口一般不提供操作命令，它通过系统调用命令向用户程序提供服务。

(7) 固化代码。在嵌入式系统中，EOS和应用软件被固化在嵌入式系统计算机的ROM中。辅助存储器在嵌入式系统中很少使用，因此，EOS的文件管理功能应该能够很容易地拆卸，只用各种内存文件系统。这就要求EOS只能运行在有限的内存中，不能使用虚拟内存，中断的使用也受到限制。因此，EOS必须结构紧凑，体积微小。

(8) 更好的硬件适应性，也就是良好的移植性。

(9) 特殊的开发调试环境。提供完整的集成开发环境是每一个嵌入式系统开发人员所期待的。一个完整的嵌入式系统的集成开发环境，一般需要提供的工具是编译/连接器、内核调试/跟踪器和集成图形界面开发平台。其中的集成图形界面开发平台包括编辑器、调试器、软件仿真器和监视器等。

国际上用于智能设备的嵌入式操作系统有40种左右。市场先后流行的EOS产品，包括3COM公司的PalmOS、Nokia公司的Symbian、Microsoft公司的Windows CE、Google公司的Android、Apple公司的iOS等。另外，还有很多开放源代码的Linux，很适合做信息家电的开发。比如，中科红旗开发的红旗嵌入式Linux和美国网虎开发的基于Xlinux的嵌入式操作系统“夸克”。“夸克”是目前世界上最小的Linux，它的两个很突出的特点就是体积小，使用GCS编码。常见的嵌入式系统还有uClinux、eCos、uCOS-Ⅱ、VxWorks、pSOS、Nucleus、ThreadX、Rtems、QNX、INTEGRITY、OSE、C Executive等。

5.4.2 嵌入式操作系统的发展

早期的嵌入式系统硬件设备很简单，软件的编程和调试工具也很原始，与硬件系统配套的软件都必须从头编写。程序大都采用宏汇编语言，调试是一件很麻烦的事。随着系统越来越复杂，操作系统就显得很有必要。

(1) 操作系统能有效管理越来越复杂的系统资源。

(2) 操作系统能够把硬件虚拟化，将开发人员从繁忙的驱动程序移植和维护中解脱出来。

(3) 操作系统能够提供库函数、驱动程序、工具集以及应用程序。

在20世纪70年代的后期，出现了嵌入式系统的操作系统。在80年代末，市场上出现了几个著名的商业嵌入式操作系统，包括VxWorks、Neculeus、QNX和Windows CE等，这些系统能提供性能良好的开发环境，提高了应用系统的开发效率。

目前，国外EOS已经从简单走向成熟，主要有QNX、VxWorks、Android等。国内的嵌入式操作系统研究开发有两种类型，一类是基于国外操作系统的二次开发，如基于Android的机顶盒系统；另一类是中国自主开发的嵌入式操作系统，如翼辉开发推广的SylixOS，凯思自主研发的Hopen OS，腾讯的TencentOS tiny，阿里巴巴的AliOS Things，华为的LiteOS、HarmonyOS等。

(1) QNX是由加拿大QSSL公司开发的分布式实时操作系统，它由微内核和一组共操作的进程组成，具有高度的伸缩性，可灵活地剪裁，最小配置只占用几十KB内存。因此，可以广泛地嵌入智能机器、智能仪器仪表、机顶盒、通信设备等应用中。

(2) VxWorks是WindRiver公司的一种实时操作系统。美军著名的F22战机就是使用这个操作系统。VxWorks支持各种工业标准，包括POSIX、ANSI C和TCP/IP协议。VxWorks运行系统的核心是一个高效率的微内核，该微内核支持各种实时功能，包括快速多任务处理、中断支持、抢占式和轮转式调度。微内核设计减轻了系统负载并可快速响应外部事件。目前，在全世界装有 VxWorks 系统的智能设备数以百万计，其应用范围遍及互联网、电信和数据通信、数字影像、网络、医学、计算机外设、汽车、火控、导航与制导、航空、指挥、控制、通信和情报、声呐与雷达、空间与导弹系统、模拟和测试等众多领域。

(3) SylixOS 是一款诞生于 2006 年、由中国人自己开发的、大型、嵌入式、实时、类 UNIX 操作系统，现由翼辉信息有限公司专门推广和开发。2022 年 5 月，基于 LoongArch 架构的 SylixOS V2.3.0 嵌入式操作系统正式发布，SylixOS 成为首个适配 LoongArch 架构处理器的大型实时操作系统。SylixOS 在国内获得了非常广泛的应用，其主要应用在电力电网、轨道交通、机器人和新能源等领域，甚至大型机床的操作系统、航空航天设备的操作系统、火箭导弹的实时控制系统、卫星的操作系统都有 SylixOS 的应用。总的来说，国内工业操作系统目前普遍实力不强，市场占有率相对较低，其中最大的就是 SylixOS。

(4) Hopen OS 是凯思集团自主研制开发的嵌入式操作系统，由一个体积很小的内核及一些可以根据需要进行定制的系统模块组成。其核心 Hopen Kernel 一般为 10KB 左右，占用空间小，并具有实时、多任务、多线程的系统特征。

(5) TencentOS tiny 提供非常精简的 RTOS 内核，其 ROM 仅为 1.8KB；使用高效功耗管理架构，其休眠功耗仅为 2mA；整体架构分为 7 部分，分别是 CPU 库、驱动管理层、内核、IoT 协议栈、安全框架、文件系统和开发 API。2019 年 9 月，TencentOS tiny 开源。

(6) 同样是在 2019 年 9 月，阿里巴巴发布 AliOS Things 3.0 嵌入式操作系统。AliOS Things 致力于云端一体化基础设备，具有安全防护等关键能力，支持终端设备连接到阿里云，广泛应用在智能家居、智慧城市等领域。

(7) LiteOS 是华为自主研发的物联网操作系统，具有低功耗、互联互通、组件丰富等特点，广泛应用在可穿戴设备、智能家居、智能汽车等领域。Boudica 芯片是业界首款 NB-IoT 芯片，目前已经商用，内嵌的操作系统就是 LiteOS。另外，华为基于 LiteOS 扩展开发出了 HarmonyOS，目前已广泛应用于智能电视、智能手机等领域。

5.4.3 典型的嵌入式操作系统

1. 嵌入式 Linux

Linux 是一个与生俱来的网络操作系统，成熟而且稳定。Linux 是源代码开放软件，不存在黑箱技术，任何人都可以修改它，或者用它开发自己的产品。Linux 系统是可以定制的，系统内核目前已经可以做得很小。一个带有中文系统及图形化界面的核心程序也可以做到不足 1MB，并且同样稳定。Linux 作为一种可裁剪的软件平台系统，是发展未来嵌入设备产品的绝佳资源，遍布全球的众多 Linux 爱好者又能给予 Linux 开发者强大的技术支持。因此，Linux 作为嵌入式系统新的选择，是非常有发展前途的。

嵌入式 Linux 的一大特点是与硬件芯片(如 SoC 等)的紧密结合。它不是一个纯软件的 Linux 系统，而比一般操作系统更加接近于硬件。嵌入式 Linux 的进一步发展，逐步具备了嵌入式 RTOS 的一切特征，即实时性及与嵌入式处理器实现紧密结合。

嵌入式 Linux 的另一大特点是代码的开放性。代码的开放性是与后 PC 时代的智能设备的多样性相适应的。代码的开放性主要体现在源代码可获得上，Linux 代码开发就像是“集市式”开发，可任意选择并按自己的意愿整合出新的产品。

对于嵌入式 Linux，事实上是把 BIOS 层的功能实现在 Linux 的 driver 层。目前在 Linux 领域，已经出现了专门为 Linux 操作系统定制的自由软件的 BIOS 代码，并在多款主板上实现了此类的 BIOS 层功能。

由美国新墨西哥理工学院开发的基于标准 Linux 的嵌入式操作系统 RTLinux，已成功地应用于航天飞机的空间数据采集、科学仪器测控、电影特技图像处理等领域。RTLinux 开发者并没有针对实时操作系统的特性重写 Linux 的内核，而是提供了一个精巧的实时内核，再把标准的 Linux 核心作为实时核心的一个进程同用户的进程一起调度，这样做的好处是对 Linux 的改动最小，且充分利用了 Linux 平台上丰富的软件资源。由美国网虎公司推出的 XLinux，号称是世界上最小的嵌入式 Linux 系统，核心只有 143KB，而且还在不断减小。

致力于国产嵌入式 Linux 操作系统和应用软件开发的广州博利思软件公司推出的嵌入式 Linux 中文操作系统 POCKETIX，基于标准的 Linux 内核，并包含一些可以根据需要进行定制的系统模块，支持标准以太网和 TCP/IP 协议，支持标准的 X Window，中文支持采用国际化标准，提供桌面和窗口管理功能，带 Web 浏览器和文件管理器，并支持智能拼音和五笔字型输入，可适用于 PDA、智能手机、机顶盒等广泛的智能信息产品。

2. μC/OS - II

μC/OS-Ⅱ是一个可裁剪、源代码开放、结构小巧、抢先式的实时嵌入式操作系统(RTOS)，主要用于中小型嵌入式系统。该系统专门为计算机的嵌入式应用设计，绝大部分代码是用 C 语言编写的，CPU 硬件相关部分是用汇编语言编写的，总量约 200 行的汇编语言部分被压缩到最低限度，目的是便于移植到其他任何一种 CPU 上。

μC/OS-Ⅱ具有执行效率高、占用空间小、可移植性强、实时性能好和可扩展性强等优点，可支持多达 64 个任务，支持大多数的嵌入式微处理器。

μC/OS - Ⅱ的前身是μC/OS，最早来自 1992 年美国嵌入式系统专家 Jean J. Labrosse 在《嵌入式系统编程》杂志上连载的文章，μC/OS 的源码也同时发布在该杂志的 BBS 上。

用户只要有标准的 ANSI 的 C 交叉编译器，同时有汇编器、连接器等软件工具，就可以将μC/OS - Ⅱ嵌入到开发的产品中。μC/OS-Ⅱ最小内核可编译至 2KB，可成功移植到几乎所有知名的 CPU 上。

严格地说，μC/OS-Ⅱ只是一个实时操作系统内核，仅仅包含了任务调度、任务管理、时间管理、内存管理以及任务间的通信和同步等基本功能，没有提供输入/输出管理、文件系统、网络等额外的服务。但由于μC/OS-Ⅱ良好的可扩展性和源码开放，上述那些非必需的功能完全可以由用户自己根据需要分别实现。

μC/OS-Ⅱ的目标是实现一个基于优先级调度的抢占式实时内核，并在这个内核之上提供最基本的系统服务，如信号量、邮箱、消息队列、内存管理和中断管理等。

3. TRON

TRON(实时操作系统内核)是于 1984 年由日本东京大学开发的一种开放式的实时操作系统，其目的是建立一种泛在的计算环境。泛在计算(也称普适计算)就是将无数嵌入式系统用开放式网络连接在一起协同工作，它是未来嵌入式技术的终极应用。TRON 广泛使用在手机、数码相机、传真机、汽车引擎控制、无线传感器节点等领域，成为实现普适计算环境的重要嵌入操作系统之一。

以TRON为基础的T-Engine/T-Kernel为开发人员提供了一个嵌入式系统的开放式标准平台。T-Engine提供标准化的硬件结构，T-Kernel提供标准化的开源实时操作系统内核。

T-Engine由硬件和软件环境组成，其中，软件环境包括设备驱动、中间件、开发环境、系统安全等部分，是一个完整的嵌入式计算平台。硬件环境包括四种系列产品：便携式计算机和手机；家电和计量测绘机器；照明器具、开关、锁具等所用的硬币大小的嵌入式平台；传感器节点和静止物体控制所用的单芯片平台。

T- Kernel是在T-Engine标准上运行的标准实时嵌入式操作系统软件，具有实时性高、动态资源管理等特点。

4. iOS

iOS是由苹果公司为智能便携式设备开发的操作系统，主要用于iPhone手机和iPad平板计算机等。iOS源于苹果计算机的Mac OS X操作系统，它们都以Darwin为基础。Darwin是苹果公司于2000年发布的一个开源操作系统。iOS原名为iPhone OS，直到2010年6月在WWDC(苹果计算机全球研发者大会)上才宣布改名为iOS。iOS的系统架构分为四个层次，即核心操作系统层、核心服务层、媒体层和可轻触层，如图5-2所示。

可轻触层	Cocoa Touch
媒体层	Media
核心服务层	Core Services
核心操作系统层	Core OS

图5-2 iOS系统架构

(1) 核心操作系统层是iOS的最底层。iOS是基于Mac OS X开发的，两者有很多共同点。该层包含了很多基础性的类库，如底层数据类型、Bonjour服务(Bonjour服务是指用来提供设备和计算机通信的服务)和网络套接字(套接字提供网络通信编程的接口)类库等。

(2) 核心服务层为应用软件的开发提供API。服务层包括Foundation核心类库(包含基础框架支持类)、CFNetwork类库(网络应用支持类)、SQLite访问类库(嵌入式设备中使用的一种轻量级数据库)、访问POSIX线程类库(可移植操作系统接口)和UNIX sockets通信类库(套接字)等。

(3) 媒体层包含了基本的类库来支持2D和3D的界面绘制、音频和视频的播放，当然也包括较高层次的动画引擎。

(4) 可轻触层提供了面向对象的集合类、文件管理类和网络操作类等。该层中的UIKit(用户界面开发包)框架提供了可视化的编程方式，能实现一些非常实用的功能，如访问用户的通讯录和照片集，支持重力感应器或其他硬件设备。

5. Android

Android作为便携式移动设备的主流操作系统之一，其发展速度超过了以往任何一种移动设备操作系统。Android的最初部署目标是手机领域，包括智能手机和更廉价的翻盖手机。由于其全面的计算服务和丰富的功能支持，目前已经扩展到手机市场以外，某些智能电表、云电视、智能冰箱、智能电视等采用的就是 Android 系统。

Android 是基于 Linux 内核的开源嵌入式操作系统。Android 系统由一个软件栈组成，其软件主要分为操作系统核心、中间件和应用程序。具体来说，Android 体系结构从底层向上主要分为 Linux 内核、Android 实时运行库、支持库、应用程序框架和应用程序五个部分。

(1) Linux 内核。Android 基于 Linux 提供核心系统服务，例如安全、内存管理、进程管理、网络堆栈和驱动模型。核心层作为硬件和软件之间的抽象层，用于隐藏具体硬件细节，从而为上层提供统一的服务。

(2) Android 实时运行库。Android 实时运行库(runtime)包含一个核心库的集合和 Dalvik 虚拟机。核心库为 Java 语言提供核心类库中可用的功能；Dalvik 虚拟机是 Android 应用程序的运行环境，每一个 Android 应用程序都是 Dalvik 虚拟机中的实例，运行在对应的进程中。Dalvik 虚拟机的可执行文件格式是.dex，这是专为 Dalvik 设计的一种压缩格式，适合内存和处理器速度有限的系统。大多数虚拟机包括 JVM(Java 虚拟机)都是基于栈的，而 Dalvik 虚拟机则是基于寄存器的。两种架构各有优劣，一般而言，基于栈的机器需要更多的指令，而基于寄存器的机器指令更大。Dalvik 虚拟机需要依赖 Linux 内核提供的基本功能，如线程和底层内存管理等。

(3) 支持库。Android 包含了一个 C/C++库的集合，供 Android 系统的各个组件使用。这些功能通过 Android 的应用程序框架提供给开发者。

(4) 应用程序框架。通过提供开放的开发平台，Android 使开发者能够编写极其丰富和新颖的应用程序。开发者可以自由地利用设备硬件优势访问位置信息，运行后台服务，设置闹钟以及向状态栏添加通知等。开发者还可以完全使用核心应用程序所使用的框架 API。应用程序框架旨在简化组件的重用，任何应用程序都能发布它的功能且任何其他应用程序都可以使用这些功能(需要服从框架执行的安全限制)，这一机制允许用户替换组件。

(5) 应用程序。Android 装配一组核心应用程序集合，包括电子邮件客户端、SMS 程序、日历、地图、浏览器、联系人和其他设置等。

6. VxWorks

VxWorks 操作系统是美国风河公司(WindRiver)于 1983 年设计开发的一种嵌入式实时操作系统。VxWorks 具有良好的持续发展能力、高性能的内核以及友好的用户开发环境，在嵌入式实时操作系统领域占有一席之地。VxWorks 以其良好的可靠性和卓越的实时性被广泛应用在通信、军事、航空航天等高精尖技术以及实时性要求极高的领域中，如卫星通信、军事演习、弹道制导、飞机导航等。在美国的 F-16 战斗机、FA-18 战斗机、F-22 战斗机、B-2 隐形轰炸机和爱国者导弹上，甚至在美国宇航局的“极地登陆者”号、“深空二号”和火星气候轨道器等登陆火星探测器上，都采用了 VxWorks，负责火星探测器的全部飞行控制，包括飞行纠正、载体自旋和降落时的高度控制等，而且还负责数据收集和与地球的通信工作。

VxWorks 支持多种处理器，如 X86、i960、Sun Sparc、Motorola MC68000、MIPS RX000、PowerPC、Strong ARM、XScale 等，其主要缺点是价格昂贵，大多数 VxWorks 的 API 都是专用的。

7. 华为鸿蒙系统

鸿蒙OS是华为公司开发的一款基于微内核、耗时10年、4000多名研发人员投入开发、面向5G物联网、面向全场景的分布式操作系统。鸿蒙的英文是Harmony，意为和谐。

鸿蒙OS不是安卓系统的分支或修改而来的，与安卓、iOS是不一样的操作系统。其性能也不弱于安卓系统，而且华为还为基于安卓生态开发的应用能够平稳迁移到鸿蒙OS上做好衔接——将相关系统及应用迁移到鸿蒙OS上，差不多两天就可以完成迁移及部署。

这个新的操作系统将打通手机、电脑、平板、电视、工业自动化控制、无人驾驶、车机设备、智能穿戴设备，将其统一成一个操作系统，并且该系统是面向下一代技术设计的，能兼容全部安卓应用的所有Web应用。若安卓应用重新编译，那么在鸿蒙OS上的运行性能提升超过60%。

鸿蒙OS架构中的内核是把之前的Linux内核、鸿蒙OS微内核与LiteOS合并为一个鸿蒙OS微内核，创造一个超级虚拟终端互联的世界，将人、设备、场景有机联系在一起，对消费者在全场景生活中接触的多种智能终端实现快速发现、快速连接、硬件互助、资源共享，用合适的设备提供场景体验。

华为鸿蒙系统的优点如下。

(1) 分布式架构首次用于终端OS，实现跨终端无缝协同体验。对于消费者而言，HarmonyOS通过分布式技术，让8+N设备具备智慧交互的能力。在不同场景下，8+N配合华为手机提供满足人们不同需求的解决方案。对于智能硬件开发者，HarmonyOS可以实现硬件创新，并融入华为全场景的大生态。对于应用开发者，HarmonyOS让他们不用面对硬件复杂性，通过使用封装好的分布式技术APIs，以较小投入开发出各种全场景新体验。

(2) 确定时延引擎和高性能IPC技术，实现系统天生流畅。

(3) 基于微内核架构重塑终端设备可信安全。由于鸿蒙系统微内核的代码量只有Linux宏内核的千分之一，其受攻击的概率也大幅降低。

华为鸿蒙系统在2019年8月9日正式发布，2020年9月10日，华为鸿蒙系统升级至HarmonyOS 2.0版本。2021年4月22日，HarmonyOS应用开发在线体验网站上线。5月18日，华为宣布华为HiLink将与Harmony OS统一为鸿蒙智联。6月2日晚，华为正式发布HarmonyOS 2及多款搭载HarmonyOS 2的新产品。7月29日，华为Sound X音箱发布，这是首款搭载HarmonyOS 2的智能音箱。12月23日，华为宣布搭载HarmonyOS设备数突破2.2亿，HarmonyOS座舱汽车发布。2022年7月27日，鸿蒙OS 3.0系统正式上线，9月10日开始在智能手机端推送。

5.5 智能嵌入技术的应用

由于嵌入式系统的微型化，使更多的物体具有了一定的智能，嵌入式系统组网能力的增强使物—物通信成为可能，因此，嵌入式设备成为物联网感知层的主要设备，广泛应用于工业自动化、交通管理、智能家电、商业应用、环境保护和网络设备等物联网领域。

5.5.1 工业自动化

在工业自动化方面，嵌入式设备的一个典型应用是智能工业控制网络系统，该系统由传感器、执行设备、显示和数据记录设备等组成，用于监视和控制电气设备。在工业应用中，该系统使用各种传感器终端监视设备的运行状态、采集模拟输入量，将数据通过网络传输给主控设备，显示或记录数据，并由主控的嵌入式设备根据数据库参数进行分析计算，将结果反馈给执行设备，控制或调整被监控设备的运行状态等。

智能仪表是嵌入式系统在工业自动化方面的又一典型应用。在新一代的工业控制网络系统中，更为强大的智能仪表和控制器被广泛应用，一批面向工业控制的嵌入式系统应势而生，目前已经有大量 8 位、16 位、32 位嵌入式微控制器应用在工业过程控制、数字机床、电力系统、电网安全、电网设备监测、石油化工等领域。嵌入式系统的智能联网功能，极大地提高了生产效率和产品质量，降低了人力资源的消耗。

5.5.2 商业应用

嵌入式系统在商业领域的应用很多，其中典型的应用就是在超市、商场、酒店等商业服务场所使用的 POS 机。POS 机使用的是嵌入式技术，通过给嵌入式微控制器增加输入、扫描、显示等外部执行设备，实现商品的输入、显示、统计、打印和结账功能，同时还可与后台计算机进行数据通信，实现后台的进销存管理等功能。

POS 机需要有较大的存储容量，可以存储 1～2 年的流水账记录及其商品和特征数据。POS 机应具有接入互联网的功能，方便将各个分店的收款机和计算机组成行业网络，使通信变得方便、高速、廉价。POS 机需要具备文件系统和数据访问引擎，以便快速实施数据的检索，并与计算机的数据实现无缝连接，从而方便后台的管理。POS 机必须支持各种 I/O 接口，如 USB、PS2、IC 卡、无线通信等，以便实现一些特殊的功能，如饭店触摸点菜等。

目前，通用的 POS 机都有嵌入式操作系统和 ARM 的 32 位处理器，支持电子键盘、以太网和 USB，支持 TCP/IP、FTP 等协议和 FAT16/32 文件系统，从而构成局域网。

5.5.3 网络设备

路由器、交换机等网络互联设备一般使用各公司自己的嵌入式操作系统，如华为公司的通用路由平台(versatile routing platform，VRP)、思科公司的思科网际操作系统(Cisco internetwork operating system，Cisco IOS)等。这些嵌入式操作系统主要提供网络互联和用户访问控制等功能，用户可以通过路由器的控制台接口配置路由器的名字、网络参数等。

以华为路由器为例，路由器加电后首先进行开机自检，然后在闪存中查找嵌入式操作系统 VRP 软件并将其加载到路由器的 RAM 中，再由 VRP 加载闪存中的配置文件，从而完成整个路由器启动的初始配置。CPU 是路由器的核心器件，在中低端路由器中，通常负责路由信息交换、路由表查找以及转发数据包的工作。CPU 的能力直接影响路由器的吞吐量(路由表查找时间)和路由计算能力(影响网络路由收敛时间)。在高端路由器中，数据包的转发和查表由 ASIC 芯片完成，CPU 主要用于实现路由协议、计算路由以及分发路由表。

从路由器的层次上来看，从下到上由底层设备、硬件驱动、引导程序、嵌入式操作系统、路由程序等部分构成。从硬件构成上来看，一般的路由器都具有用于处理数据、执行程序的微处理器，具有用于存储路由表的非易失性存储设备，具有用于程序运行和存储程序运行过程产生的中间数据的 RAM。

5.5.4 智能家居

Internet 是信息流通的重要渠道，如果嵌入式系统能够连接到 Internet，则可以方便、低廉地将信息传送到需要的地方。嵌入式 Internet 是近几年发展起来的一项新兴概念和技术，是指设备通过嵌入式模块而非 PC 系统直接接入 Internet，以 Internet 为介质实现信息交互的过程，通常又称为非 PC Internet 接入。嵌入式 Internet 的广泛应用必将使家居控制变得更加自动化、智能化和人性化。

智能嵌入技术是在 Internet 的基础上产生和发展的，因此它具有更加卓越的网络性能。然而，在智能家居控制中，要具有高安全性，能快速地与外界进行信息交换，对计算机存储器、运算速度等性能指标要求比较高，而嵌入式系统一般都是小型专用系统，很难承受占有大量系统资源的服务。如何实现嵌入式系统的 Internet 接入、“瘦”Web 服务器技术以及嵌入式 Internet 安全技术，是嵌入式系统 Internet 技术的关键和核心。

智能嵌入技术在家庭智能控制系统中的应用，特别是 DSP、微控制器(MCU)中的应用和发展，使得系统的语音和图像处理能力大大增强，不仅可以最大限度地利用硬件投入，而且还避免了资源浪费。智能嵌入技术的应用，使得系统的架构更加清晰简捷。系统的软件采用分层设计，不仅方便维护，而且大大提高了代码的利用率，缩短了开发周期。

随着智能嵌入技术的不断进步和更广泛的运用，嵌入式系统在智能家居中的运用将会有广阔的发展前景。目前，各种家用电器(如电冰箱、自动洗衣机、数字电视机、数码相机等)已广泛应用智能嵌入技术。

嵌入式系统主要可以对如下家居功能进行控制。

(1) 远程监控。当防盗报警被触发后，可以通过 Internet 远程监控家中事态的进展。

(2) 报警。可以分为防盗报警、防灾报警等。

(3) 三表抄送功能。将带电子采集器的煤气表、电表、水表的信息发送到终端。

(4) 室内环境控制。比如，可以将灯光、DVD 等设备集中控制，通过电话、Internet 等远程控制家中的设备，进而实现对家中的音响、视频及灯光的集中控制。

5.5.5 机器人

机器人学(robotics)是一个涉及计算机科学、人工智能、智能控制、精密机械、信息传感技术、生物工程等的交叉学科。按照应用领域进行分类，机器人包括民用和军用两大类。民用机器人又可以分为工业机器人、农业机器人、服务机器人、仿人机器人、特种机器人、微机器人与微操作机器人，以及空间机器人等。军用机器人，按照应用的目的分类，可以分为侦察机器人、监视机器人、排爆机器人、攻击机器人与救援机器人；按照工作环境分类，可以分为地面军用机器人、水下军用机器人、空中军用机器人。

通过网络控制的智能机器人正在向我们展示出对世界超强的感知能力与智能处理能力。智能机器人可以在物联网的环境保护、防灾救灾、安全保卫、航空航天、军事，以及工业、农业、医疗卫生等领域发挥重要的作用，必将成为物联网的重要成员。物联网催生很多具有计算、通信、控制、协同和自治性能的智能设备，实现实时感知、动态控制和信息服务，智能机器人与物联网研究有很多共通之处。智能机器人的研究成果与研究方法对于物联网理论研究具有极为重要的指导与借鉴意义。

5.6 智能嵌入技术的发展趋势

以信息家电为代表的互联网时代，嵌入式产品不仅为嵌入式市场展现了美好前景，同时也对智能嵌入技术提出了新的挑战，这主要包括日趋增长的功能支持、灵活的网络连接、轻便的移动应用和多媒体信息处理。

1. 软件开发工具和操作系统的支持

随着因特网技术的成熟、带宽的提高，ICP 和 ASP 在网上提供的信息内容日趋丰富，应用项目多种多样，像电话手机、电话座机及电冰箱、微波炉等嵌入式电子设备的功能不再单一，电气结构也更为复杂。为了满足应用功能的升级，设计师们一方面采用更强大的嵌入式处理器(如 32 位、64 位 RISC 芯片或信号处理器 DSP)增强处理能力；同时还采用实时多任务编程技术和交叉开发工具来控制功能复杂性，简化应用程序，保障软件质量和缩短开发周期。目前，国外商品化的嵌入式实时操作系统，已进入我国市场的有 WindRiver、QNX 和 Nuclear 等产品。我国自主开发的嵌入式系统软件产品如 CoreTek 公司的嵌入式软件开发平台 Delta System，不仅包括 Delta Core 嵌入式实时操作系统，而且还包括 Lamda Tools 交叉开发工具套件、测试工具、应用组件等；此外，中科院也推出了 Hopen 嵌入式操作系统。

2. 联网成为必然趋势

为适应嵌入式分布处理结构和应用上网需求，面向 21 世纪的嵌入式系统要求配备标准的一种或多种网络通信接口。针对外部联网要求，嵌入式设备必须配有通信接口，相应需要 TCP/IP 协议软件支持；由于家用电器相互关联(如防盗报警、灯光能源控制、影视设备和信息终端交换信息)及实验现场仪器的协调工作等要求，新一代嵌入式设备还需具备 IEEE 1394、USB、CAN、Bluetooth 或 IrDA 通信接口，同时也需要提供相应的通信组网协议软件和物理层驱动软件。为了支持应用软件的特定编程模式，如 Web 或无线 Web 编程模式，还需要相应的浏览器，如 HTML、WML 等。

3. 设备实现小尺寸、微功耗和低成本

为满足这种特性，要求嵌入式产品设计者相应降低处理器的性能，限制内存容量和复用接口芯片，这就相应提高了对嵌入式软件设计技术要求。如选用最佳的编程模型和不断改进算法，采用 Java 编程模式，优化编译器性能。因此，既需要软件人员有丰富的经验，更需要发展先进的嵌入式软件技术，如 Java、Web 和 WAP 等。

知识拓展

扫描右侧二维码，了解嵌入式系统应用开发。

小　结

本章主要介绍了嵌入式系统的基本概念、特点、体系结构、软硬件发展以及产业应用等情况，重点介绍了嵌入式系统的体系结构、嵌入式微处理器和嵌入式操作系统(EOS)，并从工业智能仪表、商业POS机、网络设备、智能家居、机器人等领域介绍了智能嵌入技术的应用情况。

通过本章的学习，能够了解嵌入式系统的基本概念、软硬件发展状况及智能嵌入技术在各行业的应用，为后续物联网应用开发课程的学习奠定扎实的基础。

习　题

一、选择题

1. 以下关于嵌入式系统概念的描述中，错误的是(　　)。

A. 嵌入式系统也称作嵌入式计算机系统

B. 嵌入式系统针对特定的应用，裁剪计算机的软件和硬件

C. 嵌入式系统的设计依据是应用系统对功能、可靠性、成本、体积、功耗的要求

D. 嵌入式系统必须具有与互联网通信的能力

2. 物联网设备的智能性体现在异构设备所构成的系统具有(　　)、任务迁移、智能协作和多通道交互四个方面。

A. 数据接收　B. 任务发布　C. 情境感知　D. 系统管理

3. 随着物联网概念的诞生和发展，智能设备也有了新的理解和定位，即横向智能化、(　　)和互联规模化。

A. 纵向智能化　B. 管理深入化　C. 感知深入化　D. 互联微型化

4. 要使CPU能够正常工作，(　　)条件不是处理器必须满足的。

A. 处理器的编译器能够产生可重用代码

B. 在程序中可以打开或者关闭中断

C. 处理器支持中断，并且能产生定时中断

D. 有大量的存储空间

5. 下面(　　)操作系统最方便移植到嵌入式设备中。

A. DOS　B. UNIX　C. Windows 10　D. Linux

6. 下面(　　)选项不是USB设备的特点。

A. 串行通信方式　B. 不可热插拔

C. 分HOST、DEVICE和HUB　D. 通信速率比RS-232快

7. 和PC系统相比，嵌入式系统不具备以下(　　)特点。

A. 系统内核小　B. 专用性强　C. 可执行多任务　D. 系统精简

8. μC/OS-Ⅱ操作系统不属于(　　)。

A. RTOS　B. 占先式实时操作系统

C. 非占先式实时操作系统　　　　　D. 嵌入式实时操作系统

9. 以下关于智能物体与嵌入式技术关系的描述中，错误的是(　　)。

A. 智能物体应该是一种嵌入式电子设备

B. 智能物体的感知、通信与计算能力的大小应该根据物联网应用系统的需求来确定

C. 嵌入式电子设备可以是功能简单的 RFID 芯片，也可能是复杂的无线传感器节点

D. 嵌入式电子设备可以使用各种微处理器芯片和存储器

10. 下面(　　)嵌入式操作系统是基于微内核的物联网操作系统。

A. VxWorks　　B. Android　　C. HarmonyOS　　D. iOS

二、填空题

1. 嵌入式系统是采用(　　　)软硬件，对功能、可靠性、体积、功耗有严格要求的专用计算机系统。

2. 嵌入式系统一般由(　　　)、(　　　)、(　　　)、(　　　)、(　　　)等五层结构组成。

3. 嵌入式系统开发使用频率最高的高级语言是(　　　)。

4. 嵌入式系统使用的微处理器主要分为(　　　　　)、(　　　　　)，(　　　　　)以及(　　　　　)。

5. 嵌入式微处理器有(　　　　　)和(　　　　　)两种结构，指令集采用(　　　　　)。

6. 嵌入式操作系统是连接硬件与应用程序的系统程序，其基本功能有(　　　)、(　　　)、(　　　)、(　　　)等。

7. MEMS 的中文意思是(　　　)，英文全称是(　　　　　)。

8. MCU 的中文名称是(　　　)，英文全称是(　　　　　)。

9. DSP 的中文名称是(　　　)，英文全称是(　　　　　)。

三、判断题

1. 所谓“多通道交互”是指使用多种通道与人通信的一种人机交互方式。　(　　)

2. “通道”是指用户表达意图、执行动作或感知反馈信息的通信方法。　(　　)

3. 所有的电子设备都属于嵌入式设备。　(　　)

4. 嵌入式 Linux 操作系统属于免费的操作系统。　(　　)

5. 移植操作系统时需要修改操作系统中与处理器直接相关的程序。　(　　)

四、简答题

1. 什么是嵌入式系统？其特点是什么？

2. 简述嵌入式系统的发展过程。

3. 什么是嵌入式处理器？嵌入式处理器分为哪几类？

4. 嵌入式系统的体系结构可以分为哪几层？

5. 什么是嵌入式操作系统？为何要使用嵌入式操作系统？

6. 列举现在比较流行的几种嵌入式操作系统，并简述它们的区别与特点。

7. 未来的物联网时代背景下，智能信息家电应具有哪些基本特征？

8. 嵌入式系统与通用计算机之间的区别是什么？

实践——配置 Android 系统集成开发环境

部署与配置 Android 系统集成开发环境，使用 Eclipse 开发并编译应用程序，要求先在模拟器上成功调试、运行该程序，最后在 Android 手机上运行该程序。

第6章 通信网络技术

导读

物联网感知层采集来的信息要发挥其价值，首先必须经过各种通信网络将其传输到用户手中。

本章将从有线接入技术、无线接入技术、移动通信网络等几个方面介绍通信技术，其中重点是无线通信技术。

从物联网网络层数据流动的过程来看，可以把通信网络分为接入网络、移动通信网、核心传输网、核心交换网和互联网。除接入网络，其他几个都处于城域网或广域网范围内，这几种网络的关系如图6-1所示。物联网的通信网络构成了物联网信息传输的基础，类似于人体的神经网络。物联网通信网络技术是实现物联网信息安全可靠传输的关键技术。

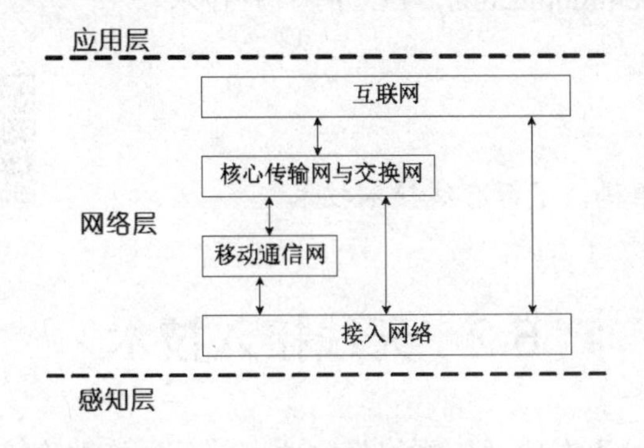

图6-1　物联网网络

物联网的接入技术主要包括无线接入和有线接入，其中，无线接入包括以低功耗协议 IEEE 802.15.4 为代表的无线自组网接入技术，以 Wi-Fi 为代表的无线局域网接入技术，以 IEEE 802.16 为代表的城域网接入技术，以 GRPS、CDMA、3G/4G/5G 为代表的移动通信网络接入技术。有线接入包括以太网接入、ADSL 接入、HFC 接入、光纤接入和电力线接入等几种技术。接入技术分类如图 6-2 所示。

<table>
<tr><td rowspan="11">接入技术</td><td rowspan="5">有线接入</td><td colspan="2">不对称数字线路接入(ADSL)</td></tr>
<tr><td colspan="2">以太网接入(Ethernet)</td></tr>
<tr><td colspan="2">光纤接入(Fiber)</td></tr>
<tr><td colspan="2">光纤同轴电缆混合接入(HFC)</td></tr>
<tr><td colspan="2">电力线接入(PLC)</td></tr>
<tr><td rowspan="6">无线接入</td><td>无线个域网(WPAN)</td><td>ZigBee/6LoWPAN/Bluetooth/UWB/60GHz</td></tr>
<tr><td>无线局域网(WLAN)</td><td>Wi-Fi(IEEE 802.11a/b/g/n/ac/ax/be …)</td></tr>
<tr><td>无线城域网(WMAN)</td><td>WiMAX(IEEE 802.16)、MBWA(IEEE 802.20)</td></tr>
<tr><td rowspan="3">无线广域网(WWAN)</td><td>移动通信网络 2G/3G/4G/5G/5.5G</td></tr>
<tr><td>卫星通信网络</td></tr>
<tr><td>微波接力通信网络</td></tr>
</table>

图 6-2 接入技术分类

知识拓展

扫描右侧二维码，了解通信技术。

6.1 有线接入技术

目前，有线接入技术占据主导地位，各种无线接入技术最终都要通过有线方式接入互联网主干网中。有线接入又分为以太网接入、非对称数字用户线(asymmeteric digital subscriber line，ADSL)接入、光纤同轴电缆混合(hybrid fiber-coax，HFC)接入、光纤接入、电力线接入(power line communication，PLC)等几种技术。

知识拓展

扫描右侧二维码，了解有线接入技术。

6.2 无线接入技术

物联网需要一个无处不在的通信网络把物联网的各种终端连接起来，以便发送或者接收数据。无线接入网是以无线通信为技术手段，在局端到用户端进行连接的通信网。无线接入技术具有成本低廉、不受地理环境限制、支持用户移动等优点，位于用户终端和骨干网之间，能将互联网上的各种业务以无线通信的方式延伸到用户终端。因此，无线接入技术将成为物联网主要的接入方式，是物联网实现泛在通信的关键。

根据通信覆盖范围的不同，无线网络从小到大依次为无线个域网(WPAN)、无线局域网(WLAN)、无线城域网(WMAN)、无线广域网(WWAN)。

WPAN 覆盖范围最小，ZigBee(IEEE 802.15.4)、蓝牙(IEEE 802.15.1)、UWB 技术(IEEE 802.15.3a)、60GHz(IEEE 802.15.3c)等都属于 WPAN 范畴；WLAN 覆盖范围比 WPAN 大，Wi-Fi(IEEE 802.11)属于 WLAN 范畴；WMAN 比 WLAN 覆盖范围大，WiMAX(worldwide interoperability for microwave access，微波存取全球互通，IEEE 802.16)、MBWA(mobile broadband wireless access，移动宽带无线接入，IEEE 802.20)属于 WMAN 的范畴；WWAN 覆盖范围最大，既包括无线的空口部分，也包括有线的核心网，需要中心化的基站和核心网来支持和维护移动终端间的通信，第三代、第四代、第五代移动通信系统(3G/4G/5G)就属于 WWAN 的范畴。无线网络覆盖的范围如图 6-3 所示。

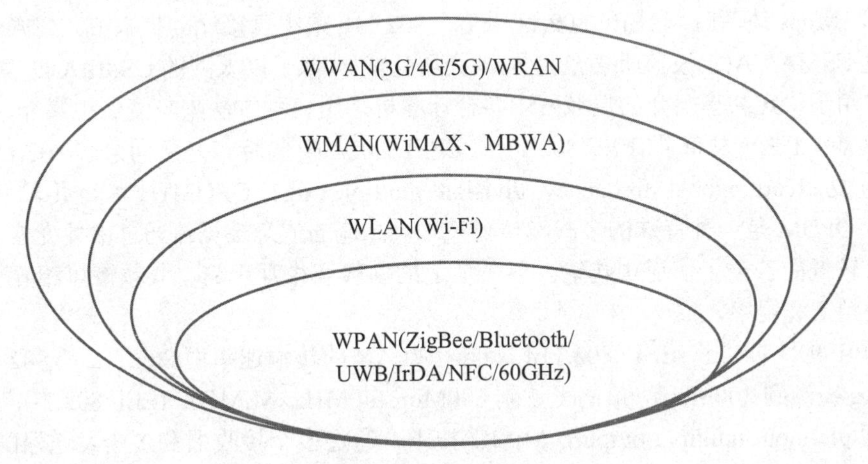

图 6-3　无线网络覆盖的范围

这些无线网络接入技术的使用场合不同。Wi-Fi 用于组建无线的计算机局域网，蓝牙为设备之间的数据传输提供一条无线数据通道，ZigBee 用于传感器网络。UWB 用于连接高速多媒体设备。60GHz 主要用于家中快速传输大型文件，WiMAX 用于城域网之间的数据传输，MBWA 则能提供比 3G 速度更快的无线接入带宽。

利用公用移动通信网络也可以接入互联网。基于移动通信网络的无线接入技术主要有 GPRS、CDMA 1X(2.5G)、3G/4G/5G 等，这些技术由 IFU-T 制定标准。

6.2.1　Wi-Fi 技术(IEEE 802.11)

无线高保真(wireless fidelity，Wi-Fi，读音为 waifai)技术是一种可以将个人计算机、手持设备(如平板、手机)等终端以无线方式互相连接的技术，同时也是一种认证商标，用于 Wi-Fi 联盟(Wi-Fi alliance)认证的无线局域网(WLAN)产品。Wi-Fi 联盟是一个非营利性的全球行业协会，由世界上技术领先的数百家公司组成。从 2000 年开始，Wi-Fi 联盟为使用 Wi-Fi 技术的设备提供产品认证，其目的是改善基于 IEEE 802.11b 标准的无线网络产品之间的互通性。现在，Wi-Fi 技术已涵盖 IEEE 802.11 的多个标准。

Wi-Fi 与 IEEE 802.11 标准经常被混为一谈，其实这是错误的。Wi-Fi 的核心技术包括 IEEE 802.11a、802.11b、802.11g、802.11n、802.11ac 和 802.11ax 等。

IEEE 在 1997 年发布了最原始的 IEEE 802.11 标准，定义了无线局域网的物理层和媒介访问控制(MAC)层。该标准工作在频率为 2.4GHz 的 ISM 频段，峰值速率为 2Mbps。

1999 年 IEEE 推出 802.11 的两个补充版本，即 IEEE 802.11a 和 IEEE 802.11b。由于工作频段不一致，802.11a 和 802.11b 之间不兼容。802.11a 的产品出现得比 802.11b 晚，应用亦不如 802.11b 广泛，它主要在商业和工业环境中使用。

IEEE 802.11a 的工作频率为 5GHz，最高速率为 54Mbps。由于工作频率较高，5GHz 频段的电磁波在遭遇墙壁、地板、家具等障碍物时的反射与衍射效果均不如 2.4GHz 频段的电磁波好，因而造成 802.11a 覆盖范围偏小，只适合在直线范围内使用，传输距离不如 802.11b。

IEEE 802.11b 工作于 2.4GHz 频带，支持 5.5Mbps 和 11 Mbps 两个速率。它的传输速率受环境干扰或传输距离影响，可在 11Mbps、5.5Mbps、2Mbps 和 1 Mbps 之间切换，而且在 2Mbps 和 1Mbps 速率时与 IEEE 802.11 兼容。802.11b 采用直接序列扩频方式，媒介访问控制方式是 CSMA/CA(载波监听多点接入/冲突避免)，类似于以太网的 CSMA/CD。媒介访问控制技术用于决定共享媒介的局域网中各台计算机采用何种方法来轮流使用媒介。

2003 年，IEEE 发布了 IEEE 802.11g。EEEE 802.11g 的特点是后向兼容 802.11b，采用正交频分复用(orthogonal frequency division multiplexing，OFDM)技术，传输速率可达 54Mbps。OFDM 是一种特殊的多载波传输技术，高速的信息数据流通过串并变换，分配到速率相对较低的若干子信道中传输。各子信道的副载波相互正交，其频谱可相互重叠，大大提高了频谱利用率。

2009 年 9 月通过了 IEEE 802.11n 标准，WLAN 的传输速率由 802.11a 及 802.11g 提供的 54Mbps 提高到 300Mbps，最高可达到 600Mbps(40MHz×MIMO)。IEEE 802.11n 支持多入多出(multiple-input-multiple-output，MIMO)技术，通过多个接收器和多个发送器(多个发射和接收天线)来提高性能。

2011 年 IEEE 802.11ac 发布，它是 802.11n 之后被广泛应用的版本。目前市场上的产品多数支持此标准。它使用 5GHz 频段，采用更宽的基带(最高扩展到 160MHz)、更多的 MIMO、高密度的调制解调(256QAM)，理论上可以为多个站点服务提供 1Gbps 的带宽，或是为单一连接提供 500Mbps 的传输带宽。

2018 年 IEEE 802.11ax 发布，它通过 2.4GHz/5GHz/6GHz 频段进行传输，是 802.11ac 的后续升级版。802.11ax 标准的首要目标之一是将独立网络客户端的无线速度提升 4 倍。802.11ax 标准可以带来高达 9.6Gbps 的 Wi-Fi 连接速度，将极大提升多用户环境(如公共场所热点)下的 Wi-Fi 性能，而这主要是通过提升频谱效率、更好地管理串扰、增强底层协议(比如介质访问控制数据通信)来实现的。新的标准让公共 Wi-Fi 热点变得更加快速和稳定。

预计 2024 年将发布 IEEE 802.11be，业界称其为 Wi-Fi 7。它引入多链路机制，采用更高阶的 4096-QAM OFDM 调制，采用 16×16 MU-MIMO 技术，支持 16 路空间流，所用频率带宽高达 320MHz，其最大数据传输率将达到 46.4Gbps，频段为包括 2.4GHz/5GHz/6GHz 的 1～7.25GHz 频段。

各代 Wi-Fi 与对应的 IEEE 802.11 标准以及相应的性能参数见表 6-1。

表 6-1 Wi-Fi 性能参数表

协议版本	Wi-Fi 代系	发布时间	工作频段	峰值速率	调制方式
802.11		1997	2.4GHz	2Mbps	-
802.11a	Wi-Fi 1	1999	5GHz	54Mbps	
802.11b	Wi-Fi 2	1999	2.4GHz	11Mbps	
802.11g	Wi-Fi 3	2003	2.4GHz	54Mbps	
802.11n	Wi-Fi 4	2009	2.4GHz/5GHz	300Mbps～600Mbps	64-QAM OFDM
802.11ac	Wi-Fi 5	2011	5GHz	867Mbps～1730Mbps	256-QAM OFDM
802.11ax	Wi-Fi 6(E)	2018	2.4/5/6GHz	9.6Gbps	1024-QAM OFDM
802.11be	Wi-Fi 7	2024	1GHz～7.25GHz	46.4Gbps	4096-QAM OFDM

Wi-Fi 无线局域网的组网方式有两种，一种是无需任何网络设备的分布式的 Ad Hoc 网络(自组网络)，另一种是中心制的接入点(access point，AP)网络。

1. Ad Hoc 组网模式

Ad Hoc 网络是一种点对点的对等式移动网络。它没有有线基础设施的支持，网络中的节点均由移动主机构成，如图 6-4 所示。计算机只需配备无线网卡就能自动组成 Ad Hoc 网络。目前笔记本电脑上的无线网卡已能同时支持 802.11a/b/g/n/ac/ax 共六种标准。在 Windows 操作系统下，双击“网络邻居”图标，就可以查看联网的计算机，通过共享文件就能实现各计算机之间的数据交换。

无线局域网的最小构成模块是基本服务集(basic service set，BSS)，由一组使用相同 MAC 协议和共享媒介的站点组成。一个独立的仅由工作站点构成的基本服务集称作独立基本服务集(Independent BSS，IBSS)，构成一个 Ad Hoc 网络。在 IBSS 中，工作站点之间直接相连实现资源共享，不需要接入点连接到外部网络。

2. AP 组网模式

AP 组网模式也称为基础设施模式，是一种集中控制式网络。AP 即所谓的“热点”。如果一个基本服务集由一个分布式系统(distribution system，DS)通过无线接入点 AP 与其他的基本服务集(BSS)互联，就构成了扩展服务集(extended service set，ESS)，如图 6-5 所示。

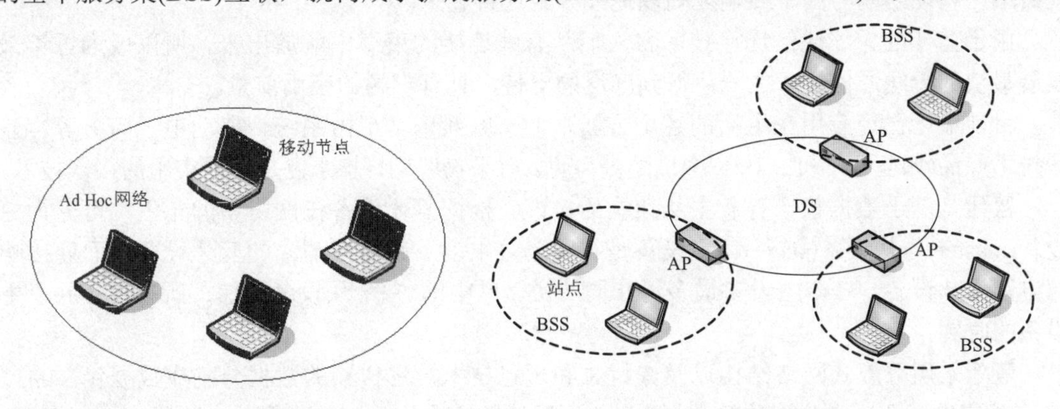

图 6-4 Wi-Fi 的 Ad Hoc 组网模式

图 6-5 扩展服务集

无线接入点AP可看成一个无线的集线器或路由器，它提供无线站点与有线或无线的主干网络的连接，以便站点对主干网进行访问。分布式系统可以是一个交换式的以太网，提供多个BSS之间的互联。基础网络结构使用无线AP作为中心站，所有无线客户端对网络的访问均由无线AP控制。目前，AP分为两类：单纯型AP和扩展型AP。单纯型AP相当于一个交换机，只提供物理局域网连接，没有路由和防火墙功能。扩展型AP就是一个无线路由器。AP设备通常既有无线接口，可以与无线站点建立无线连接；又有有线接口，可以通过有线的以太网接口或ADSL调制解调器等连接到互联网，如图6-6所示。

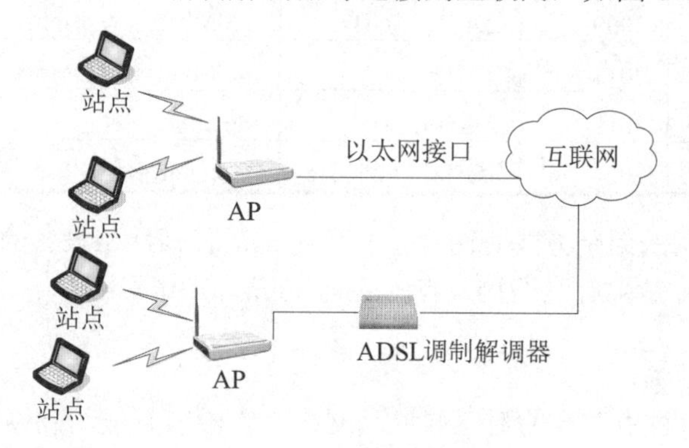

图6-6　无线局域网的接入方式

知识拓展

扫描右侧二维码，了解LiFi。

6.2.2　Bluetooth技术(IEEE 802.15.1)

1. 蓝牙简介

蓝牙作为一种短距离无线通信技术，具有低成本、低功耗、组网简单和适于语音通信等优点。其最初设计的主要目的是取代设备之间通信的有线连接，以便实现移动终端与移动终端、移动终端与固定终端之间以无线方式连接起来。

由于蓝牙的无线通信连接技术将人们从有线连接的束缚中解放出来，所以成为近年来发展最快的无线通信技术之一，得到广泛的支持，具有广阔的应用前景。

目前蓝牙已经应用在生活的各个方面，如家庭娱乐、车内系统、移动电子商务等。蓝牙技术产品(如蓝牙耳机、手环等)也随处可见。对于物联网，蓝牙也是一项实用的接入技术。

蓝牙是基于数据包、有着主从架构的协议。根据蓝牙设备在网络中的角色，可分为主设备(master)与从设备(slave)。主设备是组网连接主动发起连接请求的蓝牙设备，而连接响应方则为从设备。一个主设备最多可和同一微微网中的7个从设备通信。所有设备共享主设备的时钟。

蓝牙采用分散式网络结构以及快跳频和短包技术，将传输的数据分割成数据包，通过79个指定的蓝牙频道分别传输数据包，每个频道的带宽为1MHz(蓝牙4.0使用2MHz间距，可容纳 40 个频道)。蓝牙技术是一项即时技术，它不要求固定的基础设施，且易于安装和设置。蓝牙支持点对点、点对多点通信，采用时分双工传输方案实现全双工传输。

蓝牙的工作频段为 2.4～2.4835GHz (是全球统一开放的工业、科学和医学频段)，工作距离为 10～100m，数据速率一般为 1Mbps。

2. 蓝牙技术的发展

1994 年，爱立信移动通信公司开始研究具有低成本、低功耗、组网简单和适于语音通信等特点的无线接口。

1998 年 5 月，爱立信公司联合诺基亚、英特尔、IBM 和东芝 4 家业界顶尖公司，成立了蓝牙特殊利益集团(special interest group，SIG)。SIG 负责蓝牙技术标准的制定、产品测试，并协调各国电子产品生产商相关蓝牙的具体事宜。后期 Motorola、3COM、Microsoft 等公司陆续加盟 SIG。1999 年蓝牙 1.0 版本发布并公开技术标准。

知识拓展

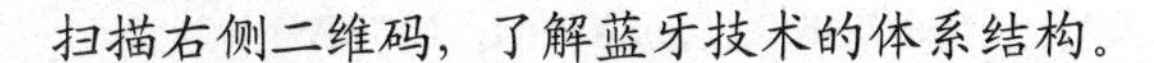

扫描右侧二维码，了解蓝牙技术的体系结构。

3. 蓝牙技术的特点

(1) 开放性：规范完全公开和共享，不保密。只要加入 SIG 成为会员，公司就有权使用蓝牙最新技术，无偿使用蓝牙研究成果开发自己的产品。通过测试与认证后，产品就可投入市场。

(2) 短距离(10m 内)：蓝牙要解决的问题在 10m 内，功耗很低，适合应用于使用电池的小型便携式个人电子设备。

(3) 无线性：实现电子设备间无线信息传输以消除设备间有线连接，初衷是替代 RS-232。

(4) 具有互操作性和兼容性：蓝牙产品上市需做 SIG 认证，这规范了生产标准，提高了不同公司产品的互操作性，实现了不同产品间的兼容。

(5) 全球范围适用(ISM)：蓝牙产品工作在 2.45GHz(ISM)频段，无论在哪个国家，都没有频率受限的问题。

(6) 可传语音和数据：蓝牙采用分组和电路交换技术，支持异步数据信道，或支持信道同时传输异步数据和同步语音。蓝牙的链路类型有两种，即异步无连接链路和同步面向连接链路。前者可以有效传输数据，并支持对称或非对称、分组交换和多点连接。后者可有效传输语音数据，支持对称、电路交换和点对点连接。

(7) 低功耗：蓝牙 4.0 版本有传统蓝牙、低功耗蓝牙和工业蓝牙三种版本。

(8) 低成本：随着大规模量产，产品价格飞速下降。

(9) 抗干扰：由于采用快跳频技术，能有效规避信道干扰，提高通信质量。

(10) 体积小，便于集成：现代的蓝牙功能模组体积很小，一般都集成到了多功能芯片当中。

4. 蓝牙技术的版本

蓝牙技术诞生到发展至今，已经经历了从 V1.0 到 V5.2 的 10 代版本。蓝牙版本演进见

表 6-2。

表 6-2　蓝牙版本演进一览表

协议版本	发布时间	主要特点
Bluetooth 1.0(1.0B)	1999	早期版本，互操作性差
Bluetooth 1.1	2001	添加了非加密信道，提供 RSSI
Bluetooth 1.2	2007	添加 FHSS，速率提升至 721kbps
Bluetooth 2.0+EDR	2004	EDR，速率提升至 3Mbps，PSK+GFSK 组合调制技术
Bluetooth 2.1+EDR	2007	添加安全简单配对协议
Bluetooth 3.0+HS	2009	推出高速(HS)模式，峰值速率提升至 24Mbps
Bluetooth 4.0+LE	2010	推出低功耗协议栈(BLE)
Bluetooth 4.1	2013	支持 IPv6，简化设备连接，降低与 LTE 网络的互相干扰
Bluetooth 4.2	2014	支持 6LoWPAN，增强安全性
Bluetooth 5.0	2016	2Mbps 速率，更大的覆盖范围
Bluetooth 5.2	2020	LE 同步信道，LE 功率控制，增强属性协议

V1.1(2001 年)：为最早期版本，传输率约在 748～810kbps，因是早期设计，容易受到同频率的产品干扰，影响通信质量。

V2.1(2007)：改善了装置配对流程，短距离的配对方面具备了在两个支持蓝牙的手机设备之间互相进行配对与通信传输的 NFC 机制，具备更佳的省电效果。

V3.0(2009 年)：全新的交替射频技术，允许蓝牙协议栈针对任一任务动态地选择正确射频。传输速率更高，功耗更低。

V4.0(2010 年)：包括三个子规范，即传统蓝牙技术、高速蓝牙和新的蓝牙低功耗技术。蓝牙 4.0 的改进之处主要体现在三个方面，即电池续航时间、节能和设备种类。有效传输距离最大达 100m。

V4.1(2013 年)：蓝牙 4.1 于 2013 年 12 月 6 日发布，如果与 LTE 无线电信号同时传输数据，那么蓝牙 4.1 可以自动协调两者的传输信息，理论上可以减少其他无线信号对蓝牙 4.1 的干扰。它提升了连接速度并且更加智能化，比如减少了设备之间重新连接的时间，意味着用户如果走出了蓝牙 4.1 的信号范围并且断开连接的时间不长，当用户再次回到信号范围中设备将自动连接，反应时间要比蓝牙 4.0 更短。最后一个改进是提高传输效率，如果用户连接的设备非常多，彼此之间的信息都能即时发送到接收设备上。

V4.2(2014 年)：新技术可以增强隐私保护，加快数据传输速度，使设备通过蓝牙接入互联网。

V5.0(2016 年)：蓝牙 5 传输速度是 4.2LE 版本的 2 倍，有效距离是上一版本的 4 倍。换言之，蓝牙发射与接收设备之间的理论工作距离增至 300m。此外，固定信标的广播也得到改进，蓝牙 5 无需配对便可接受信标数据，如广告、Beacon、位置等，其传输率提高 8 倍。

V5.2(2020 年)：蓝牙 V.2 修订版核心规范针对低功耗蓝牙增加了三个新功能，包括增强型属性协议 EATT(enhanced attribute protocol)、LE 功率控制(LE power control)以及 LE 同步信道(LE isochronous channels)。

5. 蓝牙组网技术

蓝牙系统采用一种灵活的 Ad Hoc 的组网方式，使得一个蓝牙设备可同时与 7 个其他的蓝牙设备相连接(蓝牙 MAC 地址使用 3 位长度的地址，用以区分微微网中的设备，因此一个蓝牙微微网中最多只能容纳 2^3=8 台设备)。这种组网方式无需基站，所形成的网络称为微微网(piconet)。

微微网是实现蓝牙无线通信的最基本方式，微微网不需要类似于蜂窝网基站和无线局域网接入点之类的基础网络设施。

除了微微网外，蓝牙的网络拓扑结构还有散射网(scatternet)。散射网是多个微微网在时空上相互重叠形成的比微微网覆盖范围更大的蓝牙网络，可以理解为在微微网间有互联的蓝牙设备。

1) 微微网结构

微微网是通过蓝牙技术，以特定方式连接起来的微型网络，一个微微网可以是两台相连的设备，也可以是 8 台相连的设备。在一个微微网中，所有设备的地位都是平等的，有相同权限。采用自组网方式(Ad Hoc)，微微网由主设备(master)单元(发起链接的设备)和从设备(slave)单元构成，有一个主设备单元和最多 7 个从设备单元，其结构如图 6-7(a)所示。

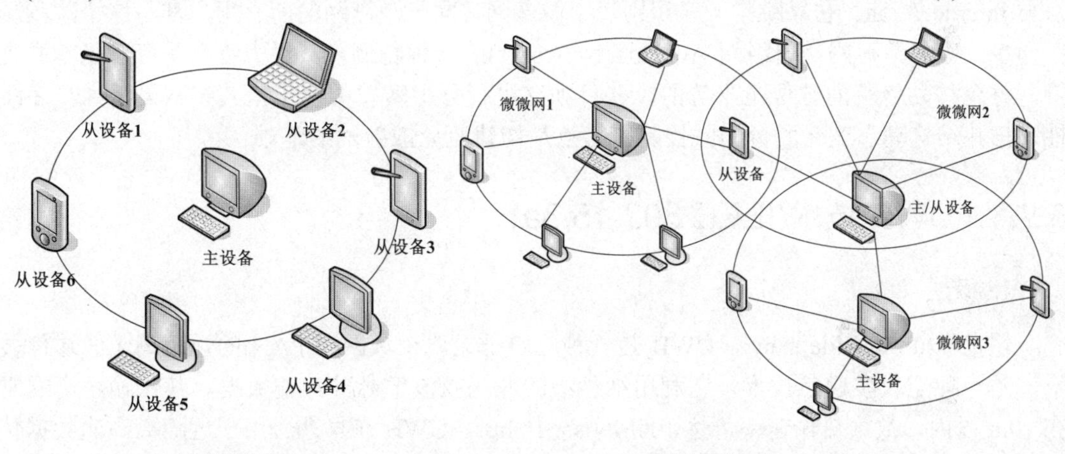

(a) 微微网结构　　(b) 散射网结构

图 6-7 蓝牙微微网结构和散射网结构

主设备单元负责提供时钟同步信号和跳频序列，从设备单元一般是受控同步的设备单元，接受主设备单元的控制。蓝牙微微网最简单的应用就是蓝牙手机及蓝牙耳机，在手机与耳机间组建一个简单的微微网，手机作为主设备，耳机充当从设备。在两个蓝牙手机间也可以直接应用蓝牙功能，进行无线数据传输。办公室的 PC 可以是一个主设备单元，主设备单元负责提供时钟同步信号和跳频序列，从设备单元一般是受控同步的设备单元，接受主设备单元的控制，无线键盘、无线鼠标和无线打印机可以充当从设备单元的角色。在用蓝牙技术组建网络时，若组网的无线终端设备不超过 7 台，即可组建一个微微网。

微微网有 PC 对 PC 组网和 PC 对蓝牙接入点组网两种组网方式。

在 PC 对 PC 组网模式中，一台 PC 通过有线网络接入 Internet 中，利用蓝牙适配器充当 Internet 共享代理服务器；另外一台 PC 通过蓝牙适配器与代理服务器组建蓝牙无线网络，充当一个客户端，从而达到无线连接、共享上网的目的。

在 PC 对蓝牙接入点的组网模式中，蓝牙接入点即蓝牙网关，通过与宽带接入设备相连接入 Internet。蓝牙网关能够为蓝牙设备创建一个到本地网络的高速无线连接的通信链路，使之能够访问本地网络及互联网。蓝牙网关通过与宽带接入设备相连接入互联网。蓝牙网关的主要作用是完成蓝牙网络与互联网的信息交互以及蓝牙设备 IP 网络参数配置。在这种组网模式中，多个带有蓝牙适配器的终端设备与蓝牙网关相连接，从而组建一个无线网络，实现所有终端设备的共享上网。终端设备可以是 PC、笔记本电脑、PDA 等，但它们都必须带有蓝牙无线功能，且不能超过 7 台。这种方案适用于公司企业组建无线办公系统，具有良好的便捷性和实用性。

2) 散射网结构

散射网由多个独立的、非同步的微微网组成，以特定的方式连接在一起，图 6-7(b)所示为 3 个蓝牙微微网构成的蓝牙散射网。一个微微网中的主设备单元同时也可以作为另一个微微网中的从设备单元，作为两个或两个以上微微网成员的蓝牙单元就成了网桥(bridge)节点。网桥最多只能作为一个微微网的主设备，但可以作为多个微微网的从设备。蓝牙独特的组网方式赋予了它无线接入的强大生命力，同时可有 7 个移动蓝牙用户通过一个网络节点与 Internet 相连。它靠跳频顺序识别每个微微网，同一微微网的所有用户都与这个跳频顺序同步。蓝牙散射网是自组网(Ad Hoc Networks)的一种特例，其最大特点是可以无基站支持，每个移动终端的地位是平等的，并可独立进行分组转发的决策，其建网灵活性、多跳性、拓扑结构动态变化和分布式控制等特点是构建蓝牙散射网的基础。

6.2.3 UWB 技术(IEEE 802.15.3a)

1. 概述

超宽带(ultra wide band，UWB)是一种应用于无线个域网(WPAN)的短距离无线通信技术，是一种无载波通信技术，它利用纳秒级的非正弦波窄脉冲传输数据。其传输距离通常在 10m 以内，数据传输速率可达 100Mbps～1Gbps。UWB 在早期应用于近距离高速数据传输，近年来开始利用其亚纳秒级超窄脉冲来做近距离精确室内定位。

无线通信技术分为窄带、宽带和超宽带三种。从频域来看，相对带宽(信号带宽与中心频率之比)小于 1%的无线通信技术称为窄带；相对带宽在 1%～25%的技术称为宽带；相对带宽大于 25%且中心频率大于 500 MHz 的技术称为超宽带。美国联邦通信委员会(FCC)规定，UWB 的工作频段范围为 3.1 GHz～10.6 GHz(中心频率为 7.5 GHz)，最小工作频宽为 500 MHz。

由于 UWB 发射的载波功率比较小，频率范围很广，所以 UWB 对于传统的无线电波而言相当于噪声，对传统无线电波的影响相当小。

UWB 技术主要有两种：由飞思卡尔建议的直接序列超宽带技术(DUWB)和由 WiMedia 联盟提出的多频带正交频分复用技术(MB-OFDM)。由于两种技术争执不下，2006 年，IEEE 802. 15.3a UWB 任务组宣布解散。

UWB 主要是为多媒体数据的高速传输设计的，目前的应用领域主要有雷达、定位、家庭娱乐中心和无线传感器网络等。

2. 技术特点

由于UWB与传统通信系统的工作原理迥异，因此具有如下传统通信系统无法比拟的技术特点。

(1) 系统结构的实现比较简单。当前的无线通信技术所使用的通信载波是连续的电波，载波的频率和功率在一定范围内变化，从而利用载波的状态变化来传输信息。而UWB则不使用载波，它通过发送纳秒级脉冲来传输数据信号。UWB发射器直接用脉冲小型激励天线，无须传统收发器所需要的上变频，因此不需要功用放大器与混频器，UWB允许采用非常低廉的宽带发射器。同时，在接收端UWB接收机也有别于传统的接收机，不需要中频处理，因此，UWB系统结构的实现比较简单。

(2) 高速的数据传输。民用商品中，一般要求UWB信号的传输范围为10m以内，再根据经过修改的信道容量公式，其传输速率可达500Mbps，是实现个人通信和无线局域网的一种理想调制技术。UWB以非常宽的频率带宽来换取高速的数据传输，并且不单独占用已经拥挤不堪的频率资源，而是共享其他无线技术使用的频带。在军事应用中，可以利用巨大的扩频增益来实现远距离、低截获率、低检测率、高安全性和高速的数据传输。

(3) 功耗低。UWB系统使用间歇的脉冲来发送数据，脉冲持续时间很短，一般在0.20～1.5ns，占空因数很低，系统耗电很低，在高速通信时仅为几百微瓦至几十毫瓦。民用的UWB设备功率一般是传统移动电话所需功率的1/100左右，是蓝牙设备所需功率的1/20左右；军用的UWB电台耗电也很低。因此，UWB设备在电池寿命和电磁辐射上，相对于传统无线设备有着很大的优越性。

(4) 安全性高。物理层技术作为通信系统具有天然的安全性能。由于UWB信号一般把信号能量弥散在极宽的频带范围内，对一般通信系统，UWB信号相当于白噪声；大多数情况下，UWB信号的功率谱密度低于自然的电子噪声，从电子噪声中将脉冲信号检测出来是一件非常困难的事。采用编码对脉冲参数进行伪随机化后，脉冲的检测将更加困难。

(5) 多径分辨能力强。由于常规无线通信的射频信号大多为连续信号或其持续时间远大于多径传播时间，多径传播效应限制了通信质量和数据传输速率。由于超宽带无线电发射的是持续时间极短的单周期脉冲且占空比极低，多径信号在时间上是可分离的。假如多径脉冲要在时间上发生交叠，其多径传输路径长度应小于脉冲宽度与传播速度的乘积。由于脉冲多径信号在时间上不重叠，很容易分离出多径分量以充分利用发射信号的能量。大量的实验表明，对常规无线电信号多径衰落深达10～30dB的多径环境，超宽带无线电信号的衰落最多不到5dB。

(6) 定位精确。冲激脉冲具有很高的定位精度，采用超宽带无线电通信，很容易将定位与通信合一，而常规无线电难以做到这一点。超宽带无线电具有极强的穿透能力，可在室内和地下进行精确定位，而GPS定位系统只能工作在GPS定位卫星的可视范围之内；与GPS提供绝对地理位置不同，超短脉冲定位器可以给出相对位置，其定位精度可达厘米级。此外，超宽带无线电定位器更为便宜。

(7) 工程简单，造价便宜。在工程实现上，UWB比其他无线技术要简单得多，可全数字化实现。它只需要以一种数学方式产生脉冲，并对脉冲产生调制，而这些电路都可以被集成到一个芯片上，设备的成本很低。

3. 应用

由于UWB具有强大的数据传输速率优势，同时受发射功率的限制，在短距离范围内提供高速无线数据传输将是UWB的重要应用领域，如WLAN和WPAN中的各种应用。总的来说，UWB主要分为军用和民用两个方面。

在军用方面，主要应用于UWB雷达、UWB LPI/D无线内通系统(预警机、舰船等)、战术手持和网络的PLI/D电台、警戒雷达、UAV/UGV数据链、探测地雷、检测地下埋藏的军事目标或以叶簇伪装的物体。民用方面主要包括地质勘探及可穿透障碍物的传感器，汽车防冲撞传感器，家电设备及便携设备之间的无线数据通信等。

1) 军用方面

UWB通过降低数据率提高应用范围，具有对信道衰落不敏感、发射信号功率谱密度低、安全性高、系统复杂度低，能提供厘米级的定位精度等优点。UWB技术的一个介于雷达和通信之间的重要应用就是精确地理定位，例如，使用UWB技术能够提供三维地理定位信息。该系统由无线UWB 塔标和无线UWB 移动漫游器组成，其基本原理是通过无线UWB漫游器和无线UWB塔标间的包突发传送完成航程时间测量，再经往返时间的对比和分析，得到目标的精确定位。此系统使用的是2.5ns宽的UWB脉冲信号，其峰值功率为4W，工作频带范围为1.3GHz～1.7GHz，相对带宽为27%。如果使用小型全向垂直极化天线或小型圆极化天线，其视距通信范围可超过 2km。在建筑物内部，由于墙壁和障碍物对信号的衰减作用，系统通信距离被限制在100m以内。UWB地理定位系统最初的开发和应用是在军事领域，其目的是战士在城市环境条件下能够以0.3m的分辨率来测定自身所在的位置，其主要商业用途是路况信息服务系统。它能够提供突发且速率高达100Mbps的信息服务，其信息内容包括路况信息、建筑物信息、天气预报和行驶建议，还可以用作紧急援助事件的通信。

2) 民用方面

UWB也适用于短距离数字化的音视频无线连接、短距离宽带高速无线接入等相关民用领域。UWB的一个重要应用领域是家庭数字娱乐中心。在过去几年里，家庭电子消费产品层出不穷。PC、DVD、DVR、数码相机、数码摄像机、HDTV、PDA、数字机顶盒、MD、MP3、智能家电等出现在普通家庭里。家庭数字娱乐中心的概念是：住宅中的PC、娱乐设备、智能家电和Internet都连接在一起，你可以在任何地方使用它们。举例来说，视频数据可以在 PC、DVD、TV、PDA 等设备上共享观看，可以自由地同 Internet 交互信息；可以遥控PC和信息家电，让它们有条不紊地工作；也可以通过Internet联机，用无线手柄结合音像设备营造出逼真的虚拟游戏空间。

注：ZigBee技术(IEEE 802.15.4)详见3.7节。

6.2.4 红外通信技术(IrDA)

红外通信是一种利用红外线进行点对点通信的技术，是第一个实现无线个域网(WPAN)的技术。目前其软硬件技术都很成熟，在小型移动设备如PDA、智能手机、笔记本电脑、便携式打印机上广泛应用。

1. 红外通信技术简介

红外通信技术使用点对点的数据传输协议，是传统设备间连接线缆的替代。其通信距离一般在 0～1m，传输速率最高可达 16Mbps，通信介质为波长 900nm 的近红外线，通过数据电脉冲和红外光脉冲之间的相互转换实现无线的数据收发。特点是小角度(30° 锥角以内)、短距离、点对点直线数据传输、保密性强、传输速率较高。

由于红外通信的方便高效，使其在 PC、PC 外设、信息家电等设备上的应用越来越广泛，智能手机上配备红外通信收发端口逐渐成为潮流，应用智能手机的红外收发端口对空调、电视机、打印机等受红外控制的设备进行控制与通信正成为趋势。

2. 红外通信协议规范

IrDA 是红外数据组织(infrared data association，IrDA)的简称，目前广泛采用的红外数据通信协议与规范就是该组织提出来的。

到目前为止，全球采用 IrDA 技术的设备超过了 5000 万部。IrDA 已经制定出物理介质和协议层规格，两个支持 IrDA 标准的设备可以相互监测对方并交换数据。

IrDA 数据协议由物理层、链路接入层和链路管理层三个基本层协议组成，另外，为满足各层上的应用需要，IrDA 栈支持 IrLAP、IrLMP、IrIAS、IrIAP、IrLPT、IrCOMM、IrOBEX 和 IrLAN 等。

1) IrDA 红外串行物理层协议

IrPHY 定义了 4Mbps 以下速率的半双工连接标准。在 IrDA 物理层中，将数据通信按发送速率分为三类，即 SIR、MIR 和 FIR。SIR(串行红外)的速率覆盖了 RS-232 端口通常支持的速率(9600bps～115.2kbps)。MIR 可支持 0.576Mbps 和 1.152Mbps 的速率；FIR(高速红外)通常用于 4Mbps 的速率，有时也可用于高于 SIR 的所有速率。

2) IrLAP 红外链路接入协议

IrLAP 定义了链路初始化、设备地址发现、建立连接(其中包括比特率的统一)、数据交换、切断连接、链路关闭以及地址冲突解决等操作过程。IrLAP 使用了 HDLC 中定义的标准帧类型，可用于点对点和点对多的应用。IrLAP 的最大特点是，由一种协商机制来确定一个设备为主设备，其他设备为从设备。主设备探测它的可视范围，寻找从设备，然后从那些响应它的设备中选择一个并试图建立连接。

3) IrLMP 红外链路管理协议

IrLMP 是 IrLAP 之上的一层链路管理协议，主要用于管理 IrLAP 所提供的链路连接中的链路功能和应用程序以及评估设备上的服务，并管理数据速率、BOF 的数量(帧的开始)及连接转换时间等参数的协调、数据的纠错传输等。

4) IrIAS，IrLPT，IrCOMM，IrOBEX，IrLAN

IrIAS、IrLPT、IrCOMM、IrOBEX、IrLAN 是建立在 IrLAP 之上的应用。

知识拓展

扫描右侧二维码，了解近场通信技术(NFC)。

6.2.5 WiMAX(IEEE 802.16)

1. WiMAX 的基本概念

微波存取全球互通(worldwide interoperability for microwave access，WiMAX)是 IEEE 802.16 提出的一种无线城域网(WMAN)技术，是针对微波和毫米波频段提出的一种新的空中接口标准，用于以无线方式代替有线实现“最后一公里”的接入。

WiMAX 核心网络采用移动 IP 的构架，具备与全 IP 网络无缝融合的能力。WiMAX 接入系统覆盖范围可达 50km。根据使用频段高低的不同，可分为应用于视距和非视距两种，其中，使用 2GHz～11GHz 频段的系统应用于非视距范围，使用 10GHz～66GHz 频段的系统应用于视距范围。

根据是否支持设备的移动性，IEEE 802.16 标准系列又可分为固定宽带无线接入空中接口标准和移动宽带无线接入空中接口标准，其中，最具代表性的标准是 802.16d 固定无线接入和 802.16e 移动无线接入标准。802.16e 是 3G 标准之一，而 802.16m 为 4G 标准之一。

2. WiMAX 的工作模式

WiMAX 的主要应用是基于 IP 数据的综合业务宽带无线接入，其具体工作模式可以分为以下三种。

(1) 点对多点宽带无线接入，适用于固定、游牧和便携模式。与有线接入相比，WiMAX 技术受距离和社区用户密度的影响较小，对于一些临时性的聚集地可发挥快速部署的灵活性。

(2) 点对点宽带无线接入，主要用于以点对点的方式进行无线回传和中继服务。它不仅大大延伸了 WiMAX 网络的覆盖范围，而且还可以为运营商的 2G/3G 网络基站以及 WLAN 热点提供无线中继传输。

(3) 蜂窝状组网方式。WiMAX 基站可以组成与现有 GSM/CDMA 网络相似的蜂窝状网络，提供稳定、高质量的移动语音服务以及高带宽的移动数据业务。

3. WiMAX 与 Wi-Fi 的比较

Wi-Fi 的传输功率一般在 1～100mW，而 WiMAX 的传输功率大约为 100kW，功率大得多，故传输距离也大得多；Wi-Fi 传输距离约为 100m，而 WiMAX 的传输距离一般为 20～50km；Wi-Fi 解决的是无线局域网(WLAN)的接入问题，WiMAX 解决的是无线城域网(WMAN)的接入问题。

6.2.6 MBWA(IEEE 802.20)

2002 年，IEEE 成立了 IEEE 802.20 移动宽带无线接入(MBWA)工作组，致力于 Flash-OFDM(又称快闪 OFDM)技术标准的制定。Flash-OFDM 是一种全 IP 业务的移动宽带接入技术，采用频分全双工方式，频带宽度为 1.25 MHz，使用频率间隔为 12.5 kHz 的副载波，最大传输速度为 3.2 Mbps，平均数据传输速度达 1.5 Mbps，传输距离为 2～5 km。

MBWA 工作组后来因分歧分为两部分，分别制定了 IEEE 802.16e(WiMAX)和 IEEE

802. 20(MBWA)，这两个标准的目标很相似。

IEEE 802. 20(MBWA)致力于基于 IP 业务的空中接口的优化和传输，在城域网范围内提供无缝的无线口接入技术，覆盖范围可达 50km。2008 年通过的 IEEE 802.20 标准草案规定了 MBWA 的一些技术指标：在不低于 1 Mbps 的速率下实现 IP 漫游和过区切换；在城域网环境中支持的车辆移动速度为 250km/h；峰值速率为 80Mbps。另外，草案制定了新的 MAC 层和物理层。

知识拓展

扫描右侧二维码，了解 IEEE 802.22 (WRAN)。

6.2.7 LPWAN 技术

LPWAN(low power wide area network)技术，即低功耗广域网通信技术。LPWAN 又可分为两类：一类是工作于未授权频谱的 LoRa、Sigfox 等技术；另一类是工作于授权频谱下，基于 3GPP 支持的 2/3/4/5G 蜂窝通信技术之上，比如 EC-GSM、LTE Cat-m、NB-IoT、eMTC 等。

对于消费类的物联网应用来说，Wi-Fi、ZigBee、Bluetooth、Z-wave 等是非常理想的近距离无线网络技术；但对于更广泛的民用、工业和其他物联网的长距离应用，蜂窝网络或卫星虽能够满足要求，但这些技术在成本、功耗和可扩展性等方面缺乏竞争力。因此，在发展物联网技术的背景下，低功耗广域网技术应运而生。

低功耗广域网技术的用途非常广泛，诸如停车场资源管理、交通流量控制、公用设施监视、配电控制，以及环境监视等民用基础设施只是开始，而诸如农作物生长情况监视和牲畜迁移等农业应用也需要广域网覆盖；从出租车到冷冻货运等资产监视和追踪，则需要地区性、全国性甚至全球性的网络覆盖。铁路、公路等交通基础设施也需要广域监视；即使是医疗保健等消费性应用，也能从替代蜂窝移动电话的广域网链接中受益。

低功耗广域网具有覆盖范围广、节点功耗低、网络结构简单、运行维护成本低等技术特点，能够满足物联网社会环境下，广域范围内数据交换频率低、连接成本低、漫游网点切换方便、适用复杂环境等连接需求，是理想的物联方式。

下面主要介绍 NB-IoT 技术、LoRa 技术、Sigfox 技术和 eMTC 技术，对这四种 LPWAN 技术的特点、优劣、应用及市场竞争态势进行简要分析。

1. NB-IoT 技术

窄带物联网(narrow band internet of things，NB-IoT)是一种基于蜂窝数据连接的低功耗广域网(LPWAN)，只消耗约 180kHz 带宽，可直接部署于 GSM、UMTS、LTE 网络，以降低部署成本，实现网络平稳升级。

NB-IoT 具有广覆盖、低功耗、大连接、低成本四大关键技术。NB-IoT 主要依靠两种方法实现广覆盖，即提升上行功率谱密度和重传次数；低功耗技术主要指设备的三种通信状态，即激活态(connect)、空闲态(IDLE)、休眠态(PSM)的切换使得产品的续航能力大大提升；

NB-IoT 的低成本体现在两个方面，即模组低成本和技术低成本。

NB-IoT 系统架构包括 NB-IoT 终端、NB-IoT 基站、EPC 核心网、IoT 平台和业务应用。

1)　NB-IoT 频段

NB-IoT 使用了授权频段，有三种部署方式：独立部署(stand alone)、保护带部署(guard band)、带内部署(in band)。全球主流的频段是 800MHz 和 900MHz。中国电信把 NB-IoT 部署在 800MHz 频段上，而中国联通选择 900MHz 来部署 NB-IoT，中国移动则选择重耕现有 900MHz 频段，详见表 6-3。

表 6-3　三大运营商 NB-IoT 频段对比

运 营 商	上行频率(MHz)	下行频率(MHz)	频宽(MHz)
中国联通	900～915	954～960	6
	1745～1765	1840～1860	20
中国电信	825～840	870～885	15
中国移动	890～900	934～944	10
	1725～1735	1820～1830	10

NB-IoT 属于授权频段，如同 2G/3G/4G 一样，是专门规划的频段，频段干扰相对少。NB-IoT 网络具有电信级网络的标准，可以提供更好的信号服务质量、安全性和认证等网络标准，与现有的蜂窝网络基站融合，更有利于快速大规模部署。运营商有成熟的电信网络产业生态链和经验，可以更好地运营 NB-IoT 网络。

从目前来看，NB-IoT 网络技术只会由这些电信网络运营商来部署，其他公司或组织不能自己部署网络。要使用 NB-IoT 的网络，必须等运营商把 NB-IoT 网络铺好，其进度与发展取决于运营商基础网络的建设。

2)　NB-IoT 通信距离

移动网络的信号覆盖范围取决于基站密度和链路预算(link budget)。NB-IoT 具有 164 dB 的链路预算，GPRS 的链路预算为 144dB(TR 45.820)，LTE 是 142.7dB。与 GPRS 和 LTE 相比，NB-IoT 链路预算有 20dB 的提升，开阔环境信号覆盖范围可以增加 7 倍。这 20dB 相当于信号穿透建筑外壁发生的损失，所以 NB-IoT 室内环境的信号覆盖相对要好。一般地，NB-IoT 的通信距离是 15km。

3)　NB-IoT 模组的成本

华为在 *Narrow Band IoT Wide Range of Opportunities WMC 2016* 中提到：NB-IoT 芯片组价格为 1～2 美元，模组价格是 5～10 美元。NB-IoT 模组理想价格应该小于 5 美元。

中兴在 *Pre5G Building the Bridge to 5G* 中提到：NB-IoT 模组的成本是 5～10 美元，芯片组成本为 1～2 美元。

互联网工程任务组(the internet engineering task force，IETF)也提到每个模块成本小于 5 美元。

从上述几家公司的资料来看，NB-IoT 的模组成本市场期望值应该是小于 5 美元。

不过，光有了 NB-IoT 模组还不够，因为 NB-IoT 是授权频段，要接入运营商的网络，还需要 SIM 卡或者 eSIM(embedded SIM，嵌入式 SIM)。每个 NB-IoT 模块还会有流量或服务的费用。

4) NB-IoT 的技术特点

NB-IoT 针对 M2M 通信场景对原有的 4G 网络进行了技术优化，其对网络特性和终端特性进行了适当的平衡，以适应物联网应用的需求。

在“距离”“品质”“特性”“能耗”“成本”中，保证“距离”上的广域覆盖，会一定程度地降低“品质”(例如采用半双工的通信模式，不支持高带宽的数据传送)，减少“特性”(例如不支持切换，即连接态的移动性管理)。

网络特性“缩水”的好处就是：降低了终端的通信“能耗”，并可以通过简化通信模块的复杂度来降低“成本”(例如简化通信链路层的处理算法)。所以说，为了满足部分物联网终端的个性要求(低能耗、低成本)，网络做出了“妥协”。

NB-IoT 是牺牲了一些网络特性，来满足物联网中不同以往的应用需要。

2. LoRa 技术(IEEE 802.15.4g)

LoRa 一词取自英文的 Long Range Radio(远距离无线电)前两个单词的首字母 Lo 和 Ra，代表远距离的意思。原本是一种线性调频扩频(chirp spread spectrum，CSS)的物理层调制技术，也叫宽带线性调频(chirp modulation)技术。这种技术最早由法国几位年轻人创立的一家创业公司 Cycleo 推出，2012 年 Semtech 收购了这家公司，将这一调制技术实现到芯片中，并取名 LoRa。Semtech 公司基于 LoRa 技术开发出一整套 LoRa 通信芯片解决方案，包括用于网关和终端上不同型号的 LoRa 芯片，从而开启了 LoRa 芯片产品化之路。

LoRa 是一种 LPWAN 技术，采用线性调频扩频调制技术，具有前向纠错(FEC)能力，既保持低功耗，又明显增加通信距离，同时提高了网络效率。LoRa 网关能并行接收并处理多个节点的数据，扩展了系统容量，一个 LoRa 网关可以连接上万个 LoRa 节点。LoRa 技术的最大特点就是在同样的功耗条件下比其他无线方式传播的距离更远，实现了低功耗和远距离的统一，它在同样的功耗下比传统的无线射频通信距离扩大 3～5 倍。

LoRa 采用 LoRaWAN 协议，这是一个基于开源 MAC 层协议的低功耗广域网标准，工作在全球免费频段，包括 433MHz、868MHz、915MHz 频段。其传输距离，城镇可达 2～5km，郊区可达 15～20km。标准为 IEEE 802.15.4g，电池寿命长达 10 年，安全上采用 AES128 加密；缺点是传输速率不高，只有 50～200kbps。

LoRa 网络主要由终端(内嵌 LoRa 模块)、网关(基站)、服务器和云四部分组成，应用数据可双向传输。

1) LoRa 基本技术指标

传输距离：城镇可达 2～5km，郊区可达 15～20km。

工作频率：ISM 频段包括 433MHz、470MHz、868MHz、915MHz 等。

标准：IEEE 802.15.4g、LoRaWAN。

调制方式：基于扩频技术，线性调制扩频(CSS)的一个变种，具有前向纠错(FEC)能力，属于 Semtech 公司私有专利技术。

网络容量：一个 LoRa 网关可以连接上万个 LoRa 节点。

电池寿命：长达 10 年。

安全：AES128 加密。

传输速率：18bps 到 40Kbps。

2) LoRa 频段

LoRa 使用的是免授权 ISM 频段，但各国的 ISM 频段使用情况是不同的。LoRa 联盟规范里提到的部分使用频段见表 6-4。

表 6-4 LoRa 联盟规范里提到的部分使用频段

单位：MHz

	欧 洲	北 美	中 国	韩 国	日 本	印 度
频段	867～869	902～928	470～510	920～925	920～925	865～867

在中国市场，由中兴主导的中国 LoRa 应用联盟(CLAA)推荐使用 470～518MHz，而 470MHz～510MHz 这个频段是无线电计量仪表使用频段。《微功率(短距离)无线电设备的技术要求》中提到：在满足传输数据时，其发射机工作时间不超过 5 秒的条件下，470MHz～510MHz 频段可作为民用无线电计量仪表使用频段，使用频率是 470MHz～510MHz，630MHz～787MHz，发射功率限值为 50mW。

由于 LoRa 是工作在免授权频段的，无须申请即可进行网络的建设，网络架构简单，运营成本也低。LoRa 联盟正在全球大力推进标准化的 LoRaWAN 协议，使得符合 LoRaWAN 规范的设备可以互联互通。中国 LoRa 应用联盟在 LoRa 基础上做了改进优化，形成了新的网络接入规范。

3) LoRa 通信距离

LoRa 以其独有的专利技术提供了最大 168dB 的链路预算和+20dBm 的功率输出。一般地，在城市中无线距离范围是 2～5km，在郊区无线距离最高可达 15～20km。

4) NB-IoT 和 LoRa 的中继

在实际的网络部署中，NB-IoT 和 LoRa 的无线网络信号都会存在覆盖不到的地方，可称之为信号“盲区”。如果针对盲区通过多架设基站达到信号覆盖的话，势必会造成网络建设成本较高。这就需要一种低成本的中继产品来拓展和延伸网络，以完成盲区的信号覆盖。

据了解，中国 LoRa 应用联盟(CLAA)使用 MCU 和 SX1278 做了一个中继，实现了盲区的低成本信号覆盖。

中国物联网合作组织集团采用 4320 物联网关设备，可用低廉的成本实现 4320 个无线终端的中继。

5) LoRa 模组的成本

LoRa 的网络都需要无线射频芯片来实现连接和部署。LoRa 采用星型网络拓扑结构，通过一个网关或基站就可以大范围覆盖网络信号。由于 LoRa 工作在免授权频段，任何企业都可以设计开发网关，自行组建网络。

因为 LoRa 商用较早，所以在市场上也有很多公司在销售 LoRa 模块。

目前，LoRa 市场主流使用的是 ST 公司的 STM32L1 系列和 STM32L0 系列的超低功耗单片机。STM32L1 系列是基于 ARM Cortex-M3 内核的，STM32L0 是基于 ARM Cortex-M0+内核的。以 STM32L051C8 和 SX1278IMLTRT 为例来评估 LoRaWAN 模组成本，一个 LoRaWAN 模组的市场价格范围应该是在 6～10 美元。当然，不同厂家由于其采购和加工制造成本不同，其 LoRa 模组的成本也不同。

3. Sigfox 技术

Sigfox 技术是最早推广的 LPWAN 技术之一。Sigfox 的物理层使用超窄带(ultra narrow band，UNB)调制技术，以低数据速率传送短消息。由于它使用窄带宽和短消息，因此较适合仅需发送较小且不频繁数据的突发应用。Sigfox 的上传信号占用 100Hz 带宽，调制方式采用 DBPSK，数据速率为 100bps，最低接收灵敏度为-142dbm。Sigfox 规定每天每台设备最多传送 140 条消息，每条消息 12 字节(96 位)，发送时间为 2.08 秒。Sigfox 对上行消息采用重复发送 3 遍的方法提高接收的可靠性，在业务模式上采用由 Sigfox 或其代理商建立统一网络的方式。Sigfox 具有协议和芯片简单、网络统一的优势，同时也存在着商业模式单一、载荷太多、不能适合客户私有网络的不足。

Sigfox 用户设备集成支持 Sigfox 协议的射频模块或者芯片，开通连接服务后，即可连接到 Sigfox 网络。Sigfox 网络架构如图 6-8 所示。

图 6-8 Sigfox 网络架构

用户设备发送带有应用信息的 Sigfox 协议数据包，附近的 Sigfox 基站负责接收并将数据包回传到 Sigfox 云服务器，Sigfox 云再将数据包分发给相应的客户服务器，由客户服务器来解析及处理应用信息，实现客户设备到服务器的无线连接。

Sigfox 是一种低成本、可靠、低功耗的解决方案，用于连接传感器和设备。通过专用的低功耗广域网络，致力于连接千千万万的物理设备。

Sigfox 协议的特点如下。

(1) 低功耗。极低的能耗，可延长电池寿命，典型的电池供电设备工作可达 10 年。

(2) 简单易用。基站和设备间没有配置流程、连接请求或信令，设备在几分钟内启动并运行。

(3) 低成本。从设备中使用的 Sigfox 射频模块到 Sigfox 网络，Sigfox 会优化每个步骤，使其尽可能具有成本优势。

(4) 小消息。用户设备只允许发送很小的数据包，最多 12 字节。

(5) 互补性。由于其低成本和易于开发使用，客户还可以使用 Sigfox 作为其他类型网络的辅助解决方案，如 Wi-Fi、蓝牙、GPRS 等。

4. eMTC 技术

eMTC 英文全称是 LTE enhanced MTC，中文名为增强机器类通信，是基于 LTE 演进的物联网技术，是为了更加适合物与物之间的通信，也为了更低的成本，对 LTE 协议进行了裁剪和优化。eMTC 基于蜂窝网络进行部署，其用户设备通过支持 1.4MHz 的射频和基带带宽，可以直接接入现有的 LTE 网络。eMTC 支持上、下行最大 1Mbps 的峰值速率，可以支持丰富、创新的物联应用。

窄带 LTE 其中最主要的几个特性为：第一，系统复杂性大幅度降低，复杂程度及成本得到了极大的优化。第二，功耗极度降低，电池续航时间大幅增加。第三，网络的覆盖能力大大加强。第四，网络覆盖的密度增强。

eMTC 具备 LPWA 基本的四大能力：一是广覆盖。对于深井、地下车库等覆盖盲点，4G 室外基站无法实现全覆盖。在同样的频段下，eMTC 比现有的网络增益 15dB(可多穿一堵墙)，比 GPRS 增强了 11dB，信号可覆盖至地下 2～3 层，这极大地提升了 LTE 网络的深度覆盖能力。二是具备支撑海量连接的能力。现在为非物联网应用设计的网络无法满足同时接入海量终端的需求，而 eMTC 支持每小区超过 1 万个终端，一个扇区能够支持近 10 万个连接。三是更低功耗，目前 2G 终端待机时长仅 20 天左右，在一些 LPWAN 典型应用如抄表类业务中，2G 模块显然无法满足特殊地点如深井、烟囱等无法更换电池的应用要求；而 eMTC 的耗电仅为 2G 模块的 1%，终端待机可达 10 年。四是更低的模块成本。大规模的连接将会带来模组芯片成本的快速下降，eMTC 芯片目标成本为 1～2 美金。

除此之外，eMTC 还具有四大优势：一是速率高，eMTC 支持上、下行最大 1Mbps 的峰值速率，远远超过 GPRS、ZigBee 等物联技术的速率；eMTC 更高的速率可以支撑更丰富的物联应用，如低速视频、语音等。二是移动性，eMTC 支持连接态的移动性，物联网用户可以无缝切换保障用户体验。三是可定位，基于 TDD 的 eMTC 可以利用基站侧的 PRS 测量，在无须新增 GPS 芯片的情况下进行位置定位，低成本的定位技术更有利于 eMTC 在物流跟踪、货物跟踪等场景中的普及。四是支持语音，eMTC 从 LTE 协议演进而来，可以支持 VOLTE 语音，未来可被广泛应用到可穿戴设备中。

相对于 LoRa 等使用非授权频段的非蜂窝物联网技术来说，eMTC 基于授权频谱传输，传输干扰小，安全性较好，能够确保可靠传输。

几种常用物联网通信技术的比较见表 6-5。

表 6-5 几种物联网通信技术比较

通信技术名称	Wi-Fi	Bluetooth	ZigBee	NB-IoT	LoRa
组网方式	基于无线路由	蓝牙 Mesh 网关	ZigBee 网关	基于蜂窝	基于 LoRa 网关
网络部署方式	节点+路由器	节点	节点+网关	节点	节点+网关
传输距离	50m	10m	10～100m	远距离 10km	远距离 10km
电池续航	几小时	几天	2 年	10 年	10 年

续表

使用频段	2.4/5GHz	2.4GHz	868/915MHz、2.4GHz	运营商授权频段，各不相同	433MHz、868MHz、915MHz
传输速度	2.4GHz:54Mbps 5GHz: 500Mbps	1Mbps	理论 250kbps，实际小于 100kbps	160～250kbps，实际小于 100kbps	0.3～50kbps
网络容量	50 个左右	8 个	理论 65535 个，实际 2～300 个	约 20 万个	理论 65535 个，实际 500～5000 个
网络时延	小于 1s	小于 1s	30ms	6～10s	1～15s
联网耗时	3s	10s	30ms	3s	3～10s
适合领域	户内，户外少	主机与外设间	户内户外 LPWPAN 小范围传感网	户外大面积 LPWAN 传感器网络	户内户外 LPWAN 大范围传感网

6.3 移动通信网络

移动通信(mobile communication)是指通信双方或至少一方处于运动状态时所进行的信息传输与交换的通信方式。移动通信包括无绳电话、蜂窝移动通信、卫星移动通信等。移动物体之间通信的传输手段只能依靠无线电，因此，无线通信是移动通信的基础。但移动通信系统的构成，不仅有无线系统，也有有线系统，即其接入部分采用无线通信，核心网则采用有线通信。

移动通信系统主要有建构于 WiMAX 的移动通信系统(3G 时代的 802.16e 和 4G 时代的 802.16m)和蜂窝移动通信系统。前者由 802.3 发展而来，基站覆盖范围达数十公里，工作于微波频段，基站放置在山顶或在城市中建设专用的较高的广播电视塔，以扩大覆盖范围；后者由电话网络发展而来，将地理区域(服务区)分割成多个蜂窝小区，每个小区半径为 1～10 公里不等，每个蜂窝小区设置一个小功率发射基站为本小区用户服务，同一小区使用同一信道频率，相邻小区使用不同频率，不相邻小区可复用同一频率(因为信号衰减消除了可能的冲突)。下面以公共陆地移动网络(public land mobile network，PLMN)为基础的蜂窝移动通信系统为中心来介绍移动通信系统技术。

6.3.1 1G(第一代移动通信技术)

第一代(the first generation，1G)移动通信系统是指模拟蜂窝移动通信系统，主要用于提供模拟语音业务，其标准制定于 20 世纪 80 年代。

1G 主要采用模拟技术和频分多址(FDMA)技术。由于受到传输带宽的限制，不能进行移动通信的长途漫游，只能是一种区域性的移动通信系统。

1. 1G 的标准

第一代移动通信有多种制式，应用于 Nordic 国家、东欧以及俄罗斯的 Nordic 移动电话

(NMT)，美国的高级移动电话系统(AMPS)，英国的总访问通信系统(TACS)，日本的JTAGS，西德的C-Netz，法国的Radiocom 2000和意大利的RTMI。在各种1G系统中，美国AMPS制式的移动通信系统在全球的应用最为广泛，它曾经在超过72个国家和地区运营。同时，也有近30个国家和地区采用英国TACS制式的1G系统。这两个移动通信系统是世界上最具影响力的1G系统。

中国的1G系统于1987年11月18日在广东第六届全运会上开通并正式商用，采用的是英国TACS制式。从中国电信开始运营模拟移动电话业务到2001年12月底关闭模拟移动通信网，1G系统在中国的应用时间长达14年，用户数量最高曾达到660万。如今，1G时代那像砖头一样的手持终端——大哥大已经成了很多人的回忆。

2. 1G的缺点

由于采用模拟技术，1G系统的容量十分有限，此外安全性和防干扰也存在较大的问题。1G系统的先天不足使得它无法真正大规模普及和应用，价格更是非常昂贵，成为当时的一种奢侈品和财富的象征。与此同时，不同国家的各自为政也使得1G的技术标准各不相同，即只有“国家标准”没有“国际标准”，国际漫游成为一个突出的问题。

1G的缺点总结起来就是：容量有限；制式太多、互不兼容、不能提供自动漫游；很难实现保密；通话质量一般；不能提供数据业务等。这些缺点随着第二代移动通信系统的到来都得到了很大的改善。

6.3.2 2G(第二代移动通信技术)

如果说1G提供的是模拟话音通信服务的话，那么2G提供的是数字话音通信服务。相对于1G，2G通信网络容量、话音质量、保密性都大为提高，并为用户提供无缝的国际漫游。市场上的第二代数字无线标准包括GSM(global system for mobile communication，全球移动通信系统)、DAMPS(digital advantage mobile phone system)、PDC(日本数字蜂窝系统)和CDMA等，均为窄带数字通信系统。2G网络以GSM和CDMA为主，采用GSM GPRS、CDMA的IS-95B技术，数据速率可达115.2kbps；GSM采用增强型数据速率(EDGE)技术，速率可达384kbps。

1. GSM

GSM于1992年开始在欧洲商用，最初仅为泛欧标准，随着该系统在全球的广泛应用，其含义已成为全球移动通信系统，俗称“全球通”。GSM系统具有标准化程度高、接口开放等特点，强大的联网能力推动了国际漫游业务和用户识别卡的应用，真正实现了个人移动性和终端移动性。在全球超过200个国家和地区超过10亿人正在使用GSM电话。

GSM的手机与“大砖头”模拟手机的区别是多了用户识别卡(SIM卡)，没有插入SIM卡的移动台(手机)是不能够接入网络的。GSM网络一旦识别用户的身份，即可提供各种服务。

1) 无线电接口

GSM是一个蜂窝网络，也就是说，移动电话要连接到它能搜索到的最近的蜂窝单元区域。GSM网络运行在多个不同的无线电频率上。

GSM 网络一共有 4 种不同的蜂窝单元尺寸，即巨蜂窝、微蜂窝、微微蜂窝和伞蜂窝，覆盖面积因环境的不同而不同。巨蜂窝可以看作是基站天线安装在天线杆或者建筑物顶上的蜂窝；微蜂窝是天线高度低于平均建筑高度的蜂窝，一般用于市区内；微微蜂窝是很小的蜂窝，只覆盖几十米的范围，主要用于室内；伞蜂窝则用于覆盖更小的蜂窝网的盲区，填补蜂窝之间的信号空白区域。

蜂窝半径根据天线高度、增益和传播条件，可以达百米以上至数十公里。实际使用的最长距离 GSM 规范支持到 35km。至于扩展蜂窝，蜂窝半径可以增加一倍甚至更多。

GSM 同样支持室内覆盖，通过功率分配器可以把室外天线的功率分配到室内天线分布系统上。这是一种典型的配置方案，用于满足室内高密度通话要求，在购物中心和机场十分常见。然而这并不是必需的，因为室内覆盖也可以通过无线信号穿越建筑物来实现，只是这样可以提高信号质量，减少干扰和回声。

GSM 系统双工方式采用频分复用(FDMA)技术。传输信号时需要两个独立的信道，一个信道传输下行信息，另一个信道传输上行信息，两个信道之间有一个保护频段，以防止邻近的接收机和发射机之间产生干扰。

GSM 系统通信方式采用时分多址(TDMA)技术。每一个通信信道(频点)被划分为 8 个时隙，每一个时隙是一个用户可用的独立信道(称为物理信道)。在 GSM 系统中，由若干小区构成一个区群，区群内不能使用相同的频道。每个小区含有多个载频，每个载频上含有 8 个时隙，即每个载频有 8 个物理信道。

2) 系统结构

GSM 系统主要由移动台(MS)、移动网子系统(NSS)、基站子系统(BSS)和操作支持子系统(OSS)四部分组成。

3) 技术特点

GSM 系统有几项重要特点，即防盗拷能力佳、网络容量大、手机号码资源丰富、通话清晰、稳定性强不易受干扰、信息灵敏、通话死角少、手机耗电量低、机卡分离。

其主要技术特点如下。

(1) 频谱效率。由于采用了高效调制器、信道编码、交织、均衡和语音编码技术，使系统具有高频谱效率。

(2) 容量。由于每个信道传输带宽增加，加上半速率话音编码的引入和自动话务分配以减少越区切换的次数，使 GSM 系统的容量效率比 TACS 系统高 3～5 倍。

(3) 话音质量。鉴于数字传输技术的特点以及 GSM 规范中有关空中接口和话音编码的定义，在门限值以上时，话音质量总是能达到相同的水平，而与无线传输质量无关。

(4) 开放的接口。GSM 标准所提供的开放性接口，不仅限于空中接口，而且包括网络之间以及网络中各设备实体之间，例如，A 接口和 Abis 接口。

(5) 安全性。通过使用鉴权、加密和 TMSI 号码，达到加强安全的目的。其中鉴权用来验证用户的入网权利；加密用于空中接口，由 SIM 卡和网络 AUC 的密钥决定；TMSI 是一个由业务网络指定给用户的临时识别号，以防止因被人跟踪而泄露其地理位置。

(6) 与 ISDN、PSTN 等的互联。与其他网络的互联通常使用现有的接口，如 ISUP 或 TUP 等。

(7) 在 SIM 卡基础上实现漫游。漫游是移动通信的重要特征，它标志着用户可以从一个网络自动进入另一个网络。GSM 系统可以提供全球漫游，当然也需要网络运营者之间的某些协议。

2015 年，全球诸多 GSM 网络运营商已经将 2017 年确定为关闭 GSM 网络的年份。之所以关闭 GSM 等 2G 网络，是为了将无线电频率资源腾出，用于建设 4G 以及 5G 网络。

2. 窄带 CDMA

窄带 CDMA，也称 CDMAOne、IS-95 等，于 1995 年在中国香港开通第一个商用网。CDMA 技术具有容量大、覆盖性好、话音质量好、辐射小等优点，但由于窄带 CDMA 技术成熟较晚，标准化程度较低，在全球的市场规模远不如 GSM 系统。窄带 CDMA 技术在我国经历了曲折的发展过程，从 1996 年开始，原中国电信长城网在 4 个城市进行 800MHz CDMA 的商用试验。

3. GPRS

GPRS(general packet radio service，通用无线分组业务)是一种基于 GSM 系统的无线分组交换技术，提供端到端的、广域的无线 IP 连接。相对于 GSM 拨号方式的电路交换数据传送方式，GPRS 是分组交换技术，具有“实时在线”“按量计费”“快捷登录”“高速传输”“自如切换”等优点。通俗地讲，GPRS 是一项数据传输技术，方法是以分组(packet)的形式传送数据到用户手上，因此，使用者所负担的费用是以其传输数据为单位计算，理论上较为便宜。

GPRS 是 GSM 网络向第三代移动通信系统过渡的一项 2.5 代通信技术，在许多方面都具有显著的优势。

GPRS 的传输速率可提升至 56Kbps 甚至 114Kbps。

4. EDGE

EDGE(enhanced data rate for GSM evolution，增强型数据速率 GSM 演进技术)是一种从 GSM 到 3G 的过渡技术，它主要是在 GSM 系统中采用了一种新的调制方法，即多时隙操作和 8PSK 调制技术。由于 8PSK 可将 GSM 网络采用的 GMSK 调制技术的信号空间从 2 扩展到 8，从而使每个符号所包含的信息是原来的 4 倍。EDGE 最高速率可达 384Kbps。

由于 EDGE 是一种介于第二代移动网络与第三代移动网络之间的过渡技术，比 GPRS 更加优良，因此也有人称它为 2.75G 技术。

6.3.3 3G(第三代移动通信技术)

1. 3G 简介

第三代(the third generation，3G)移动通信系统是在第二代移动通信技术基础上进一步演进的，以宽带 CDMA 技术为主，支持高速数据传输，并能提供语音、传真、数据、多媒体娱乐、电话会议、电子商务和全球无缝漫游等业务的移动多媒体通信系统，是一代彻底解决第一、二代移动通信系统主要弊端(系统间不能兼容、使用频率不一样、全球漫游困难)的先进移动通信系统。

3G 的主要特征是可提供移动宽带多媒体业务，包括高速移动环境下支持 144kbps 速率，步行或慢速移动环境下支持 384kbps 速率，室内环境下支持 2Mbps 速率的数据传输，具有与固定通信网络相似的高话音质量和高安全性。

2. 3G 标准

国际电信联盟(ITU)在 2000 年 5 月确定 WCDMA、CDMA2000、TD-SCDMA 三大主流无线接口标准，并写入 3G 技术指导性文件《2000 年国际移动通讯计划》(简称 IMT—2000)；2007 年，WiMAX 亦被接受为 3G 标准之一。

CDMA 是第三代移动通信系统的技术基础。第一代移动通信系统(1G)采用频分多址(FDMA)的模拟调制方式，这种系统的主要缺点是频谱利用率低，信令干扰话音业务。第二代移动通信系统(2G)主要采用时分多址(TDMA)的数字调制方式，提高了系统容量，并采用独立信道传送信令，使系统性能大大改善，但 TDMA 的系统容量有限，越区切换性能不完善。CDMA 系统以其频率规划简单、系统容量大、频率复用系数高、抗多径能力强、通信质量好、软容量、软切换等特点显示出巨大的发展潜力。下面分别介绍 3G 的几种标准。

1) WCDMA

WCDMA 全称为 wide band code division multiple access，意为宽带码分多址，这是基于 GSM 网发展出来的 3G 技术规范，是欧洲提出的宽带 CDMA 技术。该标准提出了 GSM(2G)→GPRS→EDGE→WCDMA(3G)的演进策略。这套系统能够架设在现有的 GSM 网络上，对于系统提供商而言可以轻松完成过渡。WCDMA 已是当前世界上采用的国家及地区最广泛的，终端种类最丰富的一种 3G 标准，占据全球 80%以上市场份额。

2) CDMA2000

CDMA2000 是由窄带 CDMA(CDMA IS95)技术发展而来的宽带 CDMA 技术，也称为 CDMA Multi-Carrier。这套系统是从窄频 CDMAOne 数字标准衍生出来的，可以从原有的 CDMAOne 结构直接升级到 3G，建设成本低廉。该标准提出了从 CDMAIS95(2G)→CDMA20001x→CDMA20003x(3G)的演进策略。CDMA20001x 被称为 2.5 代移动通信技术。CDMA20003x 与 CDMA20001x 的主要区别在于应用了多载波技术，通过采用三载波使带宽提高。

3) TD-SCDMA

TD-SCDMA 全称为 time division-synchronous code division multiple access(时分同步 CDMA)，该标准是 1999 年由中国独自制定的 3G 标准。该标准将智能天线、同步 CDMA 和软件无线电等当今国际领先技术融于其中，在频谱利用率、业务支持灵活性、频率灵活性及成本等方面具有独特优势。另外，由于中国有庞大的市场，该标准受到各大主要电信设备厂商的重视，全球一半以上的设备厂商都宣布可以支持 TD-SCDMA 标准。该标准提出不经过 2.5 代的中间环节，直接向 3G 过渡，非常适合 GSM 系统向 3G 升级；军用通信网也是 TD-SCDMA 的核心任务。但是相对于另两个主要 3G 标准，它起步较晚，技术不够成熟。

4) WiMAX

2007 年 10 月 19 日，WiMAX 正式被批准为继 WCDMA、CDMA2000 和 TD-SCDMA 之后的第四个全球 3G 标准。

WiMAX 的优势主要有以下四个方面。

(1) 实现更远的传输距离。WiMAX 能实现 50km 的无线信号传输距离，网络覆盖面积是 3G 发射塔的 10 倍，只要建设少数基站就能实现全城覆盖，这使得无线网络应用的范围大大扩展。

(2) 提供更高速的宽带接入。WiMAX 所能提供的最高接入速度是 70Mbps，这个速度是 3G 所能提供的宽带速度的 30 倍。对无线网络来说，这是一个惊人的进步。

(3) 提供优良的“最后一公里”网络接入服务。作为一种无线城域网技术，它可以将 Wi-Fi 热点连接到互联网，也可作为 DSL 等有线接入方式的无线扩展，实现“最后一公里”的宽带接入。WiMAX 可为 50km 线性区域提供服务，用户无须线缆即可与基站建立宽带连接。

(4) 提供多媒体通信服务。由于 WiMAX 较 Wi-Fi 具有更好的可扩展性和安全性，从而能够实现电信级的多媒体通信服务。

WiMAX 的劣势主要在于：从标准来讲，WiMAX 技术不能支持用户在移动过程中无缝切换。因为其时速只有 50km，如果高速移动，WiMAX 达不到无缝切换的要求，跟 3G 的三个主流标准比，其性能相差很远。因此，WiMAX 严格意义上不是一个移动通信系统的标准，而是一个无线城域网的技术。

3. 功能对比

3G 系统致力于为用户提供更好的语音、文本和数据服务。与 2G 技术相比，3G 技术的主要优点是能极大地增加系统容量，提高通信质量和数据传输速率。此外，利用不同网络间的无缝漫游技术，可将无线通信系统和 Internet 连接，从而可对移动终端用户提供更多、更高级的服务。四种 3G 标准的比较见表 6-6。

表 6-6 四种 3G 标准对比

制式	WCDMA	CDMA2000	TD-SCDMA	WiMAX
发起国家	欧洲，日本	美国，韩国	中国	美国
继承基础	GSM	窄带 CDMA	GSM	
双工方式	FDD	FDD	TDD	
码片速率	3.84Mcps	1.228Mcps	1.28Mcps	
载频间隔	5MHz	1.25 MHz	1.6 MHz	
帧长	10ms	20ms	10ms(分两个子帧)	
核心频率	1920～1980MHz(上行) 2110～2170MHz(下行)	825～835MHz(上行) 870～880MHz(下行)	1880～1920MHz(上行) 2010～22025MHz(下行)	
补充频率	755～1785MHz(上行) 1850～1880MHz(下行)	885～915MHz(上行) 930～960MHz(下行)	2300～2400MHz	
编码方式	卷积码、Turbo 码	卷积码、Turbo 码	卷积码、Turbo 码	WiMAX
基站同步	异步，不需要	同步，需要，使用 GPS	同步，需要	
检测方式	相干解调	相干解调	联合检测	
核心网	GSM MAP	ANSI-41	GSM MAP	

3G 与 2G 的主要区别是在传输声音和数据的速度上，它能够在全球范围内更好地实现

无线漫游，并处理图像、音乐、视频流等多种媒体形式，提供网页浏览、电话会议、电子商务等多种信息服务，同时也要考虑与已有第二代系统的良好兼容性。为了提供这种服务，无线网络必须能够支持不同的数据传输速度，也就是说，在室内、室外和行车的环境中能够分别支持至少 2Mbps、384kbps 以及 144kbps 的传输速度。

与第一代模拟移动通信和第二代数字移动通信相比，第三代移动通信是覆盖全球的多媒体移动通信。它的一个主要特点是可实现全球漫游，使任意时间、任意地点、任意人之间的交流成为可能。也就是说，每个用户都有一个个人通信号码，带着手机走到世界任何一个国家，人们都可以找到你；反过来，你走到世界任何一个地方，都可以很方便地与国内用户或他国用户通信，与在国内通信时毫无分别。能够实现高速数据传输和宽带多媒体服务是第三代移动通信的另一个主要特点。这就是说，用第三代手机除了可以进行普通的寻呼和通话外，还可以上网读报纸、查信息，下载文件和图片；由于带宽的提高，第三代移动通信系统还可以传输图像，提供可视电话业务。

6.3.4 4G(第四代移动通信技术)

1. 4G 概述

第四代(the 4th generation，4G)移动通信技术是继第三代通信技术后的又一次无线通信技术演进。第四代移动通信系统主要以正交频分复用(OFDM)为技术核心，对加速增长的宽带无线连接需求提供技术上的回应，对跨越公众的和专用的、室内和室外的多种无线系统和网络提供无缝的服务。

根据国际电信联盟的定义，4G 技术应满足以下条件：固定状态下的数据传输速率达到 1Gbps，移动状态下的数据传输速率达到 100Mbps，上传的速度也能达到 20Mbps，并能够满足几乎所有用户对于无线服务的要求。

4G 系统应满足以下基本条件：①具有很高的数据传输速率。对于大范围高速移动用户(250km/h)，数据传输速率为 2Mbps；对于中速移动用户(60km/h)，数据传输速率为 20Mbps；对于低速移动用户(室内或步行者)，数据传输速率为 100Mbps。②实现真正的无缝漫游。4G 移动通信系统实现全球统一的标准，能使各类媒体、通信主机及网络进行“无缝连接”，真正实现一部手机在全球的任何地点都能进行通信。③高度智能化的网络。采用智能技术的 4G 通信系统是一个高度自治、自适应的网络。采用智能信号处理技术对信道条件不同的各种复杂环境进行数据的正常发送与接收，有很强的智能性、适应性和灵活性。④良好的覆盖性能。4G 通信系统具有良好的覆盖，并能提供高速、可变速率传输。对于室内环境，由于要提供高速传输，小区的半径会更小。⑤基于 IP 的网络。4G 通信系统采用 IPv6，能在 IP 网络上实现话音和多媒体业务。⑥实现不同 QoS 的业务。4G 通信系统通过动态带宽分配和调节发射功率来提供不同质量的业务。

2. 4G 核心技术

4G 无线通信核心技术包含多输入多输出(MIMO)和正交频分复用(OFDM)等。

1) MIMO

MIMO 技术是指利用多发射、多接收天线进行空间分集的技术，它采用的是分立式多天线，能够有效地将通信链路分解成为许多并行的子信道，从而大大提高容量。信息论已经证明，当不同的接收天线和不同的发射天线之间互不相关时，MIMO 系统能够很好地提高系统的抗衰落和噪声性能，从而获得巨大的容量。例如，当接收天线和发送天线数目都为 8 根，且平均信噪比为 20dB 时，链路容量可以高达 42bps/Hz，这时单天线系统能达到容量的 40 多倍。因此，在功率带宽受限的无线信道中，MIMO 技术是能提高数据速率、系统容量、传输质量的空间分集技术。在无线频谱资源相对匮乏的今天，MIMO 系统已经体现出其优越性。

2) OFDM

OFDM 技术的主要原理是：将信道分成若干正交子信道，将高速数据信号转换成并行的低速子数据流，调制在每个子信道上进行传输。可以把 OFDM 想象成高架桥，在 10m 宽的路上面架设一个 5m 宽的高架，道路的实际通行宽度就是 15m，这样虽然水平路面不增加，但是可以通行的车辆增加了。

在传统的 FDMA 多址方式中，将较宽的频带分成若干较窄的子带(子载波)，每个用户占用一个或几个频带进行收发信号。但是为了避免各子载波之间的干扰，不得不在相邻的子载波之间保留较大的间隔，这大大降低了频谱效率。由于在 OFDM 中子载波可以部分重叠，所以频谱效率高。OFDM 技术的优点是可以消除或减小信号波形间的干扰，对多径衰落和多普勒频移不敏感，提高了频谱利用率，可实现低成本的单波段接收机。OFDM 的主要缺点是功率效率不高。

3. 4G 国际标准

1) LTE-Advanced

从字面上看，LTE-Advanced 是 LTE 技术的升级版。LTE-Advanced 的正式名称为 Further Advancements for E-UTRA，它满足 ITU-R 的 IMT-Advanced 技术征集的需求，是 3GPP 形成欧洲 IMT-Advanced 技术提案的一个重要来源。LTE-Advanced 是一个后向兼容的技术，完全兼容 LTE，是演进而不是革命，相当于 HSPA 和 WCDMA 这样的关系。LTE-Advanced 的带宽有 100MHz；峰值速率：下行 1Gbps，上行 500Mbps；峰值频谱效率：下行 30bps/Hz，上行 15bps/Hz；针对室内环境进行优化；有效支持新频段和大带宽应用；峰值速率大幅提高，频谱效率有限改进。

LTE-Advanced 包含 TDD 和 FDD 两种制式，其中，TD-SCDMA 进化到 TDD 制式，WCDMA 网络进化到 FDD 制式。LTE-Advanced 以 OFDM 和 MIMO 技术为基础，频谱效率是 3G 增强技术的 2～3 倍。第二代移动通信标准到第四代移动通信标准的演进路线见表 6-7。

表 6-7 移动通信标准的演进路线

2G	2.5G	2.75G	3G	3.5G	3.75G	3.9G	4G
GSM	GPRS	EDGE	WCDMA	HSDPA/HSUPA	HSDPA+/HSUPA+	FDD-LTE	LTE-Advanced
9kbps	42kbps	172kbps	364kbps	14.4Mbps	42Mbps	300Mbps	
CDMA	CDMA1x		CDMA2000	1x EV-DO		FDD-LTE	
			TD-SCDMA	TD-HSPA	TD-HSPA+	TDD-LTE	

2) Wireless MAN-Advanced

Wireless MAN-Advanced 事实上就是 WiMAX 的升级版，即 IEEE 802.16m 标准。802.16 系列标准在 IEEE 中正式称为 WirelessMAN，而 WirelessMAN-Advanced 即为 IEEE 802.16m。802.16m 最高可以提供 1Gbps 无线传输速率，还兼容 4G 无线网络。802.16m 可在“漫游”模式或高效率/强信号模式下提供 1Gbps 的下行速率。该标准还支持“高移动”模式，能够提供 1Gbps 速率。其优势有：①提高网络覆盖，改善链路预算；②提高频谱效率；③提高数据和 VoIP 容量；④低时延与增强 QoS；⑤节省功耗。

6.3.5 5G(第五代移动通信技术)

1. 5G 的发展现状

5G(5th generation mobile communication technology，第五代移动通信技术)是具有高速率、低时延和大连接特点的新一代宽带移动通信技术，是实现人—机—物互联的网络基础设施。

国际电信联盟(ITU)定义了 5G 的三大类应用场景，即增强移动宽带(eMBB)、超高可靠低时延通信(uRLLC)和海量机器类通信(mMTC)。

(1) 增强移动宽带(enhanced mobile broadband，eMBB)主要面向移动互联网流量爆炸式增长，为移动互联网用户提供更加极致的应用体验，主要定义了 3D(超高清视频)等大流量移动宽带业务。

(2) 超高可靠低时延通信(ultra-reliable and low latency communications，uRLLC)主要面向工业控制、远程医疗、自动驾驶等对时延和可靠性具有极高要求的垂直行业应用需求，定义了虚拟现实(VR)、增强现实(AR)、车联网、工业 4.0 等需要低时延、高可靠连接的业务，用户时延要求低于 0.5ms。

(3) 海量机器类通信(massive machine type of communications，mMTC)主要面向智慧城市、智能家居、环境监测等以传感和数据采集为目标的应用需求，主要定义了大规模物联网业务。

5G 频段分为两部分：一是低频段 Sub 6G(厘米波)，最大信道带宽 100MHz；二是高频段毫米波，最大信道带宽 400MHz。

为满足 5G 多样化的应用场景需求，5G 的关键性能指标更加多元化。ITU 定义了 5G 八大关键性能指标，其中，高速率、低时延、大连接成为 5G 最突出的特征，用户体验速率达 1Gbps，时延低至 1ms，用户连接能力达 100 万连接/平方公里。

2018 年 6 月，3GPP 发布了第一个 5G 标准(Release-15)，支持 5G 独立组网，重点满足增强移动宽带业务(eMBB)。2019 年在一些国家正式商用。

2020 年 6 月 Release-16 版本标准发布，加入 NR-U、eURLLC、NR V2X、5G 广播等技术，重点支持低时延、高可靠业务，实现对 5G 车联网、工业物联网和 uRLLC 应用等的支持。

2022 年 3 月下旬，Release-17(R17)版本标准完成功能性冻结。6 月份，完成协议性冻结。R17 将重点实现差异化物联网应用，实现中高速大连接。

5G 作为一种新型移动通信网络，不仅要解决人与人通信，为用户提供增强现实、虚拟现实、超高清(3D)视频等更加身临其境的极致业务体验，更要解决人与物、物与物通信的问题，满足移动医疗、车联网、智能家居、工业控制、环境监测等物联网应用需求。最终，5G 将渗透到经济社会的各行业各领域，成为支撑经济社会数字化、网络化、智能化转型的关键基础设施。

2. 5G 的性能指标

(1) 峰值速率需要达到 10～20Gbps，以满足高清视频、虚拟现实等大数据量传输。
(2) 空中接口时延低至 1ms，满足自动驾驶、远程医疗等实时应用。
(3) 具备 100 万连接/平方公里的设备连接能力，满足物联网通信。
(4) 频谱效率比 LTE 提升 3 倍以上。
(5) 连续广域覆盖和高移动性下，用户体验速率达到 100Mbps。
(6) 流量密度达到 10Mbps/m^2 以上。
(7) 移动性支持 500km/h 的高速移动。

3. 5G 的关键技术

1) 5G 无线关键技术

5G 国际技术标准重点满足灵活多样的物联网需要。在 OFDMA 和 MIMO 基础技术上，5G 为支持三大应用场景，采用了灵活的全新系统设计。在频段方面，与 4G 支持中低频不同，考虑到中低频资源有限，5G 同时支持中低频和高频频段，其中中低频满足覆盖和容量需求，高频满足热点区域提升容量的需求。5G 针对中低频和高频设计了统一的技术方案，并支持百兆赫兹的基础带宽。为了支持高速率传输和更优覆盖，5G 采用 LDPC、Polar 信道编码方案、性能更强的大规模天线技术等。为了支持低时延、高可靠，5G 采用短帧、快速反馈、多层/多站数据重传等技术。

2) 5G 网络关键技术

5G 采用全新的服务化架构，支持灵活部署和差异化业务场景。5G 采用全服务化设计，模块化网络功能，支持按需调用，实现功能重构；采用服务化描述，易于实现能力开放，有利于引入 IT 开发实力，发挥网络潜力。

5G 支持灵活部署，基于 NFV/SDN(网络功能虚拟化/软件定义网络)实现硬件和软件解耦，实现控制和转发分离；采用通用数据中心的云化组网(C-RAN)，网络功能部署灵活，资源调度高效；支持边缘计算(mobile edge computing，MEC)，云计算平台下沉到网络边缘，支持基于应用的网关灵活选择和边缘分流。

5G 通过网络切片满足 5G 差异化需求。网络切片是指从一个网络中选取特定的特性和功能定制出的一个逻辑上独立的网络，它使得运营商可以部署功能、特性、服务各不相同的多个逻辑网络，分别为各自的目标用户服务。目前定义了三种网络切片类型，即增强移动宽带、低时延高可靠、大连接物联网。

4. 5G 与 Wi-Fi 6 的性能对比

5G 与 Wi-Fi 6 在功能上有一定重叠，二者部分性能指标的对比见表 6-8。

可以看出，Wi-Fi 6 在室内静态环境下可以高速接入，另外还有成本的优势，可以作为 5G 的必要补充，与 5G 互补共存。

表 6-8　5G 与 Wi-Fi 6 的部分性能指标对比

性能指标	5G	Wi-Fi 6
适用场景	兼顾三大场景，以室外为主	eMBB/mMTC 场景下作为 5G 补充，以室内为主
工作频段	授权频段	ISM 免授权频段
理论速率	20Gbps(64 天线)	9.6Gbps(8 天线)
室内单用户速率	100Mbps～1Gbps	大于 1Gbps
单设备覆盖范围	5000～10000m^2(室内)， 公里级覆盖范围(室外)	500～1000m^2(室内)
调制/带宽	256QAM/100MHz(sub 6G)， 256QAM/400MHz(mmWAVE)	1024QAM/160MHz
调度与协调	基站协调(OFDMA+NOMA)	协调(OFDMA+目标唤醒时间)+争用
连接数与覆盖范围	100K 连接数/站点，广域范围覆盖，超低功耗	74 个设备同一时间内在线接入 AP，局域范围覆盖，功耗较高
建站成本	高昂	低廉

5. 5G 的普及与物联网时代

5G 技术除了具有以上提到的速度快、覆盖广、大流量等优点外，还有低延迟、低功耗等优点，这些优点组合起来，便描绘了真实的物联网时代。

3G、4G 时代连接的是人和信息，5G 时代连接的是物体。基于 5G 的优点，其能轻松实现万物互联，更好地使用云服务，如谷歌基于云端的产品 Chromebook，使我们的设备已经不再需要强大的运算性能，终端只负责接收和发送信号，数据运算均在服务器上完成。

低延迟的优点也能让车联网技术得到更好的应用，其能通过网络将各台车辆连接，设备能从各台车辆获取到路面环境、导航信息，从而实时分析数据、预测路况等，利用大数据和人工智能，实现无人驾驶也不是难事。

如果说 2G 可以看小说、3G 可以看图片、4G 可以看视频，那么 5G 就能轻松实现移动设备在线看全景视频、VR 视频甚至是 VR 游戏。由于传输速率的大幅提升，VR 设备也从根本上解决了线的束缚。

6. 演进中的华为 5.5G 移动通信技术

作为移动通信领域技术领先的公司，华为正在研发 5.5G。华为提出新增 UCBC(uplink centric broadband communication，上行超宽带)、RTBC(real-time broadband communication，宽带实时交互)和 HCS(harmonized communication and sensing，通信感知融合)三大场景，与 5G 传统的 eMBB、mMTC 和 URLLC 共同组成 5.5G 六边形。

在 5G 定义的 eMBB[包括 mobile video(移动视频)和 FWA]、mMTC(包括 REDCAP 和 NB-IoT)、URLLC(reliability latency，可靠性时延)三大场景基础上，于前两个场景中再增加一个上行超宽带(UCBC)场景，实现上行能力的建设。而在 eMBB 和 URLLC 场景之间增加的场景又名为宽带实时交互(RTBC)场景，进行宽带实时交互的构建。面向通信和感知能力则提出了通信感知融合(HCS)场景。就这样，华为将 5G 三个场景逐步演进到六个场景，演进出来的场景是建立在 5G 三大场景基础上的。

5.5G是5G三大场景下的演变，其愿景是从万物互联演进到万物智联。如果说5G实现了车联网，超宽带传输能力得到增强，那么5.5G就更偏向于多重感知协作的体验。

5.5G是产业愿景，也是对5G场景的增强和扩展。增强针对的是ITU定义的三大标准场景，即eMBB、mMTC和URLLC。引入REDCAP增加终端类型，满足mMTC场景下宽带物联网对多样化终端的要求；增加基于可靠性的时延，使得URLLC场景满足智能制造对连接的需求，比如远程运动控制的要求。

(1) UCBC上行超宽带，加速千行百业智能化升级。UCBC场景支持上行超宽带体验，在5G能力基线，实现上行带宽能力10倍提升，满足企业生产制造等场景下，机器视觉、海量宽带物联等上传需求，加速千行百业智能化升级。同时，UCBC也能大幅提升手机在室内的用户体验，通过多频上行聚合以及上行超大天线阵列技术，可大幅提升上行容量和深度覆盖。

(2) RTBC宽带实时交互，打造“身临其境”的沉浸式体验。RTBC场景支持大带宽和低交互时延，目标是在给定时延下将带宽提升10倍，打造人与虚拟世界交互时的沉浸式体验，比如XR Pro和全息应用等。通过广义载波快速扩大管道能力，以及E2E跨层的XR体验保证机制，可以有效提供大带宽实时交互的能力。

(3) HCS融合感知通信，助力自动驾驶发展。HCS主要使能的是车联网和无人机两大场景，支撑自动驾驶是关键需求。这两大场景对无线蜂窝网络来说，既要提供通信能力，又要提供感知能力。通过将蜂窝网络MassiveMIMO的波束扫描技术应用于感知领域，可使HCS场景既能够提供通信，又能够提供感知；如果延展到室内场景，还可提供定位服务。

(4) 重构Sub100GHz频谱使用模式，最大化频谱价值。频谱是无线产业最重要的资源。要达成产业愿景，5.5G需要在Sub100GHz内使用更多的频谱。不同类型频谱的特点不同，如FDD对称频谱具备低时延特征，TDD频谱有大带宽特征，而毫米波则可以实现超大带宽和低时延。如何综合发挥各个频段的优势，是未来发展的关键方向。我们期望能实现全频段上、下行解耦，全频段按需灵活聚合，重构Sub100GHz频谱使用模式，最大化频谱价值。

(5) 与AI深度融合，让5G连接更智能。5G时代，运营商的频段数量、终端类型、业务类型、客户类型都会远远高于之前的任何一个制式。化繁为简，5.5G需要在多方面与AI深度融合，推动无线网络自动驾驶水平向L4/L5迈进。

知识拓展

扫描右侧二维码，了解下一代移动通信技术。

6.4 核 心 网

核心通信网络是一种公用通信网络，由电信运营商承建和运维，承载着全球范围内的各种通信业务，如固定电话、手机、互联网等通信业务。核心网络是一种长途网络，物联网中的远程数据传输归根结底是由核心网承载的。

从网络层次结构划分，核心网可以分为两层，即低层的核心传输网络，通过各种光电信号传输数据；高层的核心交换网络，通过网络节点设备把通信双方连接起来。

从承载业务划分，核心网络可分成电路交换域(CS)和分组交换域(PS)，CS 域的业务剖面对应的是话音，PS 域的业务将由 IP 骨干网承载。

知识拓展

扫描右侧二维码，了解核心传输网络与核心交换网络。

小 结

本章从通信技术基础、有线接入技术、无线接入技术、移动通信网络、核心传输与交换网络等几个方面介绍通信网络技术。

通过本章的学习，了解各种通信网络技术的技术参数、功能特点以及应用环境，在后续的物联网应用系统开发时，就可以根据实际情况选择恰当的通信网络技术。

习 题

一、选择题

1. 代表信息的数字信号码元序列以成组的方式在两条或两条以上的信道中同时传输的方式称为(　　)。

   A. 串行传输　B. 同步传输　C. 并行传输　D. 异步传输

2. 将数字信号码元序列一个接一个地在信道上传输的方式称为(　　)。

   A. 串行传输　B. 同步传输　C. 并行传输　D. 异步传输

3. (　　)通信是指通信双方都能收/发消息，但不能同时收/发的工作方式。

   A. 随机　B. 单工　C. 全双工　D. 半双工

4. 一个主蓝牙设备最多可以同时和(　　)个从设备通信。

   A. 5　B. 6　C. 7　D. 8

5. Bluetooth 无线技术是在两个设备间进行无线短距离通信的最简单、最便捷的方法。以下(　　)选项不是蓝牙的技术优势。

   A. 全球可用　B. 易于使用　C. 通用规格　D. 自组织自愈功能

6. 蓝牙由几大关键技术支持，(　　)应排除在外。

   A. IEEE 802.11g　B. 调制方式　C. 跳频技术　D. 网络拓扑结构

7. 蓝牙是一种支持设备短距离通信的无线电技术。它的数据传输速率较低，可实现(　　)传输。

   A. 单工　B. 半双工　C. 全双工　D. 混合模式

8. Wi-Fi 通信(IEEE 802.11b)的最高带宽为(　　)。

   A. 5Mbps　B. 2Mbps　C. 11Mbps　D. 20Mbps

9. IEEE 802.11b 标准采用(　　)调制方式。

A. FHSS　　B. DSSS　　C. OFDM　　D. MIMO

10. IEEE 802.11b 射频调制使用(　　)调制技术，最高数据速率达(　　)。

A. 跳频扩频，5Mbps　　B. 跳频扩频，11Mbps

C. 直接序列扩频，5Mbps　　D. 直接序列扩频，11Mbps

11. 802.11g 规格使用(　　)RF 频谱。

A. 5.2GHz　　B. 5.4GHz　　C. 2.4 GHz　　D. 800 MHz

12. 802.11b 和 802.11a 的工作频段、最高传输速率分别为(　　)。

A. 2.4GHz、11Mbps；2.4GHz、54Mbps

B. 5GHz、54Mbps；5GHz、11Mbps

C. 5GHz、54Mbps；2.4GHz、11Mbps

D. 2.4GHz、11Mbps；5GHz、54Mbps

13. 802.11 协议定义了无线的(　　)。

A. 物理层和数据链路层　　B. 网络层和 MAC 层

C. 物理层和介质访问控制层　　D. 网络层和数据链路层

14. IEEE 802.11 规定了三种发送及接收技术，包括扩频技术、(　　)和窄带技术。

A. 红外技术　　B. 蓝牙技术　　C. 超宽带技术　　D. 无线电技术

15. 无线局域网 WLAN 的传输介质是(　　)。

A. 无线电波　　B. 红外线　　C. 载波电流　　D. 卫星通信

16. 无线局域网的最初协议是(　　)。

A. IEEE 802.11　　B. IEEE 802.5　　C. IEEE 802.3　　D. IEEE 802.1

17. 以下 AP 的组网模式中不正确的是(　　)。

A. 接入点模式　　B. 客户端模式　　C. 点对服务器模式　　D. 无线中继模式

18. 一个无线 AP 以及关联的无线客户端被称为一个(　　)。

A. IBSS　　B. BSS　　C. ESS　　D. AC

19. 某学生在自习室使用无线连接到其合作者的电脑上，其使用的是(　　)模式。

A. Ad Hoc　　B. 基础结构　　C. 固定基站　　D. 漫游

20. 下列不属于第三代移动通信技术的国际标准是(　　)。

A. CDMA2000　　B. WCDMA　　C. TD-SCDMA　　D. TDMA

21. GPRS 是(　　)网络的升级。

A. GSM　　B. CDMA　　C. HSPA　　D. LTE

22. 关于 5G 应用场景，以下说法不正确的是(　　)。

A. eMBB(增强移动宽带)　　B. M2M(机器与机器通信)

C. mMTC(海量机器类通信)　　D. URLLC(超高可靠、超低时延通信)

23. 组成无线网络的基本元素包括无线网络用户、无线连接和(　　)。

A. 基站　　B. 数字终端　　C. PDA　　D. 移动设备

24. 移动通信经历了三代的发展：模拟语音、(　　)和数字语音与数据。

A. 单向语音　　B. 双向语音　　C. 混合语音　　D. 数字语音

25. GSM 蜂窝网络从蜂窝大小的角度可以分为 4 种：宏蜂窝、微蜂窝、微微蜂窝和

(　　)。

A. 小蜂窝　　B. 中蜂窝　　C. 大蜂窝　　D. 伞蜂窝

26. (　　)是无线电台站的一种形式，是指在一定的无线电覆盖区中，通过移动通信交换中心，与移动电话终端进行信息传递的无线电收发电台。

A. 基站　　B. 移动台　　C. MSC　　D. 天馈系统

27. 大区制是指在一个服务器内(　　)基站，负责移动通信的联络与控制。

A. 有多个　　B. 只有两个　　C. 最多两个　　D. 只有一个

28. 集群移动通信这种组网方式的容量比较(　　)。

A. 大　　B. 小　　C. 固定　　D. 随机

29. (　　)是区分移动用户的标志，存储在 SIM 卡中，可用于区分与鉴别移动用户的有效信息。

A. IMEI　　B. IMSI　　C. MS ISDN　　D. MSRN

30. 由于所使用的波长较短，对障碍物的衍射较差，因此两个使用(　　)通信的设备之间必须相互可见，通信距离一般为一米左右。

A. 蓝牙　　B. 红外　　C. ZigBee　　D. Wi-Fi

31. LoRa 和 NB-IoT 属于(　　)。

A. 低功耗广域网(LPWAN)　　B. 低速无线个域网络标准(LR-WPAN)

C. 超宽带技术(UWB)　　D. 高速无线个域网络标准

32. 超宽带技术(UWB)的中心带宽频率是(　　)。

A. 7.5GHz　　B. 2.5GHz　　C. 11GHz　　D. 20GHz

33. IEEE 802.15 下设多个工作组，(　　)不属于其工作组制定的无线通信协议。

A. Bluetooth　　B. UWB　　C. ZigBee　　D. HTML

34. 对于 IEEE 802.16 来说，能提供的服务包括数字音频/视频广播、(　　)、异步传输模式和因特网接入等。

A. 电子邮箱　　B. BBS　　C. 同步传输模式　　D. 数字电话

35. 因特网的接入中，分有线和无线两种通信介质，以下(　　)不属于有线接入。

A. 同轴电缆　　B. 双绞线　　C. 蓝牙　　D. 光纤

二、填空题

1. 从通信系统的模型看，要实现信息从一端到另一端的传递，必须包括五个部分：信源、(　　　　)、信道、(　　　　)和信宿。

2. 调制是指把信号转换成适合在信道中传输的形式的一种过程，广义的调制分为(　　　　)调制和(　　　　)调制。

3. 无线通信传递的原始电信号频率，称为(　　)信号。将其编码后，转换成适合在信道上传输的频率很高的(　　)信号，这个过程称为编码与(　　)；在接收端进行反变换，这个过程称为(　　)与解码。

4. 数字调制的方法通常称为键控法，主要键控方法有(　　　　)、(　　　　)、(　　　　)。

5. 目前，按照覆盖范围划分的无线通信技术包括无线广域网(WWAN)、无线城域网(WMAN)、无线局域网(WLAN)、(　　　　　　)、无线体域网(WBAN)。

6. 在无线个域网通信中，(　　)技术用于无线视频传输，(　　)技术用于无线访问接入互联网，蓝牙用于无线电子设备连接，ZigBee 主要用于智能家居、工业监控等无线控制应用。

7. 近距离无线接入技术主要有(　　)、(　　)、(　　)、(　　)和(　　)。

8. 一个蓝牙微微网可以连接(　　)台处于活动模式的设备。

9. 蓝牙使用(　　)技术，将传输的数据分割成数据包，通过 79 个指定的蓝牙频道分别传输数据包。每个频道的带宽为(　　)。蓝牙 4.0 使用(　　)间距，可容纳 40 个频道。

10. 蓝牙技术是一项(　　)技术，它不要求固定的基础设施，且易于安装和设置。

11. Wi-Fi 无线网络包括两种类型的拓扑形式：(　　)和自组网。

12. 致力于 IEEE 802.11 无线局域网技术推广的组织是(　　)。

13. 在 Ad Hoc 模式下，WLAN 设备具有(　　)的通信关系，每个设备既是数据交互的终端，也作为数据传输的路由，不需要 AP 的支持。

14. 中国提出的 3G 标准是(　　)。

15. 小区制是将(　　)划分为若干个小无线区，每个小无线区域分别设置一个基站，负责本区(　　)的联络与控制。

16. 我国采用的三种 3G 标准分别是 TD-SCDMA、(　　)和 CDMA2000。

17. 我国第四代移动通信技术发展到今天，使用了包括(　　)和(　　)在内的两种制式(备注：按照全双工方式的不同)。

18. 移动通信网的基本结构包括(　　)、(　　)和(　　)。

19. 无线网络用户是指具备无线通信能力，并可将无线通信信号转化为有效信息的(　　)。

20. IEEE 802 系列标准把数据链路层分成(　　)和介质接入控制子层(MAC)。

21. 演进中的华为 5.5G 移动通信产业愿景，在三大场景之外，增加了(　　)场景、(　　)场景、(　　)场景。

三、判断题

1. 一个蓝牙设备有两种可能的角色，分别为主设备和从设备，但同一个设备不能在两种角色之间转换。(　　)

2. 蓝牙是一种支持设备短距离(10 m 内)通信的无线电技术，能在包括移动电话、PDA、无线耳机、笔记本电脑、相关外设等众多设备之间进行无线信息交换。(　　)

3. 同一个散射网(scatternet)中的蓝牙设备使用同一个调频序列。(　　)

4. 同一个微微网(piconet)中的蓝牙设备使用同一个调频序列。(　　)

5. 蓝牙 MAC 地址使用 3 位长度的地址，用以区分微微网中的设备。(　　)

6. Wi-Fi、ZigBee 和蓝牙是常见的短距离无线通信技术。(　　)

7. Wi-Fi 用户除使用 AP 接入模式外，也可通过无中心模式形成 Ad Hoc 网络。(　　)

8. 只有在基站的覆盖范围内，移动用户才可能通过它进行数据交换。(　　)

9. 无线用户除基站接入中心结构模式外，不能通过无中心模式形成网络。(　　)

10. 集群移动通信这种组网方式的容量比蜂窝移动通信网方式的容量更小。(　　)

11. 计算机网络可以分为广域网、城域网、局域网与接入网。(　　)

12. IPv6 可以提供多达 3.4×10^{38} 个网络地址。 ( )

四、简答题

1. 常见的多址技术有哪些？要求写出中英文全称与英文缩写。
2. 常用的有线接入技术有哪些？
3. 常用的无线接入技术有哪些？分别应用于什么场合？
4. 简述 Wi-Fi 无线局域网的几种组网方式。
5. 简述蓝牙的功能、性能指标以及组网模式。
6. 蓝牙、ZigBee、Wi-Fi、红外、UWB、NFC 都是近距离无线通信技术，试比较它们的特点与应用场合。
7. 移动通信 3G 标准有哪几种？哪一种是中国提出的国际标准？中国采用哪些标准？
8. 移动通信 4G 标准有哪些？
9. 画出移动通信 2G 到 4G 的升级路线图。
10. 移动通信 5G 标准的制定主要针对哪些应用场景？

实践 1——调研智能电网所用到的通信技术

智能电网就是电网的智能化，它建立在集成的、高速双向通信网络的基础之上，通过先进的传感和测量技术、先进的设备技术、先进的控制方法以及先进的决策支持系统技术的应用，实现电网的可靠、安全、经济、高效、环境友好和使用安全的目标。通信网络技术因其传输和感知功能被誉为电网的“神经系统”。

调研“智能电网”中使用到的通信技术，分组讨论后形成发言提纲，由一名代表做课内分享发言，时间要求为 2～3 min。

1. 任务目的

(1) 了解不同通信技术的技术参数和优缺点。
(2) 能依据实际应用场景，选择合适的通信技术。

2. 任务要求

(1) 对所要用到的通信技术表述清楚。
(2) 正确分析所需通信设备的作用。
(3) 能清晰描绘系统的架构。

实践 2——调研星闪技术(SparkLink)

星闪技术与我们熟知的蓝牙、Wi-Fi 等同属于近距离通信方式，只是星闪具有其他传输方式无法比拟的三大优势：超低时延、超高可靠、精准同步，而这些正是车载通信传输所急需的。星闪联盟于 2020 年 9 月 22 日正式成立，截至目前，成员单位超 140 家，下设需求和标准组、频谱组、测试认证组、安全组、智能汽车产业推广组、智能家居产业推广组、智能终端产业推广组和智能制造产业推广组。调研华为提出的星闪技术(SparkLink)，分组讨论后形成发言提纲，由一名代表做课内分享发言，时间要求为 2～3 min。

1. 任务目的

(1) 了解 SparkLink 的系统架构技术参数和应用场景。

(2) 星闪技术在解决汽车上的短距离通信方面有什么优势？

2. 任务要求

(1) 对相关技术应用场景表述清楚。

(2) 能清晰描绘系统的技术架构。

第7章 物联网网络服务

导读

物联网是建立在互联网之上的，物联网得到的物理世界信息需要在互联网上进行交流与共享。随着互联网的不断壮大，它所提供的服务也越来越多，物联网通过这些服务可以将自己的信息发布出去，同时也可以获得发布在互联网上的各种资源。

本章将主要介绍物联网网络服务的基本概念、工作流程，以及名称解析服务(IOT-NS)、信息发布服务(IOT-IS)、实体标记语言(PML)的基本情况。

7.1 物联网网络服务概述

物联网名称解析服务(internet of things name service，IOT-NS)及物联网信息发布服务(internet of things information service，IOT-IS)是物联网网络服务的两个组成部分，主要用于完成物联网的网络运行和网络服务功能。其中，IOT-NS 负责将射频标签的编码解析成对应的网络资源地址，IOT-IS 负责对物品中的信息在物联网上进行处理和发布。

目前比较成熟的物联网网络服务是 EPC 系统。为了有效地收集信息，EPC 系统给全球每一件物品都分配了一个编码，这个编码就是 EPC 码。EPC 码的容量很大，全球每件物品都可以得到唯一的编码，但 EPC 码是主要用来给全球物品提供身份识别的 ID 号，EPC 码本身存储的物品信息十分有限。物品原材料、生产、加工、仓储和运输等有关物品的大量信息需要存放在互联网上，存放地址与物品的 ID 号一一对应，这样通过物品的 ID 号就可以在互联网上找到物品的详细信息。

在EPC系统中，物联网名称解析服务称为ONS(object naming service)，物联网信息发布服务称为EPCIS(electronic product code information service)。EPC系统主要包括EPC码、射频标签与识读器构成的识别系统ID、名称解析服务ONS和信息发布服务EPCIS。物联网的EPC系统是建立在互联网之上的，有关物品的大量信息存放在互联网上，存放地址与物品的识别ID号一一对应，这样通过ID号就可以在互联网上找到物品的详细信息。

1. 物联网网络服务的工作流程

互联网上存放物品信息的计算机称为物联网信息服务器，有关物品的大量信息需要存储在物联网信息服务器中。

在互联网上，物联网信息服务器非常多。查找物联网信息服务器需要知道IP地址，这就像在互联网上查找域名的IP地址一样。解析物联网信息服务器IP地址的是物联网名称解析服务器，物联网名称解析服务器能够将射频标签的ID号转换成对应的统一资源标识符(uniform resource identifiers，URI)，在服务器上利用URI可以找到一个文件夹或网页的绝对地址，URI最常见的形式就是网页地址。

物联网名称解析服务器通过解析射频标签ID号，提供存放射频标签信息的物联网信息服务器IP地址，这样用户就可以随时在网上查找对应的物品信息。由物联网名称解析服务器、物联网信息服务器构成的物联网网络服务如图7-1所示。

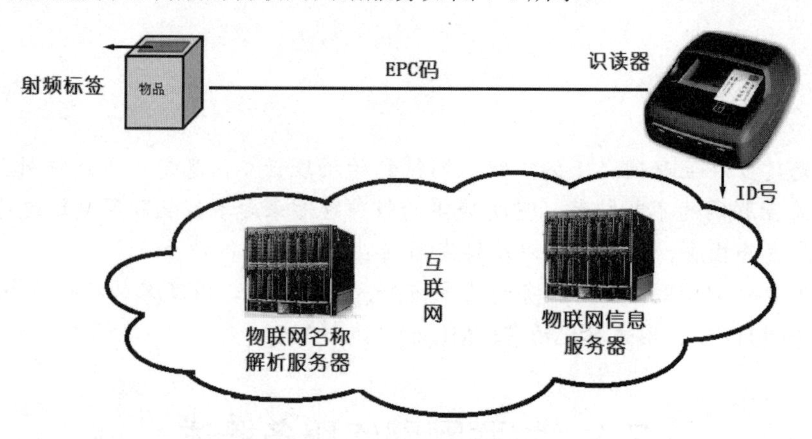

图7-1　物联网网络服务

2. 物联网名称解析服务

1)　IOT-NS概述

IOT-NS类似于互联网域名系统(domain name system，DNS)。早期人们上网访问其他计算机上的信息时，要求输入对方计算机的IP地址。但随着互联网规模的不断扩大，这种输入IP地址的方法就显得很不方便。为解决这一问题，人们发明了DNS系统，由它来负责将有意义的网络名称转换为IP地址。

DNS将域名映射为IP地址的过程称为域名解析。在互联网上，域名与IP地址之间是一对一(或多对一)的关系。域名虽然便于人们记忆，但机器之间只能识别IP地址。DNS服务器用来响应客户端发出的请求，将一台计算机定位到互联网上某一具体地点。

ONS 查询的格式与 DNS 基本一致，每个 EPC 码对应一个 Internet 域名，ONS 根据规则查得 EPC 码对应的 IP 地址，同时根据 IP 地址引导访问 EPCIS。

2) ONS 研究与应用现状

目前 ONS 服务由 EPC Global 委托美国 VeriSign 公司营运，全球已设有 14 个资料中心用于提供 ONS 搜索服务，同时建立了 7 个 ONS 服务中心，它们共同构成了 EPC 系统的访问网络。目前，VeriSign 公司负责运营全球 ONS 根服务，在全球一共部署了 14 台 DNS 根服务器。

VeriSign 公司在网络服务方面的专有技术和完善的基础设施，能够为用户使用物联网提供良好的服务。它在后台分类管理采集来的物品数据，使这些数据在物联网里面实现交换和共享。ONS 可视为物联网中的 DNS，通过 ONS 搜索服务可以获得 EPCIS 的通道信息。

目前有关 EPC 网络的标准制定还没有全面完成，为了节省用户在尝试 EPC 网络服务时所需投入的软件、硬件和维护费用，VeriSign 公司推出了包括 EPC 信息服务、EPC 发现服务、EPC 安全服务及根 ONS 等 EPC 初始启动装置服务，为全球的厂商提供了所需的工具，可实现在 EPC 全球网络上共享基于 RFID 技术的各类信息。

VeriSign 公司为用户提供一种简单的托管方式来了解并使用全球 EPC 网络服务，这样一来，随着标准的制定和修改，只需 VeriSign 公司在后台做相应的修改和补充，而用户端无须做任何变动。VeriSign 公司的 EPC 初始启动装置服务可为欲建立 EPC 网络的用户提供便利，让用户方便地搭建起 EPC 网络平台。VeriSign 公司的服务可以同全球所有知名 EPC 软件兼容匹配。VeriSign 公司还与 Oracle 和 SAP 等大型 ERP 软件公司合作推出了 EPC 应用开发项目，目的是通过无偿提供软件技术来推动全球 EPC 的应用，用户只要到 VeriSign 公司网站免费注册成为 VeriSign 会员，就可以无偿下载一些可以进行深层次开发的小型 RFID 开发包。

3. 物联网信息发布服务

1) IOT-IS 概述

IOT-IS 是用网络数据库来实现的。IOT-IS 的目的在于共享物品的详细信息，这些物品的详细信息既包括标签和识读器所获取的物品相关信息，也包括一些商业上的必需附加数据。IOT-IS 收到查询需求后，一般将物品的详细信息以网页的形式发回以供查询。

目前，比较成熟的物联网信息发布服务是 EPC 系统的 EPCIS。在这个系统中，EPCIS 提供了一个数据和服务的接口，使物品的信息可以在企业之间共享。EPC 码用作数据库的查询指针，EPCIS 提供信息查询接口，与已有的数据库、应用程序及信息系统相连。

2) EPCIS 研究与应用现状

2003 年 9 月，美国麻省理工学院 Auto-ID 中心提出使用 PML 建立物联网信息服务系统，并发布了 1.0 版本的 PML Server。PML Server 用标准化的计算机语言来描述物品的信息，并使用标准接口组件的方式解决数据的存储和传输问题。

2003 年 11 月，欧洲物品编码协会(EAN)和美国统一代码委员会(UCC)正式接管了 Auto-ID 中心的业务，成立了 EPC Global。作为 EPC 系统信息服务的关键组件，PML 成为描述自然物体、过程和环境的统一标准。

在其后的一年中，根据各个组件的不同标准、作用及它们之间的关系，技术小组修改了 PML Server，并于 2004 年 9 月发布了修订的 EPC 网络结构方案，EPCIS 代替了原来的 PML Server，但具体针对 EPCIS 的规范仍在制定中。

2007 年 4 月 12 日，EPC Global 正式批准了 EPCIS 标准。EPCIS 标准成为 EPC 系统发展的一个里程碑，这是继 EPC Gen2 标准后 EPC 系统最重要的一个标准。EPCIS 标准为 EPC 数据提供了一整套标准接口，从而给捕获和共享识读器收集的信息提供了一种标准的方式。RFID 技术没有推广的部分原因是标签信息交换复杂，把标签信息转化为降低成本和提高收入的基本业务目标还存在多种复杂性。EPCIS 标准的出现将给供应链中公司追踪货物的方式带来变革，因此 IBM、BEA、Oracle 和 Wal-Mart 等公司都对 EPCIS 的批准表示祝贺。EPC Global 标准组织的总裁称，EPCIS 标准的影响比 Gen2 标准的影响还要大，这将帮助生产企业从标签数据中获取有价值的数据，并与零售商共享数据，供应商将从 RFID 数据中获得有价值的信息，这将极大促进 RFID 在行业应用中的进步。

4. PML

EPC 系统表述和传递相关信息的语言是实体标记语言(physical markup language，PML)。EPC 系统有关物品的所有信息都是由 PML 书写的，PML 是识读器、中间件、应用程序、名称解析服务(ONS)和信息发布服务(EPCIS)之间相互通信的共同语言。PML 是由可扩展标记语言(XML)发展而来，是一种相互交换数据和通信的格式，其使用了时间戳和属性等信息标记，非常适合在物联网中使用。

EPC 系统最早的信息发布服务称为实体标记语言服务(physical markup language server，PML Server)。2004 年 9 月，EPC Global 修订了 EPC 系统的网络结构方案，EPCIS 代替了 PML Server。2007 年 4 月，EPC Global 发布了 EPCIS 行业标准，这标志着物联网的信息发布服务跃上了一个新台阶。

7.2 物联网名称解析服务

IOT-NS 是物联网网络服务的重要一环，其作用就是通过物品编码获取物品的 ID 号，进而获取 EPC 数据访问的通道信息。目前比较成熟的 IOT-NS 是 EPC 系统的 ONS。ONS 是网络服务器，是前台软件与后台服务器的网络枢纽，ONS 以互联网中的 DNS 为基础，将物联网架构起来。

7.2.1 物联网名称解析服务的工作原理

ONS 系统主要处理 EPC 码与对应的 EPCIS 信息服务器的映射管理和查询，与 DNS 的域名服务方式很相似，因此可以借鉴互联网中已经很成熟的 DNS 技术思想，利用 DNS 构架实现 ONS 服务。ONS 存有制造商位置记录，而 DNS 存有到达 EPCIS 服务器位置的记录，因此 ONS 的设计运行在 DNS 之上。

1. ONS 的查询服务

射频标签的 EPC 码被识读器阅读后，识读器将 EPC 码上传到本地服务器。本地服务器通过本地 ONS 服务器或根 ONS 服务器，查找 EPC 码对应的 EPCIS 服务器地址。当 EPCIS

服务器的地址找到后，本地服务器就可以与EPCIS服务器通信了。

ONS是一种全球查询服务，映射信息是ONS系统提供服务的实际内容。与DNS相似，ONS系统的层次也是分布式的，主要由ONS根服务器、ONS从服务器和ONS本地服务器组成，其中，ONS本地服务将经常查询、最近查询的URI保存起来，以减少对外查询的次数。当内部网提出一个查询请求时，ONS本地服务器是ONS查询的第一站，其作用是提高查询效率，而ONS根服务器处于ONS的最高层，因此，基本上所有的ONS查询都要经过它。ONS查询服务的工作过程如图7-2所示。

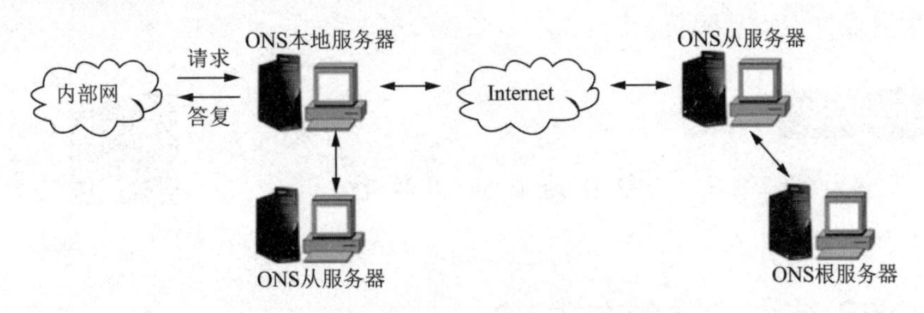

图7-2　ONS查询服务的工作过程

2. ONS的工作流程

ONS的存储记录是授权的，只有EPC码的拥有者才可以对其进行更新、添加和删除。企业拥有的ONS本地服务器包括两个功能，一个是实现物品EPC信息服务地址的存储，另一个是实现与外界信息的交换，将存储信息向ONS根服务器报告，并获取网络查询结果。多家企业的ONS服务器通过ONS根服务器进行级联，组成ONS网络体系。

ONS服务是物联网运行的一个中间环节，涉及整个物联网系统。ONS的工作流程如图7-3所示。

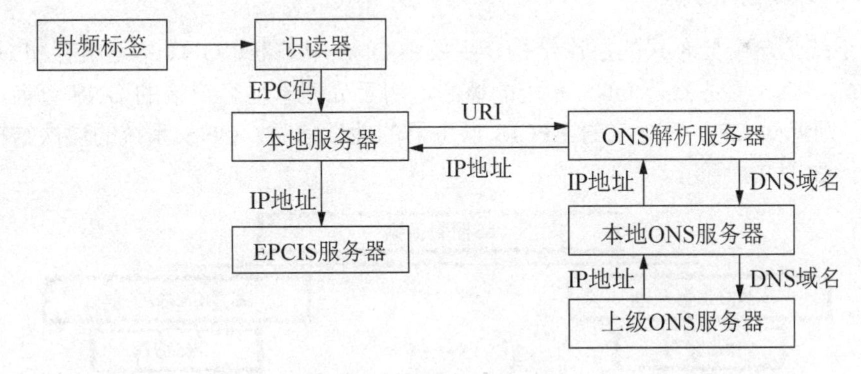

图7-3　ONS的工作流程

ONS的具体工作流程如下。

(1) 射频标签的EPC码被识读器识读。

(2) 识读器将EPC码上传到本地服务器。

(3) 本地服务器中有物联网中间件，中间件屏蔽了不同厂家识读器的多样性，可以实现不同硬件与不同应用软件的无缝连接，同时筛掉许多冗余数据，将真正有用的数据传送到后台。

(4) 本地服务器将EPC码进行相应的URI格式转换，发送到本地的ONS解析器。

(5) 本地 ONS 解析器将 EPC 码的 URI 格式转换为一个 DNS 域名。

(6) 本地 ONS 解析器基于 DNS 域名访问本地 ONS 服务器，如果发现相关 ONS 记录就返回，否则转发给上级 ONS 服务器。

(7) 本地 ONS 服务器或上级 ONS 服务器基于 DNS 域名查询 EPCIS 服务器的 IP 地址。

(8) ONS 服务器将 EPCIS 服务器的 IP 地址发送给本地 ONS 解析器。

(9) 本地 ONS 解析器再将 EPCIS 服务器的 IP 地址发送给本地服务器。

(10) 本地服务器基于 EPCIS 服务器的 IP 地址访问 EPCIS 服务器，通过 EPCIS 服务器查询物品信息或打开物品网页。

知识拓展

扫描右侧二维码，了解 IP 地址与域名解析。

7.2.2 ONS 结构与服务方式

ONS 是基于 DNS 和互联网的，它的作用是将一个 EPC 码映射到一个或多个 URI，通过这些 URI，用户可以查找物品相应的详细信息或访问相应的 EPCIS 服务器。

EPC 数据信息的记录存储是需要授权的，只有 EPC 码的拥有者才可以对其进行更新、添加或删除。

当前 ONS 提供静态和动态两种服务，静态 ONS 服务通过 EPC 码可以查询供应商提供的商品静态信息，动态 ONS 服务通过 EPC 码可以查询商品在各个供应链上的动态信息。

1. ONS 系统的层次

ONS 系统是一个分布式的层次结构，主要由 ONS 服务器、ONS 本地缓存和 ONS 本地解析器组成。ONS 服务器是 ONS 系统的核心，用于处理本地客户端的 ONS 查询请求，若查询成功，则返回 EPC 码对应的 EPCIS 服务器的地址信息。ONS 系统的层次结构类似于 DNS 系统，如图 7-4 所示。

图 7-4 ONS 系统的层次结构图

ONS 系统分为三个层次，处于顶层的是 ONS 根服务器，处于中间层的是各地的本地 ONS 服务器，处于最下层的则是 ONS 缓存。

1) ONS 根服务器

ONS 根服务器处于 ONS 服务器的最高层，它拥有 EPC 名字空间的最高层域名。ONS 根服务器负责各个本地 ONS 服务器的级联，组成 ONS 网络系统，并提供应用程序的访问、控制与认证，基本上所有的 ONS 查询都要经过它。

2) 本地 ONS 服务器

本地 ONS 服务器用于实现与本地物品对应的 EPC 信息服务器的地址信息存储。本地 ONS 服务器可以提供与外界交换信息的服务，回应本地的 ONS 查询，以及向 ONS 根服务器报告该信息并获取网络查询结果。

3) ONS 缓存

ONS 缓存是 ONS 查询的第一站，它保存最近查询的、查询最为频繁的 URI 记录，以减少对外的查询次数，这样可以大大减少查询时间，并可以减轻 ONS 服务器系统的服务压力。应用程序在进行 EPC 码查询时，首先看 ONS 缓存中是否含有其相应的记录，若有则直接获取，否则向上一级查询。ONS 缓存同时也用于响应企业内部的 ONS 查询，这些内部 ONS 查询用于对物品的跟踪。

4) 本地 ONS 解析器

本地 ONS 解析器负责 ONS 查询前的编码格式化工作，它将需要查询的 EPC 码转换为一个合法的 URI 地址映射信息。映射信息是 ONS 系统所提供服务的实际内容，它指定 EPC 码与其 URI 的映射关系，而这个映射信息就是 ONS 服务器返回给客户端的最终结果，客户端可以根据这个结果去访问相应的目标资源。

ONS 系统的映射信息分布式存储在不同层次的各个 ONS 服务器中，这样物联网便实现了基于 EPC 码的信息查询定位功能。

2. 静态 ONS 服务

静态 ONS 指向货品的制造商。静态 ONS 假定每个对象有一个数据库，它提供指向相关制造商的指针，并且给定的 EPC 码总是指向同一个 URI。静态 ONS 结构如图 7-5 所示。

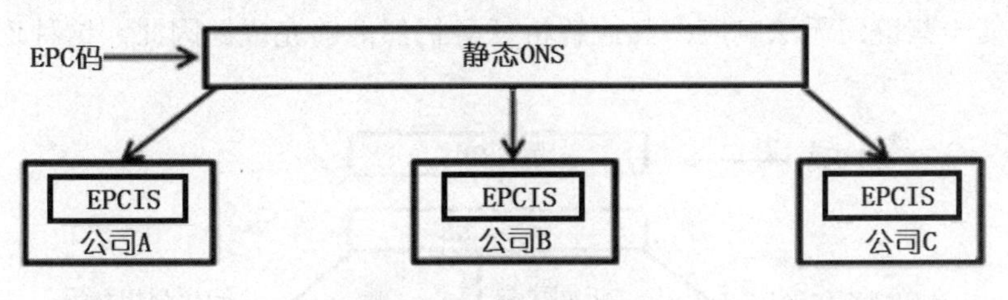

图 7-5 静态 ONS 结构

1) 静态 ONS 分层

由于一个制造商可能拥有多个数据库，因此 ONS 可以分层使用。例如，一层是指向制造商的根 ONS 服务，另一层是指向制造商某个特定的数据库。静态 ONS 需要维持安全性和一致性，而且需要提高自身的稳健性、访问控制和独立性。

2) 静态 ONS 的局限性

静态 ONS 假设一个对象只拥有一个数据库，给定的 EPC 码总是解析到同一个 URI。而事实上，EPC 信息是分布式存储的，每个货品在供应链中流动时，信息存储在不止一个数据库中，不同的管理实体(制造商、分销商、零售商)为同一个货品建立了不同的信息，因此需要定位所有相关的数据库。

3. 动态 ONS 服务

动态 ONS 指向一件货品在供应链中流动时所经过的不同管理实体。动态 ONS 指向多个数据库，即指向货品在供应链中所经过的多个管理者实体。一件货品在供应链中流动时，每个供应链管理者在移交时都会更新注册表，以支持继续查询，所以动态 ONS 的注册十分重要。

动态 ONS 需要更新注册的内容如下。

(1) 管理信息变动(到达或离开)。

(2) 物品跟踪时的 EPC 码变动，如货物装进集装箱、重新标识或重新包装。

(3) 是否标记特别的用于召回的 EPC 码。

动态 ONS 解析主要有以下两个途径。

(1) 通过 EPCIS 的连接实现动态 ONS 解析。动态 ONS 解析的一个途径，是通过静态 ONS 快速从一个 EPCIS 连接到下一个 EPCIS，同时支持反向连接，如图 7-6 所示。在这种连接方式中，如果存在任何一个连接点无法响应或互联，则这个链条将不通，无论是正向还是反向，都将不能连接。因此，这种连接方式比较脆弱。

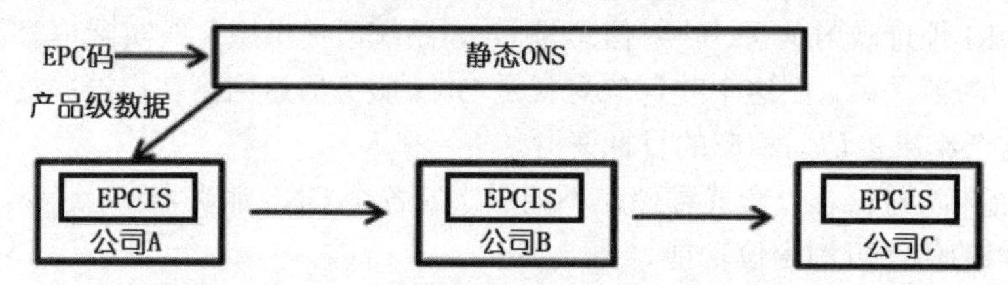

图 7-6 通过 EPCIS 的连接实现动态 ONS 解析

(2) 通过 ONS 或 EPC 序列注册实现动态 ONS 解析。动态 ONS 解析的另一个途径，是通过动态 ONS 或 EPC 序列注册连接多个管理者的 EPCIS 服务，如图 7-7 所示。在这种连接方式中，即使一些链路无法响应，其他解析任务仍然能够完成。因此，这种连接方式比较健壮。

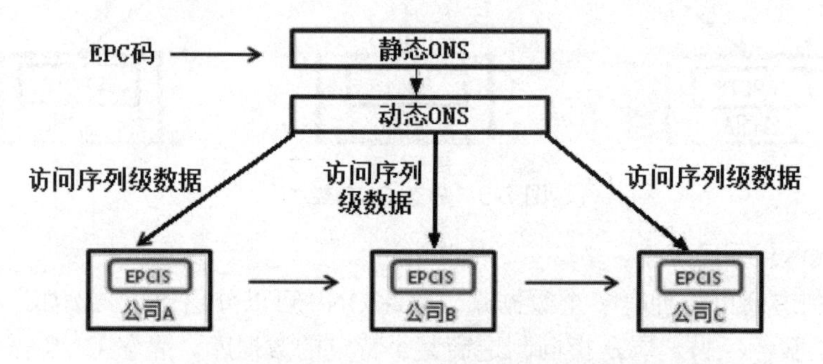

图 7-7 通过 ONS 或 EPC 序列注册实现动态 ONS 解析

动态 ONS 的连接十分重要。动态 ONS 可以查询动态 EPC 注册、向前跟踪当前的管理者、向后追溯供应链的所有管理者及相关信息。其中向前跟踪到当前管理者，可以获得当前关于位置和状态的信息，并判断谁应该进行产品召回。

7.2.3 ONS 工作流程

由于 ONS 的架构是以互联网域名解析服务 DNS 为基础，因此 EPC 网络以互联网为依托，迅速架构并顺利延伸到世界各地。基于这一系统，企业在网络内可以进行供应链上信息资料的交换，同时 ONS 最大限度地利用了 DNS 系统，节省了大量的重复投资。

ONS 将 EPC 码转换成 URI 格式，再将其转化成标准域名后，下面的工作就由 DNS 承担了。DNS 经过递归式或交谈式解析，将结果以名称权威指针(naming authority pointer，NAPTR)记录格式返回给客户端，ONS 即完成了一次解析服务。

1. ONS 和 DNS 的区别

NAPTR 是 URI 的一种定义格式，和电话号码映射(telephone number mapping，ENUM)技术相关。通过 ENUM 技术，只要一个号码就可以整合 QQ、电话、传真、手机、电子邮件、个人主页等各种联系方式。根据 ENUM 技术，可以将号码映射为 DNS 系统中的记录，这样一个号码就变成了 DNS 中的域名形式。ONS 和 DNS 的主要区别在于输入与输出内容，如图 7-8 所示。

图 7-8　ONS 和 DNS 的主要区别

ONS 和 DNS 的区别如下。

(1) ONS 和 DNS 输入内容不同。ONS 是在 DNS 的基础上进行 EPC 码解析，因此其输入端是 EPC 码；而 DNS 用于域名解析，其输入端是域名。

(2) ONS 和 DNS 输出内容不同。ONS 返回的结果是 NAPTR 格式，而 DNS 则更多时候返回查询的 IP 地址。

2. EPC 码转换为 URI 格式

按照 EPC Global 商标数据标准(TAG data standards)的规定，EPC 码转换为 URI 格式后的形式如下。

```
urn: epc: id: sgtin: 厂商识别代码. 产品代码. 系列码
```

其中，“urn:epc:id:sgtin”为前置码，而“厂商识别代码”“产品代码”“系列码”已经包含在 EPC 码中。

3. URI 格式转换为 DNS 查询格式

URI 格式转换为 DNS 查询格式的步骤如下。

(1) EPC 码转换成标签标准 URI 格式，如“urn:epc:id:sgtin:061414 1.000024.400”。

(2) 移除“urn:epc:”前置码，剩下“id:sgtin:0614141.000024.400”。

(3) 移动最右边的序号(适用于 SGTIN、SSCC、SGLN、GRAI、GIAI 和 GID)，剩下“id:sgtin:0614141.000024”。

(4) 置换所有“:”符号为“.”符号，成为“id.sgtin.0614141.000024”。

(5) 反转前后顺序，成为“000024.0614141.sgtin.id”。

(6) 在字串的最后附加“.onsepc.com”，结果为“000024.0614141.sgtin.id.onsepc.com”。

4. ONS工作流程

在EPC网络架构中，ONS的角色就好比是指挥中心，是实现全球物品信息定位和跨企业信息流转的中心枢纽，用于完成供应链中商品资料的传递与交换。ONS服务器网络分层管理ONS记录，同时对ONS查询请求进行响应。ONS解析器完成EPC码到DNS域名格式的转换，解析DNS NAPTR记录，获取相关的物品信息访问通道。ONS的工作流程如图7-9所示。

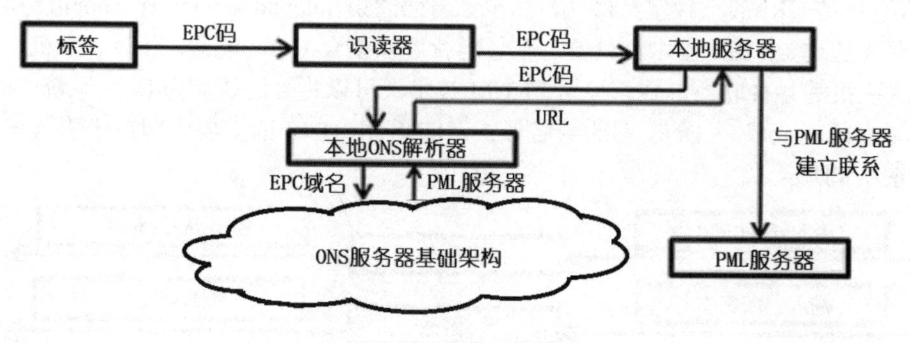

图7-9　ONS的工作流程

ONS的工作流程描述如下。

(1) 经由RFID识读器读取标签内的EPC码。

(2) EPC码转换为URI格式。

(3) URI格式转换为DNS的查询格式。

(4) DNS的基础结构返回一串指向一个或多个PML服务器的URL。

(5) 本地解析器将URL发送到本地服务器。

(6) 本地服务器连接正确的PML服务器，获取所需的EPC信息。

5. ONS的查询举例

假设某一物品由一制造商经过仓储物流公司运送至零售点，零售点的RFID识读器读到标签中的资料，ONS的查询过程如下。

(1) 识读器读取RFID标签，获取二进制格式表示的EPC码为0011 0000 0000 0100 0111 1111 1110 1001 1011 0000 0000 0010 1001 1010 0101 0000 0000 0000 0000 0000 0000 0000 0000 0001。这是一个96位的EPC码，属于SGTIN标识类型，其中，厂商识别码为24位，产品代码为20位，序列码为38位。该EPC码说明如下。

① 厂商识别码。厂商识别码为0100 0111 1111 1110 1001 1011，转换为十进制为4718235。

② 产品代码。产品代码为0000 0010 1001 1010 0101，转换为十进制为010661。

③ 序列码。序列码为00 0000 0000 0000 0000 0000 0000 0000 0000 0001，转换为十进制为1。

(2) EPC码转换为EPC URI格式，为“urn:epc:id:sgtin:4718235.010661.1”。

(3) 将URI转换为DNS查询格式，为“4718235.sgtin.id.onsepc.com”。

(4) 查询ONS，得到Local ONS网址，为“4718235.sgtin.id.onsepc.com.tw”。

(5) 再向“4718235.sgtin.id.onsepc.com.tw”查询EPCIS的URL，得到“http://220.135.101.64:8080/

epcis-repository-0.2.2/services/EPCglobal EPCIS Service”。

(6) 依查询得到的 URL，查询该物品在制造工厂所发生的 Event 资料。

7.3 物联网信息发布服务

物品标签内存储的信息十分有限，主要用来存储标识物品身份的 ID 号，而有关物品原材料、生产、加工、运输和仓储等大量信息则应该存放在互联网上。存放物品信息的服务器称为物联网信息服务器，通过互联网可以访问物联网信息服务器，这些服务器提供的服务称为 IOT-IS。物联网信息服务器放置在生产厂家及各种机构中或上述企业和机构委托存放的机房中，其中数据库的原始信息是由生产厂家录入的，在商业运转过程中物联网信息系统又给物品附加了各种相关数据。IOT-IS 是跨越供应商、制造商、运输公司和零售商，在整个供应链上提供技术解决方案，对物联网的信息系统提供存储和查询服务。

7.3.1 物联网信息发布服务的工作原理

IOT-IS 是用网络数据库来实现的，它提供了一个数据和服务的接口，使物品的信息可以在企业之间共享。目前比较成熟的 IOT-IS 是 EPC 系统的 EPCIS。在 EPC 系统中，EPCIS 提供信息查询接口，与已有的数据库、应用程序及信息系统相连。

1. EPCIS 数据流动方式

EPCIS 提供两种数据流动方式，一种是信息拥有者发送物品的数据至 EPCIS 以供存储，另一种是应用程序发送查询至 EPCIS 以获取信息。

(1) EPCIS 存储的数据类型。制造日期和有效期等序列数据，是静态属性数据；颜色、重量和尺寸等产品类别数据，是静态属性数据；射频标签的观测记录，是具有时间戳的物品历史数据；传感器的测量数据，是具有时间戳的物品历史数据；物品的位置，是具有时间戳的物品历史数据；阅读物品信息的识读器位置，是具有时间戳的物品历史数据。

(2) 查询 EPCIS 存储的信息。EPCIS 存储的物品静态信息、具有时间戳的物品历史数据和其他属性可以通过查询获得。例如，可以查询物品在不同时刻的位置信息。

2. EPCIS 的工作流程

EPCIS 主要包括客户端模块、数据存储模块和数据查询模块。其中，客户端模块主要用来将物品的信息向指定 EPCIS 服务器传输；数据存储模块将通用数据存储于数据库 PML 文档中；数据查询模块根据客户查询访问相应的 PML 文档，然后生成 HTML 文档返回给客户端。EPCIS 数据存储和数据查询模块在结构上分为五部分，它们分别为简单对象访问协议(simple object access protocol，SOAP)、服务管理应用程序、数据库、PML 文档和 HTML 文档。根据 EPCIS 的上述工作过程，EPCIS 的工作流程如图 7-10 所示。

其工作过程如下。

(1) 客户端模块存储着物品的信息，主要用来将物品的信息向指定 EPCIS 服务器传输。

(2) 数据存储模块包含 SOAP、服务器管理应用程序、数据库和 PML 文档四部分，数据查询模块包含 SOAP、服务器管理应用程序、数据库、PML 文档和 HTML 文档五部分。

(3) SOAP 是一种非集中、分布环境的信息交换协议，它使用 SOAP 信封将信息的内容、来源和处理框架封装起来，传递给服务器管理应用程序和物联网客户。

(4) 服务器管理应用程序接收和处理 SOAP 发送的数据，并将处理结果反馈给 SOAP。

(5) 数据库在不同层次存储不同的信息，用来提供查询或存储对象在物联网中的代码映射。

(6) PML 文档用来整合信息，并用于在识读器、中间件和 EPCIS 之间进行信息交换。EPC 码用于识别物品，但关于物品的所有信息都是用 PML 程序书写的。

(7) HTML 文档就是 HTML 页面，也就是网页。EPCIS 应具有一定的应用程序，具备生成 HTML 文档的功能。

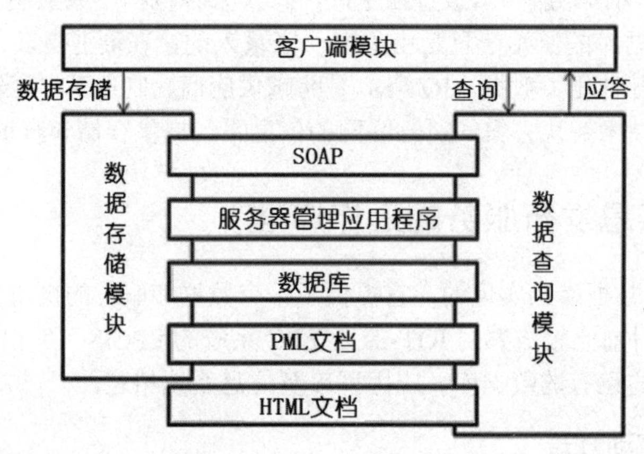

图 7-10　EPCIS 的工作流程

知识拓展

扫描右侧二维码，了解万维网(WWW)。

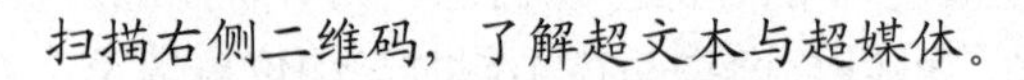

扫描右侧二维码，了解超文本与超媒体。

7.3.2　EPCIS 的功能与作用

1. EPCIS 的功能

EPC 系统处理的信息包括标签和识读器所获取的物品相关数据，以及物品在商业运转过程中所附加的各种数据。EPCIS 提供了一个模块化、可扩展的数据和服务标准接口，使得物联网系统的相关数据可以在企业内部和企业之间共享。EPCIS 融合了从生产流水线、仓库管理系统和供应链平台等多个方向传来的信息，广泛应用在存货跟踪、企业资源规划、供应链管理和自动处理事务等领域。

EPCIS 用于捕获相关信息，打包和解包每一层信息的内容，平衡不同系统对数据形式的要求，为各种查询提供适合的数据。EPCIS 在运作过程中，不仅读取相关的数据，更重要的是观测对象的整个运转过程。EPCIS 记录物品所有的相关动作信息，更新需要修改的信息，同时删除那些不再有效的数据。EPCIS 有客户端模块、数据存储模块和数据查询模块三个部分，其主要功能如下。

(1) 实现标签信息向 EPCIS 服务器的传输。EPCIS 的客户端模块负责实现标签信息向 EPCIS 服务器的传输。标签需要授权，当一个标签被安装到商品上时，标签授权的作用就是将必要的信息写入标签，这些信息是按照不同层次写入标签的，包括公司数据和商品数据。

(2) 数据存储。EPCIS 的数据存储模块负责将通用数据存储到数据库中。数据存储模块主要用于捕获信息，将识读器获得的信息经解析后进行存储。在物品信息初始化过程中，数据存储模块调用通用数据，生成针对每一个物品的 EPC 信息，并将其存储于 PML 文档中。

(3) 数据查询。EPCIS 的数据查询模块负责提供查询服务。数据查询模块观测标签的整个生命周期，对观测对象的整个运转过程进行记录，以备查阅。数据查询模块根据客户端的查询要求和权限访问相应的 PML 文件，并生成 HTML 文档，然后返回到客户端以供查询。

2. EPCIS 在物联网中的作用

EPCIS 在物联网中的主要作用，就是提供一个接口去存储和管理捕获来的各种信息。EPCIS 位于 EPC 网络架构的最高层，存储和管理的数据不仅是 EPC 系统观测资料的上层数据，而且是过滤和整理后的上层数据。EPCIS 为定义、存储和管理 EPC 标识的物理对象提供了一个框架。EPCIS 在物联网中的作用如图 7-11 所示。

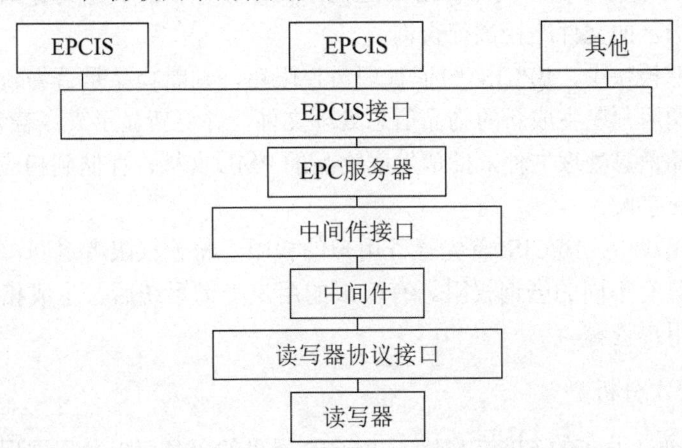

图 7-11　EPCIS 在物联网中的作用

在 EPC 系统的物联网上，识读器扫描到标签后，将读取的标签信息及传感器采集的环境信息传递给中间件 Savant，经 Savant 过滤冗余后的信息通过 ONS 送到 EPC 信息服务器。企业应用软件既可以通过 ONS 访问 EPC 信息服务器，以获取此物品的相应信息；也可以通过 Savant 经安全认证后，访问企业伙伴的物品信息。物联网上所有信息皆以 PML 文件格式来传送，其中，PML 文件可能还包括了一些实时的时间信息和传感器信息。

建立 EPCIS 的关键就是用实体标记语言(PML)来组建 EPCIS 服务器，完成 EPCIS 的工作。PML 提供通用的标准化词汇表，描绘分配物理对象的相关信息。

7.3.3 EPCIS 系统设计

EPCIS 提供了一个模块化、可扩展的数据和服务标准接口。EPCIS 整个框架都遵循这种模块化的设计思想，EPCIS 系统设计就是 EPCIS 框架中相关模块的集合。

1. EPCIS 总体设计

1) 设计思想

数据的存储采用 Access 数据库和 PML 文档相结合的形式，数据库用于记录物品类型等总体信息，PML 文档用于为每个物品建立一个信息追踪文件。在 EPCIS 中，当单个物品 EPC 码对应的信息传入系统时，应用程序访问数据库表，获得数据库记录的物品类型等相关信息，加入 PML 文档中。

在数据查询过程中，系统根据查询者的不同权限从 PML 文档中提取相关信息，形成 HTML 文档，以网页形式返回给查询者。

2) EPCIS 客户端服务程序

EPCIS 客户端服务程序的作用主要是读取串行口传送来的 RFID 代码信息和传感信息，结合本客户端的权限，实现与 EPCIS 服务器的交互。EPCIS 客户端服务程序涉及读取串行口和 TCP/IP 通信两方面。

3) EPCIS 服务器端服务程序

EPCIS 服务器端在存储和发布信息的过程中，程序以物品类型为存储单位进行存储，并依据数据库所指示的文件路径进行查询。

在数据库存储模块中，EPCIS 验证管理员权限后，判断物品是否为新的类型。若为新的物品类型，就调用程序生成新的物品信息处理文件，并更新显示表；若为已有物品类型，则调用该类型物品信息处理文件，批量生成物品的 PML 文档，存储到相应的文件夹，同时更新显示表的相应字段。

在数据查询模块中，EPCIS 首先验证用户的权限，将无权限者退回，而生产商、运输商和消费者等则具有不同的查询权限。有权限的用户查询系统后，生成相应的信息页面返回给客户端，供用户查看。

2. EPCIS 层次分析

根据 EPC Global 发布的 EPCIS 规范，EPCIS 提供的服务可以分层展现。EPCIS 的层次分为抽象数据模型层、数据定义层和服务层，各个层次的关系如图 7-12 所示。

1) 抽象数据模型层

抽象数据模型层定义为 EPCIS 内部数据的格式标准，并由数据定义层使用。抽象数据模型层定义了 EPCIS 内部数据的通用结构，是 EPCIS 规范中唯一不会被其他机制或其他版本规范扩展的部分。抽象数据模型层主要涉及事件数据和高级数据两种类型。事件数据主要用来展现业务流程，由 EPCIS 捕获接口捕获，经过一定的处理后由 EPCIS 的查询接口查询；而高级数据主要包括有关事件数据的额外附加信息，是对事件数据的一种补充。

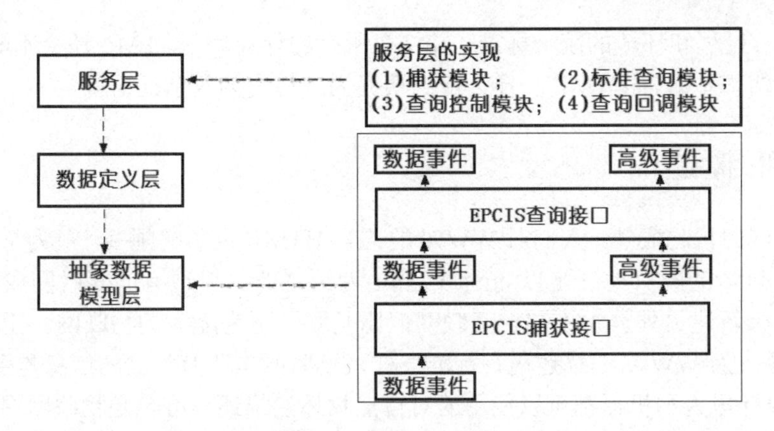

图 7-12 EPCIS 的层次关系

2) 数据定义层

数据定义层主要对事件数据定义其格式和意义。①EPCIS 定义：对 EPCIS 中所有事件的概括定义。②对象事件：对象事件可以理解成 EPC 标签被 RFID 识读器读到，可以被任何一种捕获接口捕获，以通知 EPCIS 服务器此事件的发生。一个对象事件可以包括多个 EPC 标签的读取，各个标签之间可以没有任何联系。③聚合事件：聚合事件是描述物理意义上某个物品与另外一个物品发生“聚合”操作，如商品被放入货架，货架被放入集装箱等。在这类事件发生时，会涉及“包含”和“被包含”的概念。例如，商品被放入货架，则货架在此处的角色定义是“包含”，而商品的角色定义是“被包含”；同样，如果这个货架被装入集装箱，那么对于这个聚合事件，货架的角色就是“被包含”，而集装箱的角色就是“包含”。④统计事件：用来表示某一类 EPC 标签数量的事件，最典型的应用就是生成某种物品的库存报告。⑤交易事件：用来表示某个 EPC 标签或者某一批 EPC 标签在业务处理当中的分离或者聚集。交易事件用一种模糊的方式来说明 EPC 标签在一个或者多个业务处理中的状态。例如一个商品被售出，此时商品首先会被销售人员从仓库中取出，触发一个聚合事件，然后记录商品的信息，最后交给顾客。商品从仓库中取出一直到交给客户的整个过程，就是一个交易事件。

3) 服务层

服务层定义了 EPCIS 服务器端的服务接口，用于和客户端进行交互。当前的规范定义了两个核心的接口模块，即 EPCIS 捕获模块和 EPCIS 核心查询模块。EPCIS 捕获模块用于对 EPCIS 事件进行捕获，并对所捕获到的数据进行处理。EPCIS 核心查询模块包括标准查询接口、查询控制接口和查询回调接口，其中，查询控制接口和查询回调接口是两个用于和客户端交互的接口。EPCIS 查询控制接口用来对客户端的查询方式和查询结果进行控制，EPCIS 查询回调接口用于按照用户的查询结果进行相应的回调操作。

7.4 实体标记语言

在 EPC 系统中，所有关于物品的有用信息都是用一种新型的标准计算机语言——实体标记语言(PML)所书写的。PML 是基于人们广为接受的可扩展标记语言(XML)发展而来的，它集成了 XML 的许多工具与技术，是 XML 的扩展。PML 的应用非常广泛，它已成为描述所有自然物体、过程和环境的统一标准，并将在所有的行业使用。PML还会不断发展演变，就像互联网中的基本语言HTML一样，最终演变为一种更为复杂的语言。

7.4.1 PML概述

随着互联网的日趋成熟，人们对WWW的语言HTML也了解颇多，最为常见的现象是电脑浏览器所显示的网页地址是以.htm(或.html)为结尾的。以现有的互联网成熟技术为基础，人们又开始新建另外一种不同于互联网但比互联网更为庞大的物联网。正如互联网中的HTML已经成为WWW的描述语言标准一样，物联网中所有物品的信息是用PML描述的。PML被设计成人和机器都可以使用的对自然物体的描述标准，是物联网网络信息存储和交换的标准格式。

1. 从XML到PML

1998年2月，万维网联盟(world wide web consortium，W3C)正式批准了XML的标准。XML是一套定义语义标记的规则，可以在文本文档中标记结构，这些标记将文档分成许多部件，并对这些部件加以标识。

多数标记语言是固定的，它们提供了某些特征组，例如HTML就属于固定的标记语言。而XML是一种非常灵活的标记语言，它没有定义任何特定的标记，而是提供了标准化的结构。利用XML，你可以定义自己的标记，或者使用别人定义的但最适合你的标记组。XML是用来创造标记语言的元标记语言，以XML为基础的语言几乎没有任何限制。它们只是具有相同的基本语法。

在物联网中，物品的信息需要一种标准化的计算机语言来描述，并且这种计算机语言需要使用标记进行标识。美国麻省理工学院Auto-ID中心在XML基础上推出了适合物联网的语言——PML。PML可以用于描述物品的所有有用信息。PML的概念、组成和设计适用于物品信息的存储与交换，它可以对文档和数据进行结构化处理，从而使文档和数据能够在公司内部、客户与供应商之间方便地进行交换。

能定义自己的标记语言的优势是，你可以自由地获取及发布关于你的数据，而不是不得不套用别人的、不适合你的格式。从这种意义上说，以XML为基础发展起来的PML就是物联网自己的标记语言。

2. PML简介

PML将提供一种通用的方法来描述自然物体。具体来说，PML主要是提供一种通用的标准词汇表，来表示在EPC网络中物体的相关信息。

(1) PML描述物品的方式。PML能提供一种动态的环境，使与物体相关的数据可以在这种环境中进行交换。与物体相关的数据可以是静态的、动态的，或经过统计加工过的。PML就是要捕获物品和环境的基本物理属性，用通用、标准的方法来描述这个真实的世界。除了那些不会改变的物品信息外，PML还包括经常变动的数据和随时间变化的数据。动态数据可以是船运水果的温度，也可以是一个机器震动的级别等。时序数据在整个物品的生命周期中，离散且间歇地变化，一个典型的例子就是物品所处的地点在不停地变化。所有这些信息通过PML都可以加以描述。PML是分层次结构的。例如，可口可乐可以被描述为碳酸饮料，它属于软饮料的一个子类，而软饮料又在食品大类下面。但是，并不是所有物品的层次结构都如此简单，为了确保PML得到广泛接受，EPC已经通过标准化组织做了大量工作。比如，国际重量度量局与美国国家标准和技术协会等标准化组织已经制定了一些关于物品层次的标准。

(2) PML与EPC系统的关系。研发PML的目的是提供关于物品的详细信息，并促进物品信息的交换。PML是中间件Savant、ONS、EPCIS、应用程序之间相互表述和传递EPC相关信息的共同语言，它定义了在EPC物联网中所有信息的描述方式。例如，PML是自动识别基层设备与Auto-ID中心之间进行通信所采取的语言方式。自动识别基层设备采集信息后，利用PML进行建模。建模信息包括物体的属性信息、位置信息、单个物体所处的环境信息和多个物体所处的环境信息等，并包括物体信息的历史元素。将上述信息汇总起来，将获得物品的跟踪信息。

(3) PML与EPCIS的关系。由PML描述的各项服务构成了EPCIS。EPCIS是一种可以响应任何与EPC规范相关的信息访问和信息提交服务，物品的EPC码作为一个数据库搜索的关键字，而物品的详细信息由EPCIS提供。EPCIS只提供标识对象信息的接口，它既可以连接到现有的数据库和信息管理系统，也可以连接到标识信息的永久存储库，成为PML文档。物联网中用于存储信息的文档是PML文档，它可以由应用程序创建，并允许向其中不断增加信息。

7.4.2 PML核心思想

PML的核心思想与XML相同，电子文档包括数据、结构和表现形式三个部分。

1. 文档的数据、结构与表现形式

数据是文档的主要内容，可以用数字和文字等方式表示。结构是文档的类型和元素的组织形式，例如备忘录、合同和报价单等各有不同的结构。表现形式是指在浏览器屏幕上或语音合成方式上向读者描述数据的方法，以及对每种元素使用何种字体或何种语调。

使用这种工具创建文档时，就不可避免地将内容和表现形式绑定在一起。XML文档的内在结构诸如程序手册、货物清单及回报率等，与内容本身同样重要。在XML中，表现形式也很重要，并且内容与表现形式已经很好地分离开。

当你在XML中创建文档时，要将注意力集中在信息究竟是什么以及信息如何组织上。XML不将文档的格式与核心内容捆在一起，可以使文档看起来更漂亮。描绘一个文档的逻辑结构如图7-13所示。

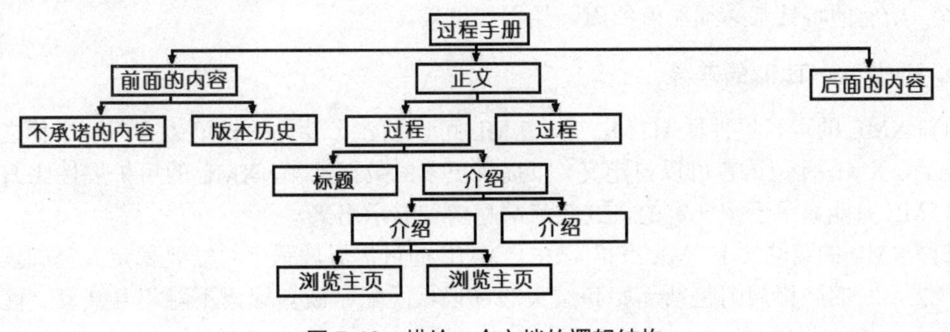

图7-13 描绘一个文档的逻辑结构

2. 检查文档的结构

使用 XML 可以不用对文档进行严格检查，只要元素正确地相互嵌套，产生树状结构，这个文档就是合理的 XML 文档。XML 包含控制文档结构准则的部分，这部分称为文档类型定义(document type definition，DTD)。DTD 是一种保证 XML 文档格式正确的有效方法，通过比较 XML 文档和 DTD 文件，可以看出文档是否符合规范。

DTD 是一套关于标记符的语法规则，一个 DTD 文档包含元素的定义规则、元素间关系的定义规则、元素可使用的属性、可使用的实体或符号规则。可以设置不同的方法来自动检查 XML 文档。在文档类型定义中，通过列举文档中的元素类型以及它们发生的结构次序，可以达到检查的效果。按照 XML 规则检查 XML 文档结构的方式如图 7-14 所示。

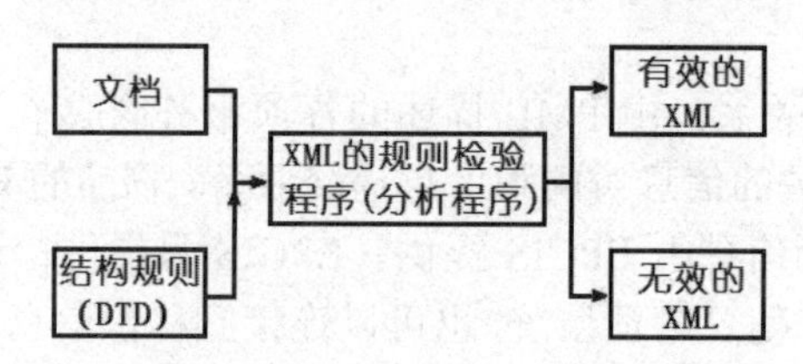

图 7-14　按照 XML 规则检查 XML 文档结构的方式

3. 简明语法

XML 去掉了许多令人头疼的随意语法，采用了简明语法。例如，在 XML 中采用了如下的语法。

(1) 每个 XML 文档都由 XML 序言开始，例如第一行 XML 序言为<?xml version "1.0"?>。这一行代码会告诉解析器和浏览器，这个文件应该按照 XML 规则进行解析。

(2) 任何起始标记都必须有一个结束标记。元素(element)是起始标记和结束标记之间的内容。

(3) 可以采用另一种简化语法，即可以在一个标记中同时表示起始和结束标记。这种语法是在大于(>)符号之前紧跟一个斜线(/)，例如，<tag/>。XML 解析器会将这种简化语法翻译成<tag></tag>。

(4) 标记必须按合适的顺序进行嵌套，所以结束标记必须按镜像顺序匹配起始标记。这好比是将起始标记和结束标记看作是数学中的左右括号，在没有关闭所有的内部括号之前不能关闭外面的括号。

(5) 所有的特性都必须有值。

(6) 所有的特性都必须在值的周围加上双引号。

4. XML 和 HTML 的差异

(1) XML 的可扩展性比 HTML 强。XML 可以创建个性化的标记语言，可以称之为标记元语言。XML 标记语言可以自定义，以提供更多的数据操作。XML 的可扩展性比 HTML 强，HTML 只能局限于按一定的格式在终端将内容显示出来。

(2) XML 的语法比 HTML 严格。由于 XML 的可扩展性强，它需要稳定的基础规则来支持扩展。它的严格规则包括起始和结束的标记相匹配、嵌套标记不能相互嵌套、区分大小写等。

(3) XML 与 HTML 互补。XML 可以获得应用之间的相应信息，提供终端的多项处理要求，也能被其他的解析器和工具所使用。在现阶段，XML 可以转化成相应的 HTML，以适应当前浏览器的需求。

7.4.3 PML 的组成与设计方法

PML 由 PML Code 和 PML Extension 两部分组成，其中，PML Code 主要用于识读器、传感器、EPC 中间件和 EPCIS 之间的信息交换，PML Extension 主要用于整合来自非自动识别的信息和其他来源的信息。

1. PML 的组成

PML 以 XML 语法为基础，基本结构分为 PML 核(PML Core)和 PML 扩展(PML Extension)两个部分。如果需要，PML 还能扩展更多其他的词汇。PML 的组成框架如图 7-15 所示。

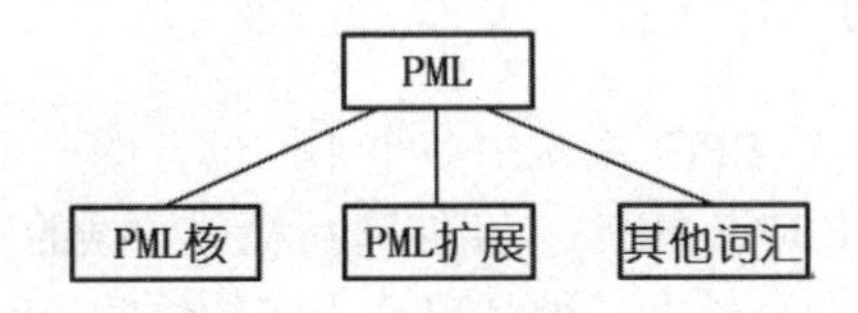

图 7-15 PML 的组成框架

PML Core 提供通用的标准词汇表，来分配直接由 Auto-ID 基础结构获得的信息，如物品的组成和位置等。PML Extension 将其他来源的信息汇集成一个整体，其中第一个实现的扩展是 PML 商业扩展。PML 商业扩展包括丰富的符号设计和程序标准，使公司间的交易得以实现。

PML Core 是以现有的 XML Schema 语言为基础，定义了可以出现在文档里的元素及可以出现在文档里的属性，还定义了哪些元素是子元素和子元素的顺序与数量。在数据传送之前，PML 使用 tag 来格式化数据，在编程中实现了标记的概念。

PML Core 在 EPC 网络中应该被所有节点所理解，EPC 网络节点包括中间件 Savant、ONS 和 EPCIS，这样在 EPC 系统中，数据可以传送得更流畅，建立系统更容易。

2. PML 的设计方法

(1) 开发技术。PML 首先使用现有的标准(如 XML、TCP/IP)来规范语法和数据传输，并利用现有工具来编制 PML 应用程序。PML 需要提供一种简单的规范，通过通用的默认方案，使方案无须转换即能可靠地传输和翻译。PML 对所有的数据元素提供单一的表示方法，如有多个对数据类型编码的方法，PML 仅选择其中一个。

(2) 数据存储与管理。PML 只是用于信息发送时对信息进行区分，实际内容可以用任意格式存放在服务器(SQL 数据库或数据表)中，即不必一定以 PML 格式存储信息。企业应用程序将以现有的格式和程序来维护数据，如 Applet(小的应用程序)可以从互联网上通过 ONS 来选取必需的数据。为便于传输，数据将按照 PML 规范重新进行格式化。这个过程与动态 HTML 相似，DHTML(Dynamic HTML，DHTML)也是按照用户的输入将一个 HTML 页面重新格式化。此外，一个 PML 文件可能是多个不同来源的文件和传送过程的集合，因为物理环境所固有的分布式特点，使 PML 文件可以在实际使用中从不同位置整合多个 PML 片段。

(3) 设计策略。PML Core 用统一的标准词汇将 Auto-ID 底层设备获取的信息分发出去，比如位置信息、成分信息和其他感应信息。由于此层面的数据在自动识别之前不能用，所以必须通过研发 PML Core 来表示这些数据。PML Extension 用于将 Auto-ID 底层设备所不能产生的信息和其他来源的信息进行整合。PML Core 专注于直接由 Auto-ID 底层设备所生成的数据，其主要描述包含特定实例和独立于行业的信息。特定实例是条件与事实相关联，事实(如一个位置)只对一个单独的可自动识别对象有效，而不是对一个分类下的所有物体均有效。独立于行业的条件指出数据建模的方式，即它不依赖于指定对象所参与的行业或业务流程。对于 PML 商业扩展，提供的大部分信息对于一个分类下的所有物体均可用。大多数信息内容高度依赖于实际行业，如高科技行业的技术数据表远比其他行业要通用。这个扩展在很大程度上是针对用户特定类别并与它所需的应用相适应，目前，PML Extension 框架的焦点集中在整合现有电子商务标准上，扩展部分可覆盖到不同领域。

7.4.4 PML 设计举例

PML 最主要的作用是作为 EPC 系统中各个不同部分的一个公共接口，即作为中间件 Savant、第三方应用程序(如 ERP、MES)、存储商品相关数据的 PML 服务器之间的共同通信语言。EPC 物联网系统的一个最大好处是自动跟踪物体的流动情况，这对于企业的生产及管理有很大帮助。

现在分析 PML 实际应用的情况。一辆装有冰箱的卡车从仓库中开出，仓库门口的识读器读到了贴在冰箱上的 EPC 标签，此时识读器将读取到的 EPC 码传送给上一级中间件 Savant 系统。Savant 系统收到 EPC 码后，生成一个 PML 文件，发送至 EPCIS 服务器或者企业的管理软件，通知这一批货物已经出仓了。PML 文件示例如图 7-16 所示。

```
<pmlcore: Observation>
  <pmlcore: DateTime>20170925241436</pmlcore: DateTime>
    <pmlcore: Tag><pmluid: ID>um: epc: 1.3.45.357</pmluid: ID>
      <Pmlcore: Date>
        <pmlcore: XML>
          <EEPROM xmlns="http: //tag.example.org/">
          <FamilyCode>12</FamilyCode>
          <ApplicationIdentifier>123</ ApplicationIdentifier >
          <Block1>FFA0456F</Block1>
          <Block2>58433793</Block2>
          </EEPROM>
        </pmlcore: XML>
      </Pmlcore: Date>
    </pmlcore: Tag>
</pmlcore: Observation>
```

图 7-16 PML 文件示例

图 7-16 中的文档显示，在 2017 年 9 月 25 日 24 时 14 分 36 秒，识读器阅读到了 EPC 码为 1.3.45.357 的标签，其中存储的数据为 FFA0 456F 5843 3793。PML 文件简单、灵活、

易理解，这里针对图 7-16 中的 PML 示例对文档中的主要内容做一个扼要的说明。

(1) 在文档中，PML 元素位于一个开始标记和一个结束标记之间，例如“<pmlcore:Observation>和</pmlcore:Observation>”。

(2) “pmlcore:Tag> <pmluid:ID>urn:epc:1:3.45.357</pmluid:ID>”指 RFID 标签中的 EPC 码，其版本号为 1，“域名管理.对象分类.序列号”为 3.45.357，这是由相应 EPC 码的二进制数据转换成的十进制数。

(3) 文档中有层次关系，注意相应信息标示所属的层次。文档中所有的标记都含有前缀“<”及后缀“>”。PML Core 简洁明了，所有的 PML Core 标记都能够很容易地理解。同时 PML 独立于传输协议及数据存储格式，且无须提供所有者的认证或处理工具。

小　结

本章介绍了物联网网络服务的基本概念、工作流程及名称解析服务(IOT-NS)、信息发布服务(IOT-IS)、实体标记语言(PML)的基本情况。

通过本章的学习，读者能够掌握 EPC 的基本情况，了解基于 EPC 的物联网网络服务的基本工作流程，为今后从事物流运输、国际贸易等物联网相关工作打下一个扎实的基础。

习　题

一、选择题

1. 以下关于 EPC 研究的描述中，错误的是(　　)。
   A. 为每一个产品，而不是一类产品分配一个唯一的电子标识符——EPC 码
   B. EPC 码存储在 RFID 标签的芯片中
   C. 通过无线数据传输技术，RFID 识读器可以通过非接触的方式自动采集到 EPC 码
   D. 连接在互联网中的 DNS 服务器可以完成对 EPC 码所涵盖内容的解析
2. 关于 EPC-96I 型编码标准的描述中，错误的是(　　)。
   A. 版本号字段长度是 6 位　　B. 标识厂家的域名管理字段长度是 28 位
   C. 对象分类字段长度是 24 位　D. 产品序列码字段长度是 36 位
3. 以下关于 EPC 射频识别系统的描述中，错误的是(　　)。
   A. EPC 标签可以在全球范围流通和识别
   B. EPC 识读器读取 EPC 标签的内容，并将它传送到 EPC 信息网络系统中
   C. EPC 识读器通过无线信道读取 EPC 标签信息也必须遵循 M2M 规定的空间接口协议
   D. EPC 标签存储的编码必须遵循 EPC 编码标准
4. 以下关于基于 EPC 的物联网服务基本概念的描述中，错误的是(　　)。
   A. 基于 EPC 的物联网需要有 ONS 与 EPCIS 服务体系
   B. ONS 服务器与互联网 DNS 服务器作用类似
   C. EPCIS 服务器与互联网中的各种应用服务器、数据库服务器作用类似

D. ONS 服务器与 EPCIS 服务器可以采用集中式的组建方法

5. 以下关于物联网对象名字服务 ONS 工作过程的描述中，错误的是(　　)。

A. 识读器将待识别的 EPC 码通过本地服务器转换为互联网进程通信用的端口号(ID)

B. 本地 ONS 解析程序转换成一个对应 DNS 域名，并传送给本地 ONS 服务器

C. 如果没有相应的 DNS 域名记录，就将待解析的域名提交给高层 ONS 服务器

D. 高层 ONS 服务器将解析 IP 地址回送给本地服务器，以获取 EPC 码的物品信息

6. 以下关于 EPCIS 基本工作原理的描述中，错误的是(　　)。

A. 对 EPCIS 进行存储与查询操作的软件都是 EPCIS 的客户端模块软件

B. 物联网中的 EPC 用户可以根据自身的需要在 EPCIS 数据库中写入数据

C. 数据存储模块包括 SOAP、服务器管理应用程序、数据库与 PML 四个部分

D. SOAP 是实现 Client/Server 间的服务请求、应答的分布式信息交互协议

7. 以下关于 EPC 码特点的描述中，错误的是(　　)。

A. EPC 码由四个字符字段组成：版本号、域名管理、对象分类与序列号

B. 版本号表示产品编码所采用的 EPC 版本，从版本号可以知道编码的长度

C. 域名管理标识生产厂商

D. 对象分类标识产品类型，序列号标识每一件产品

8. 因特网 TCP/IP 协议家族中，以下(　　)属于因特网数据链路层协议。

A. HTTP　　B. ARP　　C. UDP　　D. PPP

9. 以下技术(　　)不是专用网络组网技术。

A. 隧道技术　　B. VPN 技术　　C. 帧中继与 ATM　　D. ZigBee

10. EPC Global(　　)是正式批准的 EPCIS 标准。

A. 2004　　B. 2005　　C. 2007　　D. 2009

二、填空题

1. EPC 系统由(　　　　)、(　　　　)和信息网络系统三部分构成。其中信息网络系统包含(　　　　)、(　　　　)和(　　　　)三个组件。

2. EPC 的中文名称是(　　　　)，英文全称是(　　　　)。

3. ONS 的中文含义是(　　　　)，英文全称是(　　　　)。

4. EPCIS 的中文含义是(　　　　)，英文全称是(　　　　)。

5. PML 的中文含义是(　　　　)，英文全称是(　　　　)。

6. TCP/IP 的中文名称分别是(　　　　)，英文全称是(　　　　)。

7. IPv4/IPv6 的中文名称是(　　　　)，英文全称是(　　　　)。

8. IPv4 入口地址数量为(　　)个，IPv6 入口地址数量为(　　)个。

9. 互联网网络常用协议有(　　)、(　　)和(　　)。

10. HTML 的中文含义是(　　　　)，英文全称是(　　　　)。

三、判断题

1. EPC 系统的实质是利用 RFID 技术通过互联网实现商品的识别与信息共享。(　　)

2. ONS 服务由 EPC Global 委托美国 VeriSign 公司运营。(　　)

3. ONS 和 DNS 是两个不同的服务，相互之间没有关系。 ( )
4. 全球零售业巨头沃尔玛大力推广 RFID，使得物联网走进普通人的生活。 ( )
5. EPC 识读器通信采用 IEEE 802.3 协议标准。 ( )

四、简答题

1. 什么是物联网网络服务？简述物联网网络服务的工作流程。
2. 目前比较成熟的物联网网络服务是 EPC 系统，简述 EPC 系统在 ONS 和 EPCIS 方面的研究与应用现状。
3. 什么是 IOT-NS？以 EPC 系统为例，说明 IOT-NS 的工作原理。
4. 什么是域名？简述互联网域名的构成和域名的结构，说明域名解析过程。
5. 简述 ONS 的层次结构，并说明什么是静态 ONS 和动态 ONS。
6. ONS 与 DNS 有什么关系？说明 ONS 的工作流程。
7. 什么是 IOT-IS？以 EPC 系统为例，说明 IOF-IS 的工作原理。
8. EPCIS 的工作原理是什么？简述 EPCIS 的功能和在物联网中的作用。
9. 什么是 EPCIS 的总体设计？说明 EPCIS 层次的构成。
10. 什么是 PML？与 XML 有什么关系？
11. 说明 PML 的核心思想。
12. 简述 PML 的组成，并举例说明 PML 的设计方法。

实践——调研 ISO、EPC Global 及 UID 三大 RFID 标准体系

RFID 的蓬勃发展也使得 RFID 标准的制定与竞争变得异常激烈。目前，全球 RFID 最有影响力的三大标准制定者分别是 ISO/IEC、EPC Global、UID。

调研三大标准体系的主导者、技术组成及应用领域，比较三者空中接口协议的区别，分组讨论后形成发言提纲，由一名代表做课内分享发言，时间要求为 2～3 min。

1. 任务目的

(1) 了解三大标准体系的主导者、技术组成及各自的应用领域。
(2) 知晓三者空中接口协议的区别。

2. 任务要求

(1) 写出调研报告，内容包括三大标准体系的主导者、技术组成及应用领域，比较三者空中接口协议的区别。
(2) 制作 PPT，再做 1～3min 的课内分享。

第8章 海量数据存储与处理技术

导读

覆盖全球、数量庞大的传感器和RFID标签无时不在产生海量数据，如何从海量数据中通过汇聚、挖掘与智能处理，获取有价值的信息，为不同行业的应用提供智能化服务，是物联网技术研究的一个重要课题。

本章在介绍物联网数据特点的基础上，对物联网海量数据存储、数据融合、数据仓库与数据挖掘，以及智能计算与智能控制技术进行系统的讨论。

8.1 物联网数据处理技术概述

8.1.1 物联网数据的特点

物联网数据的以下四个特点对数据处理技术形成了巨大的挑战。

1. 海量

因为物联网系统通常包含海量的传感器节点，其中大部分节点处的传感器(如温度传感器、GPS传感器、压力传感器等)采样的数据是数值型的。当然，也有许多传感器的采样是多媒体数据(如交通摄像头获取的视频数据、音频传感器采样的音频数据、遥感成像数据等)，每一个传感器均频繁地产生新的采样数据，系统不仅需要存储这些采样数据的最新版本，且在多数情况下，还需要存储某个时间段(如6个月)内所有的历史采样数据，以此来满足溯源和复杂数据分析，尤其是满足某些特殊情况下数据处理的需要。可以想象，上述信息数据是海量的，对它们的存储、传输、查询及分析处理将是一个前所未有的挑战。

2. 异构

在同一个物联网系统中，可以包含形形色色的传感器，如交通类传感器、水文类传感器、地质类传感器、气象类传感器、生物医学类传感器等，其中每一类传感器又包括诸多具体的传感器，如交通类传感器可以细分为 GPS 传感器、RFID 传感器、车牌识别传感器、电子照相身份识别传感器、交通流量传感器(红外、线圈、光学、视频传感器)、路况传感器、车况传感器等，这些传感器不仅结构和功能不同，而且所采集的数据因采集对象和采集方式不同也呈现出异构的特点，这种异构性极大地提高了软件开发与数据存储和处理的难度，在某种程度上增加了算法复杂性，延长了用于决策的信息传输和发布的时间。

3. 时空相关性

与普通互联网节点不同，物联网中的传感器节点普遍存在着空间和时间属性——每个传感器节点都有地理位置，并且每个数据采样值都有时间属性。与此同时，某些情况下，许多传感器节点的地理位置还会随着时间的变化而连续移动，如智能交通系统中，每个车辆都安装了高精度的 GPS 或 RFID 标签，在交通网络中动态地移动。与物联网数据的时空相关性相对应的是源于实际查询的需求，比如物联网应用中对传感器数据的查询不仅局限于对关键字的查询，很多时候，我们需要基于复杂的逻辑约束条件进行实际需求的关联查询，如查询某个指定地理区域中所有地质类传感器在规定时间段内所采集的数据，并对它们进行统计分析。由此可见，对物联网数据的空间与时间属性进行智能化的管理与分析是至关重要的。

4. 序列性与动态流式特性

数据的序列性是指把采样数据以与实际需求相关联的因素为依据排列成有序列的存储，比如以时间为参考因素，把采样数据排列成一个完整的以时间为序的序列。当需要对采样数据进行以时间为关键字的查询时，采样数据对于查询对象所呈现出来的就是一个完整的有序存储序列。此时，无论是匹配成功还是匹配不成功，都可以以极快的速度和极高的效率来满足查询的需求，达到快速查询的目的。数据的动态流式以时间为参考因素，随着新采样值的不断到来，那些过时的采样值不断被淘汰，整个过程呈现出动态流式特性。

8.1.2 物联网数据处理关键技术

因为物联网数据具有的海量、异构、时空相关、动态流式特性，物联网数据处理需要重点关注以下几个关键技术。

1. 海量数据存储

物联网数据具有海量、多态、动态与关联的特征。物联网海量数据来源于传感器、RFID 识读器连续、实时地产生的数据；物联网中数以亿计的物品也在实时产生大量数据。物联网数据的重要性远高于互联网中 Web、聊天与游戏应用中的数据。如何利用数据中心与云

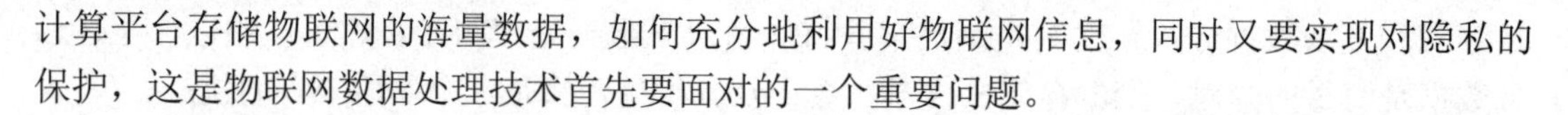

计算平台存储物联网的海量数据，如何充分地利用好物联网信息，同时又要实现对隐私的保护，这是物联网数据处理技术首先要面对的一个重要问题。

2. 数据融合

针对物联网数据的多态性，需要研究基于多种传感器的数据聚合技术，综合分析各种传感器的数据，从中提取有用的信息。20 世纪 70 年代，“数据融合”(data fusion)术语正式出现。目前数据融合已经发展成数据处理中一个新的、重要的分支。在智能交通、工业控制、环境监控、精准农业、突发事件处置、智慧城市、智能电网等物联网应用系统中，必然会应用多种传感器去综合感知多种物理世界的信息，从中提取对于处理物理世界问题有用的信息和知识。数据融合技术是物联网数据处理的重要内容之一。

3. 数据查询、搜索、挖掘

物联网环境中感知数据具有实时性、周期性与不确定性等特点。目前的处理方法主要有快照查询、连续查询、基于事件的查询、基于生命周期的查询与基于准确度的查询。

物联网环境中，由于各种感知手段获取的信息与传统的互联网信息共存，搜索引擎需要与各种智能的和非智能的物理对象密切结合，主动识别物理对象，获取有用的信息，这对于传统的搜索引擎技术是一个挑战。

4. 智能决策

建设物联网的目的是从海量数据中通过汇聚、整合与智能处理，获取有价值的知识，为不同行业的应用提供智能服务。

物联网的价值体现在对于海量感知信息的智能数据处理、数据挖掘与智能决策水平上。数据挖掘、知识发现、智能决策与控制为物联网智能服务提供了技术支撑。

8.2 海量数据存储技术

8.2.1 海量数据存储需求

物联网的海量数据除了来自传感器节点、RFID 节点及其他各种智能终端设备每时每刻所产生的数据之外，各种物理对象在参与物联网事务处理的过程中也会产生大量的数据。这些数据虽然部分可以在本地进行存储与处理，但更多必须传送到云端，使用数据挖掘与分析工具，调用相关的模型与算法，利用计算能力很强的超级计算机来对获取的数据进行分析、汇总与计算，根据数据地域、时间、对象的不同提供决策支持与服务。因此，物联网海量数据的存储需要数据库、数据仓库、网络存储、数据中心与云存储技术等支持。为应对物联网的挑战，应用于物联网的存储系统须满足以下需求。

1. 开放兼容

开放兼容的目的是缩减应用开发的成本，降低使用数据信息的代价。要达到这一目的，需要物联网中的数据存储系统具有广泛的应用。基于广泛应用的特点，要求物联网存储系统具有开放兼容性，即兼容多种物联网技术，屏蔽多种数据接口之间的复杂性，允许多种物联网设备之间能够通过接口与交互协议实现数据的获取和共享。开放兼容也可以在一定程度上降低物联网整体设计的复杂性。

2. 动态变化

动态变化包括以下两方面。

(1) 存储能力动态变化。一方面具备伴随数据规模增大可无限横向扩展的能力，另一方面也具备功能需求完成后释放资源的能力。具有良好的弹性是应对物联网海量数据存储的基本前提。

(2) 数据结构动态可变化。因为物联网的数据具有多源和异构特点，为应用这一特性，要求存储数据的数据结构能够动态变化，即可根据需求的不同灵活定制数据格式。

3. 可靠高效

可靠高效指支持高并发及高可用性。物联网存在大量网关同时向信息存储服务系统写数据以及大量用户同时查询数据的情景，信息存储服务系统需对这类高并发场景提供良好支持；另外还应在部分节点失效的情况下，整个信息存储系统依然可提供正常信息服务，即具备高容错能力，这是信息存储服务系统可用的关键。

4. 安全可信

物联网信息服务系统健康地运维需要健全的安全体系支持，系统的开放性给维护数据安全、提高隐私保护带来了更大的挑战。构建于安全可信框架下的物联网信息存储服务是推动用户广泛接受必须满足的条件，也是物联网普及应用的前提。

8.2.2 数据存储分类

1. 数据存储模式分类

物联网整体由若干局域感知网络构成，感知网络之间基于互联网、卫星等手段实现互联互通。从网络构成角度，物联网数据存储模式主要分为以下两大类，如图 8-1 所示。

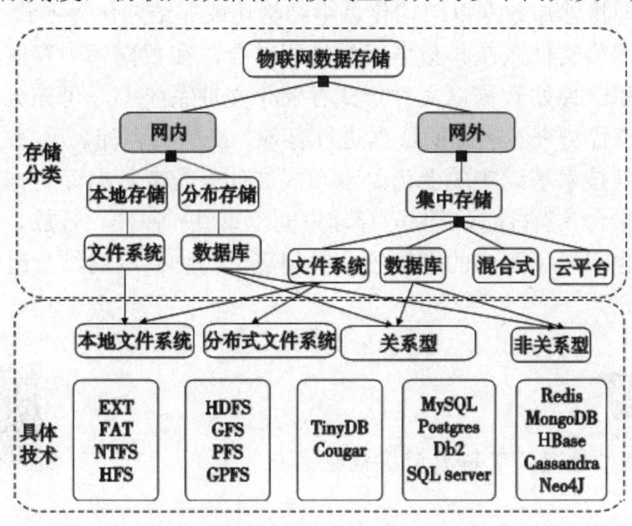

图 8-1 物联网数据存储分类及技术

1) 网内存储模式

利用感知网络自身的存储能力记录感知数据。通常感知设备都具备一定的存储空间，以WSN为例，除电源、传感单元、处理器等部件外，也配备了存储单元，可以保存一定量的数据。网内存储还可细分为两类。

(1) 本地存储，感知数据生成后存储于产生它的感知节点中。

(2) 分布存储，感知数据分布存储于感知网络的某些或全部节点中，通过分布式机制实现对数据的访问和存储。

2) 网外存储模式

感知数据由各个节点产生后，由专门的节点负责数据存储和集成，并借助网络等设施与感知网络外部建立通信，最终以人工收集、自动推送或定期询问等方式将感知数据发送至网络外的存储系统集中存储。查询处理可以在网外存储系统中直接完成，无须与感知网络建立通信。如果需要把查询的结果返回到感知终端，则需要建立网络连接。

不同存储模式的工作重点有所差别。对于网内存储模式，既需要关注对感知数据的网内处理与存储以实现高效节能，也需要实现快速、可靠的信息收集与统计，有效减少扫描时延并确保鲁棒性，在具有不确定性的实时数据流基础上提供可靠的事件查询结果；另外，由于网内存储的设备容量往往有限，在紧急的情况下可以有选择地对重要的数据信息优先存储和传输。对于网外存储模式，需要关注大规模数据下的分片存储与查询优化处理，兼容多源异构数据的存储与表达，提供多级时间、空间粒度下对于复杂事件的查询支持，并在多用户、多任务、高并发情况下保持较高的性能。

2. 数据存储基本手段

物联网数据存储分类及技术如图8-1所示。从图中可以看到，这两类模式从技术上来讲最基本的存储手段有四种。

(1) 文件系统，即将感知数据以文件的形式(如 XML 文件或纯文本) 存储于文件系统中，文件系统包括本地文件系统，以及建立于本地文件系统之上的分布式文件系统。

(2) 数据库，即将感知数据以结构化、半结构化或非结构化等形式存储于数据库中。

(3) 混合式，即将文件系统与数据库系统相结合，在数据库中存储的不是原始感知数据，而是数据的索引。原始数据以文件形式存储于文件系统中，可充分利用两者各自存储不同类型数据的特有优势来对感知的数据进行有效、高效的存储。

(4) 云平台，其技术基础实质上仍是分布式文件系统或数据库。作为一项新兴技术和新的服务模式，云平台具有(计算资源与存储空间双重性) 弹性、开放、高性能等优势，但其内部的复杂环境也引发了更多的数据安全等问题，与物联网的结合过程及相关技术还需要专门的进一步研究。

知识拓展

扫描右侧二维码，了解典型存储技术及方案。

8.2.3 数据存储技术的发展与演变

在物联网中，无所不在的移动终端、RFID 设备、无线传感器每分每秒都在产生数据，同互联网相比，数据量提升了几个量级。随着数据从 GB、TB 到 PB 量级的海量急速增长，存储系统由单一的磁盘、磁带、磁盘阵列转向网络存储、云存储等，一批批新的存储技术和服务模式不断涌现。

1. 磁盘阵列 RAID

磁盘阵列的原理是将多个硬盘相互连接在一起，由一个硬盘控制器控制多个硬盘的读写同步。图 8-2 显示了典型的磁盘阵列形态。磁盘阵列中比较著名的是独立冗余磁盘阵列 (redundant arrays of inexpensive disks，RAID)。

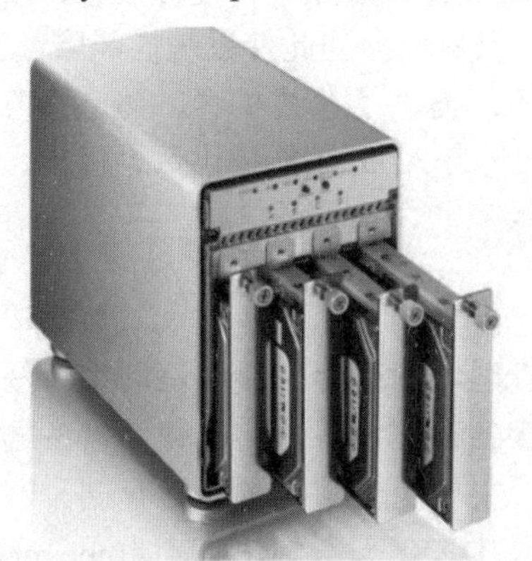

图 8-2 磁盘阵列

1) RAID 的级别

组成磁盘阵列的不同方式称为 RAID 级别，不同的 RAID 级别代表着不同的存储性能、数据安全性和存储成本。目前，RAID 分为 0～7 共 8 个级别，还有一些基本 RAID 级别的组合形式，如 RAID 10(RAID 0 与 RAID 1 的组合)、RAID50(RAID 0 与 RAID 5 的组合)等。

RAID0 无数据冗余，存储空间条带化，即对各硬盘相同磁道并行读写。RAID0 具有成本低、读写性能极高、存储空间利用率高等特点，适用于音视频信号存储、临时文件的转储等对速度要求极其严格的特殊应用。

RAID1 是两块硬盘数据完全镜像，安全性好，技术简单，管理方便，读写性能良好。因为 RAID1 是一一对应的，所以必须同时对镜像的双方进行同容量的扩展，磁盘空间浪费较多。

RAID5 对各块独立硬盘进行条带化分割，相同的条带区进行奇偶校验，校验数据平均分布在每块硬盘上。RAID5 具有数据安全、读写速度快、空间利用率高等优点，是目前商业应用中最广泛的 RAID 技术，不足之处是，如果一块硬盘出现故障，整个系统的性能将大大降低。

2) RAID 的技术特点

RAID 最大的优点是提高了数据存储的传输速率和提供了容错能力。

(1) 在提高数据传输速率方面，RAID 把数据分成多个数据块，并行写入/读出多个磁盘，可以让很多磁盘驱动器同时传输数据，以提高访问磁盘的速度。而这些磁盘驱动器在逻辑上又是一个磁盘驱动器，所以使用 RAID 可以达到单个磁盘驱动器几倍、几十倍甚至上百倍的速率。

(2) 在容错方面，RAID 通过镜像或校验操作来提供容错能力。由于部分 RAID 级别是镜像结构的，如 RAID1，在一组盘出现问题时，可以使用镜像解决问题，从而大大提高了系统的容错能力。而另一些 RAID 级别，如 2、3、4、5 则通过数据校验来提供容错功能。当磁盘失效的情况发生时，校验功能结合完好磁盘中的数据，可以重建失效磁盘上的数据。

3) RAID 的实现

RAID 的具体实现分为“软件 RAID”和“硬件 RAID”。

软件 RAID 是指通过网络操作系统自身提供的磁盘管理功能，将连接普通 SCSI 卡上的多块硬盘组成逻辑盘，形成阵列。软件 RAID 不需要另外添加任何硬件设备，所有操作皆由中央处理器负责，所以系统资源的利用率很高，但是也会因此使系统性能降低。

硬件 RAID 是使用专门的磁盘阵列卡来实现的，提供了在线扩容、动态修改 RAID 级别、自动数据恢复、超高速缓冲等功能。同时，硬件 RAID 还能提供数据保护、可靠性、可用性和可管理性等解决方案。

2. 网络存储

由于直接连接磁盘阵列无法进行高效使用和管理，网络存储便应运而生。网络存储技术将“存储”和“网络”结合起来，通过网络连接各存储设备，实现存储设备之间、存储设备和服务器之间的数据在网络上的高性能传输，主要用于数据的异地存储。网络存储有三种方式，即直接附加存储(direct attached storage，DAS)、网络附加存储(network attached storage，NAS)和存储区域网(storage area network，SAN)。

1) 直接附加存储(DAS)

DAS 存储设备是通过电缆直接连接至一台服务器上，I/O 请求直接发送到存储设备。DAS 的数据存储是整个服务器结构的一部分，其本身不带有任何操作系统，存储设备中的信息必须通过系统服务器才能提供信息共享服务。DAS 的优点是结构简单，不需要复杂的软件和技术，维护和运行成本较低，对网络没有影响，但它同时也具有可扩展性差、资源利用率较低、不易共享等缺点。因此，DAS 存储一般用于服务器在地理分布上很分散，通过 SAN 或 NAS 在它们之间进行互联非常困难或存储系统必须被直接连接到应用服务器的场合。

2) 网络附加存储(NAS)

在 NAS 存储结构中，存储系统不再通过 I/O 总线附属于某个服务器或客户机，而是直接通过网络接口与网络直接相连，由用户通过网络访问。NAS 实际上是一个带有服务器的存储设备。其作用类似于一个专用的文件服务器。这种专用存储服务器去掉了通用服务器的大多数计算功能，而仅仅提供文件系统功能。与 DAS 相比，数据不再通过服务器内存转发，而是直接在客户机和存储设备间传送，服务器仅起到控制管理的作用。

3) 存储区域网(SAN)

SAN 是存储设备与服务器通过高速网络设备连接而形成的存储专用网络，是一个独立的、专门用于数据存取的局域网。SAN 通过专用的交换机或总线建立起服务器和存储设备之间的直接连接，数据完全通过 SAN 或网络在相关服务器和存储设备之间高速传输，对于计算机局域网的带宽占用几乎为零，其连接方式如图 8-3 所示。

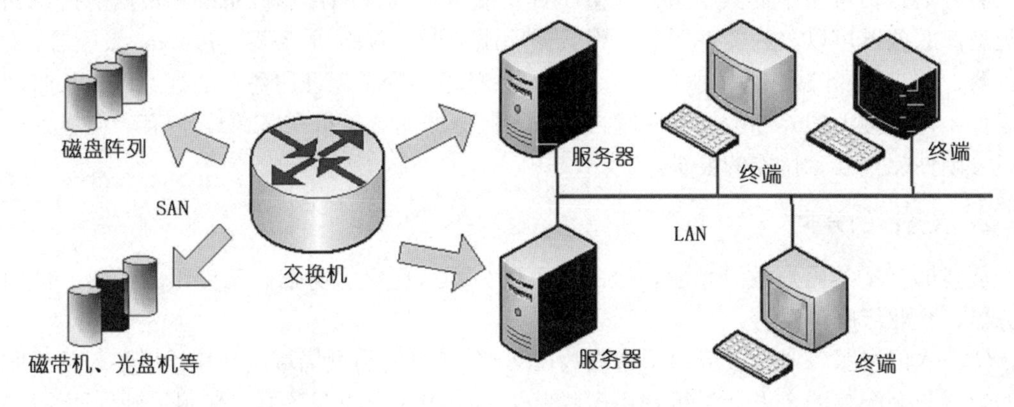

图 8-3　SAN 的网络连接方式

SAN 按照组网技术主要分为三种，即基于光纤通道的 FC-SAN、基于 iSCSI 技术的 IP-SAN 和基于 InfiniBand 总线的 IB-SAN。图 8-3 中的 LAN 部分一般采用以太网交换机组网。

在 SAN 方式下，存储设备已经从服务器中分离出来，服务器与存储设备之间是多对多的关系，存储设备成为网上所有服务器的共享设备，任何服务器都可以访问 SAN 上的存储设备，提高了数据的可用性。SAN 提供了一种本质上物理集中而逻辑上又彼此独立的数据管理环境，主要应用于对数据安全性、存储性能和容量可扩展性要求比较高的场合。

3. 云存储

云存储是在云计算的基础上发展而来的，它是指通过集群应用、网格技术或分布式文件系统等功能，将网络中大量不同类型的存储设备通过应用软件集合起来协同工作，共同对外提供数据存储和业务访问的存储系统。云存储承担着最底层的数据收集、存储和处理等任务，对上层提供云平台、云服务等业务。

云存储通常由具有完备数据中心的第三方提供，企业用户和个人用户将数据托管给第三方。云存储服务主要面向个人用户和企业用户。在个人云存储方面，主要是一些云存储服务商向个人用户提供的云端存储空间，如百度云、阿里云向用户提供的免费云存储空间。在企业级云存储方面，通过高性能、大容量云存储系统，数据业务运营商和 IDC 数据中心可以为无法单独购买大容量存储设备的企业提供方便快捷的存储空间租赁服务。

与传统的存储设备相比，云存储是一个由网络设备、存储设备、服务器、应用软件、公用访问接口、接入网和客户端程序等多个部分组成的复杂系统，各部分以存储设备为核心，通过应用软件对外提供数据存储和业务访问服务。

8.3　云计算与物联网

8.3.1　服务器技术的发展

由于所有存储设备都必须连接在服务器上，因此讨论存储问题必然要涉及服务器的概念。

1. 服务器的基本概念

服务器是指网络中为其他客户计算机提供服务的高性能计算机系统。根据所提供的服务类型，服务器可以分为文件服务器、数据库服务器、Web 服务器、E-mail 服务器、FTP 服务器、DNS 服务器、通信服务器、打印服务器等。为了保证服务器的高速度、长时间可靠运行、具有强大的外部数据吞吐能力，作为服务器的计算机在 CPU、内存、磁盘、网络接口等硬件配置上有特殊的要求。

2. 服务器的分类

从能够支持的用户数量角度，服务器可以分为入门级服务器、工作组服务器、部门级服务器、企业级服务器等。

(1) 入门级服务器一般应用于用户数在 20 个左右的小型局域网环境。很多入门级服务器的配置与高配置的个人计算机差不多，但是有一些入门级服务器也采用了硬件冗余(如硬盘、电源、风扇、网卡)、快速接口(如 SCSI 接口标准)、热插拔(如硬盘和内存等)、多 CPU 与大容量内存技术。

(2) 工作组服务器一般应用在用户数在 50 个左右的环境，可以满足中小型网络系统的数据处理、文件存储和共享、互联网接入等需求。

(3) 部门级服务器一般采用双 CPU 以上的对称处理器结构，具备磁盘阵列等比较齐全的硬件配置。其最大特点就是具有全面的服务器管理能力，可监测温度、电压、风扇、机箱等状态参数，使管理人员能够及时了解服务器的工作状况。部门级服务器具有优良的系统可扩展性，能够在业务量增加时及时在线升级。部门级服务器可连接 100 个左右的用户，适用于对处理速度和系统可靠性有较高要求的中小型企业网络。

(4) 企业级服务器一般采用 4 个以上 CPU 的对称处理器结构，有的服务器的 CPU 多达几十个。企业级服务器一般还具有独立的双 PCI 通道和内存扩展板设计，具有高内存带宽、热插拔硬盘和电源。企业级服务器一般为机柜式，有时还由几个机柜来组成。企业级服务器最大的特点就是具有高度的容错能力、优良的可扩展性能、故障预报警功能、在线诊断等，所采用的操作系统一般也是 UNIX、Solaris 或 Linux。企业级服务器适合运行在需要处理大量数据，对处理速度和可靠性要求较高的金融、证券、交通、邮政、电信或其他大型企业。

3. 机房中应用的服务器类型

在实际的机房组建中，选择服务器时首先要考虑服务器的体积、功耗、发热量等物理参数，因为从管理的角度来说，这些服务器与存储器必须安装在机房中。由于机房要有严密的保安措施、良好的冷却系统、多重备份的供电系统，因此机房的造价相当昂贵。如何在有限的空间内部署更多的服务器，直接关系到数据中心建设与运营的成本。实际机房中应用的服务器主要有三种类型，即塔式服务器、机架式服务器与刀片式服务器。

(1) 塔式服务器。塔式服务器是机房中最常见的一种服务器。塔式服务器的外形及结构都和我们平时使用的立式 PC 相似。由于塔式服务器的主板可扩展性强、插槽多，因此其体积要比普通 PC 机箱大，同时会预留足够的内部空间，以便用于硬盘和电源的冗余和扩展。目前常见的入门级服务器与工作组服务器基本上都采用塔式服务器结构，一些部门级服务器也会采用。由于塔式服务器体积大，系统管理不方便，因此限制了塔式服务器的应用。

(2) 机架式服务器。现在很多互联网的网站服务器都是由专业机构统一托管的，网站的经营者只需要维护网站页面的内容，硬件和网络连接则交给托管机构负责。托管机构会根据被托管服务器占用的空间大小来收取费用。机架式服务器是对塔式服务器结构的优化，其目的是尽可能减少服务器占用的空间，使得服务器在机房托管时更节省费用。

现在很多网络设备，如交换机、路由器、硬件防火墙，都是按照国际机柜标准设计成扁平的抽屉状。机架式服务器机箱的宽度为19英寸，高度以U为单位(1U=44.45毫米)，通常有1U、2U、3U、4U、5U与7U等几种标准。这样，不同设备的几何尺寸可以基本统一，它们可一起安装在一个大型的立式标准机柜中。机柜的尺寸采用通用的工业标准，通常从22U到42U不等；机柜内有可拆卸的滑动托架，用户可以根据自己服务器的标高灵活调节高度，以存放服务器、集线器、磁盘阵列柜等网络设备。机架式服务器的所有接口都在机柜后方，服务器摆放好之后，它的所有I/O线全部从机柜的后方引出，统一安置在机柜的线槽中，便于管理。

(3) 刀片式服务器。与机架式结构相比，刀片式服务器更节省空间。刀片式服务器是指在标准高度的机架式机箱内插装多个卡式的服务器单元，以实现高可用和高密度。每一块“刀片”实际上就是一块计算机的系统主板，它们可以通过硬盘启动自己的操作系统，类似于一个独立的服务器。管理员可以通过系统软件，将这些“刀片”计算机主板集合成一个服务器集群，所有的“刀片”计算机可以协同工作。由于机架式结构允许刀片主板热拔插，因此系统可扩展性与可维护性好。

4. 服务器集群的基本概念

服务器集群是将多个服务器系统连接到一起，使得多台服务器在客户端看起来像是一台服务器，以提高服务器系统的稳定性和数据处理能力。一个服务器集群包含多台拥有共享数据存储空间的服务器，当其中一台服务器发生故障时，它所运行的应用程序可由其他的服务器自动接管。用户在使用过程中并不知道具体使用的是哪一台服务器，如果服务器出现故障而发生任务迁移用户也不会察觉，整个过程在服务器集群系统软件的控制下自动完成。

8.3.2 数据中心的基本概念

1. 数据中心产生的背景

到了20世纪90年代，随着互联网应用规模的不断扩大，大规模的在线网络服务、网络游戏、网络邮件、地址解析、搜索引擎、网络视频、网络音乐不断涌现，尤其是移动互联网应用的发展，促进了互联网数据中心(internet data center，IDC)的出现。

Google、百度搜索引擎的用户数都在数亿至十多亿级别，每个月的查询数达到数百亿次，每天处理的数据量都超过100PB，存储有数以亿计的网页与用户的个人资料。Google、百度在世界很多地方都部署了数量不等、规模有大有小的数据中心。同样，很多电信运营商、ISP运营商、网络服务运营商都组建了大量的IDC。另外，一些企业网、校园网、政务网、商务网也在考虑建设自己的数据中心。

2. 数据中心

我们平时所说的“数据中心”一般是指一个中小型企业网和校园网中安装了服务器与大型存储设备的中心机房，这类机房中可能有一台或几台数据服务器，甚至有包含几十台服务器的集群，配置有小型的磁盘阵列。中小型企业网中的数据中心是大型数据中心的雏形。

数据中心指可以实现信息的集中处理、存储、传输、交换和管理等功能的基础设施，是信息资源整合的载体，是包含大量计算设备和存储设备的数据处理集中地，是物联网大规模数据处理的理想场所。

数据中心一般包含计算机设备、服务器、网络设备、通信设备和存储设备等关键设备，如图 8-4 所示。

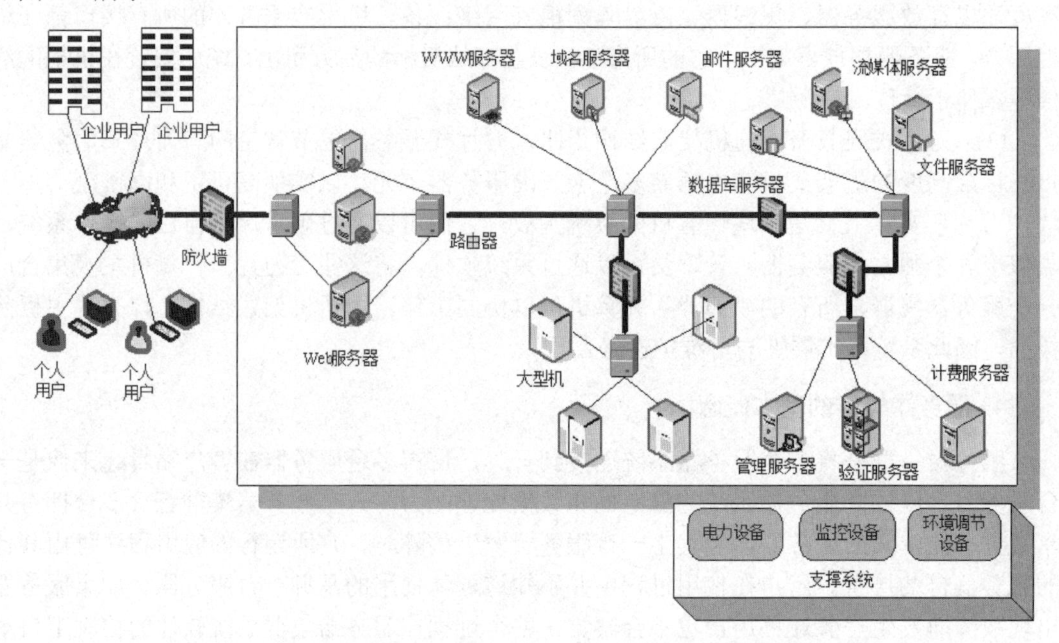

图 8-4　数据中心的组成结构示意图

一个完整的数据中心从逻辑上由支撑系统、计算设备和业务信息系统三个部分组成。支撑系统主要包括建筑、电力设备、环境调节设备、机柜系统、照明设备和监控设备；计算设备主要包括服务器、存储设备、网络设备和通信设备等，支撑着上层的业务信息系统；业务信息系统是为企业或公众提供特定信息服务的软件系统，信息服务的质量依赖于底层支撑系统和计算设备的服务能力。

建设一个大型数据中心的投资是巨大的。数据中心的成本由四部分组成，即服务器成本、网络设备成本、基础设施成本与能源成本。服务器成本包括购买服务器与存储器的费用；网络设备成本包括购买交换机、路由器、负载均衡设备的费用；基础设施成本包括内部结构化布线与出口铺设光纤的费用；能源成本包括日常计算机、存储器、网络设备与冷却设备的耗电费用。以一个由 5 万台服务器组成的 IDC 为例，服务器成本约占总投资的 45%，网络设备成本占 15%，基础设施成本占 25%，能源成本占 15%。企业自建的数据中心往往存在服务器利用率低、维护困难、成本高等难题，这不符合绿色节能的原则，因此很有必要研究既能够快速部署物联网应用、存储海量数据，又能够节省资金、降低日常维护费用，符合环保节能原则的数据中心技术。目前，数据中心的概念正在经历从中小型企业网和校园网中的计算与存储数据的数据中心，向云计算平台的数据中心发展的趋势。

8.3.3 云计算的基本概念

1. 云计算的发展

传统企业的软硬件维护成本高昂。在企业信息系统中，只有 20%的资金是用于软硬件更新，而 80%的资金用于系统维护。根据 2006 年 IDC 对 200 家企业的统计，部分企业的信息技术人力成本已经达到 1320 美元/人/台服务器，而部署一个新的应用系统需要花费 5.4 周。为了降低数据中心昂贵的建设、维护与运行费用，快速部署新的网络应用，2006 年 Google、Amazon 等公司提出了云计算的构想。早在 1961 年，计算机先驱 John McCarthy 就预言：“未来的计算资源能像公共设施(如水、电)一样被使用。”为了实现这个目标，在之后的几十年里，学术界和产业界陆续提出了集群计算、网格计算、服务计算等技术，而云计算正是在这些技术基础上发展起来的。

根据美国国家标准与技术研究院(NIST)的定义，云计算是一种利用互联网实现随时随地、按需、便捷地访问共享计算设施、存储设备、应用程序等资源的计算模式。云计算采用计算机集群构成数据中心，并以服务的形式交付给用户，使得用户可以像使用水、电一样按需购买云计算资源。

云计算模式一经提出便得到产业界、学术界与政府的广泛关注。其中，Amazon 等公司的云计算平台提供可快速部署的虚拟服务器，实现了基础设施的按需分配；MapReduce 等新型并行编程框架简化了海量数据处理模型；Google 公司的 App Engine 云计算开发平台为应用服务提供商开发和部署云计算服务提供接口；Salesforce 公司的客户关系管理(customer relationship management，CRM)服务将桌面应用程序迁移到互联网，实现应用程序的泛在访问。同时，各国学者对云计算也展开了大量研究工作。在 2007 年，斯坦福大学等多所美国高校便开始和 Google、IBM 合作，研究云计算关键技术。近年来，随着以 Eucalyptus 为代表的开源云计算平台的出现，进一步加速了云计算服务的研究和普及。

与此同时，各国政府纷纷将云计算列为国家战略，投入了相当大的财力和物力用于云计算的部署。其中，美国政府利用云计算技术建立联邦政府网站，以降低政府信息化运行成本。英国政府建立了国家级云计算平台(G-Cloud)，超过 2/3 的英国企业开始使用云计算服务。我国北京、上海、天津、重庆、深圳、杭州、无锡等城市也开展了云计算服务试点示范工作与发展规划，电信、石油、电力、交通运输等行业也启动了相应的云计算应用计划。

2. 虚拟化技术

虚拟化技术是云计算最重要的核心技术之一，它为云计算服务提供基础设施层面支撑，是 ICT 服务快速走向云计算的最主要驱动力。

在云计算环境下，资源不再是分散的硬件，而是让 CPU、内存、磁盘、I/O 等硬件变成可以动态管理的“资源池”。虚拟化技术是实现云计算资源池化和按需服务的基础。云计算中的虚拟化技术具有以下几个重要特点。

(1) 资源分享：通过虚拟机封装用户各自的运行环境，有效实现数据中心资源的多用户分享。

(2) 资源定制：用户利用虚拟化技术，配置私有的服务器，指定所需的 CPU 数目、内存容量、磁盘空间，实现资源按需分配。

(3) 资源管理：将物理的服务器拆分成若干虚拟机，可以提高服务器的资源利用率，减少浪费，有助于服务器的负载均衡和节能。

物理服务器经过整合之后形成一个或多个逻辑上的虚拟资源池，共享计算、存储和网络资源，可以使一台服务器变成几台甚至上百台相互隔离的虚拟服务器，不再受限于物理上的界限，从而提高了资源的利用率，简化了系统管理，使 IT 对业务的变化更具适应性。

虚拟化是将计算机物理资源(服务器、网络、内存及存储等)予以抽象、转换后呈现出来，使用户比原来的组态更好地应用这些资源。

虚拟化技术分为原生虚拟化和寄宿虚拟化两种。在原生虚拟化中，直接运行在硬件之上的不是宿主操作系统，而是虚拟化平台。虚拟机运行在虚拟化平台上，虚拟平台提供指令集和设备接口，以提供对虚拟机的支持，其特点是性能较好，但是实现起来比较复杂。在寄宿虚拟化中，虚拟机监视器(VMM)运行在宿主操作系统之上，其功能是实现硬件资源的抽象和虚拟机的管理，其特点是实现比较容易，但是性能通常比较低。

3. 云计算的特点

计算资源的服务化是云计算的重要表现形式，云计算的特点主要表现在以下几个方面。

(1) 弹性服务：云计算服务的规模可快速伸缩，以自动适应用户业务的动态变化。用户使用的资源同业务需求相一致，避免了因为服务器性能过载而导致服务质量下降或因为服务器性能冗余而导致资源浪费。

(2) 资源池化：云计算利用虚拟化技术，将资源按需分配给不同用户。资源以共享资源池的方式统一管理，资源的放置、管理与分配策略对用户透明。

(3) 按需服务：云计算以服务的方式，根据用户需求自动分配资源，而不需要系统管理员的干预。

(4) 服务可计费：云计算可以监控用户的资源使用量，并根据资源的使用情况对服务计费。

(5) 泛在接入：用户可以利用各种终端设备(如 PC、笔记本电脑、智能手机和各种移动终端系统)随时随地通过互联网访问云计算服务。

4. 云计算数据中心的主要特点

与传统的企业数据中心不同，云计算数据中心具有以下几个主要特点。

(1) 自治性：传统的数据中心需要人工维护，而云计算数据中心的大规模性要求系统在发生异常时能自动重新配置，并从异常中恢复，不影响服务的正常使用。

(2) 规模经济：通过对大规模集群的统一化、标准化管理，使单位设备的管理成本大幅降低。

(3) 规模可扩展：考虑到建设成本及设备更新换代，云计算数据中心往往采用大规模、高性价比的设备组成硬件资源，并提供扩展规模的空间。

基于以上特点，云计算数据中心的相关研究工作主要集中在两个方面：一是研究新型的数据中心网络拓扑，以低成本、高带宽、高可靠的方式连接大规模计算节点；二是研究高效的绿色节能技术，以提高效能，减少环境污染。

云计算数据中心规模庞大，为了保证设备正常工作，需要消耗大量的电能。据估计，传统的拥有 50000 个计算节点的数据中心每年耗电量超过 1 亿千瓦时，电费达到 930 万美元。因此需要研究有效的绿色节能技术，以解决能耗开销问题。实施绿色节能技术，不仅可以降低数据中心的运行开销，而且能减少二氧化碳的排放，有助于环境保护。

正是因为云计算具有以上特性，因此云计算适用于物联网的应用。

8.3.4 云计算系统的组成

云计算系统由云平台、云终端、云存储与云安全四个部分组成。

1. 云平台

1) 云平台的特点

云平台是云计算系统的核心组成部分。它作为提供云计算服务的基础，管理着数量巨大的底层物理资源，以虚拟化技术来整合一个或多个数据中心的资源，屏蔽不同底层设备的差异性，统一分配和调度计算资源、存储资源与网络资源，以一种透明的方式向用户提供包括计算环境、开发平台、软件应用在内的多种服务。用户可以从不同的终端设备上享受计算和存储资源，而不用关心云平台实现服务的细节。云平台可以包括几十乃至上百万台的计算机，以及大量的存储器。在使用者看来，云平台的资源是可以无限扩展的。用户可以利用各种终端设备通过网络接入云平台，随时获取与使用、按需扩展计算和存储资源，并按实际使用的资源付费。

云平台是云计算数据中心的主要组成部分，它是云计算系统的核心，其资源规模与可靠性对上层的云计算服务有着重要影响。

2) 云平台的分类

(1) 从用户角度看，云平台分为公有云、私有云和混合云三类。

① 公有云。公有云通常指第三方提供商为用户提供服务的云平台，用户可以通过互联网访问。公有云作为一个支撑平台，可以通过提供免费的服务，吸引大量的用户，整合上游的增值业务和广告服务，打造新的产业链。目前，公有云主要分为由传统电信基础设施运营商组建的公有云、各级政府主导下组建的公有云、大型互联网公司组建的公有云及互联网数据中心运营商组建的公有云四类。

② 私有云。私有云是为用户单独使用而组建的，例如移动通信公司、银行、政府、公安、交通、电力、有线电视等部门与机构。这些部门与机构的数据存储量、处理量和安全性要求比较高，私有云能够满足它们在数据存储与处理、数据安全和服务质量等方面的要求。私有云可部署在企业数据中心的防火墙内，也可以部署在安全的主机托管场所。

③ 混合云。混合云融合了公有云和私有云，是近年来云计算的主要模式和发展方向。私有云主要面向企业用户。出于安全考虑，企业更愿意将数据存放在私有云中，但是同时又希望可以获得公有云的计算资源，在这种情况下混合云越来越多地被采用。它将公有云和私有云进行混合和匹配，以获得最佳的效果。这种个性化的解决方案，达到了既省钱又

安全的目的。

(2) 从云平台提供服务层次的角度看，云平台可以分为硬件即服务、基础设施即服务、平台即服务与软件即服务四类。

① 硬件即服务(hardware as a service，HaaS)。虚拟化的云计算平台，其计算机的快速计算能力和稳定的储存能力相当于提供了一个中间的操作系统，它屏蔽了底层操作系统的异构性。HaaS是将硬件资源作为服务提供给用户的一种商业模式，它的出现加速了云计算用户端向“瘦客户端”的发展过程。

② 基础设施即服务(infrastructure as a service，IaaS)。IaaS平台向用户提供虚拟化的计算资源、存储资源与网络资源，根据用户需求进行动态分配和调整。亚马逊(Amazon)公司的EC2(elastic computing cloud)平台就是一个比较成熟的IaaS平台，它能够向企业提供虚拟机租用服务。

③ 平台即服务(platform as a service，PaaS)。PaaS平台向软件开发人员提供类似于中间件的服务，包括数据库、数据处理与软件开发环境等。例如，Google File System、Map Reduce、BigTable就是以PaaS方式向用户提供服务，微软的WAP(windows azure platform)也属于PaaS平台。

④ 软件即服务(software as a service，SaaS)。SaaS平台向最终用户提供定制的软件服务，用户无须安装软件副本，就可以通过网络使用软件。Google App就是一种典型的SaaS，它提供类似于传统桌面软件的多种网页应用程序，所有程序都是在线提供的，用户无须下载任何软件的副本就可以通过互联网来访问云平台。

云计算体现了软件即服务(SaaS)的理念，可以通过浏览器把程序传给成千上万的用户。从用户的角度来看，他们可以省去在服务器和软件授权上的开支。从供应商的角度来看，由于只需要维持一个程序，从而降低了运营成本。云计算可以将开发环境作为一种服务向用户提供，使得用户能够开发出更多的物联网应用程序。

2. 云终端

云终端使用虚拟化技术，使得任何接入互联网或物联网的终端设备都可以访问云计算平台。基于虚拟化的云终端技术极大地减轻了终端设备对本地操作系统、硬件平台版本的依赖性，将引发终端设备使用方式的变革。国际咨询机构IDC、Gartner预测，未来全球6.6亿台个人计算机都能够成为虚拟化的云终端，超过50%的智能手机将成为云终端。随着物联网的发展，将有更多的智能终端设备成为云终端。

目前，有关云终端的研究有三种思路，即基于程序资源远程执行的云终端、基于WebOS的云终端和基于虚拟机的云终端。

(1) 基于程序资源远程执行的云终端。这是最早出现的一种云终端，它类似于瘦客户机，只能实现应用程序的远程虚拟显示功能。这类云终端通过远程访问的方式获取服务器程序运行的资源，为用户呈现一个熟悉的运行环境。

(2) 基于WebOS的云终端。在基于WebOS(web-based operating system)的云终端模式中，用户通过浏览器登录到一个虚拟桌面上，就可以在网络提供的WebOS上运行应用程序。在这种情况下，用户可以摆脱本地存储空间的限制，直接在服务器上运行应用程序。

(3) 基于虚拟机的云终端。典型的基于虚拟机的云终端是VMWare公司的虚拟化桌面基础设施 VDI，它在服务器端为每一个用户分配一个虚拟机环境，终端的数据处理与存储均在这个虚拟机环境中完成。服务器完成用户所有的功能，而云终端只起显示结果的作用。基于虚拟化的云终端改变了传统计算机的管理方式，利用虚拟化技术对操作系统与应用软件进行集中管理与高效分发迁移，使得用户在任何时间、任何地点都可以访问云计算平台。

3. 云存储

云计算的概念包括计算与存储两个方面。随着计算能力的不断提高，计算模型也逐渐从单机计算、集群计算向云计算方向发展；而存储技术随着计算模式的演变，也正在从单机存储、网络存储、分布式存储向云存储方向发展。

云存储基于云平台，结合大规模可扩展的海量存储、计算机网络、虚拟化、文件系统的概念与技术，面向大规模、高效、可扩展、可定制的应用系统用户，提供安全、廉价、按需使用的专业化存储服务。用户不必关心云存储服务使用什么样的主机、数据库、存储设备，只需要根据自身应用系统的数据量、安全性要求，以订购的方式使用云存储服务提供商提供的存储资源即可。

云存储服务的出现使得用户无须为部署一种应用服务而专门购置昂贵的设备，减少了日常维护的人员与费用，提高了存储资源的利用率，降低了能耗，屏蔽了海量异构数据存储管理的复杂性，增强了系统的可扩展性、可维护性与安全性，加快了应用系统部署的速度，提高了工作效率。

典型的云存储系统有 Google File System、BigTable，IBM 公司的蓝云数据存储平台，亚马逊公司的在线存储服务 S3、Dynamo，微软的 Azure，赛门铁克的 FileStore，EMC 公司的 ATMOS 系统等。国内常用的云存储系统有百度网盘、腾讯微云、阿里云、360 云盘等。

4. 云安全

云安全提供可靠、可信的云环境，以保护用户数据的安全。目前，云安全研究主要集中在云计算的安全控制、云计算的可信执行环境、虚拟机的安全监控、云计算服务访问的通信安全及云计算安全评估方法等方面。

国际咨询机构 Gartner 在 2008 年发布的《云计算安全风险评估报告》中指出，有敏感数据的应用系统在使用云计算平台时，要注意数据的完整性、安全性、隐私保护等法律问题。同时要对特权用户的访问控制、数据存储的可用性、可靠性进行评估，以减小应用系统的风险。2009 年 4 月，云安全联盟(cloud security alliance，CSA)成立。CSA 的作用是联合主要的云计算研究机构与服务提供商，促进云安全技术的发展与应用。

知识拓展

扫描右侧二维码，了解云计算系统实例。

8.3.5 云计算与物联网的关系

1. 云计算对物联网的促进

云计算是物联网发展的基石，并且从两个方面促进物联网的实现。首先，云计算是实现物联网的核心，运用云计算模式使物联网中以兆计算的各类物品的实时动态管理和智能分析变得可能。物联网是通过将射频识别技术、传感技术、纳米技术等新技术充分运用到各行业中，将各种物体充分连接，并通过无线网络将采集到的各种实时动态信息送达计算机处理中心进行汇总、分析和处理。建设物联网的三大基石包括：①传感器等电子元器件；②传输的通道，比如电信网；③高效、动态及可以大规模扩展的技术资源处理能力。其中，第三个基石是通过云计算模式辅助实现的。其次，云计算促进物联网和互联网的智能融合，从而构建智慧地球。物联网和互联网的融合需要更高层次的整合，需要“更透彻的感知，更安全的互联互通，更深入的智能化”。它同样需要依靠高效、动态及可以大规模扩展的技术资源处理能力，而这正是云计算模式所擅长的。同时，云计算的创新型服务交付模式简化服务的交付，加强物联网和互联网之间及其内部的互联互通，可以实现新商业模式的快速创新，促进物联网和互联网的智能融合。

把物联网和云计算放在一起，是因为物联网和云计算的关系非常密切。物联网的四大组成部分为感应识别、网络传输、管理服务和综合应用，其中，中间两个部分会利用到云计算，特别是“管理服务”这一项。因为这里有海量的数据存储和计算的需求，使用云计算是最省钱的方式。

2. 云计算与物联网的结合

云计算与物联网各自具备很多优势，如果把云计算与物联网结合起来，可以看出云计算其实就相当于一个人的大脑，而物联网就是其眼睛、鼻子、耳朵和四肢等。云计算与物联网的结合方式可以分为以下几种。

(1) 单中心，多终端。在此类模式中，分布范围较小的各物联网终端(传感器、摄像头或5G手机等)把云中心或部分云中心作为数据/处理中心，终端所获得信息、数据统一由云中心处理及存储，云中心提供统一界面给使用者操作或者查看。这类应用非常多，如小区及家庭的监控、对某一高速路段的监测、幼儿园小朋友监管以及某些公共设施的保护等都可以使用此类信息。这类应用的云中心可提供海量存储和统一界面、分级管理等功能，对日常生活提供较好的帮助。一般此类云中心为私有云居多。

(2) 多中心，大量终端。对于很多区域跨度加大的企业、单位而言，多中心、大量终端的模式较适合。例如，一个跨多地区或者多国家的企业，因其分公司或分厂较多，要对其各公司或工厂的生产流程进行监控，对相关的产品进行质量跟踪等。同理，有些数据或者信息需要及时甚至实时共享给各个终端的使用者时可采取这种方式。举个简单的例子，如果北京地震中心探测到某地10min后会有地震，只需要通过这种途径，仅仅十几秒就能将探测的信息发出，可尽量避免不必要的损失。中国联通的“互联云”思想就是基于此思路提出的。这个模式的前提是我们的云中心必须包含公共云和私有云，并且它们之间的互联没有障碍。这样，对于机密的事情可较好地保密而又不影响信息的传递与传播。

(3) 信息、应用分层处理，海量终端。这种模式可以针对用户范围广、信息及数据种类多、安全性要求高等特征来打造。当前，客户对各种海量数据的处理需求越来越多，针对此情况，我们可以根据客户需求及云中心的分布进行合理分配。对需要大量数据传送但安全性要求不高的，如视频数据、游戏数据等，我们可以采取本地云中心处理或存储。对于计算要求高但量不大的数据，可以放在专门负责高端运算的云中心里。而对于数据安全要求非常高的信息和数据，我们可以放在具有灾备中心的云端。此模式是根据应用模式和场景，对各种信息、数据进行分类处理，然后选择相关的途径传送给相应的终端。

3. 云计算与物联网的前景展示

云计算和物联网都是新兴事物，不过已经有了很多应用。但是两者结合的案例目前还是不多的。

有了云计算中心的廉价、超大量的处理能力和存储能力，有了物联网无处不在的信息采集能力，这两者结合，就可以产生类似《阿凡达》里面描述的，将整个星球的生物都联系起来的奇妙情景。也可以有以下场景：当司机出现操作失误时汽车会自动报告；公文包会提醒主人忘记带了什么东西；衣服会“告诉”洗衣机对颜色和水的要求等。而物流咨询则能促进物联网在物流领域内的应用，例如，一家物流公司应用了物联网系统的货车装载超重时，汽车系统会自动告知司机超载的具体数字，也会根据装载的剩余空间提出方案，建议搬运人员对轻重货如何搭配更合适；当搬运人员卸货时，一个货物包装可能会大叫“你扔疼我了”，或者说“亲爱的，请你不要太野蛮，可以吗？”；当司机在和别人扯闲话时，货车也许会装作老板的声音怒吼“笨蛋，该发车了！”等。

总之，物联网是对互联网的极大拓展，而云计算则是一种网络应用模式，两者存在较大的区别。但是，对于物联网来说，本身需要进行大量而快速的运算，云计算带来的高效率的运算模式正好可以为其提供良好的应用基础。没有云计算的发展，物联网也不能顺利实现，而物联网的发展又推动了云计算技术的进步，两者缺一不可。

云计算与物联网的结合是互联网络发展的必然趋势，它将引导互联网和通信产业的发展，并将在 3～5 年内形成一定的产业规模，相信越来越多的公司、厂家会对此进行关注。与物联网结合后，云计算才算是真正意义上的从概念走向应用，进入产业发展的“蓝海”。

8.3.6 云计算在物联网中的应用

1. 物联网数据中心的特征

随着物联网应用的快速发展，物联网数据中心的建设面临着新的挑战，主要表现在虚拟化与云计算、海量数据管理与安全、绿色与节能。物联网数据中心应具有部署快捷、运行可靠、可扩展、安全、节能等特征。

(1) 部署快捷。物联网的应用涉及国民经济与社会生活的各个领域。一种物联网应用从研发成功到推广应用，能否不走传统互联网应用系统建设的老路，不在基础设施上搞重复建设，而是以最节约的方式实现快速部署，是物联网能不能够普及的关键。

(2) 运行可靠。物联网的数据中心应该达到电信级的运营要求，实行 7×24h 服务。这就要求数据中心能够自动监测与修复设备故障，实现从服务器、存储系统到应用的端到端的基础设施统一管理。

(3) 可扩展。物联网应用系统从研发、小规模应用到大规模应用必然要经历一个不断被用户接受的过程，因此为应用系统服务的数据中心也必须具有可扩展性，能够随着用户数量和数据资源的增长而扩大。物联网数据中心必须走统一规划、分期建设的道路，系统整体设计时必须考虑可扩展性问题。

(4) 安全。很多物联网应用系统的数据关乎企业的经营与发展，甚至关乎国计民生，因此用来存储物联网海量数据的数据中心的重要特征之一是它的安全性。云存储运营商与客户数据安全性的法律关系，是一个重大的研究课题。

(5) 节能。稳定可靠的供电系统是数据中心持续在线服务的基础，突发断电将会造成数据的丢失和错误。因此如何设计数据中心的供电系统，如何选用节能服务器、存储设备和网络设备，并通过先进的供电和散热技术实现供电、散热及计算资源的有效集成与管理，是成功运行物联网数据中心的一个重要问题。

2. 云计算在物联网中的应用案例

【案例 1】用于物流、位置服务、环境监测等服务的物联网应用系统。它们需要完成复杂的物流运输线路规划与供应链分析，大量用户位置信息的感知、存储与分析，大量环境数据的存储、分析与计算，但是出于经济或其他原因，这些企业不打算购买大型计算机、服务器与专用软件，它们希望社会上出现一类能够满足其计算与存储需求的企业，用户可以按需租用计算资源。能够按需为用户提供计算资源的企业就是云计算服务提供商。

【案例 2】随着物联网应用的深入，用户终端设备开始从计算机向各种家用电器、智能手机与移动终端设备方向发展，但是智能手机等移动终端的计算资源与存储资源十分有限。如果我们在手机上输入一个搜索某个智能交通系统的应用请求，那么整个应用请求的执行过程需要物联网中大型服务器集群来协同进行。随着基于智能手机等移动终端设备的物联网服务的不断增加，提供新的物联网服务的系统无须在硬件设施上投入资源，而只要按需租用云计算服务提供商的计算与存储资源，就可以快速组建应用系统，提供物联网服务，满足各种移动终端设备访问物联网应用系统的需求。

【案例 3】随着物联网应用的扩大，各种公共事业部门或个人需要存储的信息量不断增长，它们需要通过物联网将部门或个人的信息存储或备份到一个安全的地方，云计算服务提供商能够帮助它们完成这项工作。当然，如果物联网的应用规模达到一定程度，也可以考虑组建部门、企业专用的私有云平台。

云计算是一种“胖服务器/瘦客户机”的计算模式。在这种模式中，系统对用户端的设备要求很低。客户使用一台普通的个人电脑或者智能手机等移动终端设备，就能够完成用户需要的计算与存储任务。对于云计算用户来说，他们只需提出服务需求，而无须了解云端的具体细节。组建任何一种物联网应用系统，如大型零售与物流企业的 RFID 应用系统时，无须购置大量的服务器，建立专用的服务器集群，而是按照要求租用云计算平台提供的计算与存储资源，就能够快速部署应用系统。因此，云计算必然会在物联网中得到广泛应用。

3. 云计算系统结构

1) 云计算结构与物联网应用场景

云计算平台的结构是由应用场景决定的，应用场景确定之后，就确定了对云计算系统的要求。云计算“面对应用，以满足用户需求为中心”。应用于物联网的云计算平台结构取决于以下几点。

(1) 云终端数量、分布，数据存储量，数据计算量。

(2) 云计算中心是否跨地区，是否需要将不同地理位置的多个中心整合为一体。

(3) 用户对存储密集与计算密集的不同需求。

(4) 对不同应用、个人用户、企业用户、软件开发技术人员的适应能力。

不同的物联网应用，如基于 RFID 的应用与基于无线传感网的应用，其云终端数量、分布、数据存储量、数据计算量是不同的。银行、物流、零售等类别的应用可能需要在公司总部组建一个云计算中心；而智能电网、智能交通等类别的应用则需要在不同的区域建立分中心，最高管理部门在总部建立一个云计算中心，将多个分中心整合为一体。云计算系统应该同时具备处理数据存储密集与计算密集需求的能力，而不能只简单地考虑存储密集的服务。

2) 物联网的云计算系统结构

应用于物联网的云计算系统可以分为三层，即物理设备层、应用接口层与应用层，见表 8-1。

表 8-1 云计算系统结构模型

应用层	物联网应用系统
	数据计算、存储、备份与共享
应用接口层	中间件子层：中间件软件
	网络子层：数据传输
物理设备层	设备与用户管理子层：虚拟化、存储管理、状态监控、用户认证、权限管理
	设备子层：计算与存储设备(台式机、RAID、服务器集群……)

(1) 物理设备层。物理设备层是构成云计算系统的基础，它可以进一步分为设备子层、设备与用户管理子层。设备子层包括各种计算与存储设备，其中的服务器与存储器选型的基本原则是“只求适用，不求最贵”。其简约的设计风格可以降低数据中心总的组建成本，同时又能够实现更高的计算速度与更大的存储容量。通过将大量廉价的节点叠加起来实现高速计算能力，同时采取数据冗余、任务调度与迁移策略来保证系统工作的可靠性，这正体现出云计算有别于传统服务器集群的一个重要设计特点。设备与用户管理子层通过虚拟化、存储管理、状态监控与维护升级功能，实现了对计算与存储设备的运行管理，同时又向高层用户屏蔽了设备层计算与存储设备的异构性。为了保证网络用户身份的合法性，设备与用户管理子层还要承担用户身份认证与访问权限控制的功能。

(2) 应用接口层。应用接口层可以分为网络子层与中间件子层。网络子层完成数据传输的功能。中间件子层向应用层用户提供统一的编程接口，对应用程序和用户屏蔽了云计算平台的运行过程，方便用户使用。

(3) 应用层。应用层是物联网应用程序进入云计算系统的接口。物联网应用程序可以利用云计算平台，实现数据存储、备份、共享与处理。

4. 物联网数据中心的设计

用云计算技术组建物联网数据中心有两种方式，即传统的机房式数据中心与集装箱式数据中心，如图 8-5 所示。

传统的机房式数据中心如图 8-5(a)所示。组建一个传统结构的数据中心动辄就要建一座成百上千平方米的机房。如果数据中心还停留在过去的水平，势必满足不了未来市场的需要，相应的技术厂商和服务商也将面临被淘汰的命运。在未来的云计算和虚拟化市场上，需要借助新一代系统平台和服务理念，改变过去零星分散、资源浪费、效率低下的格局。而集装箱式数据中心的设计思想正适应了这种发展趋势。

集装箱式数据中心可以不受场地和时间限制，根据用户需要随时进行调配。例如，世界上最大的数据中心是微软位于芝加哥的数据中心。这个数据中心的第一层放置了多达 56 个集装箱，每个集装箱内放置了 1800～2500 台服务器。集装箱式数据中心如图 8-5(b)所示。

(a) 传统的机房式数据中心

(b) 集装箱式数据中心

图 8-5　物联网数据中心结构

集装箱式数据中心的特点如下。

(1) 灵活：与传统的机房式数据中心相比，集装箱式数据中心可以用模块化的思路，根据用户需求灵活、机动地组建，室内、室外均可安装；可以根据物联网应用的发展，灵活地扩展数据中心的规模。

(2) 机动：挑选一个合适的安置数据中心的地点非常重要，这个地点应该能提供廉价且充足的电力、水，一旦选择到合适的位置，就可以将集装箱式数据中心从地面或空中机动运输到指定的位置。突发事件应急处置系统、军事系统等某些特殊的物联网应用系统特别需要这种机动部署的能力。

(3) 快速：集装箱式数据中心在设计和建造上要比传统数据中心造价低 30%；可以在 4～6 周内完成数据中心的规划设计并搭建成型；可以在 1 天内完成安装调试，建造周期远远短于传统的机房式数据中心。

(4) 节能：集装箱式数据中心体积较小，采取合理的内部结构可以减少制冷的电能消耗；在同样的空间内可容纳传统数据中心 6 倍的机柜数量，有效节约了能源。

云计算将计算变为一种公共设施，以租用的模式向用户提供服务，这些理念摆脱了传统各自组建数据中心的习惯模式。未来的各种物联网应用中，PC、笔记本电脑、平板电脑、智能手机、RFID 识读器、智能机器人等终端设备都可以作为云终端在云计算环境中使用。云计算系统将成为物联网重要的基础设施。

8.4 数据融合技术

8.4.1 无线传感器网络数据融合技术

无线传感器网络的基本功能是收集并返回传感器节点所在监测区域的信息，而传感器节点却存在能量损耗与信息易失效等缺陷，因此减少数据传输量以有效地节省能量，利用节点的本地计算和存储能力处理数据的融合以除去冗余信息，通过数据融合达到数据备份与信息的准确性，成为无线传感器网络研究的一个重要课题。

无线传感器网络是由大量的覆盖到监测区域的传感器节点组成。鉴于单个传感器节点的监测范围和可靠性有限，在部署网络时需要使传感器节点达到一定的密度以增强整个网络的鲁棒性和监测信息的准确性，有时甚至需要使多个节点的监测范围互相交叠。监测区域的相互重叠会导致邻近节点报告的信息存在一定程度的冗余。例如，对于监测温度的无线传感器网络，每个位置的温度可能会有多个传感器节点进行监测，这些节点所报告的温度数据会非常接近或完全相同。在数据冗余程度很高的情况下，把这些节点报告的数据全部发送给汇聚节点与仅发送一份数据相比，除了使网络的能量消耗更多外，汇聚节点并未获得更多的信息。数据融合就是要针对上述情况对冗余数据进行网内处理，即中间节点在转发传感器数据之前，首先对数据进行综合，去掉冗余信息，在满足应用需求的前提下使需要传输的数据量最小化。在网内进行数据融合后，可以在一定程度上提高网络收集数据的整体效率。

网内处理利用的是节点的计算资源和存储资源，其能量消耗与传送数据相比要少很多。已经有研究给出了一些有价值的参数，报告中指出：发送 1bit 数据所消耗的能量约为 4000nJ，而处理器执行一条指令所消耗的能量仅为 5nJ，那么发送 1bit 数据的能耗相当于执行 800 条指令。因此，利用数据融合不仅可以从大量感知数据中提取有价值的信息，还可以减少数据传输量，节省能量。

8.4.2 数据融合的分类

无线传感器网络中的数据融合技术有三种分类方法。

1. 根据融合前后数据的信息含量分类

根据数据的信息含量，可以将数据融合分为无损失融合和有损失融合。

(1) 无损失融合。无损失融合是保留所有的细节信息，只除去信息中的冗余部分。将多个数据分组打包成一个数据分组，而不改变各个分组携带的数据内容的方法属于无损失融合。这种方法只是缩减分组头部的数据和为传输多个分组而需要的传输控制开销，但保留了全部数据信息。时间戳融合即属于无损失融合。在远程监控应用中，传感器节点以一定的时间间隔进行报告，如果一段时间内被检测的对象情况没有发生变化，则这一阶段的每次报告除时间不同外，其他数据可能都是相同的，收到这些报告的中间节点可以只传送最新的一次数据。

(2) 有损失融合。有损失融合通常会省略一些细节信息或降低数据的质量，以减少需要存储或传输的数据量，达到节省存储资源或能量资源的目的。在有损失融合中，信息损失的上限是要保留应用所需要的全部信息量。很多有损失融合都是针对数据收集的需求而进行网内处理的必然结果。例如，在温度监测应用中，需要查询某一区域范围内的平均温度或最低、最高温度时，网内处理将对各个传感器节点所报告的数据进行运算，并只将结果数据报告给查询者。从信息含量角度看，这份结果数据相对于传感器节点所报告的原始数据来说损失了绝大部分的信息，仅能满足数据收集者的要求。

2. 根据数据融合与应用层数据语义之间的关系分类

数据融合技术能在无线传感器网络协议栈的多个层次实现。根据数据融合是否基于应用数据的语义，可以将数据融合技术分为三类，即依赖于应用层的数据融合(application dependent data aggregation，ADDA)、独立于应用层的数据融合(application independent data aggregation，AIDA)与两种技术结合的数据融合。三种技术的分类特征与相互区别见表 8-2。

表 8-2 三种技术的分类特征与相互区别

<table>
<tr><td>应用层</td><td colspan="2">应用层</td><td>应用层</td><td colspan="2">应用层</td></tr>
<tr><td>传输层</td><td>传输层</td><td>⇕</td><td>传输层</td><td>传输层</td><td>⇕</td></tr>
<tr><td rowspan="2">网络层</td><td colspan="2" rowspan="2">网络层</td><td>网络层</td><td colspan="2">网络层</td></tr>
<tr><td>AIDA 协议层</td><td colspan="2">AIDA 协议层</td></tr>
<tr><td>网络接入层</td><td colspan="2">网络接入层</td><td>网络接入层</td><td colspan="2">网络接入层</td></tr>
<tr><td>简化的参考模型</td><td colspan="2">ADDA 协议模型</td><td>AIDA 协议模型</td><td colspan="2">ADDA 与 AIDA 结合的协议模型</td></tr>
</table>

(1) 依赖于应用层的数据融合(ADDA)。数据融合通常都是针对应用层数据进行的。如果在应用层实现数据融合，就需要了解应用层数据的语义。如果采用 ADDA 结构方式在网络层实现数据融合，就需要跨传输层协议，直接与应用层数据有接口。ADDA 技术可以根据应用需求，最大限度地进行数据压缩，但可能导致损失的信息过多。同时，跨层语义理解在具体实现上比较困难。

(2) 独立于应用层的数据融合(AIDA)。鉴于 ADDA 的语义相关性问题，有人提出独立于应用层的数据融合(AIDA)。AIDA 数据融合技术无须了解应用层数据的语义，直接对数据链路层的数据包进行融合。例如，可以将多个数据帧组装成一个数据帧转发。AIDA 作为一个独立层处于网络层与网络接入层之间，AIDA 保持了网络协议层的独立性，不对应用层数据进行处理，这样就不会导致信息丢失，但是数据融合效率没有 ADDA 高。

(3) 两种技术结合的数据融合。将 ADDA 与 AIDA 两种技术结合，保留 AIDA 协议层，同时使用跨层的数据融合，综合使用多种机制得到更符合应用需求的融合效果。

3. 根据数据融合操作的级别分类

根据对传感器数据的操作级别，可将数据融合技术分为数据级融合、特征级融合与决策级融合。

(1) 数据级融合。数据级融合是最底层的融合，操作对象是传感器通过采集得到的数据，因此是面向数据的融合。这类融合大多数情况下仅依赖于传感器类型，而不依赖于用户需求。在目标识别的应用中，数据级融合为像素级融合，进行的操作包括对像素数据进行分类或组合，以及去除图像中的冗余信息等。

(2) 特征级融合。特征级融合是面向监测对象特征的融合，是通过特征提取将数据表示为一系列反映事物属性的特征向量。例如，在温度监测应用中，特征级融合可以对温度传感器数据进行综合，以地区范围、最高温度、最低温度等特征参数表示。在目标监测应用中，特征级融合可以用图像的颜色特征值来表示。

(3) 决策级融合。决策级融合是面向应用的融合。根据应用需求，决策级融合的操作包括提取监测对象特征参数、对特征参数进行判别与分类，并通过逻辑运算获取满足应用需求的决策信息。例如，在灾难监测应用中，进行决策级融合可能需要综合温度、湿度或震动等多种类型的传感器信息，进而对是否发生灾难事故进行判断。在目标监测应用中，进行决策级融合需要综合监测目标的颜色特征和轮廓特征，对目标进行识别，最终只传输识别结果。

在无线传感器网络的实现中，可以根据应用的特点综合运用这三个层次的融合技术。例如，有的应用场合中，传感器数据的形式比较简单，无须进行较低层的数据级融合，只需要提供灵活的特征级融合手段；而有的应用要处理大量的原始数据，需要有强大的数据级融合功能。

数据融合技术的类型见表 8-3。

表 8-3 数据融合技术的类型

数据融合分类	根据融合前后数据的信息含量分类	无损融合
		有损融合
	根据数据融合与应用层数据语义之间的关系分类	依赖于应用层的数据融合(ADDA)
		独立于应用层的数据融合(AIDA)
		两种技术相结合的数据融合
	根据数据融合操作的级别分类	数据级融合
		特征级融合
		决策级融合

数据融合技术已经在目标跟踪、目标自动识别等领域得到广泛应用。在无线传感器网络的设计中，数据融合技术研究只有面向应用需求，设计针对性强的数据融合方法，才能够获得最大的效益。

知识拓展

扫描右侧二维码，了解物联网中的智能决策。

8.5 普适计算与物联网

随着计算、通信和数字媒体技术的互相渗透和结合，计算机在计算能力和存储容量提高的同时体积也越来越小。今后计算机的发展趋势是把计算能力嵌入各种设备中去，并且可以联网使用。在这种情况下，人们提出了一种全新的计算模式，就是普适计算。

在普适计算模式中，人与计算机的关系将发生革命性的改变，变成一对多、一对数十甚至数百。同时，计算机也将不再局限于桌面，它将被嵌入人们的工作、生活空间中，变为手持或可穿戴的设备，甚至与日常生活中使用的各种器具融合在一起。

在物联网中，处理层负责信息的分析和处理。由于物品的种类不计其数，属性千差万别，感知、传递、处理信息的过程也因物、因地、因目的而异，而且每一个环节充斥了大量的计算。因此，物联网必须首先解决计算方法和原理问题，而普适计算能够在间歇性连接和计算资源相对有限的情况下处理事务和数据，从而解决了物联网计算的难题。可以说，普适计算和云计算是物联网最重要的两种计算模式，普适计算侧重于分散，而云计算侧重于集中；普适计算注重嵌入式系统，而云计算注重数据中心。物联网通过普适计算延伸了互联网的范围，使各种嵌入式设备连接到网络中，通过传感器、RFID 技术感知物体的存在及其性状变化，并将捕获的信息通过网络传递到应用系统。

8.5.1 普适计算技术的特征

普适计算为人们提供了一种随时、随地、随环境自适应的信息服务，其思想强调把计算机嵌入环境或日常工具中，让计算机本身从人们的视线中消失，让人们的注意力回归到要完成的任务本身。普适计算的根本特征是将由通信和计算机构成的信息空间与人们生活和工作的物理空间融为一体。

普适计算下信息空间与物理空间的融合需要两个过程，即绑定和交互，如图 8-6 所示。

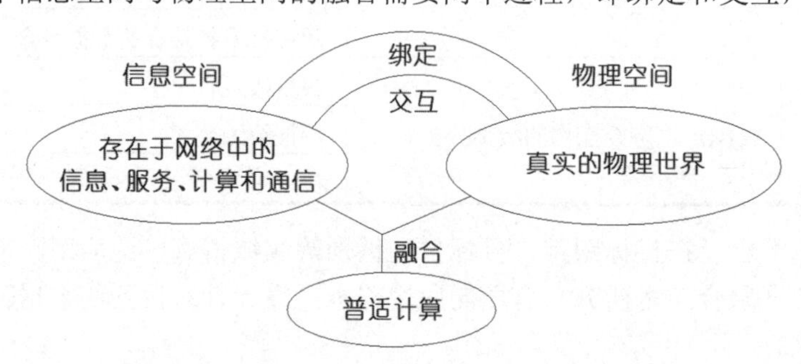

图 8-6 普适计算下信息空间与物理空间的融合

信息空间中的对象与物理空间中的物体进行绑定，使物体成为访问信息空间服务的直接入口。实现绑定的途径有两种：一是直接在物体表面或内部嵌入一定的感知、计算、通信能力，使其同时具有物理空间和信息空间的功能，如美国麻省理工媒体实验室的 Things That Think 项目，可以让计算机主动提供帮助，而无须人去特意关注；二是为每个物体添加可以被计算机自动识别的标签，可以是条码、NFC 或 RFID 射频标签，如 HP 公司的 Cool

Town 计划基于现有 Web 网络技术的普适计算环境，通过在物理世界中的所有物体上附着一个有 URL 信息的条形码来建立物体与其在 Web 上的表示之间的对应，从而建立一个数字化的城市。

信息空间和物理空间之间的交互可以从两个相对方向看：一是信息空间的状态改变映射到物理空间中，其最主要的形式是数字化信息可以无缝地叠加在物理空间中，如已经广泛应用的各种电器上的显示屏；二是信息空间也可以自动地觉察物理空间中状态的改变，从而改变相应对象的状态或触发某些事件，如清华大学的 Smart Classroom 研究就是采用视觉跟踪、姿态识别等方法来判断目前教室中老师的状态。信息空间和物理空间之间无须人的干预，即其中任一个空间状态的改变可以引起另一个空间状态的相应改变。

在信息空间和物理空间的交互过程中，普适计算还要具备间断连接与轻量计算两个特征。

(1) 间断连接是服务器能不时地同用户保持联系，用户必须能够存取服务器信息，在中断联系的情况下，仍可以处理这些信息。所以，企业计算中心的数据和应用服务器能否同用户保持有效的联系就成为一个十分关键的因素。由于部分数据要存储在普适计算设备上，所以普适计算中的数据库是一个关键的软件基础部件。

(2) 轻量计算就是在计算资源相对有限的设备上进行计算。普适计算面对的是大量的嵌入式设备，这些设备不仅要感知和控制外部环境，还要彼此协同合作；既要主动为用户“出谋划策”，又要“隐身不见”；既要提供极高的智能处理能力，又不能运行复杂的算法。

8.5.2 普适计算的系统组成

普适计算的系统组成主要包括普适计算设备、普适计算网络和普适计算软件三部分。

1. 普适计算设备

普适计算设备可以包含不同类型的设备。典型的普适计算设备是部署在环境周围的各种嵌入式智能设备，它们一方面自动感测和处理周围环境的信息，另一方面建立隐式人机交互通道，通过自然的方式，如语音、手势等自动识别人的意图，并根据判断结果做出相应的行动。智能手机、摄像机、智能家电目前都属于普适计算设备。

2. 普适计算网络

普适计算网络是一种泛在网络，能够支持异构网络和多种设备的自动互联，提供人与物、物与物的通信服务。除了常见的电信网、互联网和电视网外，RFID 网络、GPS 网络和无线传感器网络等都可以构成普适计算的网络环境。

3. 普适计算软件

普适计算的软件系统体现了普适计算的关键所在——智能。普适计算软件不仅需要管理大量联网的智能设备，而且需要对设备感测到的人、物信息进行智能处理，以便为人员和设备的进一步行动提供决策支持。

8.5.3 普适计算的体系结构

普适计算还没有统一的体系结构标准，人们定义了多种层次参考模型，如有人把普适计算分为设备层、通信层、协同处理层和人机接口层4层。

也有人把普适计算分为8层，即物理层、操作系统层、移动计算层、互操作计算层、情感计算层、上下文感知计算层、应用程序编程接口层和应用层。其中，物理层是普适计算操作的硬件平台，包括微处理器、存储器、I/O接口、网络接口、传感器等。操作系统层负责计算任务的调度、数据的接收和发送、内部设备的管理，主要包括传统的嵌入式实时操作系统。移动计算层负责计算的移动性，提供在移动情况下的不间断计算能力。互操作计算层负责服务的互操作性，提供协同工作的能力。情感计算层负责人机的智能交互，赋予计算机人一样的观察、理解和生成各种情感特征的能力，使人机交互最终像人与人交流一样自然、顺畅。上下文感知计算层负责服务交付的恰当性，能够根据当前情景做出判断，形成决策，自动提供相应服务。应用程序编程接口(API)层负责向应用层提供标准的编程接口函数。应用层提供普适计算下的新型服务，如移动会议、普遍信息访问、智能空间、灵感捕捉、经验捕获等。

8.5.4 普适计算的关键技术

普适计算是多种技术的结合，集移动通信、计算技术、小型计算设备制造技术、小型计算设备上的操作系统及软件技术等多种关键技术于一身。由于普适计算是一个庞大而又复杂的系统，因此，它需要用多种技术对自身系统进行支持。关键的几种技术包括人机接口技术、上下文感知计算、服务的组合、自适应技术等。

1. 人机接口技术

从普适计算设计的角度来看，要实现普适计算的不可见性和以人为中心的计算思想，系统必须给用户提供一种接近与访问物理世界的自然接口，如语音输入等。目前，普适计算的接口技术研究主要集中在以下两个方面。

(1) 接口的自适应性，即系统能够根据用户使用的设备类型，产生适合于该设备的接口。允许应用程序根据用户接口的抽象定义，结合目标设备的特点，自动生成恰当的界面。

(2) 不可见的用户接口，即系统除了提供传统的基于图形窗口和命令行的接口之外，还要提供多种自然的人机交互方式，如语音、手势、手写等。

2. 上下文感知计算

在普适计算环境中，人会连续不断地与不同的计算设备进行隐性的交互。在这个交互过程中，计算系统实际上是根据与用户任务相关的上下文信息提供服务的。所谓上下文，是指任何可用于表征实体状态的信息，这里的实体可以是个人、位置、物理或信息空间中的对象。上下文感知计算是指每当用户需要时，系统能利用上下文向用户提供适用于当前任务、地点、时间和人物的信息或服务。因此，可以说上下文感知是实现普适计算环境中蕴含式人机交互的基础。

3. 服务的组合

在普适计算环境下，单一的服务很难满足用户的需求，这就需要进行服务的组合。而普适计算环境因其所具有的动态性、资源约束性和上下文感知性，使其服务的组合面临特有的问题和挑战。首先，系统需要从提供的服务中发现能够组合的服务，这主要包括服务的匹配和服务的选择。在此过程中需要适应动态变化的网络环境，如服务的动态加入和删除等。其次，系统需要有一个或者多个服务协调器来协调和管理参与组合的服务。最后，系统需要在错误发生时进行错误的检测与修复。

4. 自适应技术

在普适计算环境中，各种设备自身的资源，包括计算能力、存储量等都有较大的差异。系统中的移动设备经常随着用户的移动而出现在不同的环境中，这就导致了普适计算环境处于不停的变化当中，因此需要解决自适应的问题，即系统能够根据自身的资源状态，采取一定的策略来保证应用程序平滑执行。

普适计算系统中采用的自适应策略主要有以下几种：①对用户情景自适应，即系统通过用户的情景信息，推测用户的意图，自动改变用户的执行程序；②对设备资源自适应，即根据设备的能力和当前资源状况，确定设备运行的程序；③对系统资源状态自适应，即根据系统的资源状态，以会话方式选择下一步的活动；④保留系统，即系统预留一定的资源来满足某些用户的最低服务请求。

知识拓展

扫描右侧二维码，了解其他计算模式。

8.6 人工智能与物联网

人工智能(artificial intelligence，AI)是研究、开发用于模拟、延伸和扩展人的智能的理论、方法、技术及应用系统的一门新的技术学科，是计算机科学的一个分支。它企图了解智能的实质，并生产出一种新的能以与人类智能相似的方式做出反应的智能机器。该领域的研究包括机器人、语言识别、图像识别、自然语言处理和专家系统等。

从 20 世纪八九十年代的 PC 时代到互联网时代，给我们带来的是信息的爆炸和信息载体的去中心化。而网络信息获取渠道从 PC 转移到移动端后，万物互联成为趋势，但技术的限制导致移动互联网难以催生出更多的新应用和商业模式。而如今，人工智能已经成为这个时代最激动人心、最值得期待的技术，将成为未来 10 年乃至更长时间内 IT 产业发展的热点。

人工智能概念其实在 20 世纪 80 年代就已经炒得火热，但是软硬件两方面的技术局限使其低沉了很长一段时间。而现在，大规模并行计算、大数据、深度学习算法和人脑芯片这四大催化剂的发展及计算成本的降低使得人工智能技术突飞猛进。目前，人工智能已经进入众多领域——从自动驾驶汽车到自动回复电子邮件，再到智能家居。人工智能可以获得任何物品信息(例如医疗健康、飞行、旅行等)，并通过人工智能的特殊应用使其更加智能。未来，人工智能将与物联网紧密结合、相互促进、共同发展。物联网为人工智能提供海量数据进行深度学习，进一步提升其智能水平；而人工智能则将极大提升物联网应用水平，发展出今天闻所未闻的崭新应用。

知识拓展

扫描右侧二维码，了解人工智能。

8.6.1 人工智能的应用

1. 语音识别

Apple公司的iPhone手机有一个语音手机助手Siri做得非常好，虽然技术上并没有特别大的亮点，但它的模式(语音识别直接与搜索引擎结合在一起)开风气之先，产品体验相当好。这种模式能采集到越来越多的数据，系统的精度将越来越高。

2. 自然语言理解

目前最强的自然语言理解是IBM Watson。我们现在用的搜索引擎、中文输入法、机器翻译都和自然语言理解相关。

3. 数据挖掘

数据挖掘是指从数据库的大量数据中揭示出隐含的、先前未知的并有潜在价值的信息的非平凡过程。数据挖掘是人工智能和数据库领域研究的热点问题，是一种决策支持过程，它主要基于人工智能、机器学习、模式识别、统计学、数据库、可视化技术等方面，高度自动化地分析企业的数据，做出归纳性的推理，从中挖掘出潜在的模式，帮助决策者调整市场策略，减少风险，做出正确的决策。知识发现过程由以下三个阶段组成：①数据准备；②数据挖掘；③结果表达和解释。数据挖掘可以与用户或知识库交互。

随着近年来数据量的疯狂增长，数据挖掘也有了长足进步。最具代表性的是著名的Netflix challenge。Netflix公司公开了自己的用户评分数据，让研究者根据这些数据对用户没看过的电影预测评分，谁先比现有系统好10%，谁就能赢100万美元，最后这一比赛成绩较好的队伍，并非单一的某个特别好的算法能给出精确的结果，而是把大量刻画了不同方面的模型混合在一起，进行最终的预测。

4. 计算机视觉(computer vision)

目前越来越多的领域跟视觉有关，比如自动驾驶。Google X的无人车，无论是商业上还是技术整合上，最成功的算法是Mobile Eye的辅助驾驶系统。

从实现新功能方面说，视觉发展的趋势主要有两方面。

(1) 集成更多的模块，从问题的各种不同方面，解决同一个问题(比如，Mobile Eye就同时使用了数十种方法，放到一起最终做出决策)。

(2) 使用新的信息，解决一个原来很难的问题。这方面最好的例子是 M$的 Kinect。

8.6.2 人工智能的理论基础

这里说的理论是指数学理论，是为实现功能解决问题而存在的。从这个角度看，我们已经有了很多强有力的数学工具，从高斯时代的最小二乘法到现在比较火的凸优化，其实我们解决绝大多数智能问题的方法都可以从某种意义上转换成一个优化问题。

真正限制我们解这个优化问题的困难有以下三个。

(1) 计算复杂度。能保证完美解的算法大都是 NP-hard 的。如何能让一个系统在当前的硬件下“跑起来”，就需要在很多细节上取巧，这是很多深度学习论文的核心冲突。

(2) 模型假设。所有模型都要基于一些假设，比如说，无人车会假设周围的汽车加速度有一个上限。绝大多数假设都不能保证绝对正确，我们只是制定那些在大多数时候合理的假设，然后基于这些假设建模。

(3) 数据基础。任何学习过程都需要数据的支持，无论是人类学说话、学写字，还是计算机学习汽车驾驶。但是就数据采集本身来说，成功的案例并不多。

8.6.3 人工智能的驱动要素

1. 物联网

物联网提供了计算机感知和控制物理世界的接口和手段，它们负责采集数据、记忆、分析、传送数据、交互、控制等，如摄像头和相机记录了关于世界的大量图像和视频，麦克风记录语音和声音，各种传感器将它们感受到的世界数字化等。这些传感器就如同人类的五官，是智能系统的数据输入、感知世界的方式。而大量智能设备的出现则进一步加速了传感器领域的繁荣，这些延伸向真实世界各个领域的触角是机器感知世界的基础，而感知则是智能实现的前提之一。

2. 大规模并行计算

人脑中有数百至上千亿个神经元，每个神经元都通过成千上万个突触与其他神经元相连，形成了非常复杂和庞大的神经网络，以分布和并发的方式传递信号。这种超大规模的并行计算结构使得人脑远超计算机，成为世界上最强大的信息处理系统。近年来，基于 GPU(图形处理器)的大规模并行计算异军突起，它拥有远超 CPU 的并行计算能力。

从处理器的计算方式来看，CPU 计算使用基于 x86 指令集的串行架构，适合尽可能快完成一个计算任务。而 GPU 从诞生之初是为了处理 3D 图像中的上百万个像素图像，拥有更多的内核去处理更多的计算任务，因此，GPU 天然具备执行大规模并行计算的能力。云计算的出现、GPU 的大规模应用使得集中化的数据计算处理能力变得前所未有的强大。

3. 大数据

“大数据”是一种规模大，在获取、存储、管理、分析方面大大超出了传统数据库软件工具能力范围的数据集合，具有海量的数据规模、快速的数据流转、多样的数据类型和价值密度低四大特征。

大数据为人工智能的学习和发展提供了非常好的基础。机器学习是人工智能的基础，而数据和以往的经验就是人工智能学习的“书本”，以此优化计算机的处理性能。

4. 深度学习算法

深度学习算法(深度神经网络)是人工智能进步最重要的条件，也是当前人工智能最先进、应用最广泛的核心技术。2006年，Geoffrey Hinton教授在论文*A fast learning algorithm for deep belief nets*中提出的深层神经网络逐层训练的高效算法，让当时计算条件下的神经网络模型训练成为可能，同时通过深度神经网络模型得到的优异的试验结果让人们开始重新关注人工智能。之后，深度神经网络模型成了人工智能领域的重要前沿，深度学习算法模型也经历了一个快速迭代的周期，Deep Belief Network、Sparse Coding、Recursive Neural Network、Convolutional Neural Network等各种新的算法模型不断涌现，其中，卷积神经网络(convolutional neural network，CNN)更是成为图像识别中炙手可热的算法模型。

8.6.4 人工智能的发展

人工智能的发展分成以下七大类。

1. 人工智能硬件支持

在人工智能硬件支持方面主要进行的是深度学习芯片的研发，从事该研发的公司，除了传统芯片巨头(如英特尔、高通)，以及大型互联网公司(如谷歌、FaceBook)外，国内也涌现了一批创业型公司，如地平线、深鉴科技等。

2. 人工智能技术平台

从事人工智能技术平台研发的公司主要专注于“机器学习”“模式识别”和“人机交互”三项与人工智能应用密切相关的技术，所涉及的领域包括深度学习开源平台、机器学习算法、计算机视觉、自然语言处理、生物识别、机器视觉、情绪识别和推荐引擎八类。随着高质量的数据集逐渐成为制约人工智能发展的主要因素，各大公司纷纷开源了自己的深度学习框架，比较常用的有谷歌的TensorFlow、百度深度学习平台Paddle。巨头们的这一举动进一步降低了人工智能技术的开发门槛，大大加速了人工智能的发展。

3. 人工智能通用应用

在人工智能通用应用方面主要是将人工智能技术应用于通用领域，典型的应用就是个人私人助理、Chatbot、机器翻译等。

4. 人工智能行业应用

在人工智能行业应用方面主要是将人工智能技术应用于具体行业。目前在金融、汽车交通、医疗、法律、教育等行业有了初步应用，特别是在智能驾驶领域，关注度持续增高。

5. 无人机

无人机指利用无线电遥控设备和自备的程序控制装置操纵不载人飞机，如可以进行智能化跟踪拍摄的无人机。

6. 硬件机器人

硬件机器人指可以自动执行工作的机器装置。它既可以接受人类指挥，也可以根据人工智能技术制定的原则行动，协助或取代人类的工作，如生产业、建筑业或危险的工作。工业机器人的发展时间最长，随着技术的发展，一些创业公司也开始进军工业机器人领域，如工业自动化。家用、商用、医疗、教育等垂直领域的机器人初创企业也开始陆续出现。

7. 人工智能媒体

这作为大众和从业人员了解人工智能发展状况及趋势的主要途径之一，为人工智能行业的发展起到了积极的推动作用，国内发展较好的有 AI100、新智元、人工智能学家等。

由以上分析可以看出，当前人工智能产业链具有技术驱动型特征，人才成为制约人工智能企业发展的重要因素。但是以需求、解决实际问题为出发点的行业应用却是能将技术、内容和硬件结合的商业闭环，前景最为看好。技术永远都是为应用服务的，熟悉技术后能不能把可行的技术应用到最恰当的、有需求的领域，并找到合理的商业模式，才是创业能否成功的关键。

小　　结

本章分析了物联网数据的特点以及存储、处理技术，并从大数据、数据融合、数据挖掘以及云计算、普适计算、人工智能等多角度对物联网的数据存储、数据处理与智能控制技术进行了系统的讨论，为读者进一步学习和研究物联网数据存储与处理技术指明了方向。

习　　题

一、选择题

1. 通过模仿人脑的结构和工作原理，设计和建立相应的机器与模型并完成一定的智能任务。这种融合方法称为(　　)。

   A. 加权平均法　B. 多贝叶斯方法　C. 嵌入约束法　D. 人工神经网络法

2. (　　)方法将一组传感器提供的冗余信息进行加权平均，结果作为融合值。

   A. 加权平均法　B. 多贝叶斯方法　C. 嵌入约束法　D. 人工神经网络法

3. 下列(　　)不属于数据挖掘的功能。

   A. 数据融合　B. 概念描述　C. 聚类分析　D. 孤立点分析

4. 下列不属于 Google 云计算平台技术架构的是(　　)。

   A. 并行数据处理 MapReduce　B. 分布式锁 Chubby

   C. 结构化数据表 BigTable　D. 弹性云计算 EC2

5. 将基础设施作为服务的云计算服务类型是(　　)。

   A. IaaS　B. PaaS　C. SaaS　D. 三个选项都不是

6. 将平台作为服务的云计算服务类型是(　　)。

   A. IaaS　B. PaaS　C. SaaS　D. 三个选项都不是

7. 在 IaaS 计算实现机制中，系统管理模块的核心功能是(　　)。

A. 负载均衡　　B. 监视节点的运行状态　　C. 应用 API　　D. 节点环境配置

8. 云计算是对(　　)技术的发展与运用。

A. 并行计算　　B. 网格计算　　C. 分布式计算　　D. 三个选项都是

9. 以下不属于云计算系统组成部分的是(　　)。

A. 云平台　　B. 云终端　　C. 云存储　　D. 云接入

10. 目前主流的设备与 I/O 虚拟化都是通过(　　)方式实现的。

A. 软件　　B. 应用　　C. 网络　　D. 存储

11. 微软于 2008 年 10 月推出的云计算操作系统是(　　)。

A. EC2　　B. 蓝云　　C. Azure　　D. Google App

12. (　　)是 Google 的分布式数据存储管理系统。

A. GFS　　B. MapReduce　　C. Chubby　　D. BigTable

13. (　　)是 Google 提出的用于处理海量数据的并行编程模式和大规模数据集的并行运算软件架构。

A. GFS　　B. MapReduce　　C. Chubby　　D. BitTable

14. 网络化存储是存储大规模数据的一种方式，能够提供高可靠性和(　　)。

A. 灵活性　　B. 经济性　　C. 可扩展性　　D. 安全性

15. Google 文件系统节点角色分类，以下不符合的选项是(　　)。

A. 客户端　　B. 主服务器　　C. 数据块服务器　　D. 监测服务器

16. 下列选项不属于 Amazon 提供的云计算服务的是(　　)。

A. EC2　　B. S3　　C. SQS　　D. Net 服务

17. GFS 中主服务器节点存储的元数据不包含以下(　　)信息。

A. 文件副本的位置信息　　B. 命名空间　　C. Chunk 与文件名的映射　　D. Chunk 副本的位置信息

18. 以下典型的服务器虚拟化中属于寄宿虚拟化技术的是(　　)。

A. VMware Workstation　　B. Citrix Xen　　C. VMware ESX Server　　D. Microsoft Hyper-V(5.0)

19. (　　)是云计算中最关键、最核心的技术原动力。

A. 虚拟化技术　　B. 互联网技术　　C. Web 2.0 技术　　D. 芯片与硬件技术

20. 以下关于普适计算特点的描述中，错误的是(　　)。

A. 普适计算的重要特征是“无处不在”与“不可见”

B. 普适计算的核心是“以传感器为本”

C. 普适计算体现出信息空间与物理空间的融合

D. 普适计算的重点在于提供面向用户的、统一的、自适应的网络服务

二、填空题

1. (　　　　)实现了计算机内存储到存储子系统的跨越，其优点在于管理容易，成本较低，结构也相对简单。

2. 网络存储体系结构主要分为直接附加存储、( )和存储区域网络三种，每种体系结构都用到了存储介质、存储接口等多方面的技术。

3. 数据存储技术的发展经历了( )、( )、( )、( )等几个阶段。

4. 数据库技术在 WSN 中的重要性就体现在如何管理网络中产生的( )。

5. 云计算的服务模式有( )、( )、( )和( )。

6. 系统云的分类有( )、( )和( )。

7. 信息融合中，若按数据抽象的层次，可分为( )、( )和( )。

8. 数据挖掘要经过( )、( )、( )三个阶段。

9. 云计算中的虚拟化技术具有( )、( )和( )等几个特点。

10. 智能技术就是用( )代替人的( )的一种技术。

11. 人工智能是一门知识工程学，即以知识为对象，研究知识的( )、( )和( )技术。

12. 机器学习系统主要由( )、( )、( )和( )等四部分构成。

13. 人工智能主要有三个分支，分别是( )、( )和( )。

14. 普适计算的四层体系结构分为( )、( )、( )和( )等四层。

三、判断题

1. 网络附加存储是指将存储系统不通过缆线与服务器或工作站相连。 ( )

2. 网络附加存储是一种文件级的计算机数据库存储架构。 ( )

3. 物联网数据存储手段有文件系统、数据库、云平台三种。 ( )

4. 虚拟化技术是实现云计算资源池化和按需服务的基础。 ( )

5. 部门级服务器能够支持的用户数量小于 50。 ( )

6. 数据中心的成本由四部分组成，即服务器成本、网络设备成本、基础设施成本与能源成本，其中占比最高的是基础设施成本。 ( )

7. 物联网数据的特点是海量、异构、关联、动态。 ( )

8. 数据中心有企业数据中心和云计算数据中心两种。 ( )

9. 云计算的基本原理为：利用非本地或远程服务器集群的分布式计算机为互联网用户提供计算、存储、软硬件等服务。 ( )

10. 数据可视化可以便于人们对数据的理解。 ( )

11. 大数据技术和云计算技术是两门完全不相关的技术。 ( )

12. 大数据收集的信息要尽量精确。 ( )

四、简答题

1. 数据中心包括哪几个逻辑部分？各包含哪些具体设备？

2. 按照数据模型的特点，传统数据库系统可分成哪几种？

3. 数据挖掘主要的挖掘算法有哪些？

4. 物联网数据存储模式分类是怎样的？

5. 物联网数据存储的基本手段有哪几种？

6. 网络存储技术的类型包括哪些？

7. 云计算按服务类型可以分为哪几大类？

8. 云计算的技术体系结构可分为哪几层?
9. 简述计算模式的发展历程。
10. 普适计算、云计算、泛在网、物联网之间的关系是什么?

实践——调研云计算服务方案

1. 任务目的

(1) 了解物联网信息处理技术。
(2) 了解云计算及其应用。

2. 任务要求

通过网络资料和相关书籍，对目前国内外的云计算服务方案进行资料收集与分析，编写调研报告。报告须包含以下内容。

(1) 准确的方案分析和具体的结论报告。
(2) 结合分析与结论提出自己的建议。
(3) 以小组为单位，以Word文档的方式整理调研报告并制作PPT，小组内推荐一人做2～3min的课内分享。

知识拓展

扫描右侧二维码，了解华为桌面云高效办公平台。

第 9 章 物联网安全技术

导读

物联网的安全技术涉及物联网的各个层次。由于物联网场景中的物理实体均具有一定的感知、计算和执行能力，广泛存在的这些感知设备将会对国家基础设施、社会和个人信息安全构成新的威胁。一方面，由于物联网具有网络技术种类上兼容和业务范围上无限扩展的特点，将导致更多的个人信息被非法获取；另一方面，随着国家重要的基础设施和社会关键服务领域(如电力、医疗等)都依赖于物联网的感知业务，国家基础设施领域的动态信息将可能被窃取。所有这些问题使得物联网安全上升到国家层面，成为影响国家发展和社会稳定的重要因素。

本章将主要分析物联网面临的安全风险，说明物联网安全系统安全架构，阐述各层面临的安全威胁，介绍为确保物联网安全所采用的各种技术。

9.1 物联网的安全架构

物联网融合了传感器网络、移动通信网络和互联网，这些网络面临的安全问题，物联网中也同样存在。与此同时，由于物联网是一个由多种网络融合而成的异构网络，因此，它不仅存在异构网络的认证、访问控制、信息存储和信息管理等安全问题，而且其设备还具有数量庞大、复杂多元、缺乏有效监控、节点资源有限、结构动态离散等特点，这就使得其安全问题较其他网络更加复杂。

物联网的体系结构分为三层，物联网的安全结构也相应分为三层，如表 9-1 所示。物联网的安全机制应当建立在各层技术特点和面临的安全威胁基础上。

表 9-1　物联网的安全架构

<table>
<tr><td rowspan="2">应用层</td><td>工业 2025</td><td>精细农业</td><td>智能电网</td><td>智慧物流</td><td rowspan="2">信息应用安全</td><td rowspan="7">物联网安全</td></tr>
<tr><td>智能交通</td><td>智慧金融</td><td>智慧医疗</td><td>智能家居</td></tr>
<tr><td rowspan="3">网络层</td><td>数 据 中 心 DC</td><td>数据库</td><td>数据挖掘</td><td>云计算</td><td rowspan="3">网络与信息系统安全</td></tr>
<tr><td>ONS 服务</td><td>中间件</td><td>人工智能(AI)</td><td>普适计算</td></tr>
<tr><td>互联网</td><td>移动通信网</td><td>无线个域网 (WPAN)</td><td>无线局域网 (WLAN)</td></tr>
<tr><td rowspan="2">感知层</td><td>RFID</td><td>EPC</td><td>智能终端</td><td>生物识别技术</td><td rowspan="2">信息采集安全</td></tr>
<tr><td>传感器</td><td>执行器</td><td>网关</td><td>无线传感网 (WSN)</td></tr>
</table>

物联网的安全包括信息采集安全、网络与信息系统安全、信息应用安全和整个网络的物理安全。

(1) 信息采集安全需要防止信息被窃听、篡改、伪造和重放攻击等，主要涉及 RFID、EPC、传感器等技术的安全。采用的安全技术有高速密码芯片、密码技术、公钥基础设施(public key infrastructure，PKI)等。

(2) 网络与信息系统安全需要保证信息在存储、传递、处理过程中数据的机密性、完整性、真实性和可靠性，主要涉及各种通信网络和互联网的安全以及云计算、数据中心等的安全。采用的安全技术主要有虚拟专用网、信号加密、安全路由、防火墙、安全域策略、内容分析、病毒防治、攻击检测、应急反应、战略预警等。

(3) 信息应用安全需要保证信息的私密性和安全使用等，主要涉及个体隐私保护和应用系统安全等。采用的安全技术主要有身份认证、可信终端、访问控制、安全审计等。

(4) 物理安全需要保证物联网各层的设备(如信息采集节点、大型计算机等)不被欺骗、控制、破坏，主要涉及设备的安全放置、使用与维护、机房的建筑布局等。

9.1.1　物联网面临的安全风险

物联网与互联网面临的安全风险有很多不同之处，主要体现在以下方面。

1. 加密机制实施难度大

密码编码学是保障信息安全的基础。在传统 IP 网络中，加密应用通常有两种形式，即点到点加密和端到端加密。从目前学术界所公认的物联网基础架构来看，不论是点-点加密还是端-端加密，实现起来都有困难，因为在感知层的节点上要运行一个加密/解密程序，不仅需要存储开销、高速 CPU，而且还要消耗节点的能量。因此，在物联网中实现加密机制原则上有可能，但是技术实施上难度大。

2. 认证机制难以统一

传统的认证是区分不同层次的，网络层的认证只负责网络层的身份鉴别，应用层的认证只负责应用层的身份鉴别，两者独立存在。但是在物联网中，大多数情况下，机器都拥有专门用途和管理需求，业务应用与网络通信紧紧地绑在一起，因此就面临感知层、网络层和应用层三层能否认证的问题。

3. 访问控制更加复杂

访问控制在物联网环境下被赋予了新的内涵，从TCP/IP网络中主要给人进行访问授权变成了给机器进行访问授权，有限制地分配、交互共享数据，将变得更加复杂。

4. 网络管理难以准确实施

物联网的管理涉及对网络运行状态进行定量和定性的评价、实时监测和预警等监控技术。但由于物联网中网络结构的异构、寻址技术未统一、网络拓扑不稳定等原因，物联网管理的有关理论和技术仍有待进一步研究。

5. 网络边界难以划分

在传统安全防护中，很重要的一个原则就是基于边界的安全隔离和访问控制，并且强调针对不同的安全区域设置差异化的安全防护策略，在很大程度上依赖各区域之间明显清晰的区域边界；而在物联网中，存储和计算资源高度整合，无线网络应用普遍，安全设备的部署边界已经消失，这也意味着安全设备的部署方式将不再类似于传统的安全建设模型。

6. 设备难以统一管理

在物联网中，设备大小不一、存储和处理能力不一致导致安全信息的传递和处理难以统一；设备可能无人值守、丢失，处于运动状态，连接可能时断时续、可信度差，种种因素增加了设备管理的复杂度。

综上所述，可以看出物联网面临的威胁多种多样，复杂多变，因此需要趋利避害，未雨绸缪，充分认识物联网面临的安全形势的严峻性，尽早研究保障物联网安全的物联网标准规范，制定物联网安全发展的法律、政策，通过法律、行政、经济等手段，使我国物联网真正发展成为一个开放、安全、可信任的网络。

9.1.2 物联网系统安全架构的特点

安全架构的形成是基于所要保护的系统资源，根据资源使用者、攻击者(人为、环境、系统自身)对系统可能产生破坏的设想及其破坏目的、技术手段与造成的后果来分析该系统所受到的已知的、可能的威胁，并考虑构成系统各部件的缺陷和隐患共同形成的风险，然后建立起系统的安全需求。恰当的安全需求，应将注意力集中到系统最高权力机构认为必须注意的那些方面，以最大限度地体现系统资源拥有者或管理者的安全管理意志。

物联网系统安全的总需求是物理安全、网络安全、信息内容安全、基础设施安全等方面的综合，最终目标是确保信息的保密性、完整性、认证性、抗抵赖性和可用性，确保用户对系统资源的控制，保障系统的安全、稳定、可靠运行。因此，物联网系统安全架构由技术体系、管理体系和组织体系三部分构成。

9.1.3 物联网系统安全架构的组成

1. 感知层的安全架构

在传感网内部，需要有效的密钥管理机制，用于保障传感网内部通信的安全。传感网内部的安全路由、连通性解决方案等都可以相对独立地使用。由于传感网类型的多样性，很难统一要求有哪些安全服务，但机密性和认证性都是必要的。机密性需要在通信时建立一个临时会话密钥，而认证性可以通过对称密码或非对称密码方案解决。使用对称密码的认证方案需要预置节点间的共享密钥，效率比较高，消耗网络节点的资源较少，许多传感网都选用此方案；而使用非对称密码技术的传感网一般具有较好的计算和通信能力，并且对安全性要求更高。在认证的基础上完成密钥协商是建立会话密钥的必要步骤，安全路由和入侵检测等也是传感网应具有的性能。

由于物联网环境中传感网遭受外部攻击的机会增大，因此，用于独立传感网的传统安全解决方案需要提升安全等级后才能使用，也就是说，在安全的要求上更高，这仅仅是量的要求，没有质的变化。相应地，传感网的安全需求所涉及的密码技术包括轻量级密码算法、轻量级密码协议、可设定安全等级的密码技术等。

2. 网络层的安全架构

网络层的安全机制可分为端到端机密性和节点到节点机密性。对于端到端机密性，需要建立如下安全机制：端到端认证机制、端到端密钥协商机制、密钥管理机制和机密性算法选取机制等。在这些安全机制中，根据需要可以增加数据完整性服务。对于节点到节点机密性，需要节点间的认证和密钥协商协议，这类协议要重点考虑效率因素。机密性算法的选取和数据完整性服务则可以根据需求选取或省略。考虑到跨网络架构的安全需求，需要建立不同网络环境的认证衔接机制。另外，根据应用层的不同需求，网络传输模式分为单播通信、组播通信和广播通信，针对不同类型的通信模式也应该有相应的认证机制和机密性保护机制。

简而言之，网络层的安全架构主要包括以下几个方面。

(1) 节点认证、数据机密性、完整性、数据流机密性、DDoS攻击的检测与预防。

(2) 移动网中AKA机制的一致性或兼容性、跨域认证和跨网络认证(基于IMSI)。

(3) 相应的密码技术。密钥管理(密钥基础设施PKI和密钥协商)、端对端加密和节点对节点加密、密码算法和协议等。

(4) 组播和广播通信的认证性、机密性和完整性安全机制。

3. 应用层的安全架构

基于物联网综合应用层的安全挑战和安全需求，需要下列安全机制。

(1) 有效的数据库访问控制和内容筛选机制。

(2) 不同场景的隐私信息保护技术。

(3) 叛逆追踪和其他信息泄露追踪机制。

(4) 有效的计算机取证技术。

(5) 安全的计算机数据销毁技术。
(6) 安全的电子产品和软件的知识产权保护技术。
(7) 可靠的认证机制和密钥管理方案。
(8) 高强度数据机密性和完整性服务。
(9) 可靠的密钥管理机制，包括 PKI 和对称密钥的有机结合机制。
(10) 可靠的高智能处理手段。
(11) 入侵检测和病毒检测。
(12) 恶意指令分析和预防，访问控制及灾难恢复机制。
(13) 保密日志跟踪和行为分析，恶意行为模型的建立。
(14) 密文查询、秘密数据挖掘、安全多方计算、安全云计算技术等。
(15) 移动设备文件(包括秘密文件)的可备份和恢复。
(16) 移动设备识别、定位和追踪机制。

应用层设计的是综合的或有个体特性的具体应用业务，它所涉及的某些安全问题通过前面几个逻辑层的安全解决方案可能仍然无法解决。在这些问题中，隐私保护就是一个典型。无论是感知层还是网络层，都不涉及隐私保护的问题，但它却是一些特殊应用场景的实际需求，即应用层的特殊安全需求。物联网的数据共享有多种情况，涉及不同权限的数据访问。此外，在应用层还将涉及知识产权保护、计算机取证、计算机数据销毁等安全需求和相应技术。

9.2 物联网的安全威胁

随着物联网建设的加快，物联网的安全问题成为制约物联网全面发展的重要因素。在物联网发展的高级阶段，由于物联网场景中的实体均具有一定的感知、计算和执行能力，广泛存在的这些感知设备将会对国家、社会和个人信息安全构成新的威胁。一方面，由于物联网具有网络技术种类上兼容和业务范围上无限扩展的特点，因此当大到国家电网数据，小到个人病例连接到看似无边界的物联网时，将可能导致更多的公众个人信息在任何时候、任何地方被非法获取；另一方面，随着国家重要的基础行业和社会关键服务领域如电力、医疗等都依赖于物联网和感知业务，国家基础领域的动态信息将可能被窃取。所有这些问题使得物联网安全上升到国家层面，成为影响国家发展和社会稳定的重要因素。

物联网结构复杂，技术繁多，面对的安全威胁种类也比较多。结合物联网的安全架构来分析感知层、网络层以及应用层的安全威胁与需求，不仅有助于选取、研发适合物联网的安全技术，更有助于系统地建设完整的物联网安全体系。

9.2.1 感知层安全

物联网感知层的任务是实现智能感知外界信息功能，包括信息采集、捕获和物体识别。该层的典型设备包括 RFID 装置、各类传感器(如红外、光敏、振动、超声、温湿度、速度等)、图像捕捉装置(如摄像头)、全球定位系统(如 GPS、BDS)、激光扫描仪等，这些设备收集的信息通常具有明确的应用目的，因此传统上这些信息直接被处理并应用，如海洋上的温度传感器所感知的信息用于天气预报，高速公路上的摄像头捕捉的图像信息用于交通监控等。但是在物联网应用中，多种类型的感知信息可能会同时处理、综合利用，甚至不同感知信息的结果将影响其他控制调节行为，如湿度的感知结果可能会影响温度或光照控制的调节。同时，物联网应用强调的是信息共享，这是物联网区别于传感网的重要特点之一。比如交通监控录像信息可能同时用于公安侦破、城市改造规划设计、城市环境监测等。因此，感知层的安全性问题显得十分重要。图 9-1 所示为感知层威胁分析。

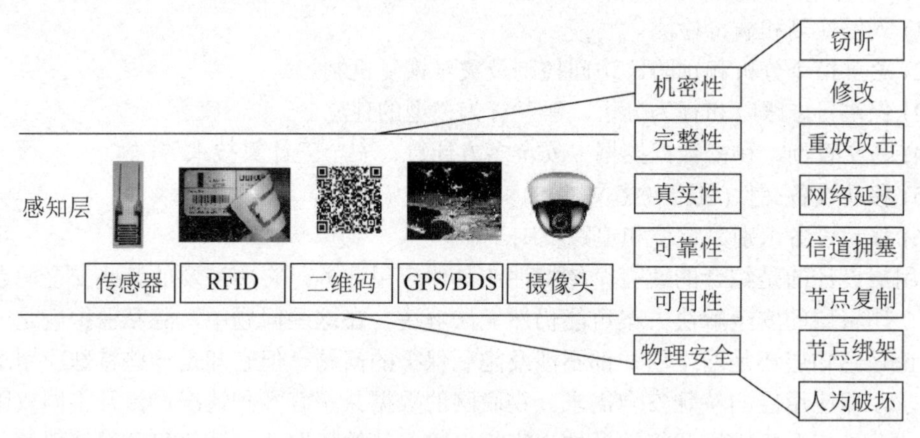

图 9-1　感知层威胁分析

在物联网的整体架构中，感知层处于最底层，也是最基础层，这个层的信息安全最容易受到威胁。感知层在收集信息的过程中，主要应用射频识别技术(RFID)、定位技术和无线传感器网络(WSN)技术。物联网感知层的安全问题主要是 RFID 系统和 WSN 系统的安全问题。

1. 无线传感器网络(WSN)安全

作为物联网的基础单元，传感器在物联网信息采集层能否完成其任务，是物联网感知任务成败的关键。与传统无线网络一样，传感器网络的消息通信会受到截取、修改、捏造和中断攻击，如图 9-2 所示。

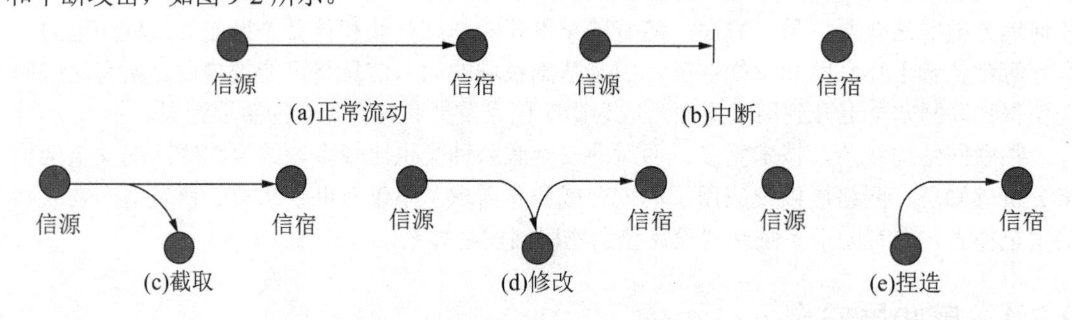

图 9-2　无线网络中的通信安全威胁

由于 WSN 本身具有无线链路比较脆弱，网络拓扑动态变化，节点计算能力、存储能力和能源有限，无线通信过程易受到干扰等缺点，传统的安全机制无法应用到无线传感器网络中。

在 WSN 中，最小的资源消耗和最大的安全性能之间的矛盾是限制无线传感器网络安全性的首要问题。WSN 在空间上的开放性，使得攻击者可以很容易地中断、截取、修改、重放数据包。网络中的节点能量有限，使得 WSN 易受到资源消耗型攻击。而且由于节点部署区域的特殊性，攻击者可能捕获节点并对节点本身进行破坏或破解。

无线传感器网络安全攻击有以下十三种。

(1) 物理破坏：通过捕获传感器节点对其进行物理破坏，导致其无法正常工作，然后用冒充身份进一步获得数据信息。

(2) 信息泄露：无线信号在空间上是暴露的，攻击者通过监听能主动或被动地分析流量。

(3) 阻塞攻击：攻击者在无线传感器网络工作的频段不断发射无用信号，使被攻击节点通信半径内的传感器节点无法正常工作。

(4) 耗尽攻击：利用协议漏洞，持续向一个节点发送数据包，使节点忙于应答无意义的数据包，最终导致资源耗尽。

(5) 碰撞攻击：利用数据链路层媒体接入机制的漏洞，使发送的数据包产生碰撞，导致正常数据包被丢弃；数据包因被丢弃而不断重传，最终耗尽节点能量。

(6) 链路层 DoS 攻击：攻击者利用捕获节点或者恶意节点不断发送优先级别很高的数据包，导致其他数据在通信过程中始终处于劣势，无法正常工作。

(7) 路由攻击：攻击者发送大量的欺骗路由报文，或者修改其他数据包中的路由信息，使全网数据流向某个固定节点或区域，导致节点能量失去平衡；或者形成路由环路，耗尽网络能量。

(8) 网络层 DoS 攻击：攻击者利用硬件失效、软件漏洞、资源耗尽、环境干扰及这些因素之间的相互作用，耗尽网络或节点资源，导致其无法正常工作。

(9) Flood(泛洪)攻击：攻击者使用大功率无线设备来广播 Hello 报文，使网络中部分甚至全部节点相信它是邻近节点，使得被攻击节点成为报文传输的瓶颈。

(10) Sybil(女巫)攻击：用被攻击节点冒充多个身份标识，控制或吸引网络大部分节点的数据通过被攻击节点传输，削弱网络路由的多路径选择效果，使其失去备份作用。简单地说，就是指恶意的节点向网络中的其他节点非法地提供冗余。

(11) Sinkhole(污水池)攻击：攻击者吸引所有的网络数据通过攻击者所控制的节点进行传输，从而形成一个以攻击者为中心的数据黑洞。

(12) Wormhole(虫洞)攻击：攻击者将一部分网络上接收的消息通过低时延的信道进行转发，并在网络内的各簇头节点进行重放。Wormhole 攻击最为常见的形式是两个相距较远的恶意节点合谋发起攻击。

(13) 选择转发攻击：攻击者利用恶意节点来拒绝转发特定的消息并将其丢弃，使得这些数据包不能进行任何传播。

无线传感器节点通常情况下功能简单、携带能量少(使用干电池或纽扣电池)，使得它们无法拥有完善的安全保护能力；而无线传感器网络类型多样，从温/湿度测量到水文、气象监控，从道路导航到自动控制，它们传输的数据没有统一的标准，所以无法提供统一的安全保护体系。

在应对无线传感器网络安全攻击时，通常重点考虑以下三点。

(1) 路由协议安全。一个 WSN 节点不仅是一个主机，而且本身就是一个路由器；由于无线传感器网络自身的一些特性，如能源有限、计算资源有限等，需要重新设计路由安全机制；现有的WSN路由协议基本没有考虑安全问题，然而在WSN的所有安全问题中，路由的安全最为重要。

(2) 加密技术。加密算法的选择有对称加密和非对称加密。

(3) 入侵检测。入侵检测体系有三种，即分布式入侵检测体系、对等合作的入侵检测体系和层次式入侵检测体系。

2. RFID 安全

RFID是一种非接触式的自动识别技术，它通过射频信号自动识别目标对象并获取相关数据。

1) RFID系统安全方面的特点

(1) RFID标签和RFID识读器之间的通信是非接触和无线的，很容易被窃听。

(2) 标签本身没有微处理器，只有有限的存储空间和电源供给，其计算能力很弱，因而难以实现对安全威胁的防护。

2) RFID系统的安全脆弱性来源

(1) RFID组件的安全脆弱性。

(2) RFID标签中数据的脆弱性。

(3) RFID标签和识读器之间的通信脆弱性。

(4) 识读器中数据的脆弱性。

(5) 后端管理系统的脆弱性。

3) RFID系统安全攻击类型

RFID系统安全攻击类型有以下两种。

(1) 主动攻击。①对获得的标签实体，通过物理手段在实验室环境中去除芯片封装，使用微探针获取敏感信号，进而进行目标标签重构的复杂攻击。②利用通信接口，通过扫描标签和响应识读器的探询，寻求安全协议、加密算法及其实现的弱点，进行删除标签内容或篡改可重写标签内容的攻击。③通过干扰广播、阻塞信道或其他手段，产生异常的应用环境，使合法处理器产生故障，进行拒绝服务攻击等。

(2) 被动攻击。通过识读器等窃听设备进行窃听，分析微处理器正常工作过程中产生的各种电磁特征，来获得RFID标签和识读器之间或其他RFID通信设备之间的通信数据。

4) 采用RFID技术的网络涉及的主要安全问题

采用RFID技术的网络涉及的安全问题主要有以下七点。

(1) 物理攻击。物理攻击主要针对节点本身进行物理上的破坏行为，包括篡改和破坏物理节点的软件和硬件、更换或加入物理节点以及通过物理手段窃取节点关键信息等，导致信息泄露，恶意追踪，为上层攻击提供条件。物理攻击主要表现为以下几种方式。

① 版图重构：针对RFID攻击的一个重要手段是重构目标芯片的版图。通过研究连接模式和跟踪金属连线穿越可见模块(如ROM、RAM、E2PROM、ALU、指令译码器等)的边界，可以迅速识别芯片上的一些基本结构，如数据线和地址线。

② 存储器读出技术：对于存放密钥、用户数据等重要内容的非易失性存储器，可以使用微探针监听总线上的信号获取重要数据。

③ 电流分析攻击：如果整流回馈装置的电源设计不恰当，RFID微处理执行不同内部

处理的状态可能在串联电阻的两端交流信号上反映出来。

④ 故障攻击：通过故障攻击可以导致一个或多个触发器处于病态，从而破坏传输到寄存器和存储器中的数据。当前有三种技术可以导致触发器病态，分别是瞬态时钟、瞬态电源以及瞬态外部电场。

(2) 信道阻塞。信道阻塞攻击利用无线通信共享介质的特点，通过长时间占据信道导致合法通信无法通行。

(3) 伪造攻击。伪造攻击指伪造射频标签以产生系统认可的、合法用户标签。采用该手段实现攻击的代价高，周期长。

(4) 假冒攻击。在射频通信网络中，射频标签与识读器之间不存在任何固定的物理连接，射频标签必须通过射频信道传送其身份信息，以便识读器能够正确鉴别它的身份。射频信道中传送的任何信息都可能被窃听。攻击者截获一个合法用户的身份信息后，就可以利用这个身份信息来假冒该合法用户的身份入网，这就是所谓的假冒攻击。主动攻击者不仅可以假冒标签，还可以假冒识读器，以欺骗标签，获取标签身份，从而假冒标签身份。

(5) 复制攻击。复制他人的射频标签信息，多次冒充别人使用。复制攻击实现的代价不高，且不需要其他条件，所以是最常用的攻击手段。

(6) 重放攻击。重放攻击指攻击者通过某种方法将用户的某次使用过程或身份验证记录重放，或将窃听到的有效信息经过一段时间以后再传给信息的接收者，骗取系统的信任，达到攻击的目的。

(7) 信息修改。信息修改指主动攻击者将窃听的信息进行修改(如删除或替代部分或全部信息)之后再将信息传给原本的接收者。这种攻击的目的有两个：一是攻击者恶意破坏合法标签的通信内容，阻止合法标签建立通信连接；二是攻击者将修改的信息传给接收者，企图欺骗接收者相信该修改的信息是由一个合法用户传递的。

5) RFID 系统应对安全攻击的措施

(1) RFID 标签设计安全保护。

① 标签销毁指令：标签需要支持 Kill 指令，当标签接收到识读器发出的 Kill 指令时，便会将自己销毁，使得之后这个标签对于识读器的任何指令都不会有反应。例如，在超市购买完商品，即在识读器上获取完标签的信息并经过后台数据库的认证操作，然后销毁消费者所购买商品上的标签，这样就可以起到保护消费者隐私的作用。

② 标签休眠指令：标签需要支持 Sleep 和 Wake Up 指令，当标签接收到识读器传来的 Sleep 指令时，标签即进入休眠状态，不会回应任何识读器的查询；当标签接收到识读器的 Wake Up 指令时，才会恢复正常。

③ 密码保护：此方法利用密码来控制标签的存取，在标签中记忆对应的密码，识读器查询标签时必须同时送出密码，且标签验证密码成功才会回应识读器。不过此方法仍存在密码安全性的问题。

④ 物理自毁：通过物理方法，在标签完成使命后彻底销毁，防止伪造、假冒和重复利用。

(2) 环境安全保护。

① 法拉第笼：将标签放置在由金属网罩或金属箔片组成的容器(称作法拉第笼)中，因为金属可阻隔无线电信号，所以能避免标签被识读器读取。

② 主动干扰：使用能够主动发送广播信号的设备，来干扰识读器查询受到保护的标签，成本较法拉第笼低。但此方式可能干扰其他合法无线电设备的使用。

③ 阻挡标签：使用一种特殊设计的标签(称为阻挡标签)持续对识读器传送混淆的信息，以阻止识读器读取受保护的标签。但当受保护的标签离开阻挡标签的保护范围时，安全与隐私的问题仍然存在。

(3) 其他方法。

加密技术：通过加密技术在 RFID 标签和识读器之间进行安全的身份认证，并对数据传输进行加密。

9.2.2 网络层安全

物联网网络层主要实现信息的存储、处理和传送，它将感知层获取的信息传送到远端的节点，为数据在远端进行智能处理和分析决策提供强有力的支持。考虑到物联网本身具有专业性的特征，其基础设施包括传输网络、海量计算与存储中心等资源，这些资源构成了物联网系统的神经系统，其安全性是系统安全的重要环节。

传输网络可以是互联网，也可以是具体的某个行业网络。其安全的重要环节主要在近距离通信以及接入骨干网络的网关方面。近距离通信涉及各种无线、有线通信协议的互联互通，它主要采用无线通信方式，无线链路的广播特性、不稳定性、非对称性对于物联网系统的安全有重要影响。而通信网关主要完成协议转换、数据融合等任务，其安全性尤为重要，网关的计算能力、数据存储能力一般比传统的计算机弱，无法使用复杂的加密算法，其信息安全是系统的薄弱环节。

各种数据中心的存在主要是为客户提供便利的云存储与云计算服务。从技术层面来看，海量计算技术属于多种技术的融合与集成，云计算系统规模庞大、结构复杂，属于大规模复杂网络信息系统，由大量的基础设施、平台软件及应用软件组成。一般来说，系统规模越大，其问题就越严重，系统的可靠性及安全性取决于各个环节，任何环节发生故障都将导致系统产生问题。因此，云计算系统不可避免地存在着一些可靠性及安全性隐患。从外部来看，随着云系统的不断发展，其各个组件和部件及加载的应用不断更新和增加；而且网络环境也日趋复杂，云计算上部署的应用来源广泛，使用途径多种多样，也存在着大量的可靠性和安全性隐患。特别地，虚拟化、伸缩性、多租户等特性为云计算注入创新活力的同时，也使得安全性及可靠性威胁趋于严重，虚拟机逃逸、拒绝服务访问、服务失效、信息窃取、非法闯入、电子欺骗、数据隐私泄露、网络安全漏洞、容错能力低、伸缩能力差等问题将是云计算系统在可靠性及安全性方面的重大隐患。

除此以外，物联网的网络层安全具体体现在以下两个方面。

1. 来自物联网本身的架构、接入方式和各种设备的安全问题

物联网的接入层将采用如移动互联网、有线网、Wi-Fi、WiMAX 等各种无线接入技术。物联网接入方式将主要依靠移动通信网络。移动网络中移动站与固定网络端之间的所有通信都是通过无线接口来传输的，然而无线接口是开放的，任何使用无线设备的个体均可以通过窃听无线信道获得其中传输的信息，甚至可以修改、插入、删除或重传无线接口中传

输的消息，达到假冒移动用户身份以欺骗网络端的目的。因此，移动通信网络存在无线窃听、身份假冒和数据修改等不安全因素。

2. 进行数据传输的网络相关安全问题

物联网的网络核心层主要依赖于传统网络技术，其面临的最大问题是现有的网络地址空间短缺，主要的解决方法寄希望于正在推进的 IPv6 技术。但任何技术都不是完美的，IPv4 网络环境中大部分安全风险在 IPv6 网络环境中仍将存在，而且某些安全风险随着 IPv6 新特性的引入将变得更加严重。

IPv6 中的安全问题主要有三方面：首先，拒绝服务攻击(DDoS)等异常流量攻击仍然猖獗，甚至更为严重，主要包括 TCP-flood、UDP-flood 等现有 DDoS 攻击，以及 IPv6 协议本身机制的缺陷所引起的攻击。其次，针对域名服务器(DNS)的攻击仍将继续存在，而且在 IPv6 网络中提供域名服务的 DNS 更容易成为黑客攻击的目标。再次，IPv6 协议作为网络层的协议，仅对网络层安全有影响，其他各层(包括物理层、数据链路层、网络层、应用层等)的安全风险在 IPv6 网络中仍将保持不变。图 9-3 所示为网络攻击示意图。

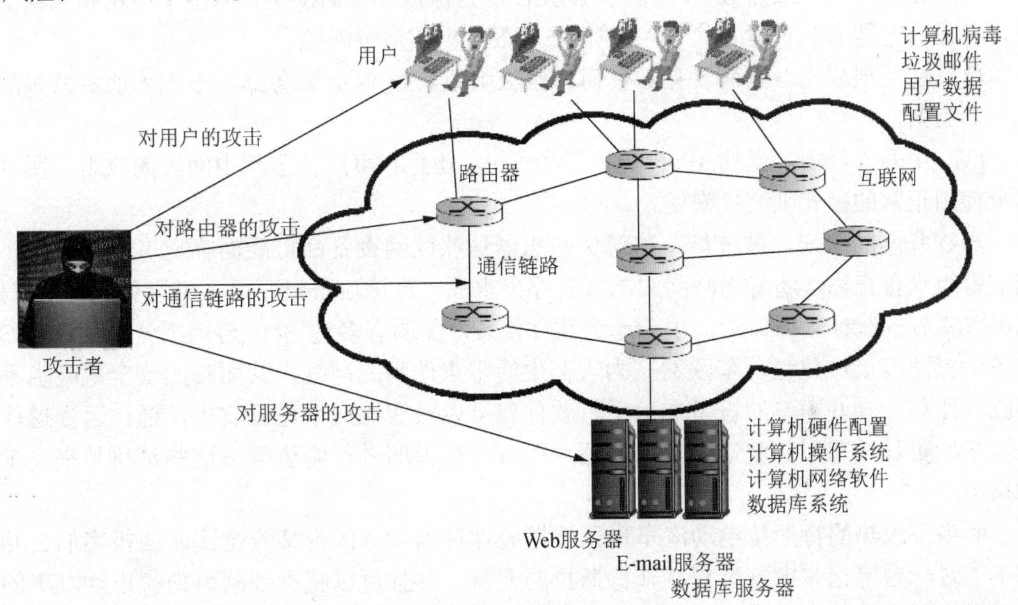

图 9-3 网络攻击

IPv6 应用中面临着一些风险，主要内容如下。

1) 病毒和蠕虫病毒仍然存在

目前，病毒和网络蠕虫是最让人头疼的网络攻击行为。由于 IPv6 地址空间巨大，原有的基于地址扫描的病毒、蠕虫甚至是入侵攻击会在 IPv6 的网络中销声匿迹。但是，基于系统内核和应用层的病毒和网络蠕虫一定会存在，电子邮件的病毒还会继续传播。

2) 衍生新的攻击方式

IPv6 中的组播地址定义方式给攻击者带来了一些机会。例如，IPv6 地址 FF05::B3 是所有的 DHCP 服务器，也就是说，如果向这个地址发布一个 IPv6 报文，这个报文可以到达网络中所有的 DHCP 服务器，所以可能会出现一些专门攻击这类服务器的拒绝服务攻击。

3) IPv4 到 IPv6 过渡期间的风险

不管是 IPv4 还是 IPv6，都需要使用 DNS，IPv6 网络中的 DNS 服务器就是一个容易被黑客选中的关键主机。也就是说，虽然无法对整个网络进行系统的网络侦察，但在每个 IPv6 的网络中，总有那么几台主机是大家都知道网络名字的，所以可以对这些主机进行攻击。而且，因为 IPv6 的地址空间实在是太大了，很多 IPv6 的网络都会使用动态 DNS 服务。如果攻击者攻占这台动态 DNS 服务器，就可以得到大量的在线 IPv6 主机地址。另外，因为 IPv6 的地址是 128 位，很不好记，网络管理员往往会使用一些好记的 IPv6 地址，这些好记的 IPv6 地址可能会被编辑成一个类似字典的东西；病毒找到 IPv6 主机的可能性小，但猜到 IPv6 主机的可能性会大一些。而且由于 IPv6 和 IPv4 要共存相当长一段时间，很多网络管理员会把 IPv4 的地址放到 IPv6 地址的后 32 位中，黑客也可能按照这个方法来猜测可能的在线 IPv6 地址。

4) 多数传统攻击不可避免

不管是在 IPv4 网络还是在 IPv6 网络，都存在一些网络攻击技术，主要内容如下。

(1) 报文侦听。虽然 IPv6 提供了 IPSEC 最为保护报文的工具，但由于公钥和私钥的问题，在没有配置 IPSec 的情况下，侦听 IPv6 报文仍然是可能的。

(2) 应用层攻击。显而易见，任何针对应用层，如 Web 服务器、数据库服务器等的攻击仍然有效。

(3) 中间人攻击。虽然 IPv6 提供了 IPSec，还是有可能会遭到中间人的攻击，所以应尽量使用正常的模式来交换密钥。

在物联网的未来，微波炉、冰箱、热水器这些联网设备都可能面临更多安全风险。欧洲刑警组织曾宣称，随着物联网漏洞报告浮出水面，这种攻击将变得不可避免。有报道称，已经收集到的统计数据显示，由于恶意软件侵袭，美国有多达 300 台用来分析高危孕妇的设备运行速度已经放缓。车联网在为人们生活带来便利的同时，其面临的安全风险也不容小觑。比如，一些简单的设备加上手机软件就可以对智能汽车进行攻击，通过远程遥控开启汽车，可让汽车在驾驶途中熄火，还可以打开后备厢进行偷盗等，这些都将带来灾难性的后果。

而当下大热的特斯拉电动汽车也无法摆脱这种困扰。国内某安全团队的极客们公开展示了通过一台笔记本电脑远程打开特斯拉的天窗，并且可以随意控制特斯拉电动汽车的灯光与喇叭。实际上，黑客对于汽车的攻击不仅仅满足于打开车门、把车开走这么简单，一旦汽车遭到攻击，还可能威胁到司机与乘客的生命安全。

9.2.3 应用层安全

物联网应用是信息技术与行业专业技术紧密结合的产物。考虑到物联网涉及多领域、多行业，因此广域范围的海量数据信息处理和业务控制策略将在安全性和可靠性方面面临巨大挑战，特别是业务控制和管理、中间件以及隐私保护等安全问题显得尤为突出。

1. 业务控制和管理

由于物联网设备可能是首先部署然后连接网络，而物联网节点又无人值守，所以如何对物联网设备远程签约，如何对业务信息进行配置就成了难题。另外，庞大且多样的物联网必然需要一个强大而统一的安全管理平台，否则单独的平台会被各式各样的物联网应用淹没，但这样将使如何对物联网机器的日志等安全信息进行管理成为新的问题，并且可能割裂网络与业务平台之间的信任关系，导致新一轮安全问题的产生。

2. 中间件

如果把物联网系统和人体进行比较，感知层就好比是人体的五官，网络层好比是人的神经系统，应用层就好比是人的大脑，软件和中间件是物联网系统的灵魂。目前，使用最多的几种中间件系统是 CORBA、DCOM、J2EE/EJB，以及被视为下一代分布式系统核心技术的 Web Services。

3. 隐私保护

在物联网发展过程中，大量的数据涉及个人隐私问题(如个人出行路线、消费习惯、个人位置信息、健康状况、企业产品信息等)，因此隐私保护是必须考虑的一个问题，如何设计不同场景、不同等级的隐私保护技术将是物联网安全技术研究的热点问题。随着个人和商业信息的网络化，越来越多的信息被认为是用户隐私信息。

需要隐私保护的应用至少包括以下几种。

(1) 移动用户既需要知道(或者被合法知道)其位置信息，又不愿意让非法用户获取该信息。

(2) 用户既需要证明自己合法使用某种业务，又不想让他人知道自己正在使用某种业务，如在线游戏。

(3) 急救时需要及时获得病人的电子病历信息，但又要保护该病历信息不被非法获取，包括病历数据管理员。事实上，电子病历数据库的管理人员可能有机会获得电子病历的内容，但隐私保护采用某种管理和技术手段使病历内容与病人身份信息在电子病历数据库中无关联。

(4) 许多业务需要匿名进行，如网络投票。很多情况下，用户信息是认证过程中的必需信息，如何对这些信息提供隐私保护是一个具有挑战性的问题，但又是必须解决的问题。

在使用互联网的商业活动中，特别是在物联网环境的商业活动中，无论采取什么技术措施，都难免发生恶意行为。如果能根据恶意行为所造成后果的严重程度给予相应的惩罚，就可以减少恶意行为的发生。在技术上，这需要搜集相关证据，因此，计算机取证就显得非常重要。与计算机取证相对应的是数据销毁。数据销毁的目的是销毁那些在密码算法或密码协议实施过程中所产生的临时中间变量。一旦密码算法或密码协议实施完毕，这些中间变量将不再有用；但这些中间变量如果落入攻击者手里，可能为攻击者提供重要的参数，从而增大成功攻击的可能性。因此，这些临时中间变量需要及时、安全地从计算机内存和存储单元中删除。计算机数据销毁技术不可避免地成为计算机犯罪证据销毁工具，从而增大计算机取证的难度，因此如何处理好计算机取证和计算机数据销毁这对矛盾是一项具有挑战性的技术难题，也是物联网应用中需要解决的问题。

9.3 物联网安全关键技术

作为一种多网络融合的网络，物联网安全涉及各个网络的不同层次。在有些独立的网络中，已实际应用了多种安全技术，特别是移动通信网和互联网的安全研究已经历了较长时间。但对物联网中的感知网络来说，由于资源的局限性，安全研究的难度较大。

9.3.1 密钥管理技术

密钥管理系统是安全的基础，是实现感知信息隐私保护与物联网安全通信的重要手段之一。密钥管理系统有两种实现方法，即对称密钥系统和非对称密钥系统。

(1) 对称密钥系统如图 9-4 所示。在对称密钥系统中，加密密钥和解密密钥是相同的。因此对称密钥也称单密钥。目前，经常使用的一些对称加密算法有数据加密标准(data encryption standard，DES)、三重 DES(3DES，或称 TDES)和国际数据加密算法(international data encryption algorithm，IDEA)等。

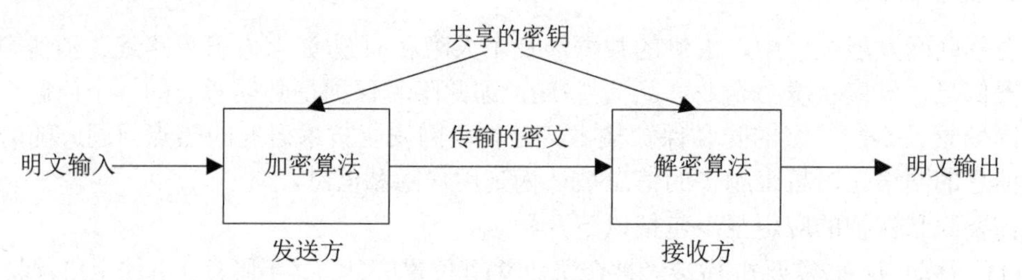

图 9-4 对称密钥系统

(2) 非对称密钥系统也称为公钥密钥系统，有加密模型和认证模型两种模型，如图 9-5 所示。加密模型用于信息的保密传输，发送者使用接收者的公钥加密，接收者收到密文后，使用自己的私钥解密。认证模型用于验证数据的完整性和数字签名等。例如，目前互联网上的大型文件一般会附上 MD5 值，供下载完成后验证文件的完整性，同时也防止对文件的篡改。在认证模型中，发送者使用自己的私钥加密，接收者使用发送者的公钥解密。由于只有发送者知道自己的私钥，其他人很难生成同样的密文，因此可用于数字签名。非对称密钥系统有两个不同的密钥，它可将加密功能和解密功能分开。一个密钥称为私钥，它被秘密保存；另一个密钥被称为公钥，无须保密，供所有人读取。非对称密钥系统的加密算法也是公开的，常用的算法有 RSA(以 Rivest、Shamir 和 Adleman 三人的名字命名)算法、消息摘要算法第 5 版(message digest version 5，MD5)和数据签名算法(digital signature algorithm，DSA)等。

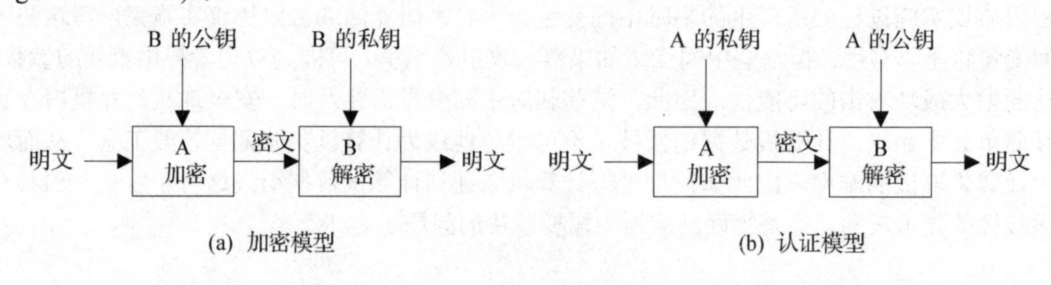

图 9-5 非对称密钥系统

对称密钥系统和非对称密钥系统各有优缺点。对称密钥系统的算法简单，但在管理和安全性上存在不足。非对称密钥系统的算法比较复杂，加解密时间长，但密钥发放容易，安全性高。互联网不存在计算资源的限制，非对称和对称密钥系统都可以使用，它面临的安全威胁主要来源于其最初的开放式管理模式的设计，是一种没有严格管理中心的网络。移动通信网是一种相对集中式管理的网络，由于计算资源的限制，无线传感器网络的感知节点对密钥系统提出了更多的要求，应该综合考虑对称和非对称密钥系统。

物联网密钥管理系统面临两个主要的问题：一是如何构建一个贯穿多个网络的统一密钥管理系统，并与物联网的体系结构相适应；二是如何解决无线传感器网络的密钥管理问题，如密钥的分配、更新、组播等。

实现统一的密钥管理系统可以采用两种方式：一是采用以互联网为中心的集中式管理方式。由互联网的密钥分配中心负责整个物联网的密钥管理，一旦传感器网络接入互联网，通过密钥中心与传感器网络汇聚节点进行交互，实现对网络中节点的密钥管理。二是采用以各自网络为中心的分布式管理方式。在此种模式下，互联网和移动通信网较易解决，但在无线传感器网络环境中对汇聚节点的硬件性能要求就比较高。需要充分考虑无线传感器网络感知节点的限制和网络组网与路由的特征，在算法上做精心的设计。

由此可见，解决无线传感器网络的密钥管理是解决物联网密钥管理的关键。无线传感器网络的需求主要体现在密钥生成或更新算法的安全性、前向私密性、后向私密性、可扩展性、抗同谋攻击、源端认证性等。

9.3.2 身份认证技术

身份认证指使用者采用某种方式来“证明”自己是自己。身份认证用于鉴别用户身份，使通信双方确信对方身份并交换会话密钥。身份认证主要包括身份识别和身份验证。身份识别是指明确并区分访问者的身份，身份验证是指对访问者声称的身份进行确认。

在身份认证中，保密性和及时性是密钥交换的两个重要问题。为防止假冒和会话密钥泄密，用户标识和会话密钥等重要信息必须以密文的形式传送，这就需要事前已有能用于这一目的的主密钥或公钥。在最坏的情况下，攻击者可以利用重放攻击威胁会话密钥，或者成功假冒另一方，因此，及时性可以保证用户身份的可信度。身份认证的流程如图 9-6 所示。

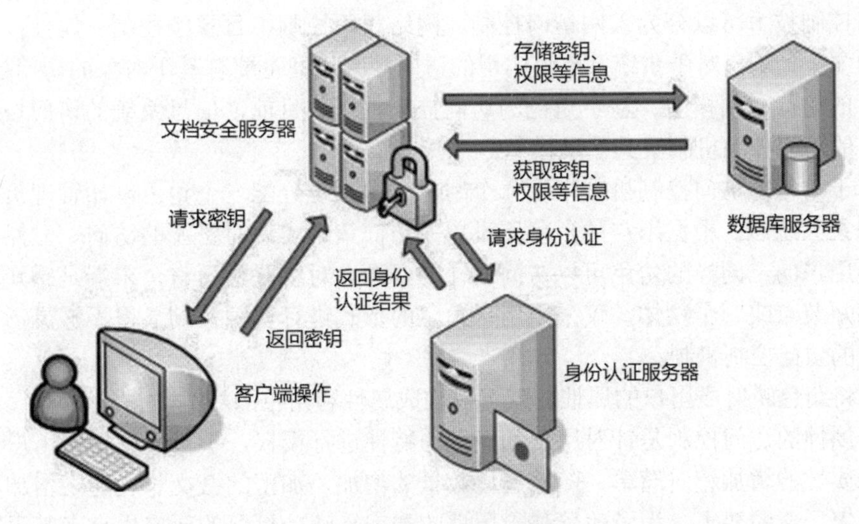

图 9-6 身份认证的流程

常用的身份认证方法有用户名/密码方式、IC 卡认证方式、动态口令方式、生物特征认证方式以及 USB 密钥认证方式等。

常用的认证机制包括简单认证机制、基于 Kerberos 网络认证协议的认证机制、基于公共密钥的认证机制以及基于挑战/应答的认证机制等。这些方法和机制各有优势，被应用在不同的认证场景中。

在物联网的认证过程中，传感器网络的认证机制十分重要。传感器网络中的认证技术主要包括基于轻量级公钥的认证技术、预共享密钥的认证技术、随机密钥预分布的认证技术、利用辅助信息的认证技术、基于单向散列函数的认证技术等。

互联网的认证是区分不同层次的，网络层的认证就负责网络层的身份鉴别，业务层的认证就负责业务层的身份鉴别，两者独立存在。但在物联网中，业务应用与网络通信紧紧地绑在一起，认证有其特殊性。例如，当物联网的业务由运营商提供时，就可以充分利用网络层认证的结果而无须进行业务层的认证，但使用更高级别的安全保护时就需要做业务层的认证。

9.3.3 访问控制技术

访问控制是对用户合法使用资源的认证和控制，按用户身份及其归属的某项定义来限制用户对某些信息项的访问或限制对某些控制功能的使用。访问控制是信息安全保障机制的核心内容，是实现数据保密性和完整性的主要手段。访问控制的功能主要有防止非法的主机进入受保护的网络资源，允许合法用户访问受保护的网络资源，以及防止合法用户对受保护的网络资源进行非授权的访问等。

访问控制可以分为自主访问控制和强制访问控制两类。前者是指用户有权对自身所创建的对象(文件、数据表等)进行访问，并可将对这些对象的访问权授予其他用户和从被授予权限的用户那里收回其访问权限；后者是指系统(通过系统安全员)对用户所创建的对象进行统一的强制性控制，按照预定规则决定哪些用户可以对哪些对象进行什么类型的访问，即使用户是创建者，在创建一个对象后也可能无权访问该对象。

访问控制技术可以分为入网访问控制、网络权限控制、目录级控制、属性控制和网络服务器的安全控制。对于系统，比较实用的访问控制模型主要有基于对象的访问控制模型、基于任务的访问控制模型、基于角色的访问控制模型。目前，信息系统的访问控制主要是基于角色的访问控制机制及其扩展模型。

在基于角色的访问控制机制中，一个用户先由系统分配一个角色，如管理员、普通用户等；登录系统后，根据用户的角色所设置的访问策略实现对资源的访问。显然，这种机制是基于用户的，同样的角色可以访问同样的资源。对物联网而言，末端是感知网络，或是一个感知节点或一个物体，仅采用用户角色的形式进行资源控制显得不够灵活，因此需要寻求新的访问控制机制。

如果将角色映射成用户的属性，就可以构成属性和角色的对等关系。

基于属性的访问控制是针对用户和资源的特性进行授权，不再仅仅根据用户 ID 来授权。由于属性的增加相对简单，随着属性数量的增加，加密的密文长度随之增加，这对加密算法提出了新的要求。为了改善基于属性的加密算法，目前的研究重点有基于密钥策略和基于密文策略两个发展方向。

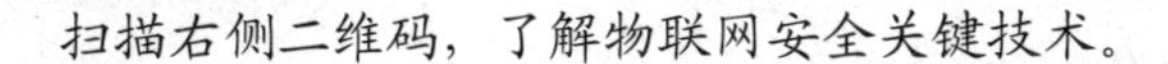
知识拓展

扫描右侧二维码，了解物联网安全关键技术。

小　结

本章重点分析介绍了物联网面临的安全问题及物联网安全体系结构，涉及感知层、网络层和应用层三个层次的安全威胁和相应的对策。物联网有不同于互联网的独特性，必然要面临其独特的安全问题。

通过本章的学习，可以使读者对物联网安全问题形成初步的认识，在今后的物联网应用系统设计开发时考虑安全风险，在运维物联网应用系统时有针对性地加强管理措施。

习　题

一、选择题

1. 通信双方都拥有一个相同的保密的密钥来进行加密、解密，即使二者不同，也能够由其中一个很容易推导出另外一个。该类密码体制称为(　　)。

A. 非对称密码体制　　B. 对称密码体制
C. RSA 算法　　D. 私人密码体制

2. 在计算机攻击中，DoS 是(　　)。

A. 操作系统攻击　　B. 磁盘系统攻击
C. 拒绝服务　　D. 一种命令

3. 物联网感知层遇到的安全挑战主要有(　　)。

A. 网络节点被恶意控制　　B. 感知信息被非法获取
C. 节点受到 DoS 攻击　　D. 以上都是

4. 下列(　　)项是 RFID 的逻辑安全机制。

A. Kill 命令机制　B. 主动干扰　C. 散列锁定　D. 阻塞标签

5. 下列(　　)不属于 RFID 系统的安全问题。

A. RFID 标签访问安全　　B. 信息传输信道安全
C. RFID 信息获取安全　　D. RFID 识读器安全

6. 攻击者截获并记录了从 A 到 B 的数据，然后又从早些时候所获取的数据中提取信息重新发往 B，称为(　　)。

A. 中间人攻击　B. 字典攻击　C. 强力攻击　D. 重放攻击

7. 为了防御网络监听，最常用的方法是(　　)。

A. 非网络传输　B. 信息加密　C. 专线传输　D. 无线网络传输

8. 下面(　　)不是无线传感器网络的路由协议常受到的攻击方式。

A. 虚假路由信息攻击　　B. 选择性转发攻击
C. 女巫攻击和虫洞攻击　　D. 网络节点被恶意控制

9. 密码系统的安全性由(　　)决定。
A. 加密算法　B. 解密算法　C. 密文　D. 密钥

10. 关于数字签名，以下说法错误的是(　　)。
A. 数字签名包括发送方某些独有特征　　B. 数字签名具有认证功能
C. 数字签名的产生、识别和验证困难　　D. 伪造数字签名在计算上不可行

11. 在物理安全和信息采集安全方面，主要采用的安全技术有(　　)。
A. 密码技术　B. 高速密码芯片　C. PKI　D. 以上都是

二、填空题

1. 物联网的安全包括(　　　)、(　　　)、(　　　)和整个网络的(　　　)。
2. 密码学目前主要有两大体制：(　　　)和(　　　)。
3. 物联网系统安全的总需求是(　　　)、(　　　)、(　　　)、(　　　)等方面的综合。最终目标是确保信息的保密性、完整性、认证性、抗抵赖性和可用性。
4. 女巫(Sybil)攻击指恶意的节点向网络中的其他节点非法地提供(　　　)。
5. 无线网络中四种通信安全威胁是(　　)、(　　)、(　　)和(　　)攻击。
6. 从技术角度来看，隐私保护技术主要有两种方式：一是采用(　　)技术；二是采用(　　)技术。
7. 云计算的虚拟化安全问题主要集中在以下几点：(　　　)、(　　　)、(　　　)。
8. 一种比较完善的 RFID 系统安全解决方案应该具备机密性、(　　)、可用性、真实性和(　　　)等基本特征。
9. 信息与网络安全的目标是要达到被保护信息的(　　　)、(　　　)和(　　　)。

三、判断题

1. 传统网络安全措施足以为物联网安全提供可靠保障。(　　)
2. 密码技术是物联网安全特别是数据隐私保护的基础。(　　)
3. 容侵是指网络存在恶意入侵的情况下，网络仍然能正常运行。(　　)
4. RFID 系统安全解决方案应具备机密、完整、可用、真实、隐私等特征。(　　)
5. 无线传感网物理层攻击集中在破坏、捕获、干扰、窃听和篡改等方面。(　　)
6. 存取控制、隐私保护、用户认证和数字签名主要处于物联网感知层。(　　)
7. 各种物联网应用在应用层有一个统一的安全平台与安全标准。(　　)
8. 读取控制、隐私保护、用户认证和数字签名主要处在物联网应用层。(　　)
9. 数据保密性、通信层安全、数据完整性和随时可用性主要处在物联网三层架构的网络层和感知层。(　　)
10. 由于传感器节点分布广，成本低，很容易遭到物理损坏或被捕获，因此一些加密密钥和机密信息就可能被破坏或泄露。(　　)

四、简答题

1. 为什么说物联网安全具有特殊性？

2. 物联网感知层可能遇到的主要安全问题有哪些？
3. RFID 技术存在哪些安全问题？
4. 针对物联网安全的对策有哪些？
5. 试对网络信息安全的一般性指标加以论述。

实践——调研物联网安全威胁

1. 任务目的

了解物联网各层面临的安全威胁、物联网系统安全架构、物联网安全关键技术。

2. 任务要求

(1) 利用网络资源，收集物联网安全事件，了解物联网面临的安全威胁。
(2) 开展小组讨论，探讨物联网的安全问题都有哪些，形成小组意见。
(3) 采用 PPT 形式，以小组为单位进行课内分享展示，时间为 2～3min。

参 考 文 献

[1] 韩毅刚. 物联网概论[M]. 北京：机械工业出版社，2012.
[2] 李联宁. 物联网技术基础教程[M]. 北京：清华大学出版社，2012.
[3] 于宝明. 物联网技术及应用基础[M]. 北京：电子工业出版社，2016.
[4] 张光河. 物联网概论[M]. 北京：人民邮电出版社，2014.
[5] 黄玉兰. 物联网概论[M]. 北京：人民邮电出版社，2011.
[6] 黄玉兰. 物联网概论[M]. 2 版. 北京：人民邮电出版社，2018.
[7] 吴功宜. 物联网工程导论[M]. 北京：机械工业出版社，2012.
[8] 吴功宜. 物联网技术与应用[M]. 北京：机械工业出版社，2016.
[9] 张开生. 物联网技术及应用[M]. 北京：清华大学出版社，2016.
[10] 方粮. 海量数据存储[M]. 北京：机械工业出版社，2016.
[11] 吕慧. 物联网通信技术[M]. 北京：机械工业出版社，2017.
[12] 黄玉兰. 物联网射频识别(RFID)技术与应用[M]. 北京：人民邮电出版社，2013.
[13] 徐勇军. 物联网实验教程[M]. 北京：机械工业出版社，2012.
[14] 詹国华. 物联网概论[M]. 北京：清华大学出版社，2016.
[15] 黄静. 物联网技术实验教程[M]. 北京：清华大学出版社，2017.
[16] 丁飞，张登银，程春卯. 物联网概论[M]. 北京：人民邮电出版社，2021.